高等农林教育"十三五"规划教材

动物生物化学学习导航暨习题解析

张源淑　主编

中国农业大学出版社
·北京·

内 容 简 介

本书共21章，每章包括知识目标，复习指南，练习与自测题，习题参考答案。其中：复习指南部分主要以图、表形式总结归纳了每章的基本概念、基本知识要点和核心内容；练习与自测题部分包括名词解释、单项选择题、填空题、简答题及论述题等题型，涵盖了动物生物化学的基础理论、基本内容和生物化学实验等主要内容；每章习题后面附有相应的参考答案或答题要点。

本书提纲挈领，重点明确，知识点集中，可作为高等农林院校动物类相关专业学生学习动物生物化学课程的参考及考试复习用书，也可以作为动物类相关专业学生考研和执业兽医师资格考试动物生物化学科目的复习参考资料。

图书在版编目(CIP)数据

动物生物化学学习导航暨习题解析/张源淑主编. —北京：中国农业大学出版社，2017.8 (2021.8 重印)

ISBN 978-7-5655-1902-4

Ⅰ.①动… Ⅱ.①张… Ⅲ.①动物学-生物化学-高等学校-题解 Ⅳ.①Q5-44

中国版本图书馆 CIP 数据核字(2017)第 191147 号

书　　名 动物生物化学学习导航暨习题解析

作　　者 张源淑　主编

策划编辑 张　程　潘晓丽　　**责任编辑** 王艳欣

封面设计 郑　川　　**责任校对** 王晓凤

出版发行 中国农业大学出版社

社　　址 北京市海淀区圆明园西路2号　　**邮政编码** 100193

电　　话 发行部 010-62818525,8625　　读者服务部 010-62732336

编辑部 010-62732617,2618　　出　版　部 010-62733440

网　　址 http://www.cau.edu.cn/caup　　**E-mail** cbsszs @ cau.edu.cn

经　　销 新华书店

印　　刷 北京溢漾印刷有限公司

版　　次 2017年8月第1版　2021年8月第2次印刷

规　　格 787×1092　16开本　22印张　540千字

定　　价 57.00元

编 写 人 员

主　编　张源淑（南京农业大学）

参　编　刘　斐（南京农业大学）
马海田（南京农业大学）
苗晋锋（南京农业大学）
许媛媛（南京农业大学）
钟　凯（河南农业大学）

前　言

2005 年南京农业大学邹思湘教授主编出版了《动物生物化学》第 4 版(中国农业出版社),该教材一经出版即受到广大师生欢迎,成为全国高等农业院校动物类相关专业本科生使用最广泛的教材之一。2013 年在前 4 版的基础上《动物生物化学》第 5 版出版,该书被列为普通高等教育农业部"十二五" 规划教材和全国高等农林院校"十二五"规划教材,也是全国硕士研究生入学统一考试农学门类联考和国家执业兽医师资格考试的主要指定参考书。

2007 年南京农业大学"动物生物化学"课程被列为国家精品课程;2013 年被列为国家精品资源共享课程。在课程建设的同时,我们完成的《动物生物化学》(第 5 版)配套的教学 PPT 课件及教学视频等教学资源材料都在爱课程等网上公开发行,几年来运行良好,得到了在校学生、考研学生及执业兽医师资格考生的广泛关注和一致好评,发挥了较好的辅助作用。但使用者普遍感到缺乏配套的复习指南和测试练习,影响了课程学习的完整性和效果。因此,我们决定结合相应的教学和主教材,编写一本配套的《动物生物化学学习导航暨习题解析》,以帮助学生更好、更方便地学习和复习,也进一步完善本门课程的整体建设。

基于以上的想法,在中国农业大学出版社的组织下,我们组织了几位多年教授本门课程的教师,结合自身的教学和体会,试图编写出一本集学习、复习、测试为一体的动物生物化学参考或辅助教材。希望本书能达到以下几点要求:①作为高等农林院校学生学习动物生物化学课程时同步学习和练习的辅助资料;②作为动物类、水产类及生物类相关专业学生参加研究生入学考试的复习资料;③作为参加全国执业兽医师资格考试(生物化学部分)考生的复习参考资料;④作为从事生物化学教学的教师和相关科研工作者的工具资料。

为了便于学生学习,本书的内容和章节编排与邹思湘教授主编的《动物生物化学》(第 5 版)保持一致,全书包括 21 章。本着涵盖基础,突出重点,难易适中,兼顾学生学习、考生复习和教师教学的原则,精心筛选了名词解释、单项选择题、填空题、简答题及论述题等题型,希望为广大学习者提供一本既全面又实用的学习参考资料。

本书的编者均是长期在教学第一线教授动物生物化学的教师,具体分工如下(以章节先后排列):张源淑,前言,第 1 章、第 2 章、第 3 章、第 9 章、第 12 章、第 19 章、第 20 章和第 21 章;刘斐,第 4 章、第 13 章、第 14 章和第 15 章;许媛媛,第 5 章、第 6 章和第 7 章;苗晋锋,第 8 章和第 10 章;钟凯,第 11 章、第 17 章和第 18 章;马海田,第 16 章。

最后需要说明的是,虽然本书编写准备过程长达半年,在编写过程中也力求清楚、准确,但囿于定稿时间匆忙,特别是习题选择的广度及习题解答的表达准确性上还存在不足,加上编者的水平和能力有限，本书疏漏及错误之处肯定还有不少，热忱欢迎广大师生批评指正。

本书按照邹思湘教授主编的《动物生物化学》（第 5 版）章节顺序编排，书中个别插图或文字引自该书，在此向原主编邹思湘教授表示特别感谢。本组刘仪老师、研究生王换换等参与了校对、编排等具体工作，在此也一并表示感谢。

编　者

2017 年 4 月于南京

目　　录

第1章　绪　论

生物化学是生命的化学，是从分子水平上阐明生命有机体化学本质的一门学科。其主要研究组成生命有机体物质的化学组成、分子结构与功能、物质代谢与调节及在生命活动过程中化学变化规律。根据其研究的对象不同有不同的名称。动物生物化学主要是以动物为研究对象。生物化学的发展经历了漫长的过程，大致包括静态生物化学、动态生物化学、分子生物学等几个阶段。现代生物化学迅猛发展，以生物大分子为中心的结构生物化学、基因组学、转录组学和蛋白质组学，生物信息学以及细胞信号传导等显示出巨大的研究前景。

【知识目标】

了解动物生物化学的定义、任务和主要内容；了解动物生物化学的发展简史及生物化学与动物生产及健康的关系。

【复习指南】

表 1-1　生物化学的概念

生命的化学。是从分子水平上阐明生命有机体化学本质的一门学科。即用化学的理论和方法研究生命有机体物质的化学组成、分子结构与功能、物质代谢与调节及在生命活动过程中化学变化规律的科学。根据研究对象不同，分为人体生化、动物生化、植物生化、微生物生化等。动物生化是以动物为研究对象的生物化学

表 1-2　生物化学的发展阶段

生物化学的发展经历了不同的阶段，是多学科和多种现代技术相互交融渗透的结果。大致可划分为以下几个阶段：	
静态(叙述)生物化学阶段 (19 世纪至 20 世纪初)	主要特点：以研究生命有机体的化学组成为主要内容 基本内容：组成生命有机体物质的元素组成、结构、相互关系及功能
动态生物化学阶段 (19 世纪末至 20 世纪中叶)	主要特点：以物质和能量代谢为主要内容 基本内容：组成生命有机体物质的代谢变化及代谢过程中能量代谢变化
分子生物学阶段 (20 世纪中叶以后)	主要特点：以生物大分子核酸和蛋白质的功能为主要内容 基本内容：生物体遗传的本质(复制、转录和翻译的过程)、遗传信息传递的中心法则及基因表达调控。核酸与蛋白质的关系及在生命活动中的作用

表 1-3 动物生物化学研究的基本内容

1)生命有机体的化学组成。主要指生物分子特别是生物大分子(蛋白质、核酸、多糖)的结构、功能及相互关系
2)细胞中的物质代谢与能量代谢或称中间代谢,也就是物质在体内的代谢过程(合成和分解)和能量代谢的过程,物质代谢之间的相互关系及其调控
3)动物组织和器官机能的生物化学,主要指动物组织器官(肝脏、肌肉、血液等)的生化特点、化学组成及代谢规律
4)核酸的结构及其机能;生物体遗传的本质(复制、转录和翻译的过程)、遗传信息传递的中心法则及基因表达调控

【练习与自测题】

名词解释

1. 生物化学(biochemistry)
2. 动物生物化学(animal biochemistry)
3. 中间代谢(intermediary metabolism)

填空题

1. 生物化学是________的化学,是在____________上阐明生命有机体化学本质的一门学科。即用化学的理论和方法研究生命有机体________________、________________、________________及在生命活动过程中化学变化规律的科学。

2. 生物化学的发展主要经历了________________、________________、________________、____________________等几个阶段。

3. 生物化学根据研究对象不同,分为____________、____________、____________、____________等。动物生化是以____________为研究对象的生物化学。

4. 近代生物化学发展时期,我国生物化学家________等在蛋白质研究中提出了________________,在血液化学分析方面建立了________________等技术。

简答题

1. 简述生物化学研究的主要内容。
2. 简述生物化学发展的大致阶段。以1~2个实例说明每个阶段研究的主要内容。

【习题参考答案】

名词解释

1. 生物化学(biochemistry):是从分子水平上阐明生命有机体化学本质的一门学科。即用化学的理论和方法研究生命有机体物质的化学组成、分子结构与功能、物质代谢与调节及在生命活动过程中化学变化规律的科学。

2. 动物生物化学 (animal biochemistry)：以动物为研究对象的生物化学。

3. 中间代谢(intermediary metabolism)：细胞中进行的化学反应过程，包括物质代谢和能量代谢。

填空题

1. 生命，分子水平，物质的化学组成，分子结构与功能，物质代谢与调节。

2. 静态生物化学，动态生物化学，机能生物化学，分子生物学。

3. 人体生化，动物生化，植物生化，微生物生化，动物。

4. 吴宪，蛋白质变性理论，无蛋白血滤液的制备和血糖测定。

简答题

1. 答题要点：

1)生命有机体的化学组成，主要指生物分子特别是生物大分子(蛋白质、核酸、多糖)的结构、功能及相互关系。

2)细胞中的物质代谢与能量代谢过程，物质代谢之间的相互关系及其调控。

3)核酸的结构及其机能；生物体遗传的本质(复制、转录和翻译的过程)、遗传信息传递的中心法则及基因表达调控。

4)动物组织器官的生化特点、化学组成及代谢规律。

2. 答题要点：

大致可划分为以下几个阶段：

1)静态(叙述)生物化学阶段：以研究生命有机体的化学组成为主要内容。其间的主要贡献有对脂类、糖类及氨基酸的性质进行了较为系统的研究；发现了核酸；化学合成了简单的多肽等。

2)动态生物化学阶段：研究组成生命有机体物质的代谢变化及代谢过程中的能量代谢变化。如发现了人类必需氨基酸、必需脂肪酸及多种维生素；获得酶结晶，证实酶的化学本质是蛋白质；确定了糖代谢过程、β-氧化过程、尿素循环及三羧酸循环等。

3)分子生物学阶段：这一阶段，细胞内两类重要的生物大分子——蛋白质和核酸成为焦点。如发现了蛋白质 α-螺旋结构形式；完成了胰岛素的氨基酸全序列分析；提出了 DNA(脱氧核糖核酸)双螺旋模型和遗传信息传递的中心法则；破译了 RNA(核糖核酸)分子中的遗传密码等。

第 2 章　生命的化学特征

生命与非生命物质在化学组成上的差异如下:组成生命物质的元素有 30 多种是生命所必需的;除了共价键以外,生命体系中存在氢键、离子键、范德瓦尔力和疏水力等可逆的非共价相互作用力;生物体的各种生理活动需要能量。动物从环境摄取代谢“燃料”,使其氧化分解,并通过电子流动实现能量的转换,转移到 ATP(三磷酸腺苷)分子中,利用 ATP 高能磷酸键水解时或转移时释放的自由能推动偶联的代谢反应。细胞中大多数的化学反应由酶催化。水分子的极性结构、自身高度的亲和性和优良的溶剂性能使其成为几乎所有生物化学过程的介质,生命离不开水。

【知识目标】

了解生命有机体与无机界的区别,认识其基本化学特征;理解生物大分子和生物能量学的概念;掌握生物体系中的非共价相互作用力及其作用;了解水在生命活动过程中的作用。

【复习指南】

表 2-1　生命有机体的元素组成和特点

构成生命有机体的元素有 30 多种		
分类	主要元素	特点
第一类元素	C、H、O 和 N	1)原子序数较小,较轻的元素 2)互相之间易共用 1 对、2 对或 3 对电子,形成稳定的共价键 3)互相之间依赖单、双或三键形成各种各样的分子形式
第二类元素	S、P	1)与其他元素原子构成的共价键不太稳定 2)与其他元素形成的键易水解,在化学基团和能量转移中释放能量
第三类元素	Cl、Ca、K、Na 和 Mg	维持细胞渗透压、细胞容积、离子平衡、细胞膜电位,酶的辅因子,细胞信号传导的第二信使等
第四类元素	Fe^{3+}、Cu^{2+}、Co、Mn 和 Zn	铁与铜化学价可变(Cu^{2+} / Cu^{+},Fe^{3+} / Fe^{2+}),在生物氧化过程中作为电子递体,是许多酶的辅因子
其他微量元素	Al、As、B、Br、Cr、F、Ga、I、Mo、Se、Si 等	

表 2-2 生物体系中的非共价相互作用力

名称		基本概念
非共价键（非共价相互作用力）	氢键 (hydrogen bonds)	由两个原子来分享一个氢原子，具有高度定向性，一个是氢供体，另一个是氢受体
	疏水力 (hydrophobic interaction)	非极性分子或基团在水相环境中相互吸引、聚集的作用力
	范德瓦尔力 (van der Waals bonds)	一定距离内的原子之间通过偶极发生的相互作用，本质上是静电引力
	离子键（盐键或盐桥）(ionic bonds)	正、负电荷之间的静电引力

表 2-3 基本的生物分子

定义	特征	举例
生物大分子 (biological macromolecules)	生物大分子是表现生命特征的基本物质： 1)分子量一般在 10^4～10^6 之间 2)由结构比较简单的小分子作为结构单元所组成 3)一般具有非常复杂的结构 4)能行使特定的生物学功能	如蛋白质、核酸、多糖
脂类 (lipid)	是富含碳、氢元素的一族生物小分子，其在水溶液中溶解性较差，兼具亲水和亲脂特性	如磷脂
有机小分子 (small organic molecules)	分子量在 100～1 000 之间，常以游离的状态存在于溶液中；具有独特功能，也是合成较大分子的前体。最基本的生物小分子包括 5 种核苷酸，20 种氨基酸，2 种糖（葡萄糖、核糖），脂肪酸，胆碱，甘油等	如核苷酸、氨基酸是构建生物大分子核酸、蛋白质的基本构件

表 2-4 生物能量学

研究生命有机体传递和消耗能量的过程，阐明能量转换和交流的基本规律		
维持生命活动的能量的两个来源	光能（太阳能）	植物和某些藻类
	化学能（从外界环境摄取“燃料”，再通过氧化的方式摄取能量）	动物和大多数微生物

表 2-5 生物反应中的自由能

项目	主要内容
自由能(free energy)	自发过程中用于做功的能量。体系可做功的能量等于 $H-S\cdot T$，称为自由能，用 G 表示。H 表示体系的总能量（焓值）；用 $S\cdot T$ 表示不能被利用做功的能量，S 表示熵值，T 表示绝对温度
$\Delta G=\Delta H-\Delta S\cdot T$	$\Delta G<0$ 时，反应可以自发进行
	$\Delta G>0$ 时，反应不可以自发进行，须从外界加入能量
	$\Delta G=0$ 时，反应达到平衡

表 2-6 生物体的能量

项目	主要内容
来源	来自食物中营养物质(糖、脂肪、蛋白质等)的氧化
特点	生物体能量在体内的产生是逐步的
	释放的能量不能直接用于做功,而是转移给 ATP
ATP	三磷酸腺苷(ademine triphosphate,ATP)分子的三个磷酸基团中有两个磷酸酐键,水解时或者转移时有很大的自由能释放出来,属于高能磷酸键
	功能:是机体内直接用于做功的形式;是自由能的直接供体,而不是贮存形式,也称为"通用的能量货币";参与体内能量的产生、转移和利用
	ATP 以偶联的方式推动体内的非自发反应

表 2-7 水在生命化学过程中的重要性

项目	主要内容
在体内的含量	生命有机体中含量最多的物质,一般占体重的 60%～70%
存在形式	自由水:流动性大,含量因机体生理条件的变化而变化
	结合水:亲水胶体体系中与蛋白质等紧密结合的水,流动性低,含量稳定
水的生理功能	极性,是极性分子的优良溶剂
	形成氢键的能力
	物质运输的介质
	化学反应的催化剂
	温度的调节剂

【练习与自测题】

名词解释

1. 生物分子(biological molecular)
2. 生物大分子 (biological macromolecules)
3. 非共价相互作用力(noncovalent interactions)
4. 生物能量学(bioenergetics)
5. 自由能(free energy)

单项选择题

A1 型题

为单项选择题，属于最佳选择题类型。每道试题由一个题干和四个备选答案组成，其中只有一个是最符合题目要求的。

1. 生命与非生命物质在化学组成上有很大的差异，构成生命的元素有(　　)多种。

A. 10　　B. 20　　C. 30　　D. 40

2. 下列哪一种化学键不属于非共价相互作用力？(　　)

A. 共价键　　B. 离子键　　C. 氢键　　D. 盐键

3. 下列哪一种物质不属于生物大分子？(　　)

A. 蛋白质　　B. 核酸　　C. 淀粉　　D. 嘌呤

4. ATP 的中文名称是(　　)。

A. 三磷酸腺苷　　B. 二磷酸腺苷　　C. 三磷酸鸟苷　　D. 三磷酸胞苷

5. 组成动物体的下列化学元素中，所占比例最少的是(　　)。

A. 碳　　B. 氢　　C. 氧　　D. 铁

A2 型题

每道题由一个叙述性的简要主题作为题干和四个备选答案组成。A、B、C、D 四个答案中只有一个是最佳答案。

1. 葡萄糖在体内完全氧化分解生成二氧化碳和水，并释放能量。其中部分可以被机体利用来做有用功(例如生物合成、肌肉收缩、物质运输等)。但是能量在生物体内不是一次性释放的，而是逐步释放的，释放出的能量也不是直接去用于做功，而是首先转变为一种特殊的载体，这种载体是(　　)。

A. GTP　　B. ATP　　C. UTP　　D. TTP

2. 在生物体内自发的反应过程在进行时也有能量释放，释放的能量一部分以热的形式散发，另一部分转移给 ATP。ATP 是生物体的能量货币，下面哪种说法不对？(　　)

A. ATP 中含有两个高能磷酸键，水解可以释放高的自由能

B. ATP 高能键所储存的能量，当机体需要时可以转化用于机体做功

C. ATP 通过偶联作用带动非自发的反应进行

D. ATP 可以通过光源产生

3. 生物机体中蛋白质、核酸等这些巨大的分子称为生物大分子。它们的共同特点是通过单体互相缩合、脱水形成线性的多聚体，即大分子。如动物肝脏和肌肉中的糖原(动物淀粉)大分子就是把葡萄糖单体以同样的糖苷键连接成的葡萄糖多聚体。蛋白质则是以(　　)为单体通过肽键连接的多聚体。

A. 葡萄糖　　B. 核苷酸　　C. 脂肪酸　　D. 氨基酸

A3 型题

2～3 个相关的问题，每个问题均与开始的题干有关。每个问题均有四个备选答案，需要选择一个最佳答案。

（1～3 题共用题干）我们把自发过程中能用于做功的能量称为自由能。自发进行的体系，不论是机械体系还是化学体系，在能量关系上都符合：体系可做功的能量（自由能）＝体系总能量－不被利用做功的能量，即 $\Delta G=\Delta H-\Delta S\cdot T$。

1. 当（　　）时，反应可以自发进行。

A. $\Delta G<0$　　B. $\Delta G>0$　　C. $\Delta G=0$　　D. 都不是

2. 当（　　）时，反应不能自发进行。

A. $\Delta G<0$　　B. $\Delta G>0$　　C. $\Delta G=0$　　D. 都不是

3. 当（　　）时，反应达到平衡。

A. $\Delta G<0$　　B. $\Delta G>0$　　C. $\Delta G=0$　　D. 都不是

（4～6 题共用题干）生物机体中蛋白质、核酸等这些巨大的分子称为生物大分子。它们的共同特点是通过单体互相缩合、脱水形成线性的多聚体，即大分子。

4. 如在动物肝脏和肌肉中把葡萄糖单体以同样的糖苷键连接成的葡萄糖多聚体。这个物质是（　　）。

A. 糖原　　B. 蛋白质　　C. 核酸　　D. 脂肪

5. 以 4 种核苷酸为单体通过磷酸二酯键连接成的多聚体是（　　）。

A. 糖原　　B. 蛋白质　　C. 核酸　　D. 脂肪

6. 而以氨基酸为单体通过肽键连接成的多聚体是（　　）。

A. 糖原　　B. 蛋白质　　C. 核酸　　D. 脂肪

B1 型题

属于标准伍配单项选择题。开始给出 4 个备选答案，之后 2～6 个题干构成一组试题，要求从 4 个备选答案中为这些题干选择一个与其关系密切的答案。在这组试题中，每个备选答案可以被选一次、两次和多次，也可以不选用。

（1～3 题共用备选答案）

A. 氨基酸　　B. 葡萄糖　　C. 磷脂　　D. 核苷酸

1. 组成蛋白质的基本结构单位是（　　）。

2. 组成核酸的基本结构单位是（　　）。

3. 组成多糖的基本结构单位是（　　）。

（4～6 题共用备选答案）

A. 蛋白质　　B. 葡萄糖　　C. 磷脂　　D. GTP

4. 属于生物大分子的是（　　）。

5. 属于生物小分子的是（　　）。

6. 属于高能磷酸化合物的是（　　）。

填空题

1. 构成生命的元素有 30 多种，根据含量：属于第一类元素的有____、____、____和____；其次是____、____。

2. 构成生命的元素之间主要以稳定的共价键相互联系，形成多种形态结构的分子，除了共价键外，还具有________（非共价相互作用力）。在生物分子之间主要存在的非共价相互作用力包括________、________、____________、________。

3. 生物分子专指由_____、_____、_____、_____等组成的有机化合物，包括____________、________和____________。

4. 生物大分子是表现生命特征的基本物质。主要有：________、________、________和________。

5. 细胞中还存在许多具有独特功能的有机小分子物质（基本的生物小分子），也是合成较大分子的前体。如________、________、________和________等。

6. 动物属于化能营养生物，其能量来自食物中营养物质的氧化，有 2 个特点：________；释放的能量不能直接用于做功，而是________________。

7. ATP 是自由能的直接供体，它的作用犹如货币一样在体内使用和流通，因此人们将它形象地称为____________________。

8. 水是生命有机体中含量最多的物质，生物体内水的存在方式有________和________。

9. 维持生命活动的能量的两个来源：________________（植物和某些藻类）；________（从外界环境摄取"燃料"，再通过氧化的方式摄取能量）（动物和大多数微生物）。

简答题

1. 什么是生物大分子？蛋白质属于生物大分子吗？简要说明之。
2. 为什么说没有水就没有生命？
3. 为什么说 ATP 是体内的"通用能量货币"？

论述题

1. 试述生命中的基本元素及其特点。
2. 生物大分子就是指特别巨大的分子吗？用你所学的生化知识予以解答。
3. ATP 是生物体的能量货币，试述其在体内是如何生成、转化和利用的。

【习题参考答案】

名词解释

1. 生物分子（biological molecular）：专指由 C，H，O，N 等组成的有机化合物。

2. 生物大分子（biological macromolecules）：是指参与生命有机体活动的非常巨大的分子，是表现生命特征的基本物质。生物大分子通过组成它们的单体之间的非共价相互作用，形成特定的空间结构，从而具有了不同的生物学功能。

3. 非共价相互作用力(noncovalent interactions):生物分子间存在的非共价键或次级键,称为非共价相互作用力。包括氢键、离子键、范德瓦尔力和疏水力四类。

4. 生物能量学(bioenergetics):研究生命有机体传递和消耗能量的过程,阐明能量转换和交流的基本规律。

5. 自由能(free energy):自发过程中用于做功的能量。自发进行的体系,不论是机械体系还是化学体系,在能量关系上都符合:体系可做功的能量(自由能)= 体系总能量－不被利用做功的能量。

单项选择题

A1 型题 1. C 2. A 3. D 4. A 5. D

A2 型题 1. B 2. D 3. D

A3 型题 1. A 2. B 3. C 4. A 5. C 6. B

B1 型题 1. A 2. D 3. B 4. A 5. B 6. D

填空题

1. C,H,O,N;S,P。

2. 非共价键;氢键,离子键,范德瓦尔力,疏水力。

3. C,H,O,N;生物大分子,脂类,有机小分子。

4. 蛋白质,核酸,多糖。

5. 氨基酸,葡萄糖,核苷酸,脂肪酸。

6. 能量在体内的产生是逐步的,转移给 ATP。

7.“通用能量货币”。

8. 自由水,结合水。

9. 光能(太阳能),化学能。

简答题

1. 答题要点:

1)生物大分子的分子量一般在 10^4～10^6 之间。如典型的蛋白质分子的分子量有 50 000 左右,有些蛋白质的分子量达到几十万、几百万。

2)生物大分子都是由结构比较简单的小分子作为结构单元所组成。如蛋白质都是由氨基酸通过肽键连接而成的多聚体。

3)生物大分子一般都具有非常复杂的结构。如典型的蛋白质分子均有非常复杂的结构层次,包括一、二、三和四级结构。

4)每个生物大分子都能行使特定的生物学功能。蛋白质是以 20 种 *L*-氨基酸为单体通过肽键连接的多聚体,巨大的分子又通过组成它们的单体之间的非共价相互作用形成特定的空间结构,从而使它们具有了不同的生物学功能。如胰岛素具有降血糖的作用。

2. 答题要点:

水是动物体内含量最多的物质,一般占体重的 60%～70%。其重要性表现在以下几个方面:

1)水分子是极性的分子,具有电极性的结构。

2)水分子之间有高度的亲和性,使液态的水分子联系在一起,表现出一定的黏性。水分子的极性和形成氢键的能力使水分子具有高度反应性。它既是极性分子的优良溶剂,又因为它参与竞争它们之间的吸引力而削弱了极性分子之间的静电作用力或者妨碍了氢键的形成。

3)由于水分子的极性结构,使其在离子周围形成定向的溶剂膜,使其介电常数特别高。这个溶剂膜产生自身的电场,与离子的电场相反,结果是削弱了离子之间的相互作用。对于地球上的生物来说依赖水这种极性溶剂非常关键,例如,葡萄糖这样的"燃料"分子,氨基酸这样的"建筑材料",酶这样的催化分子,激素这样的信息载体,都能通过水自由地扩散(有的甚至以较高的浓度扩散),或者在水相中发生相互作用。

3. 答题要点:

1)ATP 的三个磷酸基团中含有两个磷酸酐键。它们在水解时或者转移时有很大的自由能释放出来,大约为−30.57 kJ/mol,属于高能磷酸键。

2)食物中营养物质氧化分解释放出的能量不是直接去用于做功,而是首先转变为一种特殊的载体 ATP。当机体需要时由 ATP 为机体提供能量,ATP 是机体内直接用于做功的形式。

3)ATP 在体内不断形成又不断消耗,ATP/ADP 循环是生物体系能量交换的基本形式。但 ATP 是自由能的直接供体,而不是贮存形式,它的作用犹如货币一样在体内使用和流通,因此人们将它形象地称为"通用能量货币"。

论述题

1. 答题要点:

构成生命的元素有 30 多种。

第一类元素,C、H、O 和 N 最为丰富,加起来超过了细胞物质总量的 99%,是构成糖类、脂类、蛋白质和核酸的主要元素,它们的共同特点是:

1)属于原子序数较小,较轻的元素;

2)互相之间易共用电子,形成稳定的共价键;

3)互相之间依赖单、双或三键形成各种各样的分子形式。

第二类元素包括硫和磷。其特点是:与其他元素原子构成的共价键不太稳定,易水解,在化学基团和能量转移中释放能量。

第三类元素包括钾、钠、氯、钙、镁。主要参与维持细胞渗透压、细胞容积、离子平衡和细胞膜电位。其中钠、钾离子与神经肌肉正常兴奋性、糖原合成和蛋白质代谢有关;镁离子是 300 多种酶的辅因子;钙离子是骨骼的主要成分,参与广泛的细胞生理活动,如物质的转运与分泌,血液凝固,是细胞信号传导的第二信使等。

第四类元素:Fe^{3+}、Cu^{2+}、Co、Mn 和 Zn。铁与铜化学价可变(Cu^{2+}/Cu^{+},Fe^{3+}/Fe^{2+}),在生物氧化过程中作为电子递体,是许多酶的辅因子。

其他微量元素:Al、As、B、Br、Cr、F、Ga、I、Mo、Se、Si 等。

2. 答题要点:

不一定。作为生物大分子须符合以下条件:

1)分子量一般在 10^4～10^6 之间;

2)由结构比较简单的小分子作为结构单元所组成；

3)具有非常复杂的结构；

4)能行使特定的生物学功能。

如核酸(DNA 和 RNA)都是以 4 种核苷酸为单体通过磷酸二酯键连接而成的多聚体，具有复杂的结构，包括一级结构和空间结构。其中 DNA 可携带特有的遗传信息，是遗传信息的载体。RNA 参与蛋白质的合成等。

3. 答题要点：

ATP 释放的自由能可以直接用于推动体内任何一种需要输入自由能的化学过程。在体内不断形成又不断消耗，ATP/ADP 循环是生物体系中能量交换的基本形式。ATP 是自由能的直接供体，犹如货币一样在体内使用和流通，因此人们将它形象地称为通用能量货币。其在体内的生成、转化和利用如下：

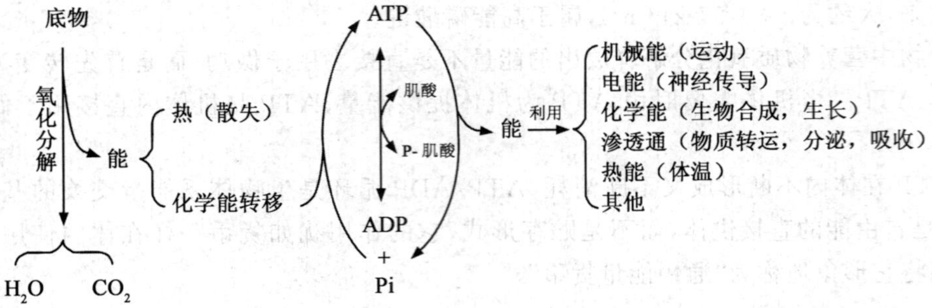

第3章 蛋　白　质

蛋白质是生物体中最重要的生物大分子之一，它参与了生命活动中的几乎每一个过程，是生命的表现形式。组成蛋白质的基本单位是氨基酸，有20种。氨基酸之间以肽键相连形成多肽链。蛋白质多肽链具有复杂的空间结构层次，包括一级结构和空间结构，一级结构是空间结构的基础。蛋白质的性质和功能，如变性与复性，变构等与其结构密切相关。依据蛋白质的理化性质可以对其进行分离和纯化。

【知识目标】

了解蛋白质对于生命活动的重要性和分类；掌握蛋白质的化学组成(氨基酸的重要性质)、基本结构单位和结构层次；蛋白质的结构与生物学功能的关系。理解蛋白质的理化性质(结合实验)。

【复习指南】

第一部分　蛋白质的分子组成

蛋白质是由20种氨基酸通过肽键共价相连而成的多肽链。各种多肽链都有其特定的氨基酸顺序，行使不同的生物学功能。

表3-1　蛋白质的生物学功能

项目	主要内容
结构功能	参与细胞膜、结缔组织等的组成 所有器官、组织都含有蛋白质；细胞的各个部分都含有蛋白质
其他	催化功能，贮存与运输功能，调节作用，运动功能，防御功能，营养功能，能量转换等

表3-2　蛋白质的分类

分类依据	类别	特点	举例
按形状分	纤维状蛋白质 (fibrous protein)	类似纤维或细棒状，多不溶于水	α-角蛋白、胶原蛋白等
	球状蛋白质 (globular protein)	分子接近球状或椭圆状，溶解度较大	酶和大多数蛋白质

续表 3-2

分类依据	类别	特点	举例
按结构和功能分	简单蛋白质(simple protein)	仅由氨基酸组成的、结构简单的蛋白质	清蛋白、球蛋白、谷蛋白、醇溶蛋白、组蛋白、精蛋白以及硬蛋白等
	结合蛋白质(complex protein)	除含有氨基酸成分外,还有其他成分的存在,即包含蛋白质和非蛋白质两部分	核蛋白、糖蛋白、脂蛋白、磷蛋白、黄素蛋白、色蛋白以及金属蛋白

表 3-3　蛋白质的元素组成

项目	主要内容
组成的元素	主要是 C、H、O 和 N;其次是 S 和 P;少量是 Fe、Cu、Zn、Mn、Co 等
特点	各种蛋白质含氮量很接近,平均约为 16%
应用	样品中蛋白质含量(g/100 g)=每克样品含氮克数×6.25×100 [凯氏法(Kjeldahl method)定氮]

表 3-4　蛋白质的基本结构单位——氨基酸

类别	主要内容
20 种参与动物体或人体组成的氨基酸	也叫标准氨基酸或编码氨基酸
	均为 α-氨基酸(除脯氨酸),均为 L-氨基酸(除甘氨酸)
第 21 种氨基酸	硒代半胱氨酸(原核和真核生物)
第 22 种编码氨基酸	吡咯赖氨酸(微生物)
其他氨基酸	氨基酸在某些蛋白质中可以被修饰,包括羟化、羧化和磷酸化等。如 4-羟脯氨酸、5-羟赖氨酸等
	鸟氨酸、瓜氨酸等不参与蛋白质组成,是体内代谢的中间产物
	γ-氨基丁酸、组胺等,氨基酸脱羧物质,具有重要的生物学功能

表 3-5　组成蛋白质的 20 种氨基酸分类

分类(根据 R 侧链的极性和电荷的不同)	氨基酸名称
非极性氨基酸(non-polar amino acids)	Ala,Val,Leu,Ile,Pro,Phe,Trp,Met
不带电荷极性氨基酸(uncharged polar amino acids)	Gly,Ser,Thr,Cys,Tyr,Asn,Gln
带正电荷极性氨基酸(positively charged polar amino acids)	His,Arg,Lys
带负电荷极性氨基酸(negatively charged polar amino acids)	Asp,Glu

表 3-6 氨基酸的主要理化性质

性质	特点
两性解离 (amino acid amphoteric)	氨基酸分子既含有酸性的羧基(—COOH),又含有碱性的氨基(—NH_2)。前者能提供质子变成—COO^-;后者能接受质子变成—NH_3^+。氨基酸是两性电解质(ampholyte)或两性化合物
	带有数量相等的正负两种电荷的离子,称为两性离子(zwitterion)或兼性离子
氨基酸的等电点 (isoelectric point, pI)	在某一 pH 的溶液中,氨基酸以两性离子形式存在,正、负电荷数相等,净电荷为零,在电场中既不向正极移动,也不向负极移动。此时溶液的 pH 称为该氨基酸的等电点
	等电点时蛋白质溶解度最低——等电沉淀法分离蛋白质
光吸收特性	各种氨基酸在可见区都没有光吸收
	在紫外光区芳香族氨基酸(含有共轭双键)在 280 nm 处有最大吸收峰
	测定溶液 280 nm 的光吸收值(分析溶液中蛋白质含量常用方法)

第二部分 蛋白质的分子结构

表 3-7 蛋白质分子中氨基酸的连接

项目	主要内容
肽键	蛋白质分子中,由前一个氨基酸的—COOH 和后一个氨基酸的—NH_2 脱水缩合而成的酰胺键(—CO—NH—),是蛋白质结构中的主价键
肽	由肽键形成的化合物。包括二肽、三肽、寡肽、多肽等
多肽链	通过肽键连接而成的链状结构。多肽链的骨架称为主链,R 基团部分为侧链
	多肽链含有 α-NH_2 的一端,写在多肽链的左边,称为 N-末端(氨基末端)
	多肽链含有 α-COOH 的一端,写在多肽链的右边,称为 C-末端(羧基末端)
	多肽链中不完整的氨基酸分子,称为氨基酸残基(amino acid residue)
肽链的书写和阅读	书写:从左到右 阅读:从 N 端到 C 端;从左到右,某氨酰某氨酰………某氨酸
多肽链的结构特征	肽单位或肽单元(peptide unit):肽链主链上的重复结构 C_α—CO—NH—C_α
	肽平面(peptide plane):空间上参与肽键的 6 个原子位于同一平面
	两面角(dihedral angle):相邻肽平面之间的角。C_α—N 之间称 φ,C_α—C 间称 ψ。决定相邻肽平面的相对位置

表 3-8 蛋白质的一级结构

项目	主要内容
定义	多肽链上各种氨基酸残基的排列顺序,由编码蛋白质的基因决定。不同蛋白质具有不同的一级结构 主价键:肽键,有时有二硫键
举例:胰岛素(insulin)	第一个确定氨基酸序列的蛋白质。1953 年由英国的 Sanger 确定。1958 年获诺贝尔化学奖
	由 51 个氨基酸组成,形成 A、B 两条链
	A 链 21 个氨基酸,形成一个链内二硫键
	B 链 30 个氨基酸,与 A 链之间有 2 个链间二硫键相连

表 3-9 蛋白质的二级结构

项目	主要内容
定义	肽链主链在一级结构的基础上进一步盘旋或折叠形成的周期性构象。维系二级结构的力:氢键
主要形式	α-螺旋(α-helix)、β-折叠(β-sheet)、β-转角(β-turn)、无规卷曲等
α-螺旋	1951 年美国 Pauling 和 Corey 证明。1954 年获诺贝尔化学奖
	肽链主链绕 C_α 相继旋转一定角度,盘绕成螺旋状,侧链伸向外侧。大多数天然蛋白质都是右手 α-螺旋
	每 3.6 个氨基酸残基上升一圈,每圈使轴上升 0.54 nm(0.15 nm/氨基酸残基)
	α-螺旋中第 n 个肽键的 N—H 和第 $n+3$ 个肽键上的羰基氧 (C═O) 之间形成链内氢键。氢键的方向与 α-螺旋轴的方向几乎平行
	在氢键封闭的环内,有 13 个原子,α-螺旋也可简写为 3.6_{13}
β-折叠	多肽链中依次伸展的周期性折叠的锯齿形的主链构象
	主链之间形成链间氢键,侧链基团 R 交替地位于片层的上、下
	有平行和反平行两种结构
β-转角	在多肽链的主链骨架中,肽链 180°的回折形成的回折角上的结构。其第一个氨基酸残基上的羰基氧 (C═O) 与第四个氨基酸残基上的氨基氢(N—H)形成氢键。第二个残基常为脯氨酸。有Ⅰ和Ⅱ型两种构型,Ⅰ型较稳定
无规卷曲	蛋白质的肽链中没有确定规律性的那部分肽段构象

表 3-10 蛋白质的超二级结构和结构域

项目	主要内容
超二级结构(基序、模序或模体)	蛋白质中存在由若干相邻的二级结构单元按一定规律组合在一起,形成有规则的二级结构集合体。如 αα,βαβ,ββ,锌指结构等
	1973 年 Rossmann 提出
结构域	在较大的蛋白质分子里,多肽链的三维折叠常常形成两个或多个近似球状的三维实体。结构域之间一般不能分开,与整体分子以共价键相连
	一般 50 个以上氨基酸组成的多肽才可形成结构域
	每个结构域在结构上是独立的,各自承担着独特功能

表 3-11 蛋白质的三级结构

项目	主要内容
定义	一条多肽链在二级结构(超二级结构及结构域)的基础上,进一步盘绕、折叠而成的具有特定肽链走向的紧密球状结构。或者说三级结构是指多肽链中所有原子和基团在三维空间的排布
维系三级结构的力	疏水作用力、氢键、范德瓦尔力、盐键,有时有—S—S—键
鲸肌红蛋白(myoglobin,Mb)	第一个确定三级结构的蛋白质,哺乳动物肌肉贮存和运输氧的蛋白质
	20 世纪 50 年代英国的物理学家 John Kendrew 等提出。1962 年获诺贝尔化学奖
	由一条多肽链(153 个氨基酸残基)和一个血红素组成
	多肽链主链骨架折叠、盘绕成 A,B,C,D,E,F,G,H 8 个 α-螺旋肽段,拐角处形成无规卷曲
	亲水氨基酸分布于分子的外表面,Mb 溶于水
	疏水氨基酸(如 Leu,Val,Met,Phe)包埋于分子内部,形成疏水空穴,血红素辅基位于其中
血红素	铁卟啉化合物。由 4 个吡咯通过 4 个甲炔基相连成一个大环,Fe^{2+} 居于环的中间
	铁有六个配位键,4 个与吡咯环相连,1 个与近体组氨酸(F_8 His)上 N 相连,1 个与 O_2 相连

表 3-12 蛋白质的四级结构

项目	主要内容
定义	多个具有三级结构的多肽链的聚合。或者说四级结构指亚基的种类、数目及各个亚基在寡聚蛋白中的空间排布和亚基之间的相互作用
	由 2 条或 2 条以上的多肽链组成的蛋白质才具有四级结构
维系四级结构的力	疏水作用力,还有离子键、氢键、范德瓦尔力等

续表 3-12

项目	主要内容
亚基	一条具有三级结构的多肽链，称为亚基
	有二聚体（由两个亚基组成）、三聚体、寡聚体和多聚体。由少数亚基聚合而成的蛋白质，称为寡聚蛋白。蛋白质是由多个亚基组成的多聚体
	分为均一四级结构（由同样的亚基组成，如过氧化物酶）和非均一四级结构（由不一样的亚基组成，如 Hb、LDH）
血红蛋白（hemoglobin，Hb）	第一个确定四级结构的蛋白质，哺乳动物血液贮存和运输氧的蛋白质
	20 世纪 50 年代英国的物理学家 Perutz 等提出。1962 年获诺贝尔化学奖
	由 4 个亚基组成（$\alpha_2\beta_2$），每个亚基都与肌红蛋白结构非常相似
	Hb 由四条多肽链（亚基）组成。每条链都卷曲成球状，有一个疏水“空穴”容纳血红素，血红素通过其中的铁与氧结合。每一个血红素都可以与 1 个氧分子结合。即 1 个 Hb 可以与 4 个氧分子结合

第三部分　蛋白质结构与功能的关系

表 3-13　蛋白质一级结构与功能的关系

主要内容	举例
蛋白质的一级结构是其空间结构和功能的基础	如核糖核酸酶，变性后失去空间结构，生物学活性丧失，复性后功能恢复
蛋白质多肽链中个别氨基酸改变决定该蛋白质功能不同	如同是 9 肽的催产素和加压素，二者在第 3 位和第 8 位的氨基酸残基不同，它们的主要生理活性有显著差异
蛋白质多肽链中关键肽段的改变导致其功能改变	如 39 肽的 ACTH（促肾上腺皮质激素），1—19 个氨基酸肽段是其关键肽段
一级结构改变引起分子病	蛋白质分子发生变异所导致的疾病。基因突变导致蛋白质一级结构的突变
	最早从分子水平证明的先天性遗传病——镰形红细胞贫血症（sickle-cell anemia）属于分子病
一级结构与分子进化	同功能蛋白质在种属之间的氨基酸差异大小，通常与这些种属在进化位置的差距大体平行，亲缘关系越近，同一功能的蛋白质的一级结构差异越小，反之就越大

表 3-14　蛋白质的变构作用与 Hb 的输氧功能

项目	主要内容
蛋白质的变构作用	对于多亚基的蛋白质或酶分子，当外界效应物(剂)作用于某个亚基，引发其构象改变，继而引起其他邻近亚基构象的改变，导致蛋白质或酶的生物活性变化的作用
	包括变构激活作用和变构抑制作用。其动力学曲线呈 S 形
	参加蛋白质变构作用的外界效应剂也称变构剂，有变构激活剂和变构抑制剂
血红蛋白的变构作用与输氧功能	血红蛋白中的 4 个亚基与氧分子的亲和性不同。氧分子与血红蛋白的一个亚基结合后，引起其构象发生改变，使另一亚基更容易与氧结合，这种变化在亚基之间传递，改变了其他亚基与氧的结合能力。Hb 结合氧的作用属于变构作用
	所结合的小分子氧称为变构剂，通过变构作用使 Hb 结合氧的能力增强，属于变构激活，小分子氧为变构激活剂

表 3-15　蛋白质的变性与复性

项目	主要内容
蛋白质变性的概念	在某些理化因素作用下，蛋白质的一级结构保持不变，但空间结构发生改变，即由天然状态(折叠态)变成了变性状态(伸展态)，从而引起其生物学功能丧失以及物理、化学性质的改变，这种现象称为变性。变性后的蛋白质称变性蛋白质；没有变性的蛋白质称为天然蛋白质
变性的特征	溶解度降低，黏度变化，易被酶水解，易结絮、凝固沉淀，失去结晶能力及生物学活性丧失等
变性因素	物理因素：包括热、紫外线、X 射线、超声波、高压、表面张力以及剧烈的震荡、研磨、搅拌等 化学因素(又称变性剂)：包括酸、碱、有机溶剂(如乙醇、丙酮等)、尿素、盐酸胍、重金属盐、三氯醋酸、苦味酸、磷钨酸以及去污剂等
应用	在医疗上变性因素都可使细菌、病毒的蛋白质发生变性，从而失去致病作用等，如高温高压消毒手术器械、紫外线照射手术室等 在蛋白质、酶的分离纯化过程中，为了防止蛋白质变性，保持低温，防止强酸、强碱、重金属盐、剧烈震荡等变性因素的影响
蛋白质的复性	变性的蛋白质在一定的条件下可以重建其天然构象，恢复其生物活性的现象。有完全复性和不完全复性

第四部分　蛋白质的理化性质和分离纯化

表 3-16　蛋白质的理化性质

性质	主要内容
蛋白质的两性解离性质	蛋白质的氨基酸既含有酸性的羧基(—COOH)，又含有碱性的氨基(—NH_2)，具有两性解离性质。蛋白质是两性电解质
蛋白质等电点	当蛋白质溶液处于某一 pH 时，蛋白质解离成兼性离子，净电荷为零，此时溶液的 pH 为该蛋白质的等电点
蛋白质的胶体性质	蛋白质属于生物大分子，颗粒直径 1～100 nm，为胶体范围之内。不能透过半透膜。颗粒表面利用水膜和电荷保证蛋白质溶液稳定，若稳定因素破坏，发生沉淀(可逆和不可逆沉淀)
紫外吸收特性	因蛋白质分子中含有芳香族氨基酸，在 280 nm 处有特征性吸收峰。此波长处，蛋白质溶液的光吸收值与蛋白质含量成正比。常用于蛋白质定量检测
双缩脲反应	蛋白质和多肽分子中的肽键在强碱溶液中与硫酸铜共热，呈现紫红色，称为双缩脲反应。此法常用于蛋白质定量检测，也可用于检测蛋白质水解程度
福林-酚法(Lowery 法)	蛋白质与酚试剂反应——生成蓝色物质。用于蛋白质定量检测
染料结合法	蛋白质与考马斯亮蓝 G250 反应——生成蓝色物质。常用于微量蛋白质的定量检测

表 3-17　蛋白质的分离纯化

方法	主要内容
透析	利用蛋白质不能透过半透膜的性质，用透析袋分离大分子蛋白质和小分子化合物。如透析脱盐
超滤	应用正压或离心力使蛋白质溶液透过有一定截留分子量的超滤膜，达到浓缩蛋白质溶液的目的。蛋白质浓缩常用方法
盐析	高浓度中性盐(硫酸铵、硫酸钠或氯化钠)使蛋白质表面电荷中和及破坏水膜，使蛋白质在水溶液中稳定性破坏而沉淀。属于可逆性沉淀
电泳	电泳是指带电颗粒在电场的作用下发生迁移的过程。是蛋白质分离的有效方法
	电泳技术就是利用在电场的作用下，由于待分离样品中各种分子带电性质以及分子本身大小、形状等性质的差异，使带电分子产生不同的迁移速度，从而对样品进行分离、鉴定或提纯的技术
	在溶液中的电泳称为界面电泳或自由电泳；而在孔性介质中的电泳称为区带电泳。常见的电泳法包括醋酸纤维薄膜电泳、聚丙烯酰胺凝胶电泳(PAGE)、等电聚焦电泳(IEF)等

续表 3-17

方法	主要内容
层析	又称色谱法，是将待分离混合物，经过互不相溶的两个相（流动相和固定相），按照被分离物质物理、化学及生物学特性的不同进行分离纯化的一种方法，如离子交换层析、凝胶过滤层析及亲和层析等
超速离心	利用超速离心机测定蛋白质分子量的一种方法。将蛋白质溶液放在超速离心机的离心管中，在约 10^5 r/min 速度下离心，使蛋白质分子沉降。利用光学系统可以检测蛋白质分子的沉降，测出蛋白质的沉降速度。一种蛋白质分子在单位离心力场里的沉降速度为恒定值，被称为沉降系数，常用 S(Svedberg)表示。已测得许多蛋白质的 S 值都在 $1\times10^{-13}\sim200\times10^{-13}$ s 之间，因此，采用 1×10^{-13} s 作为沉降系数的一个单位，用 S 表示

【练习与自测题】

名词解释

1. 结合蛋白质(conjugated protein)
2. 氨基酸残基(amino acid residue)
3. 两性电解质(ampholyte)
4. 两性离子(zwitterion)
5. 肽键(peptide bond)
6. 肽(peptide)
7. 肽单位或肽平面(peptide unit/peptide plane)
8. 二面角(dihedral angle)
9. 蛋白质的二级结构(secondary structure of protein)
10. 超二级结构或模体(super secondary structure & motif)
11. 结构域(structural domain)
12. 非共价相互作用力(noncovalent interactions)
13. 3.6_{13}
14. β-折叠(β-pleated sheet 或称 β-sheet)
15. 蛋白质的三级结构(tertiary structure of protein)
16. 蛋白质的四级结构(quaternary structure of protein)
17. 亚基(subunit)
18. 寡聚蛋白(oligoprotein)
19. 分子病(molecular disease)
20. 蛋白质变构作用(protein allosteric effect)
21. 蛋白质的变性(denaturation)
22. 分子伴侣(chaperon)

23. 蛋白质的等电点(pI,isoelectric point)
24. 盐析(salting out)
25. 层析(chromatography)
26. 电泳(electrophoresis)

单项选择题

A1 型题

为单项选择题,属于最佳选择题类型。每道试题由一个题干和四个备选答案组成,其中只有一个是最符合题目要求的。

1. 在不同蛋白质中含量最接近的元素是(　　)。

A. 碳　B. 氢　C. 氧　D. 氮

2. 组成生物蛋白质的基本单位是氨基酸。通常组成动物或人体蛋白质的氨基酸有(　　)。

A. 18 种　B. 23 种　C. 20 种　D. 19 种

3. 蛋白质分子中不是含硫氨基酸的是(　　)。

A. Cys　B. Met　C. Thr　D. 胱氨酸

4. 下列两者都是含羟基的氨基酸的是(　　)。

A. Ser 和 Thr　B. Met 和 Arg　C. Thr 和 Gly　D. Asp 和 Tyr

5. 维持蛋白质分子一级结构稳定的最主要的化学键是(　　)。

A. 氢键　B. 肽键　C. 二硫键　D. 疏水力

6. 除肽键外,蛋白质中还含有其他类型的共价键,例如,蛋白质分子中的两个半胱氨酸通过其巯基形成(　　)。

A. 氢键　B. 共价键　C. 二硫键　D. 疏水力

7. 维持蛋白质高级结构稳定的非共价相互作用力包括四类,它们是氢键、离子键、范德瓦尔力和(　　)。

A. 氢键　B. 共价键　C. 范德瓦尔力　D. 疏水力

8. 一个含有 9 个氨基酸的肽的标准 α-螺旋的螺旋长度为(　　)。

A. 1.35 nm　B. 3.4 nm　C. 2.6 nm　D. 2.8 nm

9. 维持蛋白质二级结构稳定的主要力是(　　)。

A. 静电作用力　B. 氢键　C. 肽键　D. 范德瓦尔力

10. 典型的 α-螺旋中每圈含氨基酸残基数为(　　)。

A. 1.6　B. 2.6　C. 3.6　D. 4.6

11. 下列关于结构域叙述正确的是(　　)。

A. 存在于蛋白质的三级结构中　B. 每种蛋白质都具有结构域
C. 通常折叠的较其他部分紧密　D. 不同的结构域可行使不同的功能

12. 有关蛋白质三级结构,描述正确的是(　　)。

A. 结构域属于蛋白质的三级结构
B. 三级结构是蛋白质的最高结构

C. 三级结构指多肽链中所有原子在空间上的排布

D. 三级结构稳定主要靠氢键维系

13. 具有四级结构的蛋白质的特征是(　　)。

A. 分子中定含有辅基　　B. 由2条或2条以上多肽链组成

C. 每条多肽链都具有独立的生物学活性　　D. 肽键是其主要的维系力

14. 关于镰形红细胞贫血病，以下描述不正确的是(　　)。

A. 氨基酸的突变导致血红蛋白结合的铁减少

B. 氨基酸的改变导致红细胞的形态改变

C. 基因突变导致氨基酸改变影响了血红蛋白的结构

D. 氨基酸的改变导致 Hb 易于聚集

15. 蛋白质变性是由于各种理化因素的作用，使蛋白质分子的(　　)。

A. 一级结构改变　　B. 空间结构破坏　　C. 辅基脱落　　D. 肽键断裂

16. 不连续凝胶电泳的物理效应不包括(　　)。

A. 样品的浓缩效应　　B. 凝胶的分子筛效应　　C. 样品的扩散效应　　D. 电荷效应

17. 在临床化验中，常用于去除血浆蛋白质的化学试剂为(　　)。

A. 丙酮　　B. 硫酸铵　　C. 稀盐酸　　D. 三氯醋酸

18. 下列在280 nm波长处有吸收峰的氨基酸是(　　)。

A. 丙氨酸　　B. 色氨酸　　C. 精氨酸　　D. 甘氨酸

19. 下列不损坏蛋白质生物学活性的分离纯化方法是(　　)。

A. 用乙醇沉淀蛋白质　　B. 凝胶层析

C. 醋酸纤维薄膜电泳　　D. 用金属离子沉淀

20. 盐析法沉淀蛋白质的原理是(　　)。

A. 调节蛋白质溶液的等电点　　B. 中和电荷，破坏水化膜

C. 盐与蛋白质结合成不溶性的蛋白盐　　D. 以上都不是

A2 型题

每道题由一个叙述性的简要主题作为题干和四个备选答案组成。A、B、C、D 四个答案中只有一个是最佳答案。

1. 一个蛋白质除了含有氨基酸成分外，还有其他的成分，即包含蛋白质和非蛋白质两部分，这样的蛋白质称为结合蛋白质。下列哪一个蛋白质属于结合蛋白质？(　　)

A. 卵清蛋白　　B. 球蛋白　　C. 核蛋白　　D. 免疫球蛋白

2. 氨基酸是蛋白质的基本结构单位，又称构件分子。蛋白质分子中不同氨基酸是以相同的化学键连接的，即前一个氨基酸分子的 α-羧基与下一个氨基酸分子的 α-氨基缩合，失去一个水分子形成 C—N 化学键连接。该 C—N 化学键称为(　　)。

A. 共价键　　B. 非共价键　　C. 疏水键　　D. 肽键

3. 氨基酸分子既含有酸性的羧基(—COOH)，又含有碱性的氨基($—NH_2$)。前者能提供质子变成$—COO^-$；后者能接受质子变成$—NH_3^+$。因此，氨基酸是两性电解质。其解离状态与溶液的 pH 有直接关系，当溶液 pH 等于其 pI 时，该氨基酸(　　)。

A. 带正电荷　　B. 带负电荷
C. 所带电荷不确定　　D. 所带正、负电荷相等

4. 肽链主链在一级结构的基础上进一步盘旋或折叠形成的周期性构象，称为蛋白质的二级结构。维持蛋白质分子二级结构稳定的力主要是氢键。下列除(　　)外，都属于二级结构。

A. α-螺旋　　B. β-折叠　　C. γ-螺旋　　D. 无规卷曲

5. 多肽链在二级结构的基础上进一步盘绕折叠形成的紧密的近似球状的结构，在空间上彼此分开，各自具有部分生物学功能，称为(　　)。

A. 结构域　　B. 模序　　C. 蛋白质的三级结构　　D. 蛋白质的四级结构

6. 蛋白质发挥功能需要特定的立体结构，又称构象。构象可划分为二级、三级和四级结构等主要层次。其中(　　)涉及分子中所有的原子和基团的空间排布，是蛋白质发挥功能所必需的。

A. 结构域　　B. 模序
C. 蛋白质的三级结构　　D. 蛋白质的四级结构

7. 近年来的研究表明，一些简单的蛋白质无须能量的输入或其他蛋白质的帮助就能折叠成天然构象；但大多数情况下，新合成的蛋白质需要其他蛋白质的帮助才能形成正确的构象。新生肽折叠成天然构象往往是在被称为(　　)的一类蛋白质的帮助下完成的。

A. 泛素　　B. 分子伴侣　　C. ATP　　D. 辅酶或辅基

8. 基因突变导致蛋白质的一级结构发生变化，如果这种变化导致蛋白质生物学功能的下降或丧失，就会产生疾病，这种病称为(　　)。

A. 代谢病　　B. 分子病　　C. 普通病　　D. 营养缺乏病

9. 血红蛋白和肌红蛋白都是氧的载体，血红蛋白比肌红蛋白更适合运输氧，是因为血红蛋白是一个典型的变构蛋白，在与氧结合的过程中发生了(　　)。

A. 变性作用　　B. 变构作用　　C. 共价修饰　　D. 激活作用

10. 凝胶层析是蛋白质分离和纯化的常用方法，是根据蛋白质分子量的大小达到分离的目的，下列 5 种化合物通过凝胶层析法分离，最后洗脱下来的是(括号内为分子量)(　　)。

A. 胰岛素(5 700)　　B. 细胞色素(13 370)
C. 肌红蛋白(16 900)　　D. 肌球蛋白(400 000)

A3 型题

2～3 个相关的问题，每个问题均与开始的题干有关。每个问题均有四个备选答案，需要选择一个最佳答案。

(1～3 题共用题干)氨基酸是在有机酸的 *α*-碳原子上的一个氢被氨基取代所形成的化合物，它是构成蛋白质的基本单位。

1. 自然界有 200 多种氨基酸，参与动物或人体蛋白质组成的基本氨基酸有(　　)。

A. 10 种　　B. 20 种　　C. 23 种　　D. 30 种

2. 在蛋白质分子中的氨基酸除(　　)，均为 *L*-氨基酸。

A. Gly　　B. Phe　　C. Pro　　D. Ala

3. 在蛋白质分子中的(　　)，在近紫外光处具有光吸收。

A. 碱性氨基酸　　B. 酸性氨基酸　　C. 含硫氨基酸　　D. 芳香族氨基酸

(4～6题共用题干)蛋白质的二级结构是指多肽链主链在一级结构的基础上进一步盘旋或折叠形成的周期性构象，二级结构的主要形式有α-螺旋、β-折叠、无规卷曲等。

4. 维系二级结构的力主要是(　　)。

A. 氢键　B. 离子键　C. 二硫键　D. 疏水力

5. 肽链主链骨架围绕中心轴盘绕成螺旋状，称为(　　)。

A. β-折叠　B. α-螺旋　C. β-转角　D. 无规卷曲

6. 多肽链中一段较伸展的周期性折叠的锯齿形的主链构象，主链之间形成氢键，侧链基团R交替地位于片层的上、下，属于(　　)。

A. β-折叠　B. α-螺旋　C. β-转角　D. 无规卷曲

(7～9题共用题干)蛋白质属于生物大分子，有复杂的空间结构，包括一级结构和空间结构。一级结构是空间结构的基础，空间结构包括二级、三级和四级结构。

7. 在有些蛋白质中，有2个或3个具有二级结构的肽段在空间上相互接近，形成特定的二级结构的集合体，称为(　　)。

A. 结构域　B. 超二级结构　C. 蛋白质的三级结构　D. 蛋白质的四级结构

8. 在较大蛋白质分子中，形成的两个或多个在空间上相对独立的球状区域，称为(　　)。

A. 结构域　B. 模序　C. 蛋白质的三级结构　D. 蛋白质的四级结构

9. 多由两个或两个以上多肽链组装的寡聚蛋白中亚基的排布，则称为(　　)。

A. 结构域　B. 超二级结构　C. 蛋白质的三级结构　D. 蛋白质的四级结构

(10～12题共用题干)蛋白质是生物大分子，特定的空间结构对蛋白质的生物活性至关重要。

10. 如在某些理化因素作用下，蛋白质由天然的有序的状态转变成伸展的无序的状态，并引起生物功能的丧失以及理化性质的改变，这种现象称为(　　)。

A. 蛋白质的变性　B. 蛋白质的变构　C. 蛋白质沉淀　D. 蛋白质失活

11. 在生产实践和日常生活中，为了防止这种变化，蛋白质食品保鲜和防止酶丧失活性通常采用(　　)。

A. 冷藏、避光的方法　B. 盐析　C. 盐促沉淀　D. 加热

12. 有时这种变化又有实际应用，例如用酒精消毒手术部位的皮肤，主要是使细菌、病毒的(　　)，从而失去致病作用，防止伤口感染。

A. 蛋白质发生变性　B. 蛋白质发生变构　C. 蛋白质增加　D. 蛋白质减少

(13～15题共用题干)蛋白质是大分子，大小在胶体溶液的颗粒直径范围之内。许多水分子在球蛋白分子的周围形成一层水化层(水膜)。由于水化层的分隔作用，使许多球蛋白分子不能互相结合，而是均匀地分散在水溶液中，形成亲水性胶体溶液。

13. 如果向上述溶液中加入少量的中性盐，会增加蛋白质分子表面的电荷，增强蛋白质分子与水分子的作用，从而使蛋白质在水溶液中的溶解度增大，这种现象称为(　　)。

A. 盐溶　B. 等电沉淀　C. 盐析　D. 蛋白质溶解

14. 如果向上述溶液中加入足够量的中性盐，在高浓度的盐溶液中，无机盐离子就会从蛋白质分子的水膜中夺取水分子，破坏水膜，使蛋白质分子相互结合而发生沉淀。这种现象称为(　　)。

A. 盐沉淀　B. 盐析　C. 盐性沉淀　D. 盐析出

15. 通过上述处理得到的蛋白质，为了去除盐分，可以采用(　　)。

A. 离子交换层析　B. 亲和层析　C. 电泳　D. 透析

(16～17 题共用题干)蛋白质沉淀是指蛋白质稳定性被破坏，使蛋白质溶解性降低，从溶液中析出的现象，实验室或生产中常利用蛋白质沉淀而分离蛋白质。

16. 实验室常用高浓度的中性盐使蛋白质沉淀而分离纯化蛋白质，此方法属于(　　)。

A. 等电沉淀　B. 盐析　C. 盐促沉淀　D. 盐溶

17. 利用蛋白质的等电点使蛋白质沉淀而分离纯化蛋白质，此方法属于(　　)。

A. 蛋白质变性　B. 蛋白质变构　C. 盐析　D. 等电沉淀

(18～20 题共用题干)层析又称色谱法，是将待分离混合物，在经过互不相溶的两个相(流动相和固定相)，按照被分离物质物理、化学及生物学特性的不同进行分离纯化的一种方法。

18. 按照分离物质分子量大小不同进行分离的层析技术，属于(　　)。

A. 凝胶过滤层析　B. 离子交换层析　C. 亲和层析　D. 薄层层析

19. 利用被分离物质所带电荷不同进行分离的层析技术，属于(　　)。

A. 凝胶过滤层析　B. 离子交换层析　C. 亲和层析　D. 薄层层析

20. 利用生物分子间专一的亲和力不同而进行分离的一种层析技术，属于(　　)。

A. 凝胶过滤层析　B. 离子交换层析　C. 亲和层析　D. 薄层层析

B1 型题

属于标准伍配单项选择题。开始给出 4 个备选答案，之后 2～6 个题干构成一组试题，要求从 4 个备选答案中为这些题干选择一个与其关系密切的答案。在这组试题中，每个备选答案可以被选一次、两次和多次，也可以不选用。

(1～3 题共用备选答案)

A. 肽键　B. 氢键　C. 非共价相互作用力　D. 离子键

1. 蛋白质一级结构的主价键是(　　)。

2. 维持蛋白质二级结构稳定的主要力是(　　)。

3. 参与三级结构稳定的作用力是(　　)。

(4～6 题共用备选答案)

A. 正极　B. 负极　C. 原点

4. 酪蛋白(pI＝4.6)，在 pH＝5.0 时，在电场中朝哪个方向移动？(　　)

5. α-乳球蛋白(pI＝5.2)，在 pH＝5.0 时，在电场中朝哪个方向移动？(　　)

6. 胰凝乳蛋白酶原(pI＝9.5)，在 pH＝9.5 时，在电场中朝哪个方向移动？(　　)

(7～9 题共用备选答案)

A. 含硫氨基酸　B. 酸性氨基酸　C. 带有羟基的氨基酸　D. 碱性氨基酸

7. 天冬氨酸是(　　)。

8. 半胱氨酸是(　　)。

9. 苏氨酸是(　　)。

(10～12 题共用备选答案)

A. 二级结构　B. 模体　C. 结构域　D. 四级结构

10. 亮氨酸拉链属于蛋白质的(　　)。

11. 无规卷曲是蛋白质的(　　)。

12. 血红蛋白的四个亚基组合在一起形成的结构属于蛋白质的(　　)。

(13～15 题共用备选答案)

A. 蛋白质变性　　B. 蛋白质变构　　C. 核酸变性　　D. 蛋白质沉淀

13. 某些理化因素作用下，多肽链高级结构破坏，生物学活性丧失的是(　　)。

14. 某些理化因素作用下，碱基对之间的氢键断裂，生物学活性丧失及一系列理化性质改变的是(　　)。

15. 变构效应剂作用下，使蛋白质构象变化，改变其活性的是(　　)。

(16～20 题共用备选答案)

A. 血红蛋白　　B. 肌红蛋白　　C. 催乳素　　D. Cyt c

16. 由多个亚基组成的是(　　)。

17. 仅由 9 个氨基酸组成，且其肽链分子中含有二硫键的是(　　)。

18. 含亚铁离子且没有携氧功能的是(　　)。

19. 能发生变构作用的是(　　)。

20. 第一个搞清三级结构的蛋白质是(　　)。

(21～24 题共用备选答案)

A. 盐析　　B. 透析　　C. 亲和层析　　D. 电泳

21. 中和电荷、破坏水化膜，使蛋白质析出的是(　　)。

22. 按照分子量大小进行分离的方法是(　　)。

23. 按照蛋白质在电场中所带电荷不同进行分离的技术是(　　)。

24. 可按照蛋白质的特异性(如抗原和抗体)进行分离的是(　　)。

填空题

1. 以________种 *L*-氨基酸为单体通过________连接的多聚体，称之为多肽或蛋白质。

2. 根据蛋白质的组成成分，可以将其分为____________和____________；根据其形状，可以分为____________和____________。

3. 所有蛋白质均含有______、______、______、______；其中各种蛋白质的含氮量很接近，平均为______。如测得 2 g 粗蛋白样品中含氮量为 15 mg，则该粗蛋白样品蛋白含量为______。

4. 组成生物体的 20 种主要的氨基酸中，酸性氨基酸包括________、________；碱性氨基酸则包括________、________和________；芳香族氨基酸包括________、________和________。

5. 蛋白质分子中，肽是由前一个氨基酸分子的________与下一个氨基酸分子的________缩合而成；由两个氨基酸分子缩合而成的肽称为________；含三个氨基酸的肽，称为________；蛋白质中的氨基酸不再是完整的氨基酸分子，称为________。

6. 多肽链氨基酸的____________称为蛋白质一级结构，其主要化学键是________；有时还有________。

7. 牛胰岛素的一级结构由____个氨基酸组成，包括____(21 肽)和____(30 肽)两条肽链，________有________链间—S—S—键相连，________内还有________链内—S—S—键。

8.蛋白质的高级结构包括______、______和______。维持蛋白质高级结构稳定的力主要是______,包括______、______、______和______。

9.β-转角由______氨基酸残基组成,第一个残基的______与第4个残基的亚氨基的______形成______。β-转角中常存在______和______。

10.血红蛋白和肌红蛋白都是含有______辅基的蛋白质,其中的______离子可以结合一分子氧。

11.蛋白质溶液在280 nm处具有吸收峰,是因为分子中含有的______、______及______3种芳香族氨基酸苯环上的共轭双键具有紫外吸收的特性。

12.电泳分离是按照不同溶质由于______、______及______不同,在电场中的泳动方向和速度不同而进行分离的方法。

13.当蛋白质溶液处于某一pH时,蛋白质分子解离成正、负离子的趋势相等,即称为______,此时所带静电荷为零,此时溶液的pH称为该蛋白质的______。此时此蛋白质的溶解度______。

14.层析是利用混合物中各组分物质的物理化学性质的差别进行分离。层析的种类很多,包括______、______、______和______等。

15.本章的两个重要的研究或发现:1953年英国科学家______完成了______的序列测定,______年获诺贝尔化学奖。美国科学家Pauling和Corey______年提出了蛋白质的______结构。

简答题

1.存在于蛋白质内的20种氨基酸在结构上有何共同点?如何分类?Gly和Pro的结构有何特殊性?

2.蛋白质是生物大分子吗?用你学过的知识解释之。

3.一个9肽的氨基酸序列是:Lys-Met-Ser-Glu-Ser-Tyr-Ala-Leu-Gly,正确命名这个肽。

4.胰岛素由51个氨基酸组成,包括A链和B链,是否能说它由2个亚基组成,为什么?

5.生物化学研究中关于胰岛素有许多“第一”,用你知道的知识至少举出两例。

6.简述蛋白质的α-螺旋的特点。

7.什么是蛋白质的空间结构?蛋白质的空间结构与其生物学功能有何关系?

8.以血红蛋白为例,说明蛋白质的变构作用。

9.以肌红蛋白为例,说明蛋白质三级结构的特点及加热时其可发生沉淀的原理。

10.还原型谷胱甘肽分子中的肽键有何特点?还原型与氧化型谷胱甘肽的结构有何不同?

11.凝胶层析的基本原理是什么?

12.简述双缩脲法测定蛋白质浓度的基本原理。

13.等电点时为什么蛋白质溶解度最低?

论述题

1.为什么说“蛋白质是生命活动的基础”?

2.试述多肽链及其结构特点。

3. 试述蛋白质的一、二、三和四级结构的概念，以及它们之间的区别。

4. 解释蛋白质结构与进化的关系。

5. 简述血红蛋白的结构。其结构和功能关系如何？血红蛋白和氧结合受哪些因素影响？

6. 蛋白质变性时，有哪些特征性现象出现？举出 3 种能引起蛋白质变性的试剂。

7. 两种蛋白质 A 和 B，已知它们具有不同的等电点和分子量，如何分离？设计实验方案，并说明其原理。

8. 已知酪蛋白 pI＝4.8。请设计实验方案，提取酪蛋白，鉴定其纯度和确定其含量并简要说明原理。

9. 蛋白质一级结构的氨基酸序列，可以预测其空间结构，已知 27 肽的氨基酸序列是：
Ile-Ala-His-Thr-Tyr-Gly-Pro-Glu-Ala-Ala-Met-Cys-Lys-Try-Glu-Ala-Gln-Pro-Asp-Gly-Met-Glu-Cys-Ala-Phe-His-Leu

1)在该序列的哪一部位可能会形成 β-转角？

2)何处可能形成链内二硫键？

3)假如该序列是球状蛋白的一部分，Asp，Leu，Val，Glu，Ala，Lys 上述氨基酸残基中哪些可能分布在蛋白的外面？哪些分布在内部？

10. 最早从原子水平上“看见”的两个蛋白质是？它们都是含有血红素辅基的蛋白质，主要功能是结合氧和输送氧，但有差异。试从结构和功能两方面解释之。

【习题参考答案】

名词解释

1. 结合蛋白质(conjugated protein)：除含有氨基酸成分外，还要有其他成分的存在，即包含蛋白质和非蛋白质两部分。如糖蛋白、脂蛋白等。

2. 氨基酸残基(amino acid residue)：在肽或多肽中存在的氨基酸部分。氨基酸与氨基酸借助于肽键相连接的过程中，氨基酸并不是一个完整的氨基酸分子，而是脱掉了 1 分子水(即氨基上的一个氢和羧基上的一个羟基)后的结构。

3. 两性电解质(ampholyte)：一种物质既能够提供质子又能够接受质子，这样的物质称为两性电解质。如氨基酸分子既含有酸性的羧基(—COOH)，又含有碱性的氨基($—NH_2$)。前者能提供质子变成$—COO^-$；后者能接受质子变成$—NH_3^+$。因此，氨基酸是两性电解质。

4. 两性离子(zwitterion)：又称兼性离子，是带有数量相等的正负两种电荷的离子。

5. 肽键(peptide bond)：由前一个氨基酸的羧基与后一个氨基酸的氨基共同脱去 1 分子水形成的酰胺键，称为肽键。

6. 肽(peptide)：两个或两个以上氨基酸通过肽键连接而成的化合物称为肽。包括二肽、三肽、寡肽、多肽等。

7. 肽单位或肽平面(peptide unit/ peptide plane)：肽链主链上的重复结构 C_α—CO—NH—C_α 称为肽单位。在一个肽单位里，肽链主链的肽键 C—N 具有双键的性质，因而不能自由的旋转，使连接在肽键上的六个原子共处于一个平面上，此平面称为肽平面，又称酰胺平面。

8. 二面角(dihedral angle)：多肽链中的肽平面具有刚性结构，C_α 原子位于相邻两个肽平面的连接处，其中 C_α—N 和 C_α—C 均为单键，可自由旋转。C_α—N 的旋转角度称 Φ(Phi)；C_α—C 的旋转角度称 Ψ(Psi)，由于 Φ 和 Ψ 这两个转角决定了相邻两个肽平面在空间上的相对位置，因此，习惯上将这两个转角称为二面角。

9. 蛋白质的二级结构(secondary structure of protein)：多肽链主链的肽键之间借助氢键形成的有规则的构象。

10. 超二级结构或模序(super secondary structure & motif)：是指若干相邻的二级结构中的构象单元彼此相互作用，形成的有规则的二级结构的组合体。超二级结构又称模序或基序。通常有 βαβ，ββ 等。一个模序总有特征性的氨基酸序列，并发挥特殊的功能。如锌指结构。

11. 结构域(structural domain)：是球状蛋白的折叠单位。多肽链在二级结构的基础上进一步盘绕折叠常常形成两个或多个松散连接的近似球状的三维实体。这些实体就称为结构域。结构域在空间上彼此分开，各自具有独特生物学功能。如免疫球蛋白有 12 个结构域(重链上有 4 个，轻链上有 2 个)。

12. 非共价相互作用力(noncovalent interactions)：维持蛋白质分子构象稳定的非共价键，也称为非共价相互作用力，包括氢键、范德瓦尔力、疏水作用力、离子键等。

13. 3.6_{13}：在蛋白质 α-螺旋结构中，每 3.6 个氨基酸螺旋旋转一圈。在螺旋结构中每一个氨基酸残基上的亚氨基氢(N—H)与前面第四个氨基酸残基上的羰基氧 (C═O) 之间形成链内氢键。在氢键封闭的环内，有 13 个原子(1 个羰基、3 个 N—C_α—C 单位、1 个 N)。所以蛋白质的 α-螺旋，也可简写为 3.6_{13}。

14. β-折叠(β-pleated sheet 或称 β-sheet)：是 Pauling 和 Corey 提出的一种二级结构，也是蛋白质中最常见的一种主链构象，是指蛋白质分子中两条平行或反平行的主链中伸展的、周期性折叠的构象。相邻两条肽链或同一条肽链内的肽段平行排列，借助肽键中的羰基 O 原子与亚氨基 H 原子形成氢键，氢键与伸展的肽链接近垂直。

15. 蛋白质的三级结构(tertiary structure of protein)：指一条多肽链在二级结构(超二级结构及结构域)的基础上，进一步盘绕、折叠而成的具有特定肽链走向的紧密球状结构，或者说三级结构是指多肽链中所有原子和基团在三维空间的排布。

16. 蛋白质的四级结构(quaternary structure of protein)：指亚基的种类、数目、空间排布以及相互作用。

17. 亚基(subunit)：蛋白质最小的共价单位，又称为亚单位。参与寡聚蛋白中的每一条肽链本身具有特定的三级结构，称为亚基。

18. 寡聚蛋白(oligoprotein)：少数亚基聚合而成的蛋白质，称为寡聚蛋白。寡聚蛋白中的不同亚基可以用 α、β、γ、δ、ε 命名区分，亚基数目通常为偶数。

19. 分子病(molecular disease)：基因突变导致蛋白质一级结构的突变，导致蛋白质生物功能的下降或丧失，就会产生疾病，这种病称为分子病。例如，最早从分子水平证明的先天性遗传病——镰形红细胞贫血症(sickle-cell anemia)。

20. 蛋白质变构作用(protein allosteric effect)：又称为蛋白质的变构效应，当某些寡聚蛋白与变构效应剂发生作用时，可以通过蛋白质构象变化导致蛋白质的活性改变，这种改变可以是活性的增加或减少。这里的变构效应剂可以是蛋白质本身的作用物，也可以是作用物以外的物质。变构效应是生物体代谢调节的重要方式之一。

21. 蛋白质的变性(denaturation)：指一些理化因素，如热、光、机械力、酸、碱、有机溶剂、重金属离子、尿素等，破坏了维持蛋白质空间构象的非共价相互作用力，导致其生物活性的丧失。变性一般并不引起肽键的断裂，但溶解度降低，可能凝固和沉淀。

22. 分子伴侣(chaperon)：协助新合成蛋白质正确折叠成具有生物功能的构象，而最后却不是终产物的蛋白质。分子伴侣可以防止不正确折叠中间体的形成和没有组装的蛋白亚基的不正确聚集，协助多肽链跨膜转运以及大的多亚基蛋白质的组装和解体。

23. 蛋白质的等电点(pI，isoelectric point)：当溶液在某个 pH 时，蛋白质分子所带正电荷数与负电荷数恰好相等，静电荷为零，在电场中既不向阳极移动也不向阴极移动，此时溶液的 pH 就是该蛋白质的等电点。

24. 盐析(salting out)：在含高浓度盐的蛋白质溶液中，无机盐离子从蛋白质分子的水膜中夺取水分子，破坏水膜，使蛋白质分子相互结合而发生沉淀，这种现象称盐析。

25. 层析(chromatography)：又称色层分析法或色谱法，是生物化学中常用的分离复杂混合物中各种成分的分离方法。层析法的原理是利用混合物中各组分的理化性质(如吸附能力、分子形状和大小、分子所带电荷的性质和数量以及分子亲和力等)的差异，使之通过互不相溶的两个相(一个称流动相，一个称固定相)组成的体系，由于被分离混合物中各组分在两相中的分配系数不同，就会以不同速度移动而互相分离开来。

26. 电泳(electrophoresis)：带电颗粒在电场的作用下向着与其所带电荷相反的电极方向移动的现象。电泳的方向、速度主要取决于分子所带电荷的正负性、所带电荷的多少及分子颗粒的大小。

单项选择题

A1 型题 1. D 2. C 3. C 4. A 5. B 6. C 7. D 8. B 9. B 10. C 11. D 12. C 13. B 14. C 15. B 16. C 17. D 18. B 19. B 20. B

A2 型题 1. C 2. D 3. D 4. C 5. A 6. C 7. B 8. B 9. B 10. A

A3 型题 1. B 2. A 3. D 4. A 5. B 6. A 7. B 8. A 9. D 10. A 11. A 12. A 13. A 14. B 15. D 16. B 17. D 18. A 19. B 20. C

B1 型题 1. A 2. B 3. C 4. A 5. B 6. C 7. B 8. A 9. C 10. B 11. A 12. D 13. A 14. C 15. B 16. A 17. C 18. D 19. A 20. B 21. A 22. B 23. D 24. C

填空题

1. 20，肽键。

2. 简单蛋白质，结合蛋白质；纤维状蛋白质，球状蛋白质。

3. C，H，O，N；16%；4.7%。

4. Asp，Glu；Arg，His，Lys；Trp，Phe，Tyr。

5. α-羧基，α-氨基；二肽；三肽；氨基酸残基。

6. 排列顺序，肽键；二硫键。

7. 51，A，B，A 和 B，2 个，A 链，1 个。

8. 二级结构，三级结构，四级结构；非共价相互作用力，氢键、离子键、范德瓦尔力、疏水力。

9. 4 个，羰基氧原子，氢原子，氢键；Gly，Pro。

10. 血红素，Fe。

11. Tyr，Phe，Trp。

12. 分子大小，形状，净电荷数。

13. 兼性离子，等电点；最小。

14. 凝胶过滤层析，离子交换层析，亲和层析，薄层层析。

15. Sanger，胰岛素一级结构，1958，1951，α-螺旋。

简答题

1. 答题要点：

1)所有氨基酸的氨基（$—NH_2$）都在 α-碳原子（用 C_α 表示）上，故称为 α-氨基酸（除脯氨酸）。除甘氨酸（R 基团为氢原子）外，其余 19 种氨基酸的 α-碳原子都是不对称（手性）碳原子。蛋白质中的氨基酸均为 *L*-氨基酸（除甘氨酸）。

2)在中性 pH 条件下，按其 R 侧链极性和所带电荷的不同，分为四大类：不带电荷极性氨基酸：Gly，Ser，Thr，Cys，Tyr，Asn，Gln；带负电荷极性氨基酸：Asp，Glu；带正电荷极性氨基酸：His，Arg，Lys；非极性氨基酸：Ala，Val，Leu，Ile，Pro，Phe，Trp，Met。

3)Pro 为 α-亚氨基酸，Gly α-碳原子不是不对称（手性）碳原子，无 *L*-和 *D*-型之分。

2. 答题要点：

1)生物大分子是指参与生命有机体活动的非常巨大的分子，是表现生命特征的基本物质。生物大分子通过组成它们的单体之间的非共价相互作用，形成特定的空间结构，从而具有了不同的生物学功能。

2)首先蛋白质分子量一般较大，是由其单体氨基酸通过肽键相连而成；有复杂的分子结构，包括一级结构和空间结构，后者又包括二级、三级和四级结构；蛋白质都有特定的生物学功能，如血红蛋白携带和输送氧，胰岛素具有降血糖的作用等。所以说蛋白质是生物大分子。

3. 答题要点：

赖氨酰甲硫氨酰丝氨酰谷氨酰丝氨酰酪氨酰丙氨酰亮氨酰甘氨酸。

4. 答题要点：

1) 不能。

2) 亚基是指参与寡聚蛋白中每一条肽链本身具有特定三级结构的单位。

3) 胰岛素是由 51 个氨基酸组成的，形成 A、B 两条肽链，两条链之间通过二硫键相连，每一条链没有形成复杂的三级结构，不属于亚基。

5. 答题要点：

1)第一个确定氨基酸序列的蛋白质。Sanger 等于 1943—1955 年对牛胰岛素的一级结构进行了分析，成功地揭示了牛胰岛素的全部化学结构。牛胰岛素分子包括 51 个氨基酸，由 A、B 两条肽链组成，A 链有 21 个氨基酸；B 链有 30 个氨基酸。A、B 两条链借助两个二硫键连接，另外，A 链中 6 位和 11 位上的两个半胱氨酸也通过二硫键相连。1958 年获诺贝尔化学奖。

2)第一个人工合成的蛋白质。

6. 答题要点：

是蛋白质二级结构的主要形式。指肽链主链骨架围绕中心轴盘绕成螺旋状。典型的 α-螺旋的结构是：

1)外观似棒状，肽链的主链绕 C_α 相继旋转一定角度形成紧密的螺旋，侧链伸向外侧。

2)每 3.6 个氨基酸残基上升一圈,每圈使轴上升 0.54 nm(0.15 nm/氨基酸残基)。

3)每一个氨基酸残基上的亚氨基氢(N—H)与前面第四个氨基酸残基上的羰基氧(C═O)之间形成链内氢键。

4)大多数天然蛋白质都是右手 α-螺旋。

7.答题要点:

1)蛋白质的空间结构是指分子中所有原子和基团在空间的排布,又称构象或三维结构,包括蛋白质二级、三级和四级结构等主要层次。

2)蛋白质的构象与其功能有密切关系。同功能蛋白质通常具有类似的构象;构象大的变化能引起蛋白质功能的显著改变。高温、强酸、强碱等理化因素能破坏蛋白质的天然构象,并导致生物活性丧失,称为变性。变性蛋白在一定条件下恢复天然构象的过程称为复性。寡聚蛋白能发生变构现象。如血红蛋白的 α-亚基与氧分子结合后,导致 β-亚基和整个分子的构象发生变化,与氧的亲和力也发生改变,称为变构效应。变性和变构现象说明蛋白质的构象对其生物学功能至关重要。

8.答题要点:

1)蛋白质的变构作用是指对于多亚基的蛋白质或酶,当效应剂作用于某个亚基,引发其构象改变,继而引起其他亚基构象的改变,导致蛋白质或酶的生物活性的变化。

2)血红蛋白(Hb)是由两个 α-亚基和两个 β-亚基构成的四聚体($\alpha_2\beta_2$)。每个亚基都包括一条肽链和一个血红素。每个亚基的三级结构与肌红蛋白十分接近,含有一个血红素辅基,可与氧进行可逆的结合,每个血红蛋白分子能与 4 个 O_2 进行可逆结合。

3)血红蛋白中的 4 个亚基与氧分子的亲和性不同。氧分子与血红蛋白的一个亚基结合后,引起其构象发生改变,这种变化在亚基之间传递,改变了其他亚基与氧的结合能力。即发生了变构作用,增强了其他亚基与氧的结合能力。

9.答题要点:

1)肌红蛋白(Mb)是一种氧结合蛋白,能结合氧分子,便于氧在肌肉中扩散。肌红蛋白分子由一条 153 个氨基酸残基的多肽链和一个血红素组成。

2)其三级结构呈紧密的扁圆形,近似球形。肽链骨架由长短不等的 8 个右手 α-螺旋不对称地盘曲成层。α-螺旋之间的拐弯处(AB、CD、EF、FG、GH)是无规卷曲。

3)分子内部几乎全部为疏水性 R 侧链,分子外表面则包括疏水性和亲水性氨基酸残基,绝大多数亲水性 R 侧链在分子的外表面,因此肌红蛋白可溶于水。

5)高温加热时,蛋白质变性,高级结构被破坏,由近似球形变为松散体。

10.答题要点:

1)还原型谷胱甘肽由谷氨酸、半胱氨酸和甘氨酸三种氨基酸残基构成,其中一个肽键由谷氨酸的 γ-羧基和半胱氨酸的 α-氨基之间脱水形成,而另一个肽键由半胱氨酸的 α-羧基和甘氨酸的 α-氨基之间脱水形成。

2)还原型谷胱甘肽含有 3 个氨基酸残基和 1 个游离的巯基,氧化型谷胱甘肽含有 6 个氨基酸残基和一个二硫键。

11.答题要点:

凝胶层析是依据被分离混合物中不同组分的分子质量不同而进行分离纯化的一种层析方法。凝胶颗粒内部具有多孔性网状结构,被分离的混合物流过层析柱时,比凝胶孔径大的分子不能进入凝胶孔内，在凝胶颗粒之间的空隙向下移动，并最先被洗脱出来；比网孔小的分子能不同程度地自由出入凝胶孔内外，在柱内经过的路程较长、移动速度较慢，最后被洗脱出来。

12. **答题要点：**

蛋白质在强碱溶液中与硫酸铜溶液作用产生颜色反应，生成紫红色化合物，称为双缩脲反应。在一定的浓度范围内，颜色的深浅与蛋白质含量呈线性关系。因此可用比色法测定蛋白质浓度。

13. **答题要点：**

蛋白质形成胶体的条件是带电荷，从而在外表面形成水化膜，导致各胶体颗粒不结合，当pH 等于 pI 时，静电荷为零，蛋白质分子之间不存在排斥，则聚集沉淀，所以在等电点时溶解度最小。

论述题

1. **答题要点：**

蛋白质广泛而又重要的功能表现在以下多个方面：

1)催化功能：生物催化剂——酶绝大多数是蛋白质。如消化道中的蛋白酶可以帮助动物水解利用食物中的蛋白质。

2)贮存与运输功能：有些蛋白质能够结合其他分子以实现对这些物质的贮存或运输。如动物肌肉和心肌细胞中的肌红蛋白；血浆中的转铁蛋白；红细胞中的血红蛋白。

3)调节作用：如生长激素可促进肌肉生长；胰岛素调节细胞内的葡萄糖代谢。

4)运动功能：如肌球蛋白和肌动蛋白是参与肌肉收缩的主要成分。

5)防御功能：如脊椎动物中的免疫球蛋白能与细菌和病毒结合，发挥免疫保护作用；鸡蛋清、人乳、眼泪中的溶菌酶能破坏某些细菌等。

6)营养功能：有些蛋白可作为人和动物的营养物，如卵白中的卵清蛋白、乳中的酪蛋白等。

7)结构成分：如皮肤、软骨和肌腱中的胶原蛋白；羊毛、羽毛、甲、蹄中的角蛋白等。

8)膜的组成成分：蛋白质是生物膜的主要成分之一。细胞膜上的受体、载体、离子通道等蛋白质，直接参与细胞识别、物质过膜转运、信息传递等重要生理过程。

9)参与遗传活动：遗传信息的传递、基因表达的调控都需要多种蛋白质参与。

综上，蛋白质在生命活动过程中发挥了极其重要的作用，是生命活动所依赖的物质基础。没有蛋白质，就没有生命。

2. **答题要点：**

1)通过肽键连接而成的链状结构称为多肽链。其骨架由—N—C_α—C—重复构成。

2)除了末端修饰和环状肽链以外，一条多肽链只有一个游离的 α-NH_2 和一个游离的 α-COOH。肽键中的基团不带电荷，蛋白质所带电荷主要由氨基酸残基的侧链决定。

3)在书写多肽结构时，把含有 α-NH_2 的氨基酸残基写在多肽链的左边，称为 N-末端（氨基端），把含有 α-COOH 的氨基酸残基写在多肽链的右边，称为 C-末端（羧基端）。

3. **答题要点：**

蛋白质的一级结构指蛋白质多肽链氨基酸的组成和排列顺序。又称蛋白质的初级结构。肽键是蛋白质一级结构的主价键，蛋白质多肽链中氨基酸的组成和排列顺序直接影响氨基酸侧链基团之间的相互作用和多肽链的空间折叠方式。

二级结构指多肽链主链在一级结构的基础上进一步盘旋或折叠形成的周期性构象，维系二级结构的力是氢键。有α-螺旋、β-折叠、β-转角、无规卷曲等多种形式。

三级结构指在二级结构基础上，依赖氢键、盐键、疏水键和范德瓦尔力的稳定作用多肽链盘绕折叠而成的具有特定肽链走向的紧密球状结构，或者说三级结构是指多肽链中所有原子和基团在三维空间的排布。它对蛋白质生理功能尤为重要。

四级结构指多个具有三级结构的多肽链（此处称亚基）的聚合。或者说四级结构指亚基的种类、数目及各个亚基在寡聚蛋白中的空间排布和亚基之间的相互作用。如 Hb 是由 α、β 两种亚基组成的四聚体。

4.答题要点：

1）蛋白质一级结构是指蛋白质多肽链中氨基酸残基的排列顺序。

2）不同物种同源蛋白质一级结构存在差异，亲缘关系越远，其一级结构中氨基酸序列的差异越大；亲缘关系越近，其一级结构中氨基酸序列的差异越小。

3）与功能密切相关的氨基酸残基是不变的，与生物进化相关的氨基酸残基是可变的。

5.答题要点：

1）血红蛋白由 4 条多肽链组成：2 个 α 亚基，2 个 β 亚基。每条链都卷曲成球状，有一个空穴容纳血红素，血红素通过其中的铁与氧结合。每一个血红素都可以与 1 个氧分子结合，但 4 个亚基和氧分子的结合能力不同。当血红蛋白四聚体开始与氧结合时，其氧亲和力很低，即与氧结合的能力很小，第一个亚基与氧分子结合后其构象发生改变，可引起邻近亚基构象改变，使得其他亚基与氧分子更容易结合，呈现亚基间的正协同效应。

2）除了亚基间的协同效应可影响亚基和氧的结合外，H^+ 和 CO_2 可以促进和血红蛋白结合的氧分子的释放，即所谓“波尔效应”。2，3-二羟基甘油磷酸和亚基结合后，可抑制血红蛋白和氧的结合。

6.答题要点：

1）在某些理化因素作用下，蛋白质的一级结构保持不变，空间结构发生改变，即由天然状态（折叠态）变成了变性状态（伸展态），从而引起其生物学功能的丧失以及物理、化学性质的改变，这种现象被称为变性。

2）变性蛋白质有下列各种表现：生物活性丧失，蛋白质的抗原性也发生改变。物理性质发生改变，如溶解度明显降低，易结絮、凝固沉淀，失去结晶能力，电泳迁移率改变，黏度增加，紫外光谱和荧光光谱发生改变等。化学性质发生改变，如容易被蛋白酶水解。

3）举例：如硝酸银、强酸、强碱。

7.答题要点：

1）先通过酸碱滴定调整溶液的 pH，利用等电沉淀的原理，将 A 和 B 物质分开，离心得到沉淀或上清。其原理是等电点时物质的溶解度最低，易发生沉淀。

2）分子量大小不同分离：可以通过凝胶层析分离，分子量大的物质先洗脱出来，分子量小的后洗脱下来。利用的原理是分子筛效应。也可用透析的方法。小分子物质可以透过透析膜，大分子物质不能通过。

8.答题要点：

1）用酸或碱调溶液的 pH 为 4.8，出现沉淀即为酪蛋白。此为等电沉淀，利用的原理是等电点时酪蛋白的溶解度最低。

2)通过离心或过滤得到酪蛋白沉淀。

3)沉淀溶解进行 PAGE 电泳,出现单一条带即为纯度较好;此处利用电泳的原理,带电颗粒向着与其所带电荷相反的方向移动,与颗粒所带电荷和分子大小有关。

4)含量测定:可用比色法,如双缩脲法等,利用蛋白质和多肽分子中的肽键在强碱溶液中与硫酸铜共热,呈现紫红色,分光光度计测定其光密度值,通过制作标准曲线求得蛋白含量。

9.答题要点:

Ile-Ala-His-Thr-Tyr-Gly-Pro-Glu-Ala-Ala-Met-Cys-Lys-Try-Glu-Ala-Gln-Pro-Asp-Gly-Met-Glu-Cys-Ala-Phe-His-Leu

1)Pro 部位,第 7 和 18 位。

2)两个 Cys 处。

3)带电荷极性氨基酸 Asp,Glu 和 Lys 分布在外面;非极性氨基酸 Val、Ala 和 Leu 在蛋白的内部。

10.答题要点:

1)它们是血红蛋白(Hb)和肌红蛋白(Mb)。

2)结构上:肌红蛋白(Mb)由 153 个氨基酸的一条肽链和一个血红素组成,血红素中央的 Fe^{2+} 通过两个配位键分别结合 1 个氧分子和螺旋中的组氨酸。血红蛋白由 $\alpha_2\beta_2$ 四条多肽链组成,每条肽链结构与 Mb 相似,血红素中央的 Fe^{2+} 通过配位键结合 1 个氧分子,所以 1 个血红蛋白可以结合 4 分子氧。

3)功能上:肌红蛋白(Mb)没有四级结构,与氧结合能力强,氧饱和曲线呈双曲线,释放氧能力差。血红蛋白(Hb)有四级结构,通过变构作用与氧结合,氧饱和曲线呈 S 形,更易于释放氧。

第4章 核 酸

核酸可分为脱氧核糖核酸(DNA)和核糖核酸(RNA)两大类,它是遗传信息的载体。核酸是核苷酸通过磷酸二酯键聚合而成的生物大分子。核苷酸又由碱基、核糖和磷酸组成。DNA具有右手双螺旋结构,其嘌呤碱基和嘧啶碱基之间存在互补关系。RNA分子中也有局部的螺旋结构。核酸分子会由于变性而改变性质,但也能复性。有互补碱基序列的来源不同的核酸片段之间可以通过复性产生分子杂交。

【知识目标】

掌握DNA和RNA的化学组成;理解DNA的分子结构及其生物学功能;理解RNA的种类、结构特点和生物学功能;了解核酸的一些理化性质及其应用。

【复习指南】

第一部分 核酸的化学组成

表4-1 核酸及其分类

核酸(nuclei acid)是以核苷酸为基本组成单位的生物大分子,携带和传递遗传信息。生物体中的各种蛋白质,乃至细胞的每种组分都是核酸顺序编码的信息产物	
核糖核酸(RNA)	主要存在于细胞质,真核细胞的核仁和线粒体也含有少量RNA
	主要参与生物体内蛋白质的生物合成
	重要的有mRNA、tRNA和rRNA等
脱氧核糖核酸(DNA)	主要存在于细胞核的染色质内,2%在线粒体(mtDNA)
	遗传的物质基础

表4-2 核酸的元素组成

项目	主要内容
元素组成	C、H、O、N、P,基本不含S
组成特点	核酸中磷元素的含量多并且稳定,约占9%～10%
应用	以测定磷含量代表核酸量(定磷法)

核酸——→低聚核苷酸——→单核苷酸 { 磷酸；核苷 { 核糖；碱基 } }

图 4-1 核酸的基本结构单位——核苷酸

表 4-3 组成 RNA 的碱基、核苷和核苷酸

含氮碱基	核苷	核苷酸
腺嘌呤(adenine,A)	腺嘌呤核苷(adenosine)	腺苷酸(adenosine monophosphate,AMP)
鸟嘌呤(guanine,G)	鸟嘌呤核苷(guanosine)	鸟苷酸(guanosine monophosphate,GMP)
胞嘧啶(cytosine,C)	胞嘧啶核苷(cytidine)	胞苷酸(cytidine monophosphate,CMP)
尿嘧啶(uracil,U)	尿嘧啶核苷(uridine)	尿苷酸(uridine monophosphate,UMP)

表 4-4 组成 DNA 的碱基、脱氧核苷和脱氧核苷酸

含氮碱基	脱氧核苷	脱氧核苷酸
腺嘌呤(adenine,A)	脱氧腺嘌呤核苷(deoxyadenosine)	脱氧腺苷酸(deoxyadenosine monophosphate,dAMP)
鸟嘌呤(guanine,G)	脱氧鸟嘌呤核苷(deoxyguanosine)	脱氧鸟苷酸(deoxyguanosine monophosphate,dGMP)
胞嘧啶(cytosine,C)	脱氧胞嘧啶核苷(deoxycytidine)	脱氧胞苷酸(deoxycytidine monophosphate,dCMP)
胸腺嘧啶(thymidine,T)	脱氧胸腺嘧啶核苷(deoxythymidine)	脱氧胸腺苷酸(deoxythymidine monophosphate,dTMP)

表 4-5 核酸中的其他碱基、核苷酸

类别	符号或英文	中文名
稀有碱基	m^7G	7-甲基鸟嘌呤
	m^5C	5-甲基胞嘧啶
	hm^5U	5-羟甲基尿嘧啶
	5′6′-DHU	5′6′-二氢尿嘧啶
多磷酸核苷酸	(d)A (di-,tri) phosphate	(脱氧)腺苷(二,三)磷酸
	(d)G (di-,tri) phosphate	(脱氧)鸟苷(二,三)磷酸
	(d)T (di-,tri) phosphate	(脱氧)胸腺苷(二,三)磷酸
	(d)C (di-,tri) phosphate	(脱氧)胞苷(二,三)磷酸
环化核苷酸	adenosine 3′, 5′-cyclic monophosphate (cAMP)	3′,5′-环化腺苷酸(cAMP)
	guanosine 3′, 5′-cyclic monophosphate (cGMP)	3′,5′-环化鸟苷酸(cGMP)

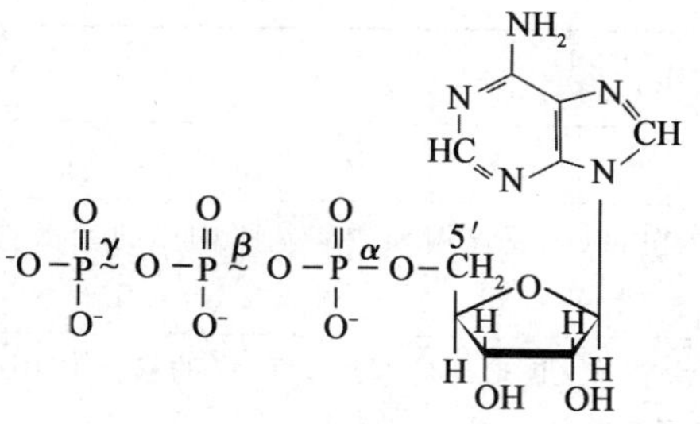

图 4-2　多磷酸核苷酸的化学结构式

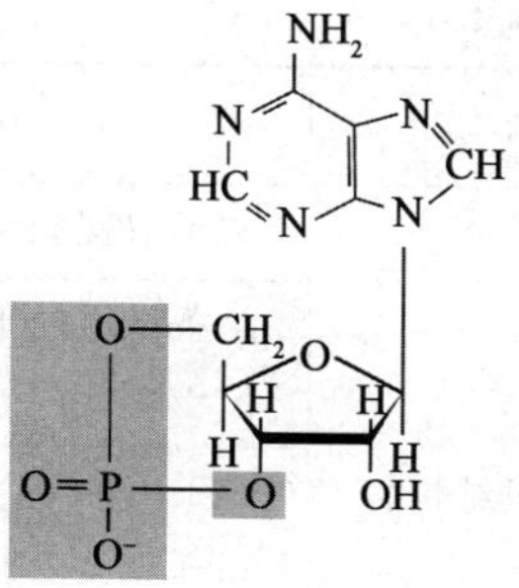

图 4-3　环化核苷酸的化学结构式

第二部分　核酸的分子结构

表 4-6　DNA 的分类

类别	亚类
双链 DNA (double strand DNA, dsDNA)	双链线状 DNA
	双链环状 DNA
单链 DNA (single strand DNA, ssDNA)	单链线状 DNA
	单链环状 DNA

表 4-7　DNA 的碱基组成

项目	主要内容
主要碱基	腺嘌呤(A)、鸟嘌呤(G)、胸腺嘧啶(T)、胞嘧啶(C)
稀有碱基	5-甲基胞嘧啶(m^5C)、5-羟甲基胞嘧啶(hm^5C)
特点	A＋G ＝ T＋C＋mC；具有种的特异性；没有器官和组织的特异性；年龄、营养状况、环境的改变不影响 DNA 的碱基组成

表 4-8　DNA 的结构特点

结构	主要内容
一级结构	主要的 4 种脱氧核苷酸(dAMP、dGMP、dCMP、dTMP)以 3′,5′-磷酸二酯键连接而成的多聚核苷酸。也称为碱基序列或核苷酸序列。在形成的多核苷酸链上，具有游离 5′-磷酸基的一端称为 5′-末端，具有游离 3′-OH 的一端称为 3′-末端。书写时按 5′→3′方向
	单链 DNA 和 RNA 分子大小常用核苷酸(nucleotide, nt)数目表示；双链 DNA 用碱基对(base pair, bp)或千碱基对(kilobase pair, kbp)数目表示

续表 4-8

结构	主要内容
二级结构	右手双螺旋结构，1953 年提出
	两条链逆向平行，疏水的碱基在螺旋的内侧，以脱氧核糖和磷酸基团构成的亲水骨架位于螺旋的外侧
	A-T，C-G 碱基两两配对，互补碱基以氢键相连，形成维持双螺旋稳定的横向作用力；相邻碱基之间的碱基堆积力形成维持双螺旋稳定的纵向作用力
	有 B-DNA、A-DNA 和 Z-DNA 三种双螺旋类型，B-DNA 最稳定
	许多基因的调控区、染色质的重组部位存在三螺旋结构
三级结构	分子通过扭曲和折叠所形成的特定构象。DNA 双螺旋进一步盘绕形成超螺旋，是 DNA 三级结构的一种普遍形式
	正超螺旋(positive superhelix)：盘绕方向与 DNA 双螺旋方向一致
	负超螺旋(negative superhelix)：盘绕方向与 DNA 双螺旋方向相反

表 4-9　核小体及其结构

真核生物 DNA 以致密形式存在于细胞核的染色体中，染色体的基本单位是核小体	
核小体的组成	由 DNA 和 5 种组蛋白(histone，H)共同构成
	组蛋白：包括 H_1，H_2B，H_2A，H_3，H_4；H_2B，H_2A，H_3，H_4 形成八聚体核心；H_1 在核小体之间
	DNA：以负超螺旋缠绕在组蛋白上，约 200 bp

表 4-10　三种主要的 RNA

中文名称	英文名称	特点
信使 RNA	messenger RNA，mRNA	占细胞中 RNA 总量的 3%～5%，是合成蛋白质的模板，传递 DNA 遗传信息，决定蛋白质肽链中氨基酸的排列顺序
核糖体 RNA	ribosome RNA，rRNA	占细胞中 RNA 总量的 80%左右，是细胞中核糖体的重要组成部分
转移 RNA	transfer RNA，tRNA	约占细胞中 RNA 总量的 15%，携带活化的氨基酸，将其转运到与核糖体结合的 mRNA 上用以合成蛋白质

表 4-11　RNA 的碱基组成

类别	组成
基本碱基	腺嘌呤(A)、鸟嘌呤(G)、胞嘧啶(C)、尿嘧啶(U)
稀有碱基	有些 RNA，特别是 tRNA 中，存在各种甲基化碱基、假尿嘧啶等

表 4-12 RNA 的结构特征

结构	主要内容
RNA 一级结构	线形多核苷酸单链，基本单位是 AMP、GMP、CMP 和 UMP，以 3′，5′-磷酸二酯键连接，书写时 5′→3′
RNA 二级结构	“发卡”结构、“突环”结构，A 与 U，C 与 G 配对 tRNA 的二级结构是三叶草形，很稳定，由氨基酸臂、反密码环、二氢尿嘧啶环、假尿嘧啶环和可变环组成；rRNA 二级结构呈花状
RNA 三级结构	tRNA 的三级结构呈倒 L 形

第三部分 核酸的理化性质

表 4-13 核酸的一般理化性质

项目	主要内容
基本性质	酸性，微溶于水；为线性大分子，溶液有黏性
	碱性溶液中，RNA 易于被水解，DNA 较稳定
	不溶于一般的有机溶剂，溶于乙醇的水溶液；DNA 在 50%乙醇溶液中沉淀，RNA 在 70%乙醇溶液中沉淀
紫外吸收性质	有紫外吸收特性，吸收光谱在 260 nm 处有最大吸收峰
	紫外吸收的原理是其中的嘌呤和嘧啶碱基分子中具有共轭双键
	此特性常被用于核苷、核苷酸和核酸的定性和定量分析

表 4-14 核酸的变性

项目	主要内容
定义	理化因素破坏了核酸分子的高级结构，使其理化性质及生物学活性丧失，DNA 双螺旋的有序结构转变为无规则的线团结构
分类	完全变性和不完全变性
变性的特点	增色效应（核酸溶液在 260 nm 处紫外吸收值增加的现象），DNA 溶液黏度降低，旋光性发生改变，沉降系数增加及生物学活性丧失

表 4-15 热变性和 T_m

项目	主要内容
热变性	加热引起的核酸变性。实验室常用的核酸变性的方法
T_m	当紫外吸收变化达到最大变化的半数值或 50%DNA 双链分子打开时，所对应的温度称为熔点温度（melting temperature，T_m）、变性温度或中点解链温度
	T_m 受溶液的性质和 DNA 中碱基组成的影响

表 4-16 复性和分子杂交

项目	主要内容
复性	变性 DNA 分开的两股链在适当条件下重新生成双链结构的过程;热变性的 DNA 经缓慢冷却复性的过程,称为退火
分子杂交	当两条不同来源的 DNA(或 RNA)链或 DNA 链与 RNA 链之间存在互补的碱基序列时,在一定条件下通过互相配对形成双螺旋分子的过程,称为分子杂交。形成的新的双链分子称为杂交分子

【练习与自测题】

名词解释

1. 核苷酸(nucleotide)
2. 磷酸二酯键 (phosphodiester bond)
3. 稀有碱基 (unusual base)
4. 脱氧核苷(deoxyribonucleoside)
5. 碱基当量定律(Chargaff law)
6. DNA 的一级结构(primary structure of DNA)
7. 连锁数(linking number)
8. 螺旋数(helix number)
9. B-DNA
10. RNA 的一级结构(primary structure of RNA)
11. mRNA(messenger RNA)
12. 发卡结构(hairpin structure)
13. 核酸变性(nucleic acid denaturation)
14. 核酸复性(nucleic acid renaturation)
15. 分子杂交(molecular hybridization)
16. T_m(melting temperature)
17. 核酸探针(nucleic acid probe)
18. 退火(annealing)
19. 核小体(nucleosome)

单项选择题

A1 型题

为单项选择题,属于最佳选择题类型。每道试题由一个题干和四个备选答案组成,其中只有一个是最符合题目要求的。

1. 在核酸测定中,下列哪种方法可用于计算核酸含量?(　　)

A. 定氮法　　B. 定氧法　　C. 定碳法　　D. 定磷法

2. 自然界游离核苷酸中，磷酸通常连接在戊糖的哪个碳原子上？（　　）

A. 5′碳原子上　　B. 3′碳原子上　　C. 2′碳原子上　　D. 1′碳原子上

3. 以下哪种碱基是稀有碱基？（　　）

A. 腺嘌呤　　B. 5-甲基胞嘧啶　　C. 尿嘧啶　　D. 胸腺嘧啶

4. 核酸中核苷酸之间的连接方式为（　　）。

A. 2′,3′-磷酸二酯键　　B. 1′,3′-磷酸二酯键

C. 2′,5′-磷酸二酯键　　D. 3′,5′-磷酸二酯键

5. DNA 分子的基本组成单位是（　　）。

A. 磷酸、脱氧核糖、含氮碱基　　B. 磷酸、核糖、含氮碱基

C. 磷酸、核苷酸、含氮碱基　　D. 脱氧核苷酸、磷酸、含氮碱基

6. 构成 DNA 分子的碱基有 A、G、C、T 四种，因生物种类不同而不同的比例是（　　）。

A. (A+C)/(G+T)　　B. (G+C)/(A+T)　　C. (A+G)/(C+T)　　D. A/T 和 G/C

7. 某个 DNA 分子片段中含碱基 A 共 200 个，占全部碱基的 20%，则此 DNA 片段中碱基 G 的数目和所占百分比分别是（　　）。

A. 200，30%　　B. 300，30%　　C. 200，20%　　D. 300，15%

8. DNA 分子的基本骨架是（　　）。

A. 磷脂双分子层　　B. 通过氢键相互连接的碱基对

C. 脱氧核糖和磷酸的交替连接　　D. 核苷酸与核苷酸之间的连接

9. 下面关于 DNA 分子结构的叙述中正确的是（　　）。

A. 每个双链 DNA 分子通常都会含有五种脱氧核苷酸

B. 每个 DNA 分子的碱基数=磷酸数=脱氧核糖数

C. 每个核糖上均连接着一个磷酸和一个碱基

D. 双链 DNA 分子中，若含有 20 个胞嘧啶，不一定会有 20 个鸟嘌呤

10. DNA 双螺旋结构模型中，其中一条链所用碱基 A∶C∶T∶G 为 1∶3∶5∶7，那么该模型另一条链中碱基的比应为（　　）。

A. 1∶3∶5∶7　　B. 5∶7∶1∶3　　C. 7∶5∶3∶1　　D. 3∶1∶5∶5

11. tRNA 约由（　　）个核苷酸组成。

A. 25～40　　B. 55～70　　C. 75～90　　D. 95～110

12. 在类似 RNA 这样的单链核酸所表现出的“二级结构”中，发夹结构的形成（　　）。

A. 基于各个片段间的互补，形成反向平行双螺旋

B. 依赖于 A 与 U 含量，因为形成的氢键越少则发生碱基配对所需的能量也越少

C. 仅仅当两配对区段中所有的碱基均互补时才会发生

D. 允许存在几个只有提供过量的自由能才能形成碱基对的碱基

13. 某 DNA 分子中腺嘌呤的含量为 15%，则胞嘧啶的含量应为（　　）。

A. 15%　　B. 30%　　C. 40%　　D. 35%

14. 核酸对紫外线的最大吸收峰在哪一波长附近？（　　）

A. 280 nm　　B. 260 nm　　C. 200 nm　　D. 340 nm

15. 影响 T_m 值的因素有（　　）。

A. 一定条件下核酸分子越长，T_m 值越大　　B. DNA 中 G，C 对含量高，则 T_m 值高

C. 溶液离子强度高，则 T_m 值高　　D. DNA 中 A，T 含量高，则 T_m 值高

16. T_m 值是(　　)的 DNA 发生变性时的温度。

A. 25%　　B. 50%　　C. 75%　　D. 100%

17. 某生物细胞 DNA 分子的碱基中，A 的分子数占 22%，那么，T 的分子数占(　　)。

A. 11%　　B. 22%　　C. 28%　　D. 44%

18. 双链 DNA 分子的碱基组成中，在 A≠C 的情况下，下列哪组会随生物的种类不同而不同？(　　)

A. C/G　　B. (A+T)/(C+G)

C. (A+C)/(G+T)　　D. (G+A)/(T+C)

19. 双链 DNA 的 T_m 较高是由于下列哪组核苷酸含量较高所致？(　　)

A. A+G　　B. C+T　　C. A+T　　D. G+C

20. DNA 的组成成分是(　　)。

A. A、G、U、C、核糖　　B. A、G、T、C、磷酸、脱氧核糖

C. A、G、T、U、磷酸、核糖　　D. A、G、T、U、磷酸、脱氧核糖

A2 型题

每道题由一个叙述性的简要主题作为题干和四个备选答案组成。A、B、C、D 四个答案中只有一个是最佳答案。

1. 核酸是生命有机体的基本组成物质之一，是重要的生物大分子，从高等的动、植物到简单的病毒都含有核酸。核酸可分为脱氧核糖核酸(DNA)和核糖核酸(RNA)两大类。DNA 和 RNA 两类核酸分类的主要化学依据是(　　)。

A. 在细胞存在的部位不同　　B. 所含戊糖不同

C. 核苷酸种类不同　　D. 所含碱基不同

2. 核酸中还有一些含量甚少的碱基，称为稀有碱基(或修饰碱基)。常见的稀有嘧啶碱基有 5-甲基胞嘧啶、5,6-二氢尿嘧啶等；常见的稀有嘌呤碱基有 7-甲基鸟嘌呤、N^6-甲基腺嘌呤等。下列含稀有碱基较多的核酸是(　　)。

A. DNA　　B. tRNA　　C. rRNA　　D. mRNA

3. 所有的原核细胞和真核细胞都同时含有 DNA 和 RNA 这两类核酸，并且一般都和蛋白质结合在一起，以核蛋白的形式存在。在真核细胞中，DNA 主要存在于细胞核内的染色体上，与组蛋白结合，是染色体的主要成分。还有少量的 DNA 存在于细胞内的(　　)上。

A. 线粒体　　B. 细胞浆　　C. 内质网　　D. 核糖体

4. DNA 双螺旋结构模型是 James Watson 和 Francis Crick 于 1953 年提出的描述 DNA 二级结构的模型，也称为 Watson-Crick 结构模型，阐明了 DNA 的二级结构。关于 DNA 分子二级结构，叙述正确的是(　　)。

A. DNA 的两条链完全相同，方向相同　　B. DNA 的两条链极性相同，方向相反

C. DNA 的两条链互补配对，方向相反　　D. DNA 的两条链互补配对，方向相同

5. 在同一种 DNA 中，腺嘌呤与胸腺嘧啶的摩尔数相等，即 A=T；鸟嘌呤与胞嘧啶(包括 5-甲基胞嘧啶)的摩尔数相等，即 G = C+m^5C；因此，嘌呤碱基的总摩尔数等于嘧啶碱基的总摩尔数，即 A+G = T+C+mC。DNA 分子中一条链的碱基摩尔数之比 A∶T∶C∶G=

3∶3.5∶2∶0.5,则其互补链中嘌呤碱基与嘧啶碱基的摩尔数之比为(　　)。

A. 13∶5　B. 7∶11　C. 5∶4　D. 4∶5

6. DNA 的两条链被碱基对之间形成的氢键稳定地维系在一起。腺嘌呤与胸腺嘧啶配对,其间形成两个氢键,即 A═T;鸟嘌呤与胞嘧啶配对,可以形成三个氢键,即 G≡C。这种碱基配对亦称碱基互补。碱基互补原则是 DNA 双螺旋结构最重要的特性。以下所示四个双链 DNA 分子的一条链中稳定性最高的是(　　)。

A. 双链 DNA 中 A 占 25%　B. 双链 DNA 中 G 占 30%

C. 双链 DNA 中 T 占 35%　D. 双链 DNA 中 C 占 24%

7. 已知某 DNA 分子中,G 与 C 之和占全部碱基总数的 30%,其中一条链的 T 与 C 分别占该链碱基总数的 28%和 16%,则 A 和 G 分别占该链碱基总数的(　　)。

A. 16%和 28%　B. 28%和 16%　C. 14%和 42%　D. 42%和 14%

8. 生物体内绝大多数天然 RNA 分子不像 DNA 那样都是双螺旋,而是呈线状的多核苷酸单链。然而一些彼此靠近的碱基按碱基配对原则,形成互补碱基对,从而使回折部位构成所谓"发卡"结构,进而再扭曲形成局部性的双螺旋区,当然这些双螺旋区可能并非完全互补,未能配对的碱基区可形成突环,被排斥在双螺旋区之外,从而形成 RNA 的二级和三级结构。tRNA 的二级结构呈(　　)。

A. 三叶草形　B. 雪花形　C. 马蹄形　D. 双螺旋形

9. 核酸的变性是指配对的碱基之间的氢键断裂,双股螺旋结构分开,成为两条单链的 DNA 分子。变性后的 DNA,由于螺旋内部碱基的暴露使其在 260 nm 处的紫外光吸收值升高,这种现象称为(　　)。

A. 增色效应　B. 减色效应　C. 光吸收　D. 复性

10. 在适当的条件下,变性 DNA 分开的两条链又重新缔合而恢复成双螺旋结构,这个过程称为复性。完全变性 DNA 的复性过程需分两步进行,首先是分开的两条链相互碰撞,在互补顺序间先形成双链核心片段,然后以此核心片段为基础,迅速地找到配对,完成其复性过程。核酸的复性受下列哪些因素影响?(　　)

A. 碱基类型　B. 溶解度　C. 酸碱度　D. 浓度

11. DNA 的变性和复性是以碱基互补为基础的。当不同来源的单链 DNA 或 RNA,经复性处理时,它们之间互补的或部分互补的碱基序列可以配对,形成 DNA/DNA 或 DNA/RNA 的杂合体而形成杂交分子。这个过程称为(　　)。

A. 核酸的分子杂交　B. 核酸的变性　C. 核酸的复性　D. 核酸探针

A3 型题

2～3 个相关的问题,每个问题均与开始的题干有关。每个问题均有四个备选答案,需要选择一个最佳答案。

(1～3 题共用题干)核酸(DNA 或 RNA)是由几十个至几千个单核苷酸聚合而成的长链,即为分子大小不等的多聚核苷酸。若将核酸逐步水解,则可生成多种中间产物。首先生成的是低聚(或称寡聚)核苷酸,低聚核苷酸可进一步水解生成单核苷酸,单核苷酸进一步水解生成核苷及磷酸。核苷水解后则生成核糖和碱基。

1. 核酸分子储存、传递遗传信息的关键部位是(　　)。

A. 戊糖　B. 核苷　C. 碱基序列　D. 磷酸

2. 核酸分子中含有的化学键包括（　　）。

A. α-糖苷键，3′，5′-磷酸二酯键　　B. α-糖苷键，二硫键

C. 3′，5′-磷酸二酯键，β-糖苷键　　D. 二硫键，β-糖苷键

3. 核苷酸碱基不含（　　）。

A. C　　B. H　　C. N　　D. P

（4～6 题共用题干）核苷酸是由核苷中戊糖的 5′-OH 与磷酸缩合而成的磷酸酯，它是构成核酸的基本单位。根据核苷酸中戊糖的不同将核苷酸分成两大类，即核糖核苷酸和脱氧核糖核苷酸，前者是构成 RNA 的基本单位，后者是构成 DNA 的基本单位。

4. 天然核酸中，以下哪种核苷酸不是 RNA 主要的组成成分？（　　）

A. 腺嘌呤核苷酸　　B. 尿嘧啶核苷酸　　C. 胸腺嘧啶核苷酸　　D. 胞嘧啶核苷酸

5. 天然核酸中，形成的核糖核苷酸多是（　　）。

A. 3′-腺苷酸　　B. 5′-脱氧核糖核苷酸

C. 2′-腺苷酸　　D. 3′-脱氧核糖核苷酸

6. 属于高能磷酸化合物的核苷酸是（　　）。

A. AMP　　B. ADP　　C. UMP　　D. CMP

（7～9 题共用题干）DNA 的一级结构是指在其多核苷酸链中各个核苷酸之间的连接方式，核苷酸的种类、数量以及核苷酸的排列顺序。DNA 的遗传信息是由核苷酸的精确排列顺序决定的。研究 DNA 分子的一级结构发现，它是由几千万个脱氧核糖核苷酸（dAMP、dGMP、dCMP、dTMP）线性连接而成的，没有分支。

7. DNA 中核苷酸的连接方式是（　　）。

A. 2′，3′-磷酸二酯键　　B. 2′，5′-磷酸二酯键

C. 1′，3′-磷酸二酯键　　D. 3′，5′-磷酸二酯键

8. DNA 多核苷酸链的书写方式是（　　）。

A. 5′→3′ 方向自左至右书写　　B. 3′→5′ 方向自左至右书写

C. 3′→5′ 或 5′→3′ 方向自左至右书写　　D. 无要求

9. 以下哪个不是 DNA 中的核苷酸？（　　）

A. 脱氧腺苷酸　　B. 脱氧胸苷酸

C. 脱氧鸟苷酸　　D. 脱氧胞嘧啶核苷酸

（10～12 题共用题干）E. Chargaff 等人分析了多种生物 DNA 的碱基组成后发现，在双链 DNA 分子中，A 与 T、G 与 C 的摩尔比都接近为 1，此称为碱基当量定律。根据 R. Franklin 和 M. Wilkins 对 DNA 纤维的 X 光衍射分析以及 Chargaff 的碱基当量定律的提示，Watson 和 Crick 于 1953 年提出了 DNA 的双螺旋结构模型，阐明了 DNA 的二级结构。

10. 下列叙述正确的是（　　）。

A. 两条链平行，方向相反的右手双螺旋结构

B. 两条链平行，方向相反的左手双螺旋结构

C. 两条链平行，方向相同的右手双螺旋结构

D. 两条链平行，方向相同的左手双螺旋结构

11. 亲水的磷酸基和脱氧核糖以磷酸二酯键相连形成的骨架位于（　　）。

A. 螺旋的内侧　　B. 螺旋的外侧　　C. 螺旋的上侧　　D. 螺旋的下侧

12. 疏水的含氮碱基位于(　　)。

A. 螺旋的内侧　B. 螺旋的外侧　C. 螺旋的上侧　D. 螺旋的下侧

(13～14 题共用题干)核糖体或称核蛋白体,是一种亚细胞结构,是直径为 10～20 nm 的微小颗粒。rRNA 约占核糖体的 60%,其余 40%为蛋白质。核糖体是蛋白质合成的场所。

13. 在核糖体合成蛋白质的过程中,起模板作用的是下列哪种 RNA?(　　)

A. 基因组 RNA　B. 信使 RNA　C. 转运 RNA　D. rRNA

14. 组成原核生物如大肠杆菌核糖体大小亚基的主要 rRNA 分别为(　　)。

A. 23S rRNA 和 16S rRNA　B. 28S rRNA 和 18S rRNA

C. 18S rRNA 和 5.8S rRNA　D. 16S rRNA 和 5.8S rRNA

(15～16 题共用题干)通常将 50%的 DNA 分子发生变性时的温度称为解链温度或熔点温度。DNA 的 T_m 值一般在 70～85℃之间。

15. 碱基对 GC 和 AT 的稳定性关系为(　　)。

A. GC 大于 AT　B. GC 等于 AT

C. GC 小于 AT　D. GC 大于等于 AT

16. 溶液离子浓度是否对 T_m 值有影响?(　　)

A. 无影响　B. 离子浓度越低 T_m 值越大

C. 离子浓度越高 T_m 值越大　D. 离子浓度对 T_m 值影响很小

B1 型题

属于标准伍配单项选择题。开始给出 4 个备选答案,之后 2～6 个题干构成一组试题,要求从 4 个备选答案中为这些题干选择一个与其关系密切的答案。在这组试题中,每个备选答案可以被选一次、两次和多次,也可以不选用。

(1～2 题共用备选答案)

A. G　B. C　C. T　D. U

1. 在 RNA 中,一般不含有的碱基是(　　)。

2. 在 DNA 中,一般不含有的碱基是(　　)。

(3～6 题共用备选答案)

A. 核苷　B. 核苷酸　C. A、G、C、U　D. A、G、C、T

3. DNA 分子中所含的碱基包括(　　)。

4. 核苷与磷酸脱水缩合生成的产物是(　　)。

5. 碱基与戊糖脱水缩合生成的产物是(　　)。

6. 组成核酸的基本单位是(　　)。

(7～9 题共用备选答案)

A. Z-DNA　B. B-DNA　C. A-DNA　D. 超螺旋 DNA

7. 呈左手双螺旋结构的 DNA 是(　　)。

8. 每圈螺旋的碱基数为 10 的 DNA 是(　　)。

9. B-DNA 脱水可形成(　　)。

(10～12 题共用备选答案)

A. mRNA　B. rRNA　C. tRNA　D. siRNA

10. 其含量占细胞中 RNA 总量的 3%～5%，传递 DNA 的遗传信息的是（　　）。

11. 其含量占细胞中 RNA 总量的 80%左右的是（　　）。

12. 其含量约占 RNA 总量的 15%，其二级结构呈三叶草形结构的是（　　）。

（13～14 题共用备选答案）

A. 230 nm　　B. 260 nm　　C. 280 nm　　D. 250 nm

13. 一般来说，核酸的最大吸收峰为（　　）。

14. 一般来说，蛋白质的最大吸收峰为（　　）。

（15～17 题共用备选答案）

A. 蛋白质变性　　B. 蛋白质变构　　C. 核酸变性　　D. 核酸沉淀

15. 某些理化因素作用下，多肽链高级结构破坏，生物学活性丧失，称为（　　）。

16. 某些理化因素作用下，碱基对之间的氢键断裂，生物学活性丧失及一系列理化性质的改变，称为（　　）。

17. 变构效应剂作用下，蛋白质构象变化，活性改变，称为（　　）。

填空题

1. 核酸主要分为________和________两大类，前者主要存在于真核细胞的________和原核细胞的________，后者主要存在于细胞的________。

2. 构成核酸的基本单位是________，由________、________和________三个部分组成。

3. 生物体内的嘌呤碱主要有________和________，嘧啶碱主要有________、________和________，核酸中还有一些含量甚少的碱基，称为________。

4. DNA 和 RNA 在物质组成上有所不同，主要的不同表现在________和________，DNA 分子中存在的是________和________，RNA 分子中存在的是________和________。

5. 写出下列核苷酸的中文名称：ATP ________，dCDP ________，cGMP ________。

6. DNA 的基本组成单位是________，含________种碱基，它们是________。

7. 美国科学家威尔金斯和富兰克林提供________，推算出 DNA 分子呈________结构。奥地利生物化学家查哥夫指出 DNA 分子中碱基配对原则即________。

8. 沃森和克里克借鉴各科学家们的发现，从最初模型中________在外侧，________、________在内侧，相同碱基配对，到最终________在外侧，构成基本骨架，________在内侧的 A-T、G-C 互补配对的 DNA 双螺旋模型，并于 1962 年与________三人获得诺贝尔奖。

9. RNA 存在于各种生物的细胞中，依不同的功能和性质，主要包括三类：________、________和________。

10. RNA 的一级结构的基本核苷酸单位主要是________、________、________和________。其二级结构大多数是以单股________的形式存在，但也可局部盘曲形成________结构，典型的 tRNA 结构是________结构。

11. tRNA 的三叶草形结构中有________环、________环、________环及________环，还有________。

12. 由于核酸组成中的嘌呤、嘧啶都具有________双键，因此对紫外光有强烈的吸收，核酸溶液在________附近有一个最大吸收峰。

简答题

1. 生物体内有游离存在的嘌呤碱及其衍生物吗？简要叙述。

2. 简述核酸的组成以及在细胞内的分布。

3. 核酸基本组成单位完全水解后可得到哪些产物？DNA 和 RNA 水解的产物有何异同？

4. 写出 DNA 所含的四种碱基的名称和结构。

5. 简要叙述 DNA 分子三级结构的概念及其主要形式。

6. A-型、B-型和 Z-型 DNA 的比较。

7. 说明 RNA 的一级结构。

8. 简述 tRNA 的二级结构。

9. 何谓 T_m？影响因素有哪些？

10. 简述 DNA 的变性和复性。

论述题

1. 谈谈核酸的发现历史以及重要的生物学意义。

2. 核苷酸除了作为核酸的基本结构单位外，体内很多重要的活性物质都含有核苷酸，试述核苷酸的重要生物学功能。

3. 什么是 DNA 的二级结构？阐述其结构特征。

4. 图示超螺旋的形成过程。

5. 叙述 RNA 类型及其功能。

6. 论述 tRNA 二级结构的基本特点及各种 RNA 的生物学功能。

7. 论述 DNA 的性质及特点。

8. DNA 和 RNA 分子的立体结构各有哪些特点？稳定 DNA 结构的力有哪些？

9. 试比较 DNA 和 RNA 在分子组成和分子结构上的异同。

10. 试述 B-型 DNA 双螺旋的结构要点，稳定 DNA 双螺旋结构的主要作用力，及其生物学意义。

【习题参考答案】

名词解释

1. 核苷酸(nucleotide)：核苷酸是由磷酸、戊糖、含氮碱基组成的，既是核酸的水解产物，又是核酸的结构单位。

2. 磷酸二酯键 (phosphodiester bond)：在核酸分子中，一个核苷酸的 3′-羟基和另一个核苷酸的 5′-磷酸缩合，形成 3′,5′-磷酸二酯键。

3. 稀有碱基 (unusual base)：核酸分子中除常见的 A、G、C、T 和 U 等碱基外，还含有微量的不常见的其他碱基，这些碱基称为稀有碱基。

4. 脱氧核苷(deoxyribonucleoside):DNA 中的核糖在 2′-OH 上的氧被脱掉,由它与碱基缩合形成的核苷,称为脱氧核苷。

5. 碱基当量定律(Chargaff law):E. Chargaff 等人分析了多种生物 DNA 的碱基组成后发现,在双链 DNA 分子中,A 与 T、G 与 C 的摩尔比都接近为 1,此称为碱基当量定律。

6. DNA 的一级结构(primary structure of DNA):DNA 的一级结构是指在其多核苷酸链中各个核苷酸之间的连接方式——核苷酸的种类、数量以及核苷酸的排列顺序。

7. 连锁数(linking number):为了说明超螺旋的形成,将 DNA 双螺旋中一条链沿右手方向缠绕另一条链的次数称为连锁数。

8. 螺旋数(helix number):是指 DNA 的一条链绕双螺旋轴所做的完整的旋转数。

9. B-DNA:B-DNA 是由 Watson 和 Crick 所提出的模型,这个模型里螺旋每圈含约 10 对碱基,其碱基对平面垂直于螺旋轴。

10. RNA 的一级结构(primary structure of RNA):RNA 的一级结构为线形多核苷酸单链。它的基本单位主要是 AMP、GMP、CMP 和 UMP 四种核苷酸。可由几十个至几千个核苷酸彼此连接起来,各个核苷酸之间的连键和 DNA 一样,也是 3′,5′-磷酸二酯键。尽管 RNA 的核糖 2′位碳原子上有一个游离羟基,但并不形成 2′,5′-磷酸二酯键。

11. mRNA(messenger RNA):mRNA 是由 DNA 的一条链作为模板转录而来的、携带遗传信息的能指导蛋白质合成的一类单链核糖核酸。

12. 发卡结构(hairpin structure):RNA 是单链线形分子,只有局部区域为双链结构。这些结构是由于 RNA 单链分子通过自身回折使得互补的碱基对相遇,形成氢键结合而成的,称为发卡结构。

13. 核酸变性(nucleic acid denaturation):是指碱基对之间的氢键断裂,DNA 的双螺旋结构分开,成为两条单链的 DNA 分子,即改变了 DNA 的二级结构,但并不破坏一级结构。

14. 核酸复性(nucleic acid renaturation):在适当的条件下,变性 DNA 分开的两条链又重新缔合而恢复成双螺旋结构,这个过程称为复性。

15. 分子杂交(molecular hybridization):当两条不同来源的 DNA(或 RNA)链或 DNA 链与 RNA 链之间存在互补的碱基序列时,在一定条件下可以通过互相配对形成双螺旋分子的过程,称为分子杂交。

16. T_m(melting temperature):通常将 50%的 DNA 分子发生变性时的温度称为解链温度或者熔点温度。

17. 核酸探针(nucleic acid probe):是指能识别特异碱基顺序的带有标记的一段 DNA 或 RNA 分子。

18. 退火(annealing):是指溶液温度从高温慢慢冷却到室温,完全变性的两条核酸单链重新组合而恢复成原来的双螺旋结构。

19. 核小体(nucleosome):是构成染色质的基本结构单位,由 DNA 和 5 种组蛋白共同构成。组蛋白包括 H_1,H_2B,H_2A,H_3,H_4。H_2B,H_2A,H_3,H_4 形成八聚体核心,H_1 在核小体之间。DNA 以负超螺旋缠绕在组蛋白上,约 200 bp。

单项选择题

A1 型题　1. D　2. A　3. B　4. D　5. A　6. B　7. B　8. C　9. B　10. B　11. C　12. A　13. A　14. B　15. B　16. B　17. B　18. B　19. D　20. B

A2 型题　1. B　2. B　3. A　4. C　5. B　6. B　7. D　8. A　9. A　10. D　11. A

A3 型题　1. C　2. C　3. D　4. C　5. B　6. B　7. D　8. A　9. D　10. A　11. B　12. A　13. B　14. A　15. A　16. C

B1 型题　1. C　2. D　3. D　4. B　5. A　6. B　7. A　8. A　9. C　10. A　11. B　12. C　13. B　14. C　15. A　16. C　17. B

填空题

1. DNA，RNA；细胞核，类(拟)核；细胞质。

2. 核苷酸；戊糖，含氮碱基，磷酸。

3. A，G；C，T，U；稀有碱基。

4. 戊糖，嘧啶；*β*-2-*D*-脱氧核糖，T；*β*-*D*-核糖，U。

5. 三磷酸腺苷，脱氧二磷酸胞苷，3′，5′-环化鸟苷酸。

6. 脱氧核苷酸，4，A T G C。

7. DNA 的 X 射线衍射图谱，螺旋；A═T，G≡C。

8. 碱基；磷酸，脱氧核糖；磷酸与脱氧核糖交替排列；碱基对；威尔金斯。

9. 信使 RNA(messenger RNA，mRNA)，核糖体 RNA(ribosome RNA，rRNA)，转移 RNA(transfer RNA，tRNA)。

10. AMP，GMP，CMP，UMP；线状，发卡，三叶草形。

11. 反密码，二氢尿嘧啶，假尿嘧啶，可变；氨基酸臂。

12. 共轭，260 nm。

简答题

1. 答题要点：

生物体内游离存在的嘌呤碱，如黄嘌呤、次黄嘌呤和尿酸，存在于茶叶、咖啡及可可中的茶碱(1，3-二甲基黄嘌呤)、咖啡碱(1，3，7-三甲基黄嘌呤)、可可碱(3，7-二甲基黄嘌呤)等都是黄嘌呤的衍生物。

2. 答题要点：

核酸由脱氧核糖核酸(DNA)和核糖核酸(RNA)两大类组成。在真核细胞中，DNA 主要存在于细胞核内的染色体上，与组蛋白结合，是染色体的主要成分，只有少量的 DNA 存在于核外的线粒体中。RNA 主要存在于细胞质中，微粒体含量最多，线粒体含少量。在细胞核中也含有少量的 RNA，集中于核仁。

3. 答题要点：

1)核酸的基本组成单位是核苷酸，完全水解产物为碱基、戊糖、磷酸。

2)相同：DNA 与 RNA 水解后产物都含有磷酸，碱基 A、G、C。不同：DNA 水解产物中是脱氧核糖和碱基 T，RNA 水解产物中是核糖和碱基 U。

4. **答题要点：**

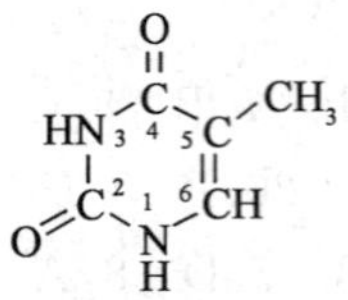

胸腺嘧啶(thymidine,T)

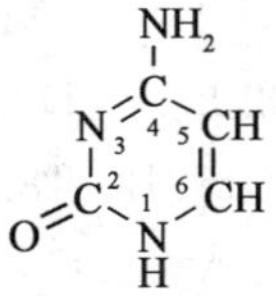

胞嘧啶(cytosine,C)

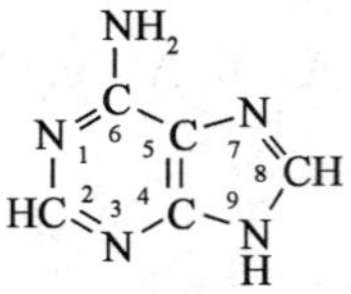

腺嘌呤(adenine,A)

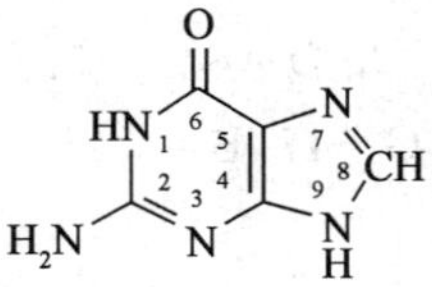

鸟嘌呤(guanine,G)

5. **答题要点：**

DNA 的三级结构是指 DNA 分子双螺旋通过弯曲和扭转所形成的特定构象，其主要形式是超螺旋，主要是在原核生物和病毒中发现的。

6. **答题要点：**

A-型、B-型和 Z-型 DNA 的比较

项目	A-DNA	B-DNA	Z-DNA
螺旋方向	右手性	右手性	左手性
每圈螺旋的碱基数	11	10	12
每一碱基对的上升距离	0.23 nm	0.34 nm	0.38 nm
螺距	2.8 nm	3.4 nm	4.5 nm
碱基对的倾斜度	200°	60°	70°
每一碱基对旋转的角度	33°	36°	−600°(二聚体)
脱氧胞嘧啶核苷	反	反	反
脱氧鸟嘌呤核苷	反	反	顺

7. **答题要点：**

RNA 的一级结构为线形多核苷酸单链。它的基本单位主要是 AMP、GMP、CMP 和 UMP 四种核苷酸。可由几十个至几千个核苷酸彼此连接起来，各个核苷酸之间的连接键和 DNA 一样，也是 3′,5′-磷酸二酯键。RNA 的书写方式与 DNA 相同，通常从 5′端向 3′端方向书写。

8. **答题要点：**

tRNA 的二级结构是三叶草形，三叶草形结构很稳定，它由氨基酸臂、反密码环、二氢尿嘧啶环、假尿嘧啶环和可变环等五部分组成。

9. **答题要点：**

当紫外吸收变化达到最大变化的半数值时，此时所对应的温度称为熔点温度（melting temperature，T_m）、变性温度或中点解链温度。

T_m 受溶液的性质和 DNA 中碱基组成的影响。

10. 答题要点：

DNA 变性是指在变性因素（加热、酸碱度改变等）存在条件下，DNA 双螺旋区的氢键发生断裂，变成单链，并不涉及共价键（3′，5′-磷酸二酯键）的断裂。

DNA 的复性是指在适当条件下，使两条彼此分开的链重新缔合成双螺旋的过程。

论述题

1. 答题要点：

核酸是生命有机体的基本组成物质之一，是重要的生物大分子，从高等的动、植物到简单的病毒都含有核酸。核酸最早是在 1868—1869 年间由 F. Miescher 发现的，他从附着在外科绷带上的脓细胞核中分离出一种含磷量很高的酸性物质，由于它来源于细胞核，当时称之为"核素"(nuclein)。核素即现今所指的脱氧核糖核蛋白。1889 年，Altmann 在纯化"核素"的过程中得到一种不含蛋白质的酸性物质，他把这种物质称为核酸(nucleic acid)。后来证明，所有的生物都含有核酸。核酸是遗传信息的载体。

核酸在生物的生长、发育、繁殖、遗传和变异等生命活动过程中都具有极其重要的作用，其中生物遗传作用最为重要。已经证明，DNA 是主要的遗传物质，生物的遗传信息储存于 DNA 的核苷酸序列之中，即基因中。生物体通过 DNA 的复制、转录和翻译，把 DNA 上的遗传信息经 RNA 传递到蛋白质结构上，使遗传信息通过蛋白质得以表达，即基因的表达。由此可见，生物有机体拥有的种类繁多、功能各异的蛋白质，其结构归根到底都是由 DNA 分子中所蕴藏的遗传信息控制的。这就是核酸的重要生物学意义之所在。

2. 答题要点：

1)核苷酸参与能量代谢：ATP 上的磷酸残基用 α、β、γ 来编号。其分子中的焦磷酸键在水解时可释放很大的自由能，称之为高能磷酸键，用"～P"表示。因此 ATP 是生物体内的主要直接供能物质，在能量代谢中起着极其重要的作用。同样，其他 5′-核苷酸及 5′-脱氧核苷酸也可生成相应的核苷二磷酸和核苷三磷酸，如 GDP、GTP 和 dCDP、dCTP 等。

2)核苷酸是许多酶的辅助因子的成分：体内还有一些参与代谢的辅基和辅酶与核苷酸密切相关。例如：辅酶Ⅰ(烟酰胺腺嘌呤二核苷酸，NAD^+)、辅酶Ⅱ(烟酰胺腺嘌呤二核苷酸磷酸，$NADP^+$)、辅酶 A(CoA)、黄素腺嘌呤二核苷酸(FAD)等的组成中都含有腺苷酸。

3)核苷酸参与细胞信息传递：在生物细胞中还普遍存在一类环化核苷酸。如 3′，5′-cAMP、3′，5′- cGMP 等，其中以 cAMP 研究得最多。

目前已知，许多激素通过 cAMP 而发挥其功能，所以称之为激素(第一信使)作用中的第二信使。cGMP 也是第二信使。另外，cAMP 也参与大肠杆菌中 DNA 转录的调控。

此外，某些细菌中还有鸟苷四磷酸(ppGpp)和鸟苷五磷酸(pppGpp)的存在，它们参与 rRNA 合成的调控。

3. 答题要点：

DNA 分子是一个右手双螺旋结构，其特征如下：

1)两条平行的多核苷酸链，以相反的方向(即一条为 5′→3′，另一条为 3′→5′)围绕着同一个(想象的)中心轴,以右手旋转方式构成一个双螺旋。

2)疏水的嘌呤和嘧啶碱基平面层叠于螺旋的内侧,亲水的磷酸基和脱氧核糖以磷酸二酯键相连形成的骨架位于螺旋的外侧。

3)内侧碱基呈平面状,碱基平面与中心轴相垂直,脱氧核糖的平面与碱基平面几乎呈直角。每个平面上有两个碱基(每条链各一个)形成碱基对。相邻碱基平面在螺旋轴之间的距离为0.34 nm(1 nm=10Å)。旋转夹角为36°,因此每10对核苷酸绕中心轴旋转一圈,故螺旋的螺距为3.4 nm。

4)双螺旋的直径为2 nm。沿螺旋的中心轴形成的大沟和小沟交替出现。DNA双螺旋之间形成的沟称为大沟,而两条DNA链之间形成的沟称为小沟。

5)两条链被碱基对之间形成的氢键稳定地维系在一起。在双螺旋中,碱基总是腺嘌呤与胸腺嘧啶配对,用A-T表示;鸟嘌呤与胞嘧啶配对,用G-C表示。

4.答题要点:

为了说明超螺旋的形成,将DNA双螺旋中一条链沿右手方向缠绕另一条链的次数称为连锁数(L),如图A所示为一线状DNA,连锁数$L=25$。这样的DNA链连接起来形成闭合环,此环状DNA称为松弛型(图B)。螺旋数(twisting number,T)是指DNA的一条链绕双螺旋轴所做的完整的旋转数。超盘绕数(writhing number,W)是指DNA的双螺旋轴在空间的转动数。L、T、W三者之间的关系为:$L = T + W$。

T和W可以是小数,但L必须是整数。L值相同的DNA之间可以不经链的断裂而相互转变。仅仅因为连锁数不同的分子互为拓扑异构体,拓扑学是数学的一个分支,它研究那些不因为变形(如拉长和弯曲)而改变的结构特性。自然界存在的所有超螺旋DNA分子都是最初缠绕不足,而形成的负超螺旋,如图C所示。

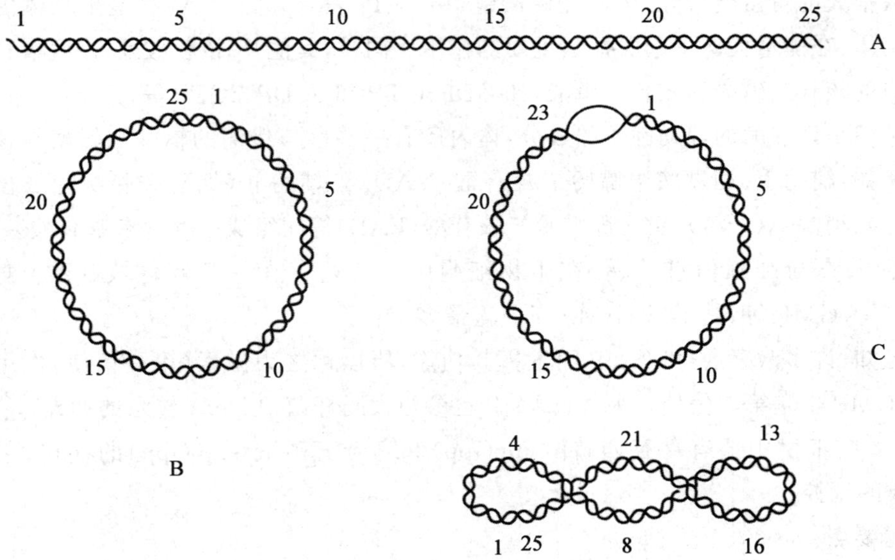

5. **答题要点：**

RNA 存在于各种生物的细胞中，依不同的功能和性质，主要包括三类：信使 RNA (mRNA)、核糖体 RNA(rRNA)和转移 RNA(tRNA)。它们都参与蛋白质的生物合成。

1)mRNA 占细胞中 RNA 总量的 3%～5%，分子量极不均一，一般在 0.5×10^6～2.0×10^6。mRNA 是合成蛋白质的模板，传递 DNA 的遗传信息，决定着每一种蛋白质肽链中氨基酸的排列顺序，所以细胞内 mRNA 的种类很多。mRNA 是三类 RNA 中最不稳定的，它代谢活跃、更新迅速，原核生物(如大肠杆菌)mRNA 的半衰期只有几分钟，真核细胞中的 mRNA 寿命较长，可达几小时以上。

2)rRNA 是细胞中含量最多的一类 RNA，占细胞中 RNA 总量的 80%左右，是细胞中核糖体的组成部分。核糖体(ribosome)或称核蛋白体，是一种亚细胞结构，是直径为 10～20 nm 的微小颗粒。rRNA 约占核糖体的 60%，其余 40%为蛋白质。核糖体是蛋白质合成的场所。无论细菌、还是真核细胞的核糖体都由大小不等的两个亚基组成，如大肠杆菌核糖体两个亚基所含的 rRNA 分别为 23S rRNA 和 16S rRNA。

3)tRNA 约占细胞中 RNA 总量的 15%，通常以游离的状态存在于细胞质中。tRNA 约由 75～90 个核苷酸组成。分子量在 25 000 左右，在三类 RNA 中它的分子量最小。它的功能主要是携带活化了的氨基酸，并将其转运到与核糖体结合的 mRNA 上用以合成蛋白质。细胞内 tRNA 种类很多，每一种氨基酸都有特异转运它的一种或几种 tRNA。

6. **答题要点：**

1)tRNA 典型的二级结构为三叶草形结构，由一条核糖核苷酸链折叠、盘绕而成。在分子单链的某些区域回折时，因存在彼此配对的碱基，构成局部双螺旋区，不能配对的碱基则形成突环而排斥在双螺旋之外，形成了 tRNA 的三叶草形结构，包括五个部分：氨基酸臂、TψC 环、附加叉(可变环)、反密码环及 DHU 环。

(1)氨基酸臂：通常由 7 个碱基对组成，在 3′末端连接—CCA—OH。在蛋白质合成时，活化了的氨基酸即连接在末端腺嘌呤核苷酸中核糖的 3′-OH 上，是携带氨基酸的部位。

(2)TψC 环：通常是由 7 个不形成碱基对的核苷酸组成的小环，接在由 5 个碱基对形成的螺旋区的一端，此环因含有稀有的假尿嘧啶核苷酸(ψ)及胸嘧啶核苷酸(T)，所以称为 TψC 环。

(3)附加叉：又称可变环或额外环，由 3～18 个核苷酸组成，不同的 tRNA 这部分结构差异很大。

(4)反密码环：由 7 个核苷酸组成，环的中间是由 3 个相邻的核苷酸组成的反密码子，与 mRNA 上相应的三联体密码子呈碱基互补关系。不同的 tRNA 反密码子不同，次黄嘌呤核苷酸(I)常出现在反密码子中。

(5)DHU 环：由 8～12 个核苷酸组成，因大多数 tRNA 的这一部分含有二氢尿嘧啶核苷酸(DHU)，故称 DHU 环。

2)RNA 根据其在蛋白质生物合成过程中所发挥的功能不同，主要有 mRNA、tRNA、rRNA 三种。mRNA 是 DNA 转录的产物，含有 DNA 的遗传信息，每三个相连的碱基组成一组密码，可组成 64 组。其中 61 组密码分别代表 20 种氨基酸，可以指导一条多肽链的合成，所以它是合成蛋白质的模板。tRNA 携带、运输活化了的氨基酸，为蛋白质的生物合成提供原料。因其含有反密码环，所以具有辨认 mRNA 上相应的密码子的作用（即翻译作用）。rRNA 不单独存在，与多种蛋白质构成核糖体（核蛋白体），核糖体是蛋白质合成的场所。

7. 答题要点：

1)DNA 微溶于水，呈酸性，加碱促进溶解，但不溶于有机溶剂。

2)溶液呈现黏稠状，DNA 分子愈大，黏稠度愈高。

3)DNA 的双螺旋结构僵直且具有刚性，受剪切力的作用易断裂成碎片。

4)溶液状态的 DNA 易受 DNA 酶的作用而降解。脱去水分的 DNA 性质十分稳定。

5)具有变性、复性现象。

8. 答题要点：

DNA 双螺旋结构模型特点：两条反平行的多核苷酸链形成右手双螺旋；脱氧核糖和磷酸在外侧形成螺旋轨迹，碱基伸向内部，并且碱基平面与中心轴垂直，双螺旋结构上有大沟和小沟；双螺旋结构直径 2 nm，螺距 3.4 nm，每个螺旋包含 10 个碱基对；A 和 T 配对，G 和 C 配对，A、T 之间形成两个氢键，G、C 之间形成三个氢键。DNA 三级结构为线状、环状和超螺旋结构。稳定 DNA 结构的作用力有：氢键，碱基堆积力。

RNA 中立体结构最清楚的是 tRNA，tRNA 的二级结构为三叶草形，tRNA 的三级结构为倒 L 形。维持 RNA 立体结构的作用力主要是氢键。

9. 答题要点：

DNA 和 RNA 在分子组成上都含有磷酸、戊糖和碱基，其中戊糖的种类不同，DNA 分子中的戊糖为 *β-D*-2-脱氧核糖，而 RNA 分子中的戊糖为 *β-D*-核糖，另外，在所含的碱基中，除共同含有腺嘌呤（A）、鸟嘌呤（G）、胞嘧啶（C）三种相同的碱基外，胸腺嘧啶（T）通常存在于 DNA 分子中，而尿嘧啶（U）出现在 RNA 分子中，并且在 RNA 分子中也常出现一些稀有碱基。

在分子结构中，二者均以单核苷酸为基本组成单位，靠 3′,5′-磷酸二酯键彼此连接成为多核苷酸链。所不同的是，构成 DNA 的基本单位是脱氧核糖核苷酸（dNMP），而构成 RNA 的基本单位是核糖核苷酸（NMP）。它们的一级结构都是多核苷酸链中核苷酸的连接方式、数量和排列顺序，即多核苷酸链中碱基的排列顺序。在一级结构的基础上进行折叠、盘绕形成二级结构和三级结构。在空间结构上 DNA 和 RNA 有着显著的差别。DNA 分子的二级结构是双股螺旋，三级结构为超螺旋。RNA 分子的二级结构以单链折叠、盘绕形成，局部卷曲靠碱基配对关系形成双螺旋，而形成发卡结构。tRNA 典型的二级结构为三叶草形结构，三级结构为倒 L 形结构。在分子中都存在着碱基配对、互补关系。在 DNA 和 RNA 中都是 G 与 C 配对，并且形成三个氢键，而不同的是 DNA 中 A 与 T 配对，RNA 中 A 与 U 配对，它们之间都形成两个氢键。

10. 答题要点：

B-型 DNA 双螺旋的结构要点及稳定 DNA 双螺旋结构的主要作用力是：①两条反向平行的多核苷酸链围绕同一中心轴形成右手双螺旋；②磷酸和脱氧核糖形成的主链在外侧，嘌呤碱和嘧啶碱在双螺旋的内侧，碱基平面垂直于中轴，糖环平面平行于中轴；③双螺旋的直径

2 nm，螺距 3.4 nm，沿中心轴每上升一周包含 10 个碱基对，相邻碱基间距 0.34 nm，之间旋转角度 36°；④沿中心轴方向观察，有两条螺形凹槽，即大沟（宽 1.2 nm，深 0.85 nm）和小沟（宽 0.6 nm，深 0.75 nm）；⑤两条多核苷酸链之间按碱基互补配对原则进行配对，两条链依靠彼此碱基之间形成的氢键和碱基堆积力而结合在一起。

意义：第一次提出了遗传信息的贮存方式以及 DNA 的复制机理，揭开了生物学研究的序幕，为分子遗传学的研究奠定了基础。

第 5 章 糖　类

糖类是多羟基的醛、酮，或多羟基醛、酮的缩合物及其衍生物。对动物机体而言，重要的单糖有葡萄糖与核糖以及它们的磷酸酯。重要的双糖有蔗糖、麦芽糖和乳糖。多糖比较复杂，同多糖主要包括糖原、纤维素和壳多糖；杂多糖主要包括肝素、软骨素等。复合糖包括糖蛋白、蛋白聚糖和脂多糖与糖脂。

【知识目标】

了解糖的分类、构象以及糖类的生理功能；理解重要同多糖的结构和主要性质；掌握重要单糖、双糖的结构和性质。

【复习指南】

表 5-1　重要的单糖与双糖及其一般性质

类别	名称	主要内容
单糖	己糖	包括己醛糖和己酮糖
		分布最广的己醛糖有 *D*-葡萄糖、*D*-半乳糖、*D*-甘露糖。*D*-葡萄糖是淀粉、糖原、纤维素等多糖的结构单位，能被动物体直接吸收，是生命活动所需要的主要能源。用 α-淀粉酶和糖化酶水解淀粉，可以制得 *D*-葡萄糖
		葡萄糖异构酶可催化 *D*-葡萄糖转化成 *D*-果糖，*D*-果糖是自然界最丰富的酮糖
	戊糖	戊糖中 *D*-核糖、*D*-2′-脱氧核糖是核糖核酸和脱氧核糖核酸的重要组成成分
		D-核酮糖和 *D*-木酮糖是葡萄糖通过磷酸戊糖途径分解的中间产物
	其他单糖衍生物	重要的丙糖磷酸酯有 3-磷酸甘油醛和磷酸二羟丙酮，它们是葡萄糖分解的中间产物
		在特定脱氢酶的催化下，某些醛糖末端的羟基能被氧化成羧基，生成糖醛酸。常见的糖醛酸有 *D*-葡萄糖醛酸。它也是很多杂多糖的成分
双糖	蔗糖	由 α-*D*-葡萄糖分子与 β-*D*-果糖分子，按 α,β-1,2-糖苷键缩合而形成的
	麦芽糖	由两个 α-*D*-葡萄糖分子缩合而形成的双糖
	乳糖	由 β-*D*-半乳糖分子与 α-*D*-葡萄糖分子缩合而形成的双糖。牛乳中含 4%～5% 的乳糖，它是哺乳幼畜所需能量的来源之一
	双糖是由两分子单糖脱水缩合而成的，双糖水解后得到两分子单糖	

表 5-2　重要的多糖的结构与功能

多糖是由 20 个以上的单糖或者单糖衍生物通过糖苷键连接而形成的高分子聚合物	
同多糖	指由同一种单糖或者单糖衍生物聚合而成的多糖
杂多糖	又称糖胺聚糖，指由不同种类的单糖或单糖衍生物聚合而成的多糖

表 5-3　重要的同多糖的组成与功能

同多糖	主要内容
糖原	由 α-D-葡萄糖聚合而成，含支链，分支点之间的间隔约为 8～12 个葡萄糖残基，是动物细胞中储存的多糖，又称为动物淀粉
	存在于动物肝脏和骨骼肌中的糖原，分别称为肝糖原和肌糖原。糖原是动物体能量的主要来源
纤维素	纤维素是植物细胞壁的主要组分，是由 β-D-葡萄糖分子缩合而形成的线形高分子聚合物。纤维素不溶于水
	马、牛、羊等食草动物，由于其消化道内共生着能产生纤维素酶的细菌，因而能够消化、利用纤维素，并将其作为生命活动所需要的主要能源
壳多糖	又称为甲壳素、几丁质。是由 β-D-N-乙酰葡萄糖胺缩合而形成的高分子聚合物
	壳多糖主要存在于虾、蟹、昆虫等无脊椎动物的外壳中，作为外骨骼的主要结构物质

表 5-4　重要的异多糖的组成与功能

异多糖	主要内容
肝素	又称为抗凝血素。构成肝素的糖单位有葡萄糖醛酸及其硫酸酯、L-艾杜糖醛酸及葡萄糖胺，它们以 β-1，4-糖苷键或者 α-1，4-糖苷键连接而成高分子聚合物
	肝素存在于动物的肝、肺、肠黏膜等组织中，临床上用作抗凝血剂及防止血栓形成的药物
透明质酸	是由二糖单位（β-D-葡萄糖醛酸与 β-D-N-乙酰葡萄糖胺）通过 β-1，4-糖苷键连接而成的高分子杂多糖
	广泛存在于动物软骨、腱等结缔组织的细胞外基质中。在胚胎、关节滑液、眼球玻璃体、脐带以及鸡冠等组织中，其含量尤为丰富，起着润滑、防震、促进伤口愈合等作用
硫酸软骨素	是由许多二糖单位（β-D-葡萄糖醛酸与 β-D-N-乙酰半乳糖胺）通过 β-1，4-糖苷键连接而成的高分子杂多糖
	存在于软骨、肌腱、韧带以及主动脉等组织中

表 5-5 重要的复合糖

复合糖指由糖类与蛋白质或脂类等生物分子以共价键连接而成的糖复合物	
糖蛋白	由糖链与蛋白质多肽链共价结合而成的球状高分子复合物。糖蛋白分子包含糖链、蛋白质和糖肽键三部分。其糖链由几个或十几个单糖及其衍生物通过糖苷键连接成寡糖链，一般是分支的。然后在一条多肽链的一个或几个位点上，与一条或几条寡糖链连接
	糖链与肽链的连接主要有两种类型：*N*-糖苷键和 *O*-糖苷键。糖基可借助于 *N*-糖苷键连接于蛋白质分子中的天冬酰胺残基的酰胺基上（也称 *N*-连接），或者借助 *O*-糖苷键与蛋白质分子中的丝氨酸或苏氨酸残基的羟基相连（也称 *O*-连接）
	糖蛋白在生物体分布广泛，种类繁多，如：免疫球蛋白、血型物质、糖蛋白激素、糖蛋白酶、凝集素等都是糖蛋白。其生理功能主要表现在：具有酶及激素的活性；高黏度，作为机体的润滑剂、保护剂；具有抗蛋白酶的水解，阻止细菌、病毒侵袭的作用；在组织培养时对细胞黏着和细胞接触起抑制作用；对外来组织细胞识别、肿瘤特异性抗原活性的鉴定有一定作用等
蛋白聚糖	蛋白聚糖是一类特殊的糖蛋白。它是由一条或多条糖胺聚糖链，在特定的部位与多肽链骨架共价连接而成的生物大分子。分子中含糖比例远高于蛋白质，占95%以上。因此，性质更接近于多糖
	在蛋白聚糖分子中，蛋白质多肽链居于中间，构成主链，称为核心蛋白；糖胺聚糖（如硫酸软骨素、硫酸皮肤素）链排列在多肽链的两侧
	蛋白聚糖的种类非常多，其生理功能主要是构成细胞间基质，分布于组织中，能结合 Na^+、K^+，吸收和保留水分；阻止细菌通过，发挥保护作用；促进创伤愈合；与细胞相互识别和生长有关
脂多糖	脂多糖由脂类和多糖紧密相连而成，是革兰氏阴性菌细胞壁特有的组分，使细菌细胞外膜表面具有亲水性，构成内毒素化合物，有决定细菌类型、产生特异性抗体等功能
糖脂	糖脂是一个或多个单糖残基通过糖苷键与脂类连接而成的化合物。它是生物膜的组成成分之一，在生物体内广泛存在。组成生物膜的糖脂主要是甘油糖脂和鞘糖脂，两者在理化性质上是典型的脂类物质

【练习与自测题】

名词解释

1. 多糖（polysaccharose）
2. 复合糖（complex carbohydrate）
3. 脂多糖（lipopolysaccharide）
4. 糖类（saccharides）
5. 不对称碳原子（unsymmetrical carbon）
6. 变旋现象（mutarotation）
7. 差向异构体（epimer）
8. 蛋白聚糖（proteoglycan，PG）

单项选择题

A1 型题

为单项选择题，属于最佳选择题类型。每道试题由一个题干和四个备选答案组成，其中只有一个是最符合题目要求的。

1. 生物圈中最丰富的有机物质是(　　)。

A. 果糖　B. 蛋白质　C. 纤维二糖　D. 纤维素

2. 摄入量过多易导致白内障的物质是(　　)。

A. 糖精　B. 木糖　C. 山梨糖　D. 山梨醇

3. 证明葡萄糖分子中含有 5 个羟基的反应是(　　)。

A. 葡萄糖与乙酸酐　B. 葡萄糖与无水氰化氢

C. 葡萄糖与 Fehling 试剂　D. 葡萄糖与 Benedict 试剂

4. 最常见的糖苷键是(　　)。

A. *O*-糖苷键　B. *N*-糖苷键　C. *S*-糖苷键　D. *C*-糖苷键

5. 环状结构的己醛糖其立体异构体的数目为(　　)。

A. 48　B. 16　C. 3　D. 32

6. 下列哪种糖无还原性？(　　)

A. 木糖　B. 蔗糖　C. 麦芽糖　D. 阿拉伯糖

7. 葡萄糖和甘露糖是(　　)。

A. 异头体　B. 差向异构体

C. 对映体　D. 非对映异构体但不是差向异构体

8. 下列单糖在小肠中吸收速率最高的是(　　)。

A. 葡萄糖　B. 半乳糖　C. 果糖　D. 甘露糖

9. 纤维素的基本单位是(　　)。

A. 葡聚糖　B. 果糖　C. 纤维二糖　D. 葡萄糖

10. 醛糖氧化时，生成糖醛酸而不生成糖醛二酸是因为(　　)。

A. 蛋白酶　B. 脱氢酶　C. 溶解酶　D. 水解酶

11. 人体血型是根据(　　)来分的。

A. 血型物质中单糖类型　B. 血型物质中糖基和蛋白质成分

C. 血型物质中寡糖链结构　D. 血型物质中蛋白质类型

12. 下列有关葡萄糖的叙述，哪个是不正确的？(　　)

A. 显示还原性

B. 新配制的葡萄糖水溶液其比旋光度随时间而改变

C. 莫利希(Molisch)试验阴性

D. 在强酸中脱水形成 5-羟甲基糠醛

13. 下列哪种糖不能生成糖脎？(　　)

A. 葡萄糖　B. 乳糖　C. 蔗糖　D. 果糖

14. 最甜的糖是(　　)。

A. 葡萄糖　　B. 果糖　　C. 麦芽糖　　D. 蔗糖

15. 下列能够解毒的化合物是(　　)。

A. 葡萄糖醛酸　　B. 果糖　　C. 山梨醇　　D. 果糖聚糖

B1 型题

属于标准伍配单项选择题。开始给出 4 个备选答案,之后 2～6 个题干构成一组试题,要求从 4 个备选答案中为这些题干选择一个与其关系密切的答案。在这组试题中,每个备选答案可以被选一次、两次和多次,也可以不选用。

(1～4 题共用备选答案)

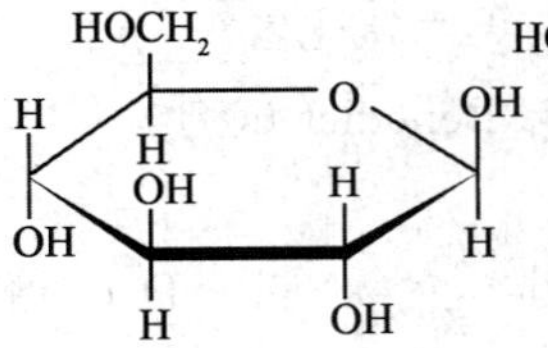

A

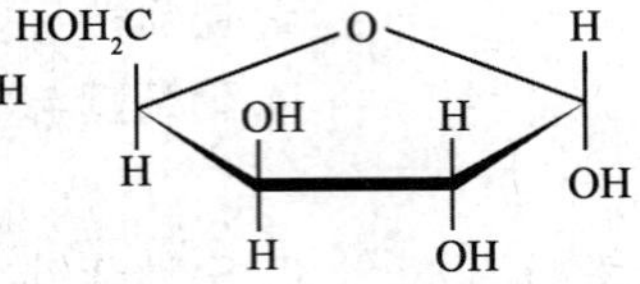

B

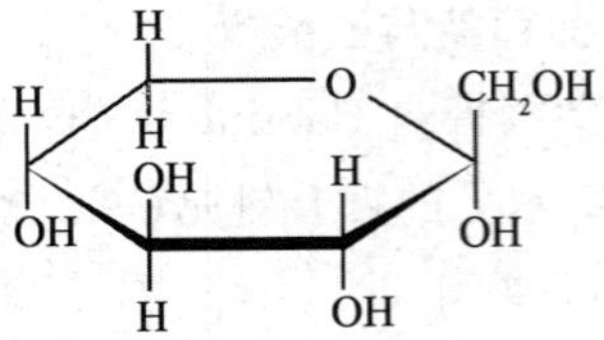

C

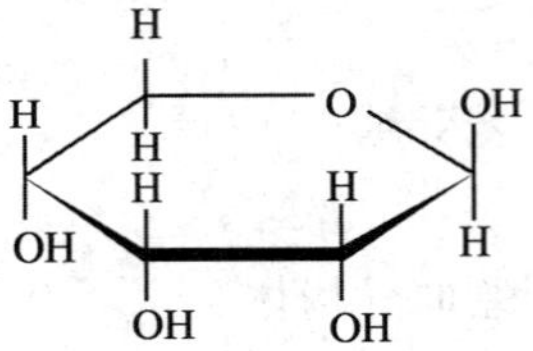

D

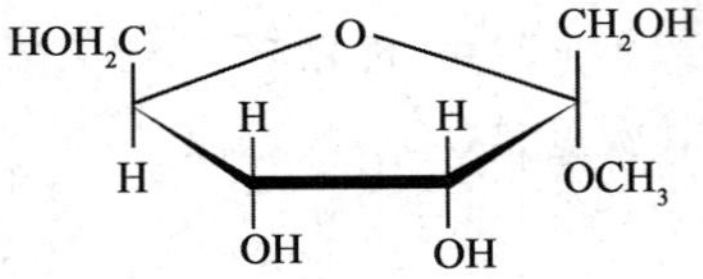

E

1. (　　)是半缩酮形式的酮糖。
2. (　　)是吡喃戊糖。
3. (　　)是糖苷。
4. (　　)是 α-D -醛糖。

填空题

1. 糖类按照聚合度分类可分为________、________、________三种。
2. 环状已醛糖有________个可能的旋光异构体。
3. 按照多糖是由一种或多种单糖单位组成可将其分为________和________。
4. 列出三种常见的二糖:________、________、________。
5. 糖类的生物学作用有:作为________、________、________、________四种。
6. 自然界广泛存在的四种已糖醇是________、________、________、________。
7. 糖蛋白中的糖链可根据糖肽键的类型分为两大类:________和________。

8. 糖链在糖蛋白的形成过程中起到的作用有____________和____________两种。

9. 按单糖残基，残基间连键的类型以及硫酸基的数目和位置，糖胺聚糖可分为四个主要类别：____________、____________、____________、____________。

10. 糖原的磷酸解过程通过____________降解 α-1，4-糖苷键。

11. 糖类物质是一类________________的化合物或聚合物。

简答题

1. 简述多糖的生理功能。

2. 简述鉴定酮糖和醛糖的化学方法。

3. 下图是龙胆二糖的结构式。试问：

1)它由哪两个单糖组成？

2)单糖基之间通过什么键相连？

3)此龙胆二糖是 α-型还是 β-型？

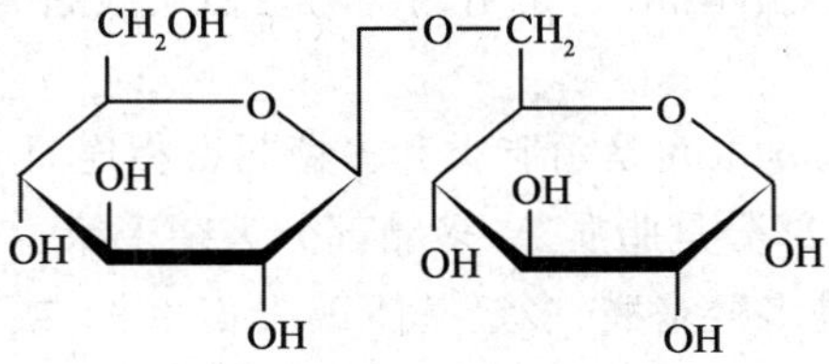

4. 给出下列化合物的名称，并指出反应类型(如磷酸化、还原或其他反应)。

1)

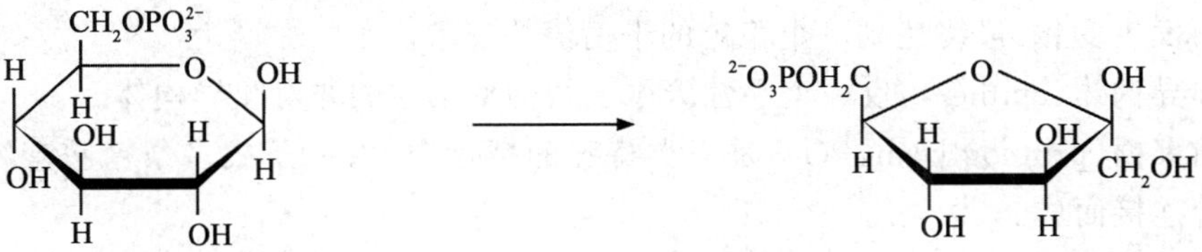

2)

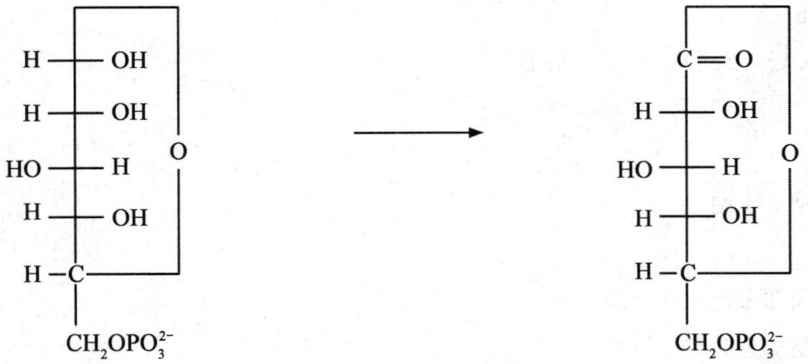

3）

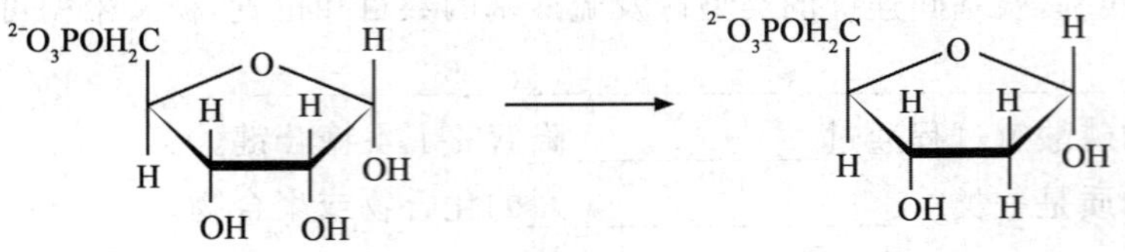

【习题参考答案】

名词解释

1. 多糖(polysaccharose)：是由 20 个以上的单糖或者单糖衍生物，通过糖苷键连接而形成的高分子聚合物。

2. 复合糖(complex carbohydrate)：是由糖类与蛋白质或脂类等生物分子以共价键连接而成的糖复合物。

3. 脂多糖(lipopolysaccharide)：是由脂类和多糖紧密相连而成的，是革兰氏阴性菌细胞壁特有的组分。脂多糖的脂类部分是脂质 A，多糖部分为杂多糖。

4. 糖类(saccharides)：是多羟基醛、多羟基酮或其衍生物，或水解时能产生这些化合物的物质。

5. 不对称碳原子(unsymmetrical carbon)：指与四个不同的原子或原子基团共价连接并因而失去对称性的四面体碳。

6. 变旋现象(mutarotation)：环状单链和糖苷的比旋光度由于其 α-和 β-端基差向异构体达到平衡而发生变化，最终达到一个稳定的平衡值的现象。

7. 差向异构体(epimer)：仅一个手性碳原子的构型不同的非对映异构体。

8. 蛋白聚糖(proteoglycan，PG)：是一类特殊的糖蛋白，由一条或多条糖胺聚糖和一个核心蛋白共价连接而成。

单项选择题

A1 型题　1. D　2. D　3. A　4. A　5. D　6. B　7. B　8. A　9. A　10. B　11. C　12. C　13. C　14. B　15. A

B1 型题　1. C　2. D　3. E　4. B

填空题

1. 单糖，多糖，寡糖。

2. 32。

3. 同多糖，杂多糖。

4. 蔗糖，乳糖，麦芽糖。

5. 生物体结构成分，主要储能物质，在生物体内转变为其他物质，作为细胞识别的信息分子。

6. 山梨醇，*D*-甘露醇，半乳糖醇，肌醇。

7. *N*-糖链，*O*-糖链。

8. 在糖蛋白新生肽链折叠和缔合中起作用，影响糖蛋白的分泌和稳定性。

9. 透明质酸，硫酸软骨素和硫酸皮肤素，硫酸角质素，硫酸乙酰肝素和肝素。

10. 糖原磷酸化酶。

11. 多羟基醛或多羟基酮类。

简答题

1. 答题要点：

调节机体免疫功能；增强机体抗炎作用；提高机体对病原微生物的抵抗力；促进 DNA 和蛋白质的生物合成；促进细胞生长、增殖；具有抗凝血、抗动脉粥样硬化、抗癌、抗辐射损伤等作用。

2. 答题要点：

1）溴水的缓冲溶液（pH 6）能很好地氧化醛糖成为羧酸。而酮糖则不能被溴氧化。

2）酮糖在酸的条件下与间苯二酚生成红色缩合物，而醛糖慢得多。

3. 答题要点：

1）由两个 *D*-葡萄糖组成。

2）β-1，6-糖苷键。

3）α-型。

4. 答题要点：

1）左边是 β-吡喃葡萄糖-6-磷酸，右边是 β-呋喃果糖-6-磷酸，这是异构化反应。

2）左边是葡萄糖-6-磷酸，右边是葡萄糖酸内酯-6-磷酸，这是氧化反应。

3）左边是 α-核糖-5-磷酸，右边是 2-脱氧-α-核糖-5-磷酸，这是一个还原反应。

第 6 章　生物膜与物质运输

动物细胞的质膜和细胞器等构成了细胞的生物膜系统。生物膜的基本组成包括类脂与蛋白质，两者之间存在相互作用。类脂分子的双亲性是形成膜的脂质双层结构的化学基础，其化学性质与膜的流动性有关。膜上的组成是不对称的。小分子或离子通过膜的转运有简单扩散、促进扩散和主动运输三种方式。细胞质膜上的钠钾泵是主动运输的典型例子。

【知识目标】

了解动物细胞的生物化学形态；掌握生物膜的化学组成和结构特点；理解物质的跨膜运输方式和机理。重点掌握膜在物质转运中的作用。

【复习指南】

表 6-1　生物膜的化学组成与性质

组成	性质
膜脂	种类：膜脂包括磷脂、少量的糖脂和胆固醇。磷脂以甘油磷脂为主，其次是鞘磷脂。动物细胞膜中的糖脂以鞘糖脂为主。膜上含有游离的胆固醇，但只限于真核细胞的质膜
	双亲性：生物膜中所含的磷脂、糖脂和胆固醇，都有共同的特点，即在其分子中既有亲水的头部，又有疏水的尾部，都是双亲分子。膜脂分子的双亲性，赋予了它们一些特殊的性质。在水溶液中，膜脂极性的头部可通过氢键与水分子相互作用而朝向水相，其非极性的尾部会依赖疏水力的作用而相互聚拢，以避开水，结果形成脂质的双分子层
	膜脂质分子的双亲性是形成脂质双层的分子基础
膜蛋白	是膜的生物学功能的主要体现者。目前所知的膜蛋白有酶、膜受体、转运蛋白、抗原和结构蛋白等。分为外在蛋白和内在蛋白
	蛋白质分子中亲水的部分位于膜的两侧，即面向水相，而疏水的部分在膜的中央，常以 α-螺旋形式镶嵌入膜的内部，与脂质双层的疏水区域相结合
膜糖	膜上含有少量与蛋白质或脂质相结合的寡糖，形成糖蛋白或糖脂。在糖蛋白中，糖基可借助于 *N*-糖苷键或者 *O*-糖苷键与蛋白质分子相连接
	膜上的寡糖链都暴露在质膜的外表面(向细胞外)，与细胞的一些重要生理活动有关，如细胞的相互识别和通讯

表 6-2　生物膜的结构特点

项目	主要内容
膜的运动	膜脂分子在脂双层中处于不停的运动中。其运动方式有：分子摆动（尤其是磷脂分子的烃链尾部的摆动）、围绕自身轴线的旋转、侧向的扩散运动以及在脂双层之间的跨膜翻转等。膜脂质的这些运动特点，是生物膜表现生物学功能时所必需的
	膜蛋白与膜脂一样，也是处在不断的运动之中。一方面膜蛋白有其自身的运动，另一方面由于它镶嵌在膜的脂质之中，脂质分子的运动对它也有影响。膜蛋白的运动有两种形式：一种是在膜的平面作侧向的扩散运动，另一种是绕着垂直轴作旋转运动
膜脂的流动性与相变	膜脂双层中的脂质分子在一定的温度范围里，可以呈现有规律的凝固态或可流动的液态（实际是液晶态）。两种状态的转变温度称为相变温度（T_c）。较低相变温度使脂双层具有较好的流动性。膜上的胆固醇对膜的流动性和相变温度有调节功能
	磷脂分子赋予了生物膜可以在凝固态和液态两相之间互变的特性。磷脂分子中所含的脂肪酸的烃链，其性质与膜脂的相变密切有关。一般来说，脂质分子中所含的脂肪酸的烃链的不饱和程度越高，或者脂肪酸的烃链越短，其相变温度也相应越低
流动镶嵌模型	关于生物膜的结构提出了多种模型，得到比较公认的是生物膜的“流动镶嵌学说”，其要点为： 1）磷脂分子形成的脂双层是膜的基本结构。膜脂质分子在不断运动中，在生理条件下，呈流动的液晶态 2）细胞质膜上的蛋白质有的结合于膜的表面上，有的镶嵌在膜内，它们与膜脂分子之间存在相互作用 3）膜的各种成分在脂双层上的分布是不对称的，膜上的糖基总是暴露在质膜的外表面上

表 6-3　物质的过膜运输

转运方式	主要内容
单向转运	把一种物质由膜的一侧转运到另一侧
协同转运	一种物质的转运与另一种物质相伴随
	转运的物质方向相同，称为同向转运；方向相反，称为反向转运

表 6-4　小分子与离子的过膜转运

转运方式	主要内容
简单扩散	指小分子与离子由高浓度向低浓度穿越细胞膜的自由扩散过程。物质的转移方向依赖于它在膜两侧的浓度差。由于这是物质由高浓度向低浓度的扩散，不需要提供能量。这种形式的扩散也不需要任何形式的转运载体帮助。但是脂溶性小分子的透过性较好，而带电荷的离子和多数的极性分子透过性较差
促进扩散	又称易化扩散。与简单扩散相似，它也是物质由高浓度向低浓度的转运过程，也不需要提供能量。但不同的是，这种物质的过膜转运需要膜上特异转运载体的参与。这些转运载体通常称为通道或载体。有的是肽类抗生素，有的是蛋白质

续表 6-4

转运方式	主要内容
主动转运	主动转运是物质依赖于转运载体、消耗能量并能够逆浓度梯度进行的过膜转运方式。其所需的能量来自 ATP 的水解
	举例：细胞膜的钠钾泵，又称 Na^+-K^+-ATP 酶，其作用是保持细胞内的高 K^+ 和低 Na^+、细胞外的高 Na^+ 和低 K^+。Na^+-K^+-ATP 酶有两种不同的构象 E1 和 E2。通过它们之间的交替互变，把 K^+ 从胞外转入胞内，把 Na^+ 从胞内转到胞外。这种反向的协同转运可以逆浓度梯度进行，并消耗 ATP。据计算，每次消耗一分子的 ATP，可以将 3 个 Na^+ 从胞内泵到胞外，同时将 2 个 K^+ 从胞外泵入胞内，以维持细胞内外 Na^+ 和 K^+ 的浓度差

表 6-5 大分子物质和颗粒的转运

蛋白质、核酸、多糖、病毒和细菌等进出细胞是通过与细胞膜的一起移动实现的，如通过内吞和外排作用。有些蛋白质在细胞内合成后要分泌到胞外，或者要在细胞中定位到不同的细胞器中，因此还涉及跨越内质网膜、线粒体膜等的转运过程

【练习与自测题】

名词解释

1. 主动转运（active transport）
2. 简单扩散（simple diffusion）

单项选择题

A1 型题

为单项选择题，属于最佳选择题类型。每道试题由一个题干和四个备选答案组成，其中只有一个是最符合题目要求的。

1. ATP 从线粒体向外运输的方式是（　　）。

A. 简单扩散　B. 促进扩散　C. 主动运输　D. 外排作用

2. 细胞膜的结构特点和功能特性依次是（　　）。

①由蛋白质和磷脂分子组成　②具有一定的流动性

③是一种选择透过性膜　④保护细胞内部

A. ①③　B. ②③　C. ①④　D. ②④

3. 决定细胞膜具有选择透过性的主要物质基础是（　　）。

A. 磷脂分子　B. 载体蛋白

C. 载体蛋白和磷脂分子　D. 糖蛋白和载体蛋白

4. 从细胞膜上提取了某种成分，用非酶法处理后，加入双缩脲试剂出现紫色；若加入斐林或班氏试剂并水浴加热，出现砖红色。该成分是(　　)。

A. 糖脂　　B. 磷脂　　C. 糖蛋白　　D. 脂蛋白

5. 新生儿肠上皮细胞通过消耗 ATP，可以直接吸收母乳中的免疫球蛋白和半乳糖，这两种物质吸收到血液中的方式分别是(　　)。

A. 主动运输、主动运输　　B. 内吞、主动运输

C. 主动运输、内吞　　D. 被动运输、主动运输

6. 食醋中的醋酸成分是活细胞不需要的小分子物质，蔗糖则是活细胞需要的大分子物质。用食醋和蔗糖可将新鲜大蒜头腌成糖醋蒜，其原因是(　　)。

A. 醋酸和蔗糖分子均能存在于活细胞的间隙中

B. 醋酸和蔗糖分子均能被吸附在活细胞表面

C. 醋酸能固定和杀死活细胞，使细胞失去了选择性

D. 因腌的时间过久，两种物质均慢慢地进入活细胞

7. 下图表明小肠绒毛上皮细胞的细胞膜对不同物质的转运(每种物质的转运方向由箭头表明，符号 · 的数量代表每种物质的浓度，甲、乙表示的是两种转运方式)。下列叙述正确的是(　　)。

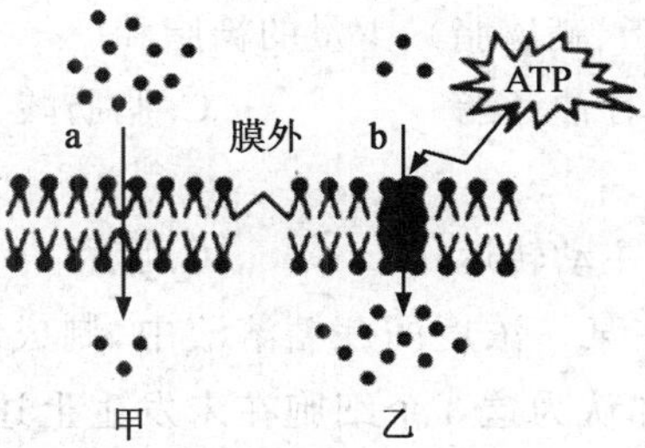

A. a 物质可能是氧气，b 物质可能是葡萄糖

B. a 物质可能是水，b 物质可能是甘油

C. a 物质可能是胆固醇，b 物质可能是氧气

D. a 物质可能是葡萄糖，b 物质可能是氨基酸

8. 白细胞能吞噬绿脓杆菌，与这一现象有关的是(　　)。

A. 磷脂分子的特性　　B. 细胞膜的稳定性

C. 细胞膜的镶嵌性　　D. 细胞膜的流动性

9. 下列能正确表示细胞膜结构的是(　　)。

A. 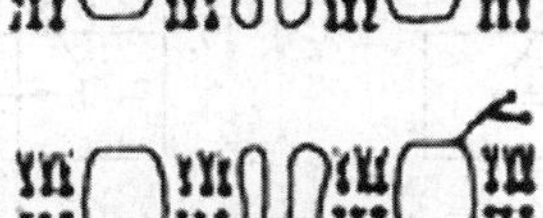　　B. 

C. 　　D.

10. 对于细胞膜完成各种生理功能极为重要的结构特点是(　　)。

A. 磷脂排列成双分子层

B. 两侧膜物质分子排列不对称

C. 球蛋白质分子覆盖或镶嵌于磷脂双分子层中

D. 膜物质分子的运动使其有流动性

11. 苋菜的细胞液中有一些红色的物质,无论用清水怎么洗,清水仍不见红色物质,但若把苋菜放在沸水中一烫,水会立刻变成红色。这个现象是因为(　　)。

A. 沸水使细胞膜失去流动性　　B. 沸水中色素分解成小分子物质

C. 在清水中没有物质出入　　D. 沸水使细胞膜失去选择透过性

12. 下列各项中,最可能是构成细胞膜的一组元素是(　　)。

A. C、H、O　　B. C、H、O、N　　C. C、H、O、P　　D. C、H、O、N、P

13. 细胞膜的功能特性和结构特性分别是(　　)。

A. 流动性、选择透过性　　B. 选择透过性、流动性

C. 流动性、流动性　　D. 选择透过性、选择透过性

14. 在细胞膜上,和细胞与细胞之间或者细胞与其他大分子之间互相联系有密切关系的化学物质是(　　)。

A. 糖蛋白　　B. 磷脂　　C. 脂肪　　D. 核酸

15. 膜脂包括磷脂(甘油磷脂、鞘磷脂)、少量的糖脂和(　　)。

A. 胆固醇　　B. 甘油三酯　　C. 脂肪酸　　D. 胆固醇酯

16. Na^+-K^+泵运作属于(　　)。

A. 被动转运　　B. 主动转运　　C. 胞吞　　D. 易化扩散

17. 将一张洋葱鳞片叶放在某一浓度的蔗糖溶液中,制成装片,将之放在显微镜下观察,有3种状态的细胞,见下图。你认为这3个细胞在未发生上述情况之前,其细胞液的浓度依次是(　　)。

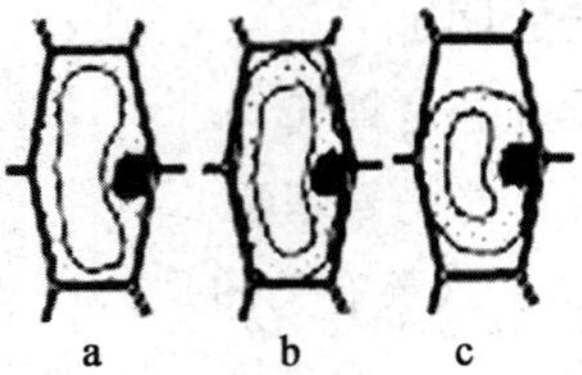

A. a>b>c　　B. a<b<c　　C. b>a>c　　D. b<a<c

18. 下图表示某植物相邻的3个细胞,其细胞液浓度依次是 a>b>c。下列各图中,能正确表示它们之间水分子渗透方向的是(　　)。

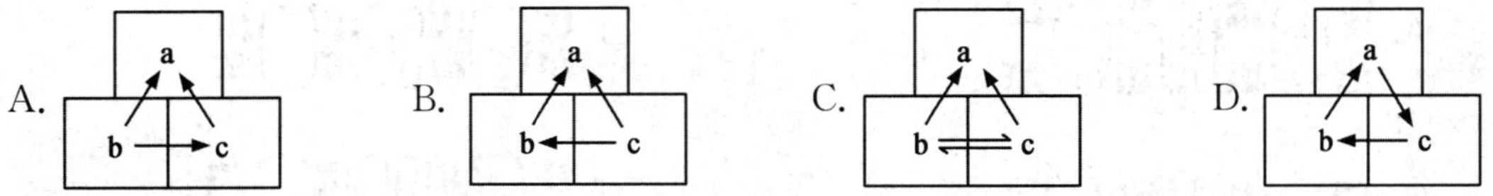

19. 将洋葱鳞片叶放在0.45 g/mL的蔗糖溶液中,细胞发生质壁分离;放在0.35 g/mL的蔗糖溶液中,细胞有胀大趋势;放在0.4 g/mL的蔗糖溶液中,细胞似乎不发生变化。这

表明(　　)。

A. 洋葱鳞片叶表皮细胞已经死亡　　B. 细胞膜不允许水分子自由通过

C. 蔗糖分子进入细胞,导致渗透平衡　　D. 细胞液浓度约为 0.4 g/mL

20. 将洋葱鳞片叶表皮放入一定浓度的硝酸钾溶液中,其细胞便发生质壁分离,不久,这些细胞自动发生质壁分离复原。其原因是(　　)。

A. 细胞液的溶质透出细胞　　B. 质壁分离后的细胞只允许水分子进入

C. K^+ 和 NO_3^- 进入液泡　　D. 水分和溶质自由地进出细胞

21. 用蔗糖浸渍冬瓜条能使冬瓜条变甜,这是因为(　　)。

A. 蔗糖分子通过渗透作用进入细胞

B. 蔗糖分子分解为葡萄糖分子后进入细胞

C. 蔗糖分子进入细胞间隙

D. 细胞脱水死亡,细胞膜失去选择透过性,蔗糖分子进入细胞

22. 将紫色水萝卜的块根切成小块放入清水中,水的颜色无明显变化。若进行加温,随着水温的增高,水的颜色逐渐变红。其原因是(　　)。

A. 细胞壁在加温中受到破坏　　B. 水温增高,花青素的溶解度加大

C. 加温使生物膜失去了选择透过性　　D. 加温使水中的化学物质发生了反应

23. 植物细胞的质壁分离实验,不能证明的是(　　)。

A. 细胞膜的选择透过性　　B. 细胞处于生活或死亡状态

C. 细胞液浓度的相对大小　　D. 溶质分子进出细胞的方式

填空题

1. 小分子和离子的过膜转运方式包括简单扩散、促进扩散和________。

2. 生物膜中脂和蛋白质主要通过________作用结合,ATP 从线粒体向外运输的方式是________________。

3. 一个 Na^+-K^+-ATP 酶每消耗一分子 ATP,可以将________个 Na^+ 从胞内泵到胞外。

4. 对法囊藻(一种海藻)细胞液中各种离子浓度的分析表明,细胞液的成分与海水的成分很不相同(见下图):

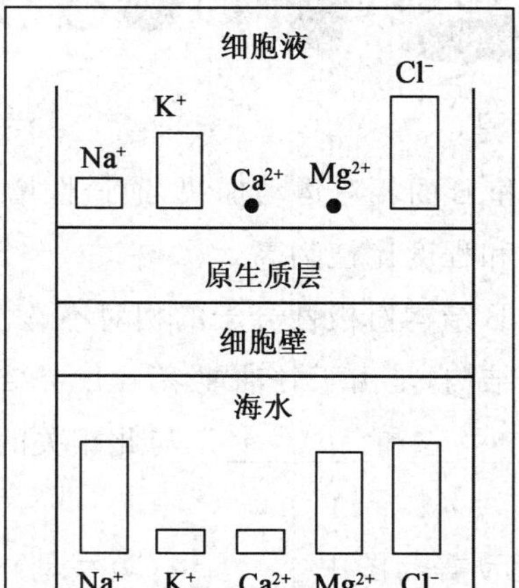

1)K^+和Cl^-在细胞内积累，而Na^+和Ca^{2+}等在细胞液中的含量低于海水含量，这表明________________。

2)K^+和Cl^-进入细胞的运输方向是____________，这种吸收方式是____________，这种吸收方式需要的两个基本条件是________和________。

3)Na^+和Ca^{2+}进入细胞的运输方向是________，它们的吸收方式是________。

4)法囊藻的细胞液中的各离子浓度与海水中各离子浓度不成比例，其结构基础是________。

5.下图表示物质通过红细胞细胞膜的示意图，其中黑点代表物质分子，圆圈代表载体，表示能量，请回答：

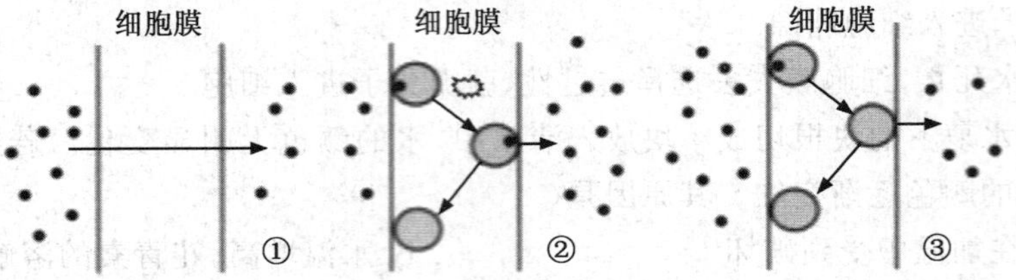

1)①表示________方式，②表示________方式，③表示________方式。

2)K^+、O_2和葡萄糖三种物质中，通过②方式进入红细胞的是________。

3)与①方式相比，③方式的主要特点是需要借助________，该物质是在细胞内的________上合成的。与③相比，②方式的不同之处是________。

4)若在细胞中注入某种呼吸抑制剂，________方式将会受到较大影响。

6.下图表示细胞膜的亚显微结构。请根据图回答下面的问题。

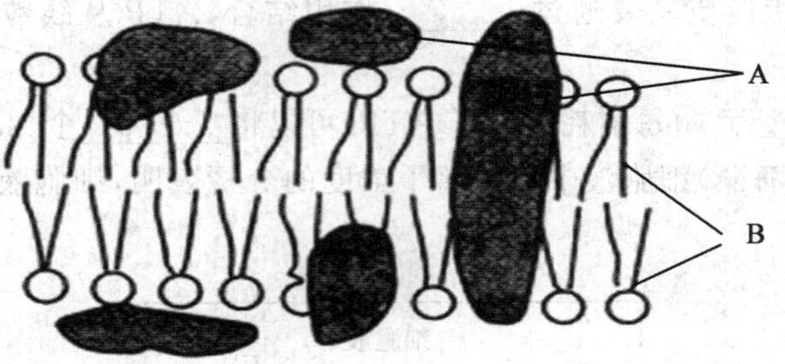

1)下列有关的叙述，错误的是(　　)。

A.适当提高温度，能使A和B的相对运动加快，通透性增加，有利于生命活动的进行

B.在动物细胞中B的不饱和程度比植物高

C.该结构的选择透过性与B结构对极性分子的相对不透性和A的载体转运作用有关

D.甘油分子能迅速通过该结构，是由于甘油能溶于B层结构中

2)该结构的基本功能是________和________。与此相关的对生命活动至关重要的特性是________。

3)细胞识别、物质的跨膜运动等与图中________(填字母)有关。

4)线粒体等细胞器结构中均有此结构，但执行的具体功能有很大的区别，是由于图中

________（填字母）不同所致。

7. 下图是物质出入细胞的三种方式的模式图（黑点代表物质分子），据图回答下面的问题。

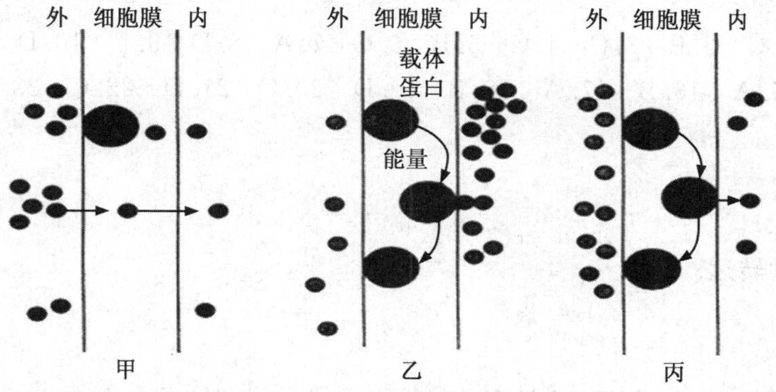

1）与甲相比，丙方式的不同之处是________________。

2）与丙相比，乙方式的不同之处是________________。

3）对于活细胞完成各项生命活动都非常重要的物质运输方式是________________。

8. 下图为物质出入细胞膜的示意图，A～C 表示不同的分子，a～e 代表不同的过程，请据图回答：

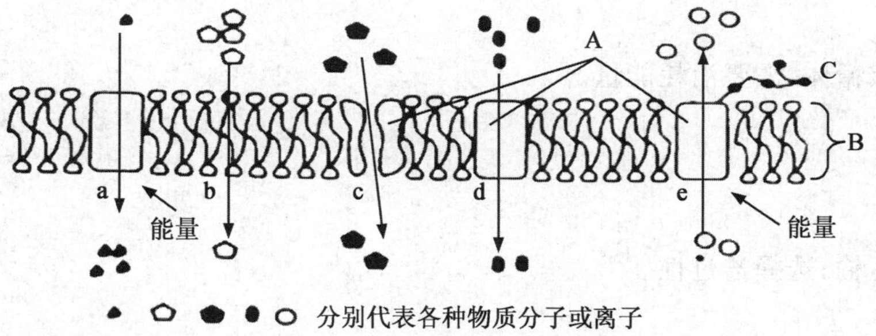

1）B 代表________________。

2）从功能上来说，细胞膜是一层________膜。

3）动物细胞吸水膨胀时 B 的厚度变小，这说明 B 具有________。

4）在 a～e 的五种过程中，代表被动转运的是________。

5）可能代表氧气转运过程的是（图中编号）________；葡萄糖从肠腔进入小肠上皮细胞的过程是（图中编号）________。

6）如果此为神经细胞膜，则当其受刺激后发生兴奋时，Na^{+} 的流动过程是编号________。

【习题参考答案】

名词解释

1. 主动转运（active transport）：是物质依赖于转运载体、消耗能量并能够逆浓度梯度进行的过膜转运方式。

2. 简单扩散（simple diffusion）：指小分子与离子由高浓度向低浓度穿越细胞膜的自由扩

散过程。

单项选择题

A1 型题　1. C　2. B　3. C　4. C　5. B　6. C　7. A　8. D　9. B　10. D　11. D　12. D　13. B　14. A　15. A　16. B　17. A　18. B　19. D　20. C　21. D　22. C　23. D

填空题

1. 主动转运。

2. 疏水，主动转运。

3. 3。

4.

1）法囊藻对无机盐离子的吸收具有选择性。

2）从低浓度到高浓度；主动转运；ATP（或能量），载体。

3）从高浓度到低浓度；主动转运。

4）细胞膜上的载体种类及数量的不同。

5.

1）简单扩散，主动转运，促进扩散。

2）K^+。

3）载体，核糖体，需要消耗能量。

4）②。

6.

1）B。

2）保护，运输；选择透过性。

3）A。

4）A。

7.

1）需要载体。

2）需要消耗能量。

3）主动转运。

8.

1）磷脂双分子层。

2）选择透过性。

3）一定的流动性。

4）b、c、d。

5）b，c。

6）e。

第7章　生物催化剂——酶

酶是生物催化剂，具有高效、专一等特点。大部分酶是结合酶，含有辅酶与辅基。酶蛋白上的必需基团形成酶的活性中心。酶与底物之间形成过渡性复合物，通过降低反应的活化能加快反应速度。酶的活性受到底物浓度、酶浓度、温度、酸碱性、抑制剂和激活剂等因素的影响，并可以通过反馈、同工酶、变构作用、共价修饰和多酶复合体等进行调节。

【知识目标】

了解酶作为生物催化剂在生命活动中的意义，酶的命名、分类、活性测定及在生产中的作用。掌握酶的特点，酶的化学本质和分子结构，酶的作用机理以及酶反应的动力学因素，酶活性的调控机理。

【复习指南】

第一部分　酶的概述

表7-1　酶的一般概念

项目	概念
酶	酶是由活细胞产生的一类生物催化剂，这种催化剂具有极高的催化效率和高度的底物特异性，其化学本质绝大多数是蛋白质
核酶	一些核糖核酸(RNA)具有催化作用，称为核酶(ribozyme)

表7-2　酶的特性

酶作为生物催化剂，与一般催化剂相比，表现出明显的特性：

极高的催化效率	酶的催化效率可比一般催化剂高 $10^7 \sim 10^{13}$ 倍
高度的底物特异性(专一性)	绝对专一性：一种酶只能作用于一种化合物，以催化一种化学反应，又称为绝对特异性。如脲酶催化的反应
	相对专一性：一种酶只能作用于一类化合物或一种化学键，催化一类化学反应，又称为相对特异性。如脂肪酶催化的反应
	立体异构专一性：一种酶只能作用于一种立体异构体，或只能生成一种立体异构体，又称为立体异构特异性。如 L-精氨酸酶

续表 7-2

可调性	酶的活性是可调的。酶的催化活性和酶的含量受多方面的调控。如代谢物可调节酶的催化活性，对酶分子的共价修饰可改变酶的催化活性，也可通过改变酶蛋白的合成来改变其催化活性
不稳定性	酶的化学本质是蛋白质或核酸，酶催化反应一般在常温、常压、中性等温和的反应条件下进行，高温或其他苛刻的物理或化学条件，将引起酶的失活

表 7-3 酶的命名与分类

项目	主要内容
酶的命名	习惯命名法
	系统命名法
酶的分类	氧化还原酶类：催化氧化还原反应
	转移酶类：催化一个基团从某种化合物转移至另一种化合物
	水解酶类：催化化合物的水解反应
	裂合酶类：催化从双键上去掉一个基团或加上一个基团至双键上
	异构酶类：催化分子内基团重排
	合成酶类：催化两分子化合物的缩合反应

表 7-4 酶活性及其测定

项目	主要内容
酶活性定义	又称酶活力。是指酶催化化学反应的能力
活力表示法	酶活力的大小可用在一定的条件下酶催化某一化学反应的反应速度(v)来表示。即单位时间(t)里产物(P)的增加或底物(S)的减少。$v = dP/dt = -dS/dt$
酶活力单位	酶活力大小用酶活力单位(active unit)来表示。1961 年国际酶学委员会规定：1 个酶活力国际单位(IU)是指：在最适条件下，每分钟催化减少 1 μmol/L 底物或生成 1 μmol/L 产物所需的酶量
Kat(催量)	1972 年，国际酶学委员会推荐使用一种新的单位“催量”(Katal)，简称 Kat，来表示酶活力单位。1 Kat 单位定义为：在最适条件下，每秒钟能使 1 mol/L 底物转化为产物所需的酶量。催量和国际单位(IU)之间的关系是：$1\ \text{Kat} = 6 \times 10^7\ \text{IU}$
比活力	酶的比活力也称为比活性(specific activity)，是指每毫克酶蛋白所具有的活力单位数。有时也用每克酶制剂或每毫升酶制剂所含有的活力单位数来表示。比活力反映了酶的纯度与质量

表 7-5　酶的化学组成和分子结构

分类依据	类别	特点	举例
酶的化学组成	单纯酶 (simple enzyme)	基本组成成分仅为氨基酸的一类酶。其催化活性仅仅决定于它的蛋白质结构	蛋白酶、淀粉酶、酯酶、核糖核酸酶等
	结合酶 (conjugated enzyme)	其基本组成成分除蛋白质部分外，还含有非蛋白质成分	各种脱氢酶，脱羧酶等
酶蛋白分子结构	单体酶 (monomeric enzyme)	仅由一条多肽链组成，分子量一般在 13 000～35 000 之间。这类酶为数不多，一般多属于水解酶	如胃蛋白酶、胰蛋白酶等
	寡聚酶 (oligomeric enzyme)	由几个至几十个亚基组成，分子量在 35 000 至几百万。亚基可以相同，也可以不同，亚基之间为非共价结合，多属于调节酶类	如乳酸脱氢酶、磷酸果糖激酶、己糖激酶等
	多酶复合体 (multienzyme complex)	由多个功能上相关的酶彼此嵌合而形成的复合体，分子量一般在几百万以上	如丙酮酸脱氢酶复合体、脂肪酸合成酶复合体

表 7-6　结合酶及其组成

结合酶由酶蛋白和辅助因子两部分构成。全酶 ＝ 酶蛋白 ＋ 辅助因子。酶蛋白与辅助因子单独存在时，都没有催化活性，只有两者结合成完整的分子时，才具有活性	
酶蛋白	蛋白质部分称为酶蛋白(apoenzyme)。酶蛋白在酶促反应中主要起识别和结合底物的作用，决定酶促反应的专一性及其催化活性
辅助因子	有机小分子和金属离子称为辅助因子(cofactors)，决定酶催化反应的种类和性质

表 7-7　辅助因子金属离子及其作用

在酶分子中含有的金属离子有 K^+、Na^+、Mg^{2+}、Cu^{2+}、Zn^{2+} 和 Fe^{2+} 等	
作用	稳定酶蛋白催化活性所必需的分子构象
	作为酶的活性中心的组成成分，参与构成酶的活性中心
	作为桥梁，将底物分子与酶蛋白螯合起来

表 7-8　辅酶或辅基及其功用

辅酶或辅基是酶的辅因子。大多数是耐热的有机小分子，其化学组成与维生素和核苷酸有关。决定酶所催化的反应性质	
辅酶	与酶蛋白疏松结合并与酶的催化活性有关的耐热低分子有机化合物
辅基	与酶蛋白牢固结合并与酶的催化活性有关的耐热低分子有机化合物
辅酶/辅基作用	运载氢原子或电子，参与氧化还原反应
	运载反应基团，如酰基、氨基、烷基、羧基及一碳单位等，参与基团转移。大部分的辅酶与辅基衍生于维生素

维生素和辅酶或辅基:维生素(vitamin)是机体维持正常生命活动所必需,人和动物不能合成或合成量极少,必须由食物供给的一类小分子有机物质。维生素可按其溶解性的不同分为脂溶性维生素和水溶性维生素两大类。脂溶性维生素有维生素 A、维生素 D、维生素 E 和维生素 K 四种;水溶性维生素有维生素 B_1、维生素 B_2、维生素 PP、维生素 B_6、维生素 B_{12}、维生素 C、泛酸、生物素、叶酸等。

表 7-9 维生素与辅酶或辅基及其功能

辅酶或辅基形式	功能
TPP^+	即焦磷酸硫胺素,由硫胺素(维生素 B_1)焦磷酸化而生成,是脱羧酶的辅酶,在体内参与糖代谢过程中 α-酮酸的氧化脱羧反应
FMN 和 FAD	即黄素单核苷酸(FMN)和黄素腺嘌呤二核苷酸(FAD),是核黄素(维生素 B_2)的衍生物。FMN 或 FAD 通常作为脱氢酶的辅基,在酶促反应中作为递氢体(双递氢体)
NAD^+ 和 $NADP^+$	即烟酰胺腺嘌呤二核苷酸(NAD^+,辅酶Ⅰ)和烟酰胺腺嘌呤二核苷酸磷酸($NADP^+$,辅酶Ⅱ),是维生素 PP 的衍生物。NAD^+ 和 $NADP^+$ 主要作为脱氢酶的辅酶,在酶促反应中起递氢体的作用,为单递氢体
磷酸吡哆醛和磷酸吡哆胺	是维生素 B_6 的衍生物。磷酸吡哆醛和磷酸吡哆胺可作为氨基转移酶、氨基酸脱羧酶、半胱氨酸脱硫酶等的辅酶
辅酶 A	泛酸(遍多酸)在体内参与构成辅酶 A(HSCoA)。HSCoA 中的巯基可与羧基以高能硫酯键结合,在糖、脂、蛋白质代谢中起传递酰基的作用,是酰化酶的辅酶
生物素	是羧化酶的辅酶,在体内参与 CO_2 的固定和羧化反应
FH_4	由叶酸衍生而来。四氢叶酸是体内一碳基团转移酶系统中的辅酶
维生素 B_{12} 衍生物	维生素 B_{12} 分子中含金属元素钴,故又称为钴胺素。维生素 B_{12} 在体内有多种活性形式,如 5′-脱氧腺苷钴胺素、甲钴胺素等。其中,5′-脱氧腺苷钴胺素参与构成变位酶的辅酶,甲钴胺素则是甲基转移酶的辅酶
硫辛酸	类维生素。含硫的八碳脂肪酸。有氧化和还原两种形式,既可以传递氢和电子,又能转移脂酰基

表 7-10 酶的分子组成——活性中心及其必需基团

项目	主要内容
酶的活性中心	酶分子上具有一定空间构象的部位,该部位化学基团集中,直接参与将底物转变为产物的反应过程,这一部位就称为酶的活性中心
	结合基团:与底物相结合的基团,决定酶的专一性
	催化基团:与酶催化活性有关的基团,决定酶催化反应的能力
酶的必需基团	与酶的催化活性有关的所有基团。包括: 酶活性中心以外必需基团:在酶的活性中心以外,也存在一些化学基团,主要与维系酶的空间构象有关,称为酶活性中心外必需基团。 酶活性中心以内的必需基团:包括结合基团和催化基团

表 7-11　酶催化作用的机理

机理	主要内容
锁钥学说	认为整个酶分子的天然构象是具有刚性结构的，酶表面具有特定的形状。酶与底物的结合如同一把钥匙对一把锁一样。解释了酶的专一性，但不能解释可逆反应
诱导契合学说	1958 年由 Daniel E. Koshland 提出。当底物与酶接近时，底物分子可以诱导酶活性中心的构象发生改变，使之成为能与底物分子密切结合的构象，解释了可逆反应，没有解释酶如何催化化学反应进行
中间复合物学说	1903 年提出。酶催化时，酶活性中心首先与底物结合生成酶-底物复合物（ES），此复合物再分解释放出酶，并生成产物，两步反应均需要较低的活化能，总的活化能降低，反应速度加快
其他机理（与酶的高效率催化有关）	趋近效应与定向作用；张力作用；酸碱催化作用；共价催化作用；酶活性中心的低介电区（表面效应）

第二部分　酶促反应动力学(影响酶促反应速度的因素)

影响酶促反应速度的因素与酶作为生物催化剂的特点密切有关。这些因素有：温度、酸碱性、酶浓度、底物（substrate）浓度、激活剂（activators）和抑制剂（inhibitors）等。

表 7-12　温度、pH 和酶浓度对酶促反应速度的影响

因素	影响
温度	一般来说，酶促反应速度随温度的增高而加快，但当温度增加达到某一点后，由于酶蛋白的热变性作用，反应速度迅速下降
	最适温度：使酶促反应速度达到最大时的温度
pH	pH 对酶促反应速度的影响，通常为一钟形曲线，即 pH 过高或过低均可导致酶催化活性的下降
	酶催化活性最高时溶液的 pH 称为酶的最适 pH。人体内大多数酶的最适 pH 在 6.5～8.0 之间。酶的最适 pH 不是酶的特征性常数
酶浓度	当反应系统中底物的浓度足够大时，酶促反应速度与酶浓度成正比

表 7-13　底物浓度对酶促反应速度的影响

项目	主要内容
底物对酶促反应的饱和现象	在酶浓度不变时，不同的底物浓度[S]与反应速度 v 的关系为一矩形双曲线，即当底物浓度较低时，反应速度的增加与底物浓度的增加成正比（一级反应）；随底物浓度的增加，反应速度的增加量逐渐减少（混合级反应）；最后，当底物浓度增加到一定量时，反应速度达到一最大值，不再随底物浓度的增加而增加（零级反应）
米氏方程及米氏常数	L. Michaelis 和 M. Menten 于 1913 年推导出了上述矩形双曲线的数学表达式，即米氏方程：$v=\frac{v_{max}[S]}{K_m+[S]}$。$v_{max}$ 为最大反应速度，K_m 为米氏常数

续表 7-13

项目	主要内容
K_m 和 v_{max} 的意义	1)当 $v=v_{max}/2$ 时,$K_m=[S]$。因此,K_m 等于酶促反应速度达最大值一半时的底物浓度 2)当 $k-1 \gg k+2$ 时,$K_m=\frac{k-1}{k+1}=K_S$(k 为各向反应的速度常数)。因此,K_m 可以反映酶与底物亲和力的大小,即 K_m 值越小,则酶与底物的亲和力越大;反之,则越小 3)K_m 可用于判断反应级数:当$[S]<0.01K_m$ 时,$v=\left(\frac{v_{max}}{K_m}\right)[S]$,反应为一级反应,即反应速度与底物浓度成正比;当$[S]>100K_m$ 时,$v=v_{max}$,反应为零级反应,即反应速度与底物浓度无关;当 $0.01K_m<[S]<100K_m$ 时,反应处于零级反应和一级反应之间,为混合级反应 4)K_m 是酶的特征性常数:在一定条件下,某种酶的 K_m 值是恒定的,因而可以通过测定不同酶(特别是一组同工酶)的 K_m 值,来判断是否为不同的酶 5)K_m 可用来判断酶的最适底物:当酶有几种不同的底物存在时,K_m 值最小者,为该酶的最适底物 6)K_m 可用来确定酶活性测定时所需的底物浓度:当$[S]=10K_m$ 时,$v=91\%v_{max}$,为最合适的测定酶活性所需的底物浓度 7)v_{max} 可用于酶的转换数的计算:当酶的总浓度和最大反应速度已知时,可计算出酶的转换数,即单位时间内每个酶分子催化底物转变为产物的分子数
K_m 和 v_{max} 的测定	主要采用 Lineweaver-Burk 双倒数作图法和 Hanes 作图法

表 7-14 抑制剂和激活剂对酶促反应速度的影响

能够促使酶促反应速度加快的物质称为酶的激活剂。酶的激活剂大多数是金属离子,如 K^+、Mg^{2+}、Mn^{2+} 等,唾液淀粉酶的激活剂为 Cl^-		
凡能使酶的活性下降而不引起酶蛋白变性失活的物质统称为酶的抑制剂。按照抑制剂的抑制作用,可将其分为不可逆抑制作用和可逆性抑制作用两大类		
不可逆抑制作用	抑制剂与酶分子的必需基团共价结合引起酶活性的抑制,且不能采用透析等简单方法使酶活性恢复的抑制作用	
	包括专一性抑制(如有机磷农药对胆碱酯酶的抑制)和非专一性抑制(如路易斯气对巯基酶的抑制)两种	
可逆性抑制作用	抑制剂以非共价键与酶分子可逆性结合造成酶活性的抑制,且可采用透析等简单方法去除抑制剂而使酶活性完全恢复的抑制作用	
	包括竞争性抑制、反竞争性抑制和非竞争性抑制	

表 7-15　几种可逆抑制对酶促反应速度的影响

类别		主要内容
竞争性抑制	定义	抑制剂与底物竞争与酶的同一活性中心结合，从而干扰了酶与底物的结合，使酶的催化活性降低，这种作用就称为竞争性抑制
	特点	1)竞争性抑制剂往往是酶底物的类似物或反应产物 2)抑制剂与酶的结合部位与底物与酶的结合部位相同 3)抑制剂浓度越大，则抑制作用越大；增加底物浓度可使抑制程度减小 4)动力学参数：K_m 值增大，v_{max} 值不变
	举例	丙二酸对琥珀酸脱氢酶(底物为琥珀酸)和磺胺类药物(对氨基苯磺酰胺)对二氢叶酸合成酶(底物为对氨基苯甲酸)的竞争性抑制
非竞争性抑制	定义	抑制剂既可以与游离酶结合，也可以与 ES 复合物结合，使酶的催化活性降低，称为非竞争性抑制
	特点	1)底物和抑制剂分别独立地与酶的不同部位相结合 2)抑制剂对酶与底物的结合无影响，故底物浓度的改变对抑制程度无影响 3)动力学参数：K_m 值不变，v_{max} 值降低
反竞争性抑制	定义	抑制剂不能与游离酶结合，但可与 ES 复合物结合并阻止产物生成，使酶的催化活性降低，称为反竞争性抑制
	特点	1)抑制剂与底物可同时与酶的不同部位结合 2)必须有底物存在，抑制剂才能对酶产生抑制作用 3)动力学参数：K_m 减小，v_{max} 降低

第三部分　酶的调节

酶的调节可以通过改变其结构而使其催化活性发生改变，也可以通过改变其含量来改变其催化活性，还可以通过以不同形式的酶在不同组织中的分布差异来调节。包括酶活性的调节和酶含量的调节。

表 7-16　酶活性的调节

酶活性的调节涉及酶结构的变化，通过对现有酶分子结构的影响来改变酶的催化活性，是一种快速的调节方式		
调节方式	限速酶或关键酶调节	反馈调节
		变构调节
		共价修饰调节
	多酶复合体；酶原的激活；同工酶调节	

表 7-17 关键酶或限速酶的调节

通过改变其催化活性而使整个代谢反应的速度或方向发生改变的酶称为限速酶或关键酶		
反馈调节（feed back）	定义	终产物 P 对途径开头和分支点上的关键酶活性的调节
	类别	有正反馈和负反馈。生物体内以负反馈较多
	举例	胆固醇对其代谢途径关键酶 β-羟-β-甲基戊二酸单酰 CoA（HMGCoA）还原酶的调控属于负反馈调控
变构（别构）调节	定义	代谢物能与变构酶分子上的变构部位特异性结合，使酶的分子构象发生改变，改变酶的催化活性及代谢反应的速度的调节方式。动力学曲线呈 S 形
	变构剂	使酶分子变构并使酶的催化活性发生改变的物质。包括变构激活剂和变构抑制剂
	特点	1）酶活性的改变通过酶分子构象的改变而实现 2）酶的变构仅涉及非共价键的变化 3）调节酶活性的因素为代谢物 4）为一非耗能过程 5）无放大效应
	变构酶	具有变构调节作用的酶。必须是具有四级结构（两个或两个以上亚基）的蛋白质，包括催化亚基（与底物结合的亚基）和调节亚基（与变构剂结合的亚基）
共价修饰调节	定义	酶蛋白分子中的某些基团可以在其他酶的催化下发生共价修饰，从而导致酶活性的改变，称为酶的共价修饰调节
	共价修饰方式	磷酸化-脱磷酸化，甲基化-脱甲基化，乙酰化-脱乙酰化等
	特点	1）酶以两种不同修饰和不同活性的形式存在 2）有共价键的变化 3）受其他调节因素（如激素）的影响 4）一般为耗能过程 5）存在放大效应

表 7-18 酶活性的其他调节方式

调节方式	主要内容	
酶原的激活	定义	处于无活性状态的酶的前体物质称为酶原。酶原在一定条件下转化为有活性的酶的过程称为酶原的激活
	激活机制	酶原的激活过程通常伴有酶蛋白一级结构的改变。酶原分子一级结构的改变导致了酶原分子空间结构的改变，使催化活性中心得以形成，故使其从无活性的酶原形式转变为有活性的酶
	酶原激活的生理意义	保护自身组织细胞不被酶水解消化
	举例	胃蛋白酶原、胰蛋白酶原等

续表 7-18

调节方式	主要内容	
多酶复合体	定义	由多个功能上相关的酶彼此嵌合而形成的复合体,分子量一般在几百万以上
	生理意义	催化某个阶段的代谢反应高效、定向和有序地进行
	举例	丙酮酸脱氢酶复合体,脂肪酸合成酶复合体
同工酶	定义	在同一种属中,催化活性相同而酶蛋白的分子结构、理化性质及免疫学性质不同的一组酶
	生理意义	适应不同组织或不同细胞器在代谢上的不同需要
	举例	乳酸脱氢酶同工酶(LDHs),肉碱转移酶Ⅰ和Ⅱ

表 7-19 酶含量的调控

酶含量的调控是指通过改变细胞中酶蛋白合成或降解的速度来调节酶分子的绝对含量,影响其催化活性,从而调节代谢反应的速度。这是机体内迟缓调节的重要方式	
酶蛋白合成的调节	酶蛋白的合成速度通常通过一些诱导剂或阻遏剂来进行调节。凡能促使基因转录增强,从而使酶蛋白合成增加的物质称为诱导剂;反之,则称为阻遏剂。常见的诱导剂或阻遏剂包括代谢物、药物和激素等
酶蛋白降解的调节	如饥饿时,精氨酸酶降解减慢,故酶活性增高,有利于氨基酸的分解供能

【练习与自测题】

名词解释

1. 酶(enzyme)
2. 固定化酶(immobilized enzyme)
3. 同工酶(isozyme)
4. 酶的特异性(enzyme specificity)
5. 酶的活性中心(active center)
6. 酶原及酶原激活(zymogen and activation of zymogen)
7. 抗体酶(abzyme)
8. 活化能(activation energy)
9. 诱导契合假说(induced-fit hypothesis)
10. 初速度(initial rate)
11. K_m 值
12. 最适温度(optimum temperature)

13. 最适 pH(optimum pH)
14. 不可逆性抑制(irreversible inhibition)
15. 可逆性抑制(reversible inhibition)
16. 激活剂(activator)
17. 抑制剂(inhibitor)
18. 核酶(ribozyme)
19. 变构酶(allosteric enzyme)
20. 酶的共价修饰(covalent mordification)
21. 酶的 v_{max}
22. 结合酶(desmoenzyme)
23. 酶活力(enzyme activity)
24. 比活力(specific activity)
25. 全酶(holoenzyme)
26. 必需基团(essential group)
27. 绝对专一性(absolute specificity)
28. 相对专一性(relative specificity)
29. 竞争性抑制(competitive inhibition)
30. 变构调节(allosteric regulation)

单项选择题

A1 型题

为单项选择题,属于最佳选择题类型。每道试题由一个题干和四个备选答案组成,其中只有一个是最符合题目要求的。

1. 关于酶概念的叙述下列正确的是(　　)。
A. 所有蛋白质都有酶的活性
B. 酶是由活细胞合成的具有催化作用的蛋白质
C. 其催化活性都需特异的辅助因子
D. 体内所有具有催化活性的物质都是酶

2. 关于酶性质的叙述下列哪项是正确的?(　　)
A. 酶的催化效率高是因为分子中含有辅酶或辅基
B. 酶使化学反应的平衡常数向加速反应的方向进行
C. 酶能提高反应所需的活化能
D. 酶加快化学反应达到平衡的速度

3. 关于酶活性中心的叙述下列哪项是正确的?(　　)
A. 所有酶的活性中心都有金属离子
B. 所有的酶都有活性中心
C. 所有的必需基团都位于酶的活性中心
D. 所有酶的活性中心都含有辅酶

4. 酶加快化学反应速度的根本原因是(　　)。
A. 升高反应温度
B. 增加反应物碰撞频率
C. 降低催化反应的活化能
D. 增加底物浓度

5. 关于酶与底物作用形成中间产物的叙述正确的是(　　)。
A. 酶与底物主要是以共价键结合
B. 酶与底物的结合呈零级反应
C. 酶诱导底物构象改变不利于结合
D. 底物诱导酶构象改变有利于结合
6. 全酶是指(　　)。
A. 酶与底物复合物
B. 酶与抑制剂复合物
C. 酶与辅助因子复合物
D. 酶的无活性前体
7. 关于金属离子作为辅助因子的作用叙述错误的是(　　)。
A. 作为酶活性中心的催化基团参加反应
B. 与稳定酶的分子构象无关
C. 可提高酶的催化活性
D. 降低反应中的静电排斥
8. 关于酶的必需基团的论述错误的是(　　)。
A. 必需基团构象改变酶活性改变
B. 酶原不含必需基团,因而无活性
C. 必需基团可位于不同的肽段
D. 必需基团有催化功能
9. 关于酶原激活的叙述正确的是(　　)。
A. 通过变构调节
B. 通过共价修饰
C. 酶蛋白与辅助因子结合
D. 酶原激活的实质是活性中心形成和暴露的过程
10. 活化能是指(　　)。
A. 底物和产物之间能量的差值
B. 参与反应的分子所需的总能量
C. 分子由一般状态转变成活化态所需能量
D. 温度升高时产生的能量
11. 关于酶特异性的论述正确的是(　　)。
A. 酶催化反应的机制各不相同
B. 酶对所催化的底物有特异的选择性
C. 酶在分类中各属于不同的类别
D. 酶在细胞中的定位不同
12. 关于酶促反应机制的论述错误的是(　　)。
A. 邻近效应与定向排列
B. 共价催化
C. 酸碱催化
D. 以上都不是
13. 关于酶促反应特点的论述错误的是(　　)。
A. 酶在体内催化的反应都是不可逆的
B. 酶在催化反应前后质和量不变
C. 酶的催化能缩短化学反应达平衡所需的时间
D. 酶对所催化的反应有选择性
14. 初速度是指(　　)。
A. 在速度与底物浓度作图曲线中呈直线部分的反应速度
B. 酶促反应进行 5 min 内的反应速度
C. 当$[S]=K_m$时的反应速度
D. 在反应刚刚开始底物的转换率小于 5%时的反应速度
15. 酶促反应动力学所研究的是(　　)。
A. 酶的基因来源
B. 影响酶促反应速度的因素
C. 酶的诱导契合
D. 酶分子的空间结构
16. 下列哪一项不是影响酶促反应速度的因素?(　　)
A. 底物浓度
B. 酶原的浓度
C. 反应的温度
D. 反应环境的 pH

17. 在其他因素不变的情况下，改变底物浓度(　　)。

A. 反应速度成比例增加　　B. 反应速度成比例下降

C. 反应初速度成比例改变　　D. 反应速度先慢后快

18. 米氏酶的动力学曲线图为(　　)。

A. 直线　　B. 矩形双曲线

C. S形曲线　　D. 抛物线

19. 当底物浓度达到饱和后，如再增加底物浓度(　　)。

A. 酶的活性中心全部被占据，反应速度不在增加

B. 反应速度随底物的增加而加快

C. 形成酶-底物复合物增多

D. 随着底物浓度的增加酶失去活性

20. 关于 v_{max} 的叙述正确的是(　　)。

A. 只有利用纯酶才能测定

B. 如果酶总浓度已知可从 v_{max} 计算酶的转换数

C. 是酶的特征性常数

D. 酶的 v_{max} 随底物浓度的改变而改变

21. 关于 K_m 的叙述，下列哪项是正确的？(　　)

A. 通过 K_m 的测定可鉴定酶的最适底物　　B. 是引起最大反应速度的底物浓度

C. 是反映酶催化能力的一个指标　　D. 与环境的 pH 无关

22. 当[E]不变，[S]很低时，酶促反应速度与[S](　　)。

A. 成正比　　B. 无关　　C. 成反比　　D. 以上都不是

23. 竞争性抑制剂的特点是(　　)。

A. 抑制剂以共价键与酶结合　　B. 抑制剂的结构与底物相似

C. 当抑制剂的浓度增加时，酶变性失活　　D. 当底物浓度增加时，抑制作用不减弱

24. K_m 值大小与(　　)。

A. 酶的浓度有关　　B. 酶作用温度有关

C. 酶的性质有关　　D. 酶作用环境 pH 有关

25. 下列对可逆性抑制剂的论述正确的是(　　)。

A. 抑制剂与酶结合后用透析或过滤方法不能解除抑制

B. 抑制剂与酶以非共价键结合

C. 抑制剂与酶以共价键结合

D. 可逆性抑制剂使酶变性失活

26. 下列关于竞争性抑制剂的论述哪项是错误的？(　　)

A. 抑制程度只与抑制剂浓度有关　　B. 抑制剂与酶的结合是可逆的

C. 抑制剂结构与底物相似　　D. 抑制剂与酶非共价键结合

27. 丙二酸对琥珀酸脱氢酶的抑制属于(　　)。

A. 非竞争性抑制　　B. 反竞争性抑制　　C. 不可逆性抑制　　D. 竞争性抑制

28. 酶受竞争性抑制时动力学参数表现为(　　)。

A. $K_m\uparrow$，v_{max} 不变　　B. $K_m\downarrow$，$v_{max}\downarrow$　　C. K_m 不变，$v_{max}\downarrow$　　D. $K_m\downarrow$，v_{max} 不变

29. 化学毒气路易士气中毒时，下列哪种酶受抑制？(　　)

A. 碳酸酐酶　B. 琥珀酸脱氢酶

C. 3-磷酸甘油醛脱氢酶　D. 含巯基酶

30. 关于非竞争性抑制剂的叙述，正确的是(　　)。

A. 抑制剂与酶的活性中心结合　B. 不影响 v_{max}

C. 抑制剂与酶结合后不影响与底物结合　D. 抑制剂与酶结合后不能与底物结合

31. 酶受非竞争性抑制时，动力学参数表现为(　　)。

A. $K_m \uparrow$，v_{max} 不变　B. $K_m \downarrow$，$v_{max} \downarrow$　C. K_m 不变，$v_{max} \downarrow$　D. $K_m \downarrow$，v_{max} 不变

32. 关于反竞争性抑制作用的叙述正确的是(　　)。

A. 抑制剂只与酶-底物复合物结合　B. 抑制剂与酶结合后又可与 ES 结合

C. 抑制剂作用只降低 v_{max} 不改变 K_m　D. 抑制剂作用使 $v_{max} \uparrow$，$K_m \downarrow$

33. 酶受反竞争性抑制时，动力学参数表现为(　　)。

A. $K_m \uparrow$，v_{max} 不变　B. $K_m \downarrow$，$v_{max} \downarrow$　C. K_m 不变，$v_{max} \downarrow$　D. $K_m \downarrow$，v_{max} 不变

34. 有机磷农药与酶活性中心的(　　)基团结合。

A. 组氨酸上的咪唑基　B. 赖氨酸上的 ε-氨基

C. 丝氨酸上的羟基　D. 半胱氨酸上的巯基

35. 下列哪种离子可增强唾液淀粉酶的活性？(　　)

A. K^+　B. Na^+　C. Cu^{2+}　D. Cl^-

36. 琥珀酸脱氢酶催化琥珀酸脱氢反应时 $K_m = 1/4[S]$，反应速度应是 v_{max} 的(　　)。

A. 20%　B. 40%　C. 60%　D. 80%

37. 经过透析后的唾液淀粉酶活性降低的原因是(　　)。

A. 酶蛋白变性失活　B. 失去辅酶　C. 失去氯离子　D. 失去铜离子

38. 酶活性是指(　　)。

A. 酶与底物的结合能力　B. 酶的催化能力

C. 酶原的激活　D. 酶的自我催化能力

39. 国际生化学会(IUB)酶学委员会 1976 年规定，酶的一个国际单位(IU)是指(　　)。

A. 在特定条件下，每分钟催化生成 1 μmol/L 产物所需酶量

B. 在特定条件下，每秒钟催化生成 1 mmol/L 产物所需酶量

C. 在特定条件下，每分钟催化生成 1 mol/L 产物所需酶量

D. 在特定条件下，每秒钟催化生成 1 mol/L 产物所需酶量

40. 关于酶原激活的概念叙述正确的是(　　)。

A. 激活过程是酶活性中心形成和暴露的过程　B. 酶原激活时无构象变化

C. 激活过程是酶完全被水解的过程　D. 酶原因缺乏必需基团而无活性

41. 在消化道的酶中，下列哪一种不以酶原为前体？(　　)

A. 胰蛋白酶　B. 肠激酶　C. 胰凝乳蛋白酶　D. 弹性蛋白酶

42. 关于变构酶的论述错误的是(　　)。

A. 变构效应剂与一亚基结合后，使酶其他亚基迅速与底物结合为异促协同效应

B. 底物与一亚基结合后，使其他亚基迅速与底物结合称正协同效应

C. 正协同效应的底物浓度曲线呈矩形双曲线

D. 底物与一亚基结合后，使其他亚基结合底物能力减小称负协同效应

43. 关于变构调节的论述不正确的是（　　）。

A. 变构调节属于一种慢调节
B. 变构效应剂与酶以非共价键结合
C. 变构酶活性中心可结合底物
D. 变构酶动力学曲线呈 S 形

44. 关于变构调节的叙述正确的是（　　）。

A. 变构抑制剂可使 S 形曲线左移
B. 变构抑制即为负协同效应
C. 变构效应与酶的四级结构有关
D. 变构激活即为正协同效应

45. 关于酶的共价修饰的描述正确的是（　　）。

A. 只有磷酸化和去磷酸化
B. 该调节不需其他酶参加
C. 所有受共价修饰的酶则不再进行变构调节
D. 调节过程虽消耗 ATP 但经济有效

46. 同工酶是指（　　）。

A. 催化的化学反应相同
B. 催化不同的反应而理化性质相同
C. 酶的结构相同而存在部位不同
D. 由同一基因编码翻译后的加工修饰不同

47. 含 LDH_1 丰富的组织是（　　）。

A. 骨骼肌　B. 心肌　C. 脑组织　D. 肾组织

48. 关于乳酸脱氢酶同工酶的叙述正确的是（　　）。

A. 由 H 亚基和 M 亚基以不同比例组成
B. H 亚基和 M 亚基单独存在时均有活性
C. H 亚基和 M 亚基的一级结构相同，但空间结构不同
D. 5 种同工酶的理化性质相同

49. 国际酶学委员会主要根据（　　）把酶分为六大类。

A. 酶的分子组成　B. 酶促反应的性质　C. 酶所作用的底物　D. 酶的免疫学特性

50. 磺胺药可抑制细菌生长，但首次服用需加倍，其作用机理是（　　）。

A. 竞争性抑制　B. 非竞争性抑制　C. 反竞争性抑制　D. 不可逆性抑制

51. 某一酶促反应，底物浓度对反应速度的关系曲线呈 S 形，在某种效应剂的作用下，使曲线右移。对于这种动力学表现错误的描述是（　　）。

A. 该酶应由多亚基组成
B. 该酶不是米氏酶
C. 这种物质是变构激活剂
D. 这种物质是变构抑制剂

52. 一种对 NAD^+ 的亲和力大，并易受丙酮酸的抑制，主要使乳酸生成丙酮酸的同工酶是（　　）。

A. LDH_1　B. LDH_2　C. LDH_3　D. LDH_4

53. 胰蛋白酶原在胰腺分泌后，运输到小肠受肠激酶作用转变成有活性的酶。其机理是（　　）。

A. 肠激酶与胰蛋白酶原调节部位结合
B. 肠激酶可使胰蛋白酶原共价修饰
C. 使胰蛋白酶原 N-端切除 6 肽，多肽链折叠形成活性中心
D. 使胰蛋白酶原 N-端切除 12 肽，酶的活性增高

54. 下列哪种因素与酶的高效率无关？（　　）

A. 底物的反应基团与酶的催化基团彼此严格定向

B. 使底物分子中有关的化学键变形
C. 提高活性中心区域的底物浓度
D. 使底物分子的能量重排，向体系提供能量
55. 某种酶活性需以—SH 为必需基团，下列能保护此酶不被氧化的物质是(　　)。
A. Cys　　B. GSH　　C. 尿素　　D. 离子型去污剂
56. 酶的活性中心是指(　　)。
A. 结合抑制剂使酶活性降低或丧失的部位　　B. 结合底物并催化其转变成产物的部位
C. 结合别构剂并调节酶活性的部位　　D. 结合激活剂使酶活性增高的部位
57. 关于酶的叙述正确的是(　　)。
A. 酶是生物催化剂，它的化学本质是蛋白质和核酸
B. 体内的生物催化剂都是蛋白质
C. 酶是活细胞合成的具有催化作用的蛋白质
D. 酶改变反应的平衡点，所以能加速反应的进程
58. 酶蛋白变性后活性丧失原因是(　　)。
A. 酶蛋白被完全降解为氨基酸　　B. 酶蛋白的一级结构受到破坏
C. 酶蛋白的空间结构受到破坏　　D. 酶蛋白不再溶于水
59. 含有维生素 B_1 的辅酶是(　　)。
A. NAD^+　　B. FAD　　C. TPP^+　　D. CoA
60. 解释酶的专一性较合理的学说是(　　)。
A. 锁钥学说　　B. 化学渗透学说　　C. 诱导契合学说　　D. 化学偶联学说
61. 酶的非竞争性抑制剂的特点是(　　)。
A. 当底物浓度增加时，抑制剂作用不减　　B. 抑制剂和酶活性中心的结合部位相结合
C. 抑制剂的结构与底物不相似　　D. 当抑制剂的浓度增加时，酶变性失活
62. 关于关键酶的叙述，正确的是(　　)。
A. 一个反应体系中的所有酶
B. 只受别构调节而不受共价修饰
C. 一个代谢途径只有一个关键酶
D. 一般催化代谢途径中速度较慢、不可逆的反应
63. 关于有机磷化合物对酶的抑制，叙述正确的是(　　)。
A. 因能用解磷定解毒，故属于可逆性抑制
B. 能强烈抑制胆碱酯酶活性
C. 该抑制能被过量的 GSH 解除
D. 有机磷化合物与酶活性中心的巯基结合
64. 关于非竞争性抑制剂的叙述，正确的是(　　)。
A. 由于抑制剂结合酶活性中心外的部位，酶与底物结合后，还能与抑制剂结合
B. 酶的 K_m 与抑制剂浓度成反比
C. 与酶活性中心上的必需基团结合，影响酶与底物的结合
D. 在有非竞争性抑制剂存在的情况下，如加入足量的酶，能达到正常的 v_{max}
65. 反竞争性抑制作用的动力学特点是(　　)。
A. K_m 降低，v_{max} 降低

B. 抑制剂可与酶和酶-底物复合物同时结合

C. K_m 不变，v_{max} 降低

D. 抑制剂只与酶或酶-底物复合物结合

66. 酶和一般催化剂相比，其特点之一是(　　)。

A. 温度能影响催化效率　　B. 高温时会出现变性

C. 降低反应的活化能　　D. 提高速度常数

67. 关于 K_m 的叙述，正确的是(　　)。

A. 指酶-底物复合物的解离常数　　B. 酶的 K_m 越大，底物与酶的亲和力越大

C. 是酶的特征性常数，与酶的浓度无关　　D. 与底物的种类无关

68. 关于酶的最适 pH，叙述错误的是(　　)。

A. 与底物的种类有关　　B. 与底物的浓度有关

C. 与缓冲液的种类有关　　D. 与缓冲液的浓度无关

69. 关于酶和底物的结合，叙述错误的是(　　)。

A. 一般为非共价结合

B. 若底物为蛋白质等大分子，结合范围涉及整个酶分子

C. 若底物为小分子化合物，结合范围只是酶的活性中心

D. 酶构象的破坏严重影响酶-底物复合物的形成

70. 关于酶的最适温度，叙述错误的是(　　)。

A. 与底物的种类和浓度有关　　B. 与介质的种类和 pH 有关

C. 与环境的离子强度无关　　D. 与酶的种类和浓度有关

71. 关于酶的磷酸化修饰，叙述正确的是(　　)。

A. 酶经磷酸化修饰后，酶的活性增加

B. 磷酸化和去磷酸化反应是由各种蛋白激酶催化的

C. 被磷酸化的部位是酶活性中心的丝氨酸、苏氨酸及酪氨酸残基的羟基

D. 磷酸化时需消耗 ATP

72. 酶原激活的主要途径是(　　)。

A. 水解一个或几个特定的肽键　　B. 亚基的聚合和解离

C. 别构激活　　D. 翻译后加工

73. 化学毒气(路易士气)与酶活性中心结合的基团是(　　)。

A. 丝氨酸的羟基　　B. 组氨酸的咪唑基

C. 赖氨酸的 ε-氨基　　D. 半胱氨酸的巯基

74. 浓度为 10^{-6} mol/L 的碳酸酐酶在一秒钟内催化生成 0.6 mol/L 的 H_2CO_3，则碳酸酐酶的转换数为(　　)。

A. 6×10^{-4}　　B. 6×10^{-3}　　C. 0.6　　D. 6×10^{-5}

75. 酶促反应动力学研究的是(　　)。

A. 酶分子的空间构象及其与辅助因子的相互关系

B. 酶的电泳行为

C. 酶促反应速度及其影响因素

D. 酶与底物的空间构象及其相互关系

76. 有关乳酸脱氢酶同工酶的叙述，正确的是（　　）。

A. 乳酸脱氢酶含有 M 亚基和 H 亚基两种，故有两种同工酶

B. M 亚基和 H 亚基都来自同一染色体的某一基因位点

C. 它们在人体各组织器官的分布无显著差别

D. 它们对同一底物有不同的 K_m 值

77. 关于同工酶叙述正确的是（　　）。

A. 催化相同的化学反应　　B. 分子结构相同

C. 理化性质相同　　D. 电泳行为相同

78. 能使酶发生不可逆破坏的因素是（　　）。

A. 强碱　　B. 低温　　C. 透析　　D. 盐析

79. 关于酶与临床医学关系的叙述，错误的是（　　）。

A. 体液酶活性改变可用于疾病诊断　　B. 乙醇可诱导碱性磷酸酶生成增加

C. 酶可用于治疗疾病　　D. 酪氨酸酶缺乏可引起白化病

80. 心肌梗死时，乳酸脱氢酶的同工酶谱增加最显著的是（　　）。

A. LDH_1　　B. LDH_2　　C. LDH_3　　D. LDH_4

81. 测定血清酶活性常用的方法是（　　）。

A. 在最适条件下完成酶促反应所需要的时间

B. 以 280 nm 的紫外吸收测酶蛋白的含量

C. 分离提纯酶蛋白，称取重量计算酶含量

D. 在规定条件下，测单位时间内酶促底物减少量或产物生产量

A2 型题

每道题由一个叙述性的简要主题作为题干和四个备选答案组成。A、B、C、D 四个答案中只有一个是最佳答案。

1. 酶原在一定条件下，水解开一个或几个肽键，使必需基团集中靠拢，构象发生改变，形成活性中心，表现出酶的活性，称酶原的激活。胰蛋白酶原激活的形式是（　　）。

A. 蛋白激酶水解掉酶原分子上的 4 肽　　B. 胰蛋白酶水解掉酶原分子上的 4 肽

C. 肠激酶水解掉酶原分子上的 6 肽　　D. 胰蛋白酶水解掉酶原分子上的 8 肽

2. 酶活性的调节可以通过改变其结构而使其催化活性发生改变，也可以通过改变其含量来改变其催化活性，还可以通过以不同形式的酶在不同组织中的分布差异来调节代谢活动。肌肉中磷酸化酶的调节属于（　　）。

A. 变构调节　　B. 共价调节　　C. 酶原激活　　D. 别构修饰

3. 在同一种属中，催化活性相同而酶蛋白的分子结构、理化性质及免疫学性质不同的一组酶称为同工酶。同工酶在体内的生理意义主要在于适应不同组织或不同细胞器在代谢上的不同需要。以下关于同工酶的说法正确的是（　　）。

A. 分子结构相同　　B. 理化性质相同

C. K_m 值相同　　D. 催化同一化学反应

4. 辅基是酶蛋白牢固结合并与酶的催化活性有关的耐热低分子有机化合物，不易用透

析或超滤的方法除去。在反应中有传递氢原子、电子或一些基团的作用。辅酶 A 的功能是(　　)。

A. 传递氢原子　　B. 转移酰基　　C. 转移一碳单位　　D. 转移氨基

5. 酶的催化效率可比一般催化剂高 $10^7 \sim 10^{13}$ 倍。酶能与底物形成 ES 中间复合物，从而改变化学反应的进程，使反应所需活化能阈大大降低，活化分子的数目大大增加，从而加速反应进行。酶加速化学反应的根本原因是(　　)。

A. 升高反应温度　　B. 增加反应物碰撞频率

C. 降低催化反应的活化能　　D. 增加底物浓度

6. 某些代谢物能与变构酶分子上的调节部位进行非共价可逆性结合，使酶的分子构象发生改变，从而改变酶的催化活性以及代谢反应的速度，这种调节作用称为变构调节。变构酶的动力学曲线是(　　)。

A. 直线　　B. 抛物线　　C. S 形曲线　　D. 矩形双曲线

7. 一种酶只作用于一种或一类化合物，以促进一定的化学变化，生成一定的产物，这种现象称为酶作用的特异性。依据酶对底物的专一性，脂肪酶的水解作用属于哪一种？(　　)

A. 绝对特异性　　B. 相对特异性　　C. 立体异构特异性　　D. 以上都是

8. 抑制剂不能与游离酶结合，但可与 ES 复合物结合并阻止产物生成，使酶的催化活性降低，称酶的反竞争性抑制。反竞争性抑制剂对酶促反应速度的影响是(　　)。

A. $K_m \uparrow$，v_{max} 不变　　B. $K_m \downarrow$，$v_{max} \downarrow$　　C. K_m 不变，$v_{max} \downarrow$　　D. $K_m \downarrow$，$v_{max} \uparrow$

9. 酶蛋白分子中的某些基团可以在其他酶的催化下发生共价修饰，从而导致酶活性的改变，称为共价修饰调节。共价修饰方式有：磷酸化-脱磷酸化等。下列关于酶的共价修饰说法正确的是(　　)。

A. 活性中心的催化基团经修饰后，改变酶的催化活性

B. 通过打断某些肽键，使酶的活性中心形成而改变酶的活性

C. 只涉及酶的一级结构的改变而不涉及高级结构的改变

D. 有级联放大效应

10. 抑制剂以非共价键与酶分子可逆性结合造成酶活性的抑制，且可采用透析等简单方法去除抑制剂而使酶活性完全恢复的抑制作用就是可逆抑制。可逆抑制作用包括竞争性、反竞争性和非竞争性抑制几种类型。磺胺类药物能抑菌，是因为细菌利用对氨基苯甲酸合成二氢叶酸时，磺胺是二氢叶酸合成酶的(　　)。

A. 竞争性抑制剂　　B. 不可逆抑制剂　　C. 非竞争性抑制剂　　D. 反竞争性抑制剂

11. L. Michaelis & M. Menten 于 1913 年推导出了矩形双曲线的数学表达式，即米氏方程：$v = v_{max}[S]/(K_m + [S])$。其中，$v_{max}$ 为最大反应速度，K_m 为米氏常数。当酶促反应速度等于 v_{max} 的 80% 时，K_m 与[S]关系是(　　)。

A. $K_m = 0.1[S]$　　B. $K_m = 0.25[S]$　　C. $K_m = 0.22[S]$　　D. $K_m = 0.40[S]$

12. 抑制剂与底物竞争与酶的同一活性中心结合，从而干扰了酶与底物的结合，使酶的催化活性降低，这种作用称为竞争性抑制作用。其动力学参数为(　　)。

A. $K_m \uparrow$，v_{max} 不变　　B. $K_m \downarrow$，$v_{max} \downarrow$　　C. K_m 不变，$v_{max} \downarrow$　　D. $K_m \downarrow$，$v_{max} \uparrow$

13. 国际酶学委员会根据酶催化反应的类型，将酶分为六大类，即氧化还原酶类、转移酶

类、水解酶类、裂合酶类、异构酶类、合成酶类。*L*-谷氨酸脱氢酶属于(　　)。

A. 氧化还原酶类　　B. 水解酶类　　C. 裂合酶类　　D. 转移酶类

14. 维生素可按其溶解性的不同分为脂溶性维生素和水溶性维生素两大类。现在已知大多数维生素(特别是 B 族维生素)是许多酶的辅酶或辅基成分。含有维生素 B_1 的辅酶是(　　)。

A. TPP^+　　B. FMN　　C. CoA　　D. NAD^+

15. 一般来说,酶促反应速度随温度的增高而加快,但当温度增加达到某一点后,由于酶蛋白的热变性作用,反应速度迅速下降。关于温度对酶促反应速度的影响正确的说法是(　　)。

A. 最适温度是酶的特征性常数,与反应时间无关

B. 最适温度不是酶的特征性常数,延长反应时间最适温度可降低

C. 温度升高时反应速度则加快

D. 低温可使大多数酶蛋白变性失活

16. 结合酶由酶蛋白和辅助因子两部分构成,酶蛋白部分主要决定酶促反应的专一性,辅助因子决定反应的种类和性质。酶促反应中,决定反应特异性的是(　　)。

A. 酶蛋白　　B. 辅酶　　C. 别构剂　　D. 金属离子

17. 观察 pH 对酶促反应速度的影响,通常为一钟形曲线,即 pH 过高或过低均可导致酶催化活性的下降。酶的最适 pH(　　)。

A. 是酶的特征性常数　　B. 不受底物浓度、缓冲液种类与浓度的影响

C. 与温度无关　　D. 是酶促反应速度最快时的 pH

18. 近年来,通过对酶结构和功能的研究,确信酶与底物作用的专一性是由于酶与底物分子的结构互补。酶专一性作用于底物的学说主要有(　　)。

A. 化学渗透学说　　B. 锁和钥匙学说　　C. 心学偶联学说　　D. 诱导契合学说

A3 型题

2～3 个相关的问题,每个问题均与开始的题干有关。每个问题均有四个备选答案,需要选择一个最佳答案。

(1～3 题共用题干)酶是由活细胞产生的,能在体内或体外同样起催化作用的一类具有活性中心和特殊构象的生物大分子,包括蛋白质和核酸。酶具有极高的催化效率和高度的底物特异性。按照其分子结构可分为单体酶、寡聚酶和多酶体系(多酶复合体和多功能酶)三大类。

1. 关于酶性质的叙述下列哪项是正确的?(　　)

A. 酶的催化效率高是因为分子中含有辅酶或辅基

B. 酶加快化学反应达到平衡的速度

C. 酶使化学反应的平衡常数向加速反应的方向进行

D. 酶能提高反应所需的活化能

2. 关于酶活性中心的叙述下列哪项是正确的?(　　)

A. 所有酶的活性中心都有金属离子　　B. 所有酶的活性中心都含有辅酶

C. 所有的酶都有活性中心　　D. 所有的必需基团都位于酶的活性中心

3. 根据酶分子结构丙酮酸脱氢酶复合体和脂肪酸合成酶复合体属于(　　)

A. 多功能酶　　B. 结合酶　　C. 单体酶　　D. 寡聚酶

(4～6 题共用题干)结合酶由酶蛋白和辅助因子两部分构成,酶蛋白部分主要决定酶促反应的专一性,辅助因子决定反应的种类和性质。只有酶蛋白和辅助因子结合成完整的分子时,才具有活性。

4. 关于辅酶的叙述正确的是(　　)。

A. 在催化反应中传递电子、原子或化学基团

B. 与酶蛋白紧密结合

C. 金属离子是体内最重要的辅酶

D. 在催化反应中不与酶活性中心结合

5. 关于辅基的叙述正确的是(　　)。

A. 决定酶催化作用的专一性　　B. 与酶蛋白结合较紧密

C. 能用透析或过滤方法使其与酶蛋白分开　　D. 以非共价键与酶蛋白结合

6. 关于结合酶的论述正确的是(　　)。

A. 酶蛋白与辅酶共价结合　　B. 酶蛋白具有催化活性

C. 酶蛋白决定酶的专一性　　D. 辅酶与酶蛋白结合紧密

(7～8 题共用题干)一名嗜酒者误食了乙二醇,乙二醇是抗冻成分,也是乙醇脱氢酶的底物。乙二醇会在乙醇脱氢酶催化下转变为高毒的物质,而服用乙醇可治疗乙二醇中毒。

7. 用乙醇可治疗乙二醇中毒的原因是(　　)。

A. 乙醇脱氢酶对乙醇的 K_m 要比对乙二醇的 K_m 低许多

B. 乙醇是乙醇脱氢酶的别构效应物

C. 乙醇能与乙二醇的毒性产物结合,使其失去毒性

D. 乙醇变为乙醛后有治疗效果

8. 如果比较乙醇脱氢酶对乙醇和乙二醇反应的双倒数图,则(　　)。

A. 两者具有相同的斜率　　B. 两者具有相同的纵截距

C. 两者具有相同的横截距　　D. 只有乙醇作图是线性的

(9～11 题共用题干)酶反应动力学主要研究酶催化的反应速度以及影响反应速度的各种因素。底物浓度的变化与酶促反应速度呈矩形双曲线,酶浓度与反应速度成正比,温度与反应速度呈倒 U 形。此外还有 pH 和激活剂等对反应速度有影响。

9. 在其他因素不变的情况下,改变底物浓度(　　)。

A. 反应速度成比例增加　　B. 反应速度成比例下降

C. 反应初速度成比例改变　　D. 反应速度先慢后快

10. 关于酶的最适温度,下列哪项是正确的?(　　)

A. 是酶的特征性常数　　B. 是指反应速度等于 $50\% v_{max}$ 时的温度

C. 是酶促反应速度最快时的温度　　D. 是一个固定值,与其他因素无关

11. 关于酶的最适 pH,下列哪项是正确的?(　　)

A. 是酶的特征性常数　　B. 不受底物浓度、缓冲液种类与浓度的影响

C. 与温度无关　　D. 酶促反应速度最快时的 pH

(12～14 题共用题干) L. Michaelis 和 M. Menten 于 1913 年推导出了米氏方程:$v = v_{max}[S]/(K_m + [S])$。其中,$v_{max}$ 为最大反应速度,K_m 为米氏常数。K_m 可以反映酶与底物

亲和力的大小,可用来判断酶的最适底物,确定酶活性测定时所需的底物浓度。

12. K_m 值是指(　　)。

A. 反应速度等于最大速度 50%时的底物浓度

B. 反应速度等于最大速度 50%时的酶浓度

C. 反应速度等于最大速度时的底物浓度

D. 反应速度等于最大速度时的酶浓度

13. 关于 K_m 的意义正确的是(　　)。

A. K_m 为酶的比活性

B. $1/K_m$ 越小,酶与底物亲和力越大

C. K_m 的单位是 mmol/min

D. K_m 是酶的特征性常数之一

14. 当酶促反应速度等于 70%v_{max} 时,[S]为(　　)。

A. K_m　B. $2K_m$　C. $3K_m$　D. $4K_m$

B1 型题

属于标准伍配单项选择题。开始给出 4 个备选答案,之后 2～6 个题干构成一组试题,要求从 4 个备选答案中为这些题干选择一个与其关系密切的答案。在这组试题中,每个备选答案可以被选一次、两次和多次,也可以不选用。

(1～5 题共用备选答案)

A. 温度在 0℃以下时

B. 温度在 0～35℃时

C. 温度在 35～40℃时

D. 温度在 50～60℃时

1. 动物组织中提取的酶最适温度多是(　　)。

2. 酶开始变性使反应速度减慢的温度是(　　)。

3. 酶的活性极低,但未变性的温度是(　　)。

4. 酶促反应速度随温度升高而加快的温度是(　　)。

5. 酶促反应速度最快的温度是(　　)。

(6～10 题共用备选答案)

A. 转酰基作用　B. 递氢作用　C. 转 CO_2 作用　D. 转一碳单位作用

6. NAD^+ 作为辅酶参与(　　)。

7. 辅酶 A 作为辅酶参与(　　)。

8. 生物素作为辅酶参与(　　)。

9. FMN 作为辅酶参与(　　)。

10. 四氢叶酸作为辅酶参与(　　)。

(11～14 题共用备选答案)

A. 多功能酶　B. 结合酶　C. 单体酶　D. 寡聚酶

11. 只由一条多肽链组成的酶是(　　)。

12. 丙酮酸脱氢酶复合体属于(　　)。

13. 由酶蛋白和辅助因子两部分组成的酶是(　　)。

14. 由于基因的融合,多种酶相互连接成单一多肽链的具有多个活性中心的蛋白质是(　　)。

(15～17 题共用备选答案)

A. 在一定条件下多肽链特异断裂形成活性中心

B. 与底物分子结构相似竞争同一酶的活性中心

C. 磷蛋白磷酸酶使酶蛋白脱磷酸

D. 变构效应剂与酶分子结合

15. 糖原合成酶活性增高的方式是(　　)。

16. 磺胺药的抑菌机理是(　　)。

17. 酶原激活的过程是(　　)。

(18～20 题共用备选答案)

A. K_m 值不变,v_{max} 降低　　B. K_m 值增加,v_{max} 不变

C. K_m 值减小,v_{max} 降低　　D. K_m 值增加,v_{max} 增加

18. 竞争性抑制的特点是(　　)。

19. 非竞争性抑制的特点是(　　)。

20. 反竞争性抑制的特点是(　　)。

(21～25 题共用备选答案)

A. 丙二酸　　B. 二巯基丙醇　　C. 有机磷农药　　D. 对氨基苯甲酸

21. 酶的不可逆抑制剂是(　　)。

22. 琥珀酸脱氢酶的竞争性抑制剂是(　　)。

23. 能保护酶必需基团—SH 的物质是(　　)。

24. 磺胺药的类似物是(　　)。

25. 合成叶酸的原料之一是(　　)。

(26～30 题共用备选答案)

A. 酶浓度　　B. 抑制剂　　C. 最适温度　　D. pH

26. 影响底物和辅酶的解离程度,从而影响酶与底物的结合的是(　　)。

27. 不是酶的特征性常数,与反应时间有关的是(　　)。

28. 当底物浓度大大超过酶的浓度时,与反应速度成正比关系的是(　　)。

29. 使酶的活性减弱或降低,但并不变性的物质是(　　)。

30. 不是酶的特征性常数,受底物浓度、缓冲液种类及酶纯度影响的是(　　)。

(31～33 题共用备选答案)

A. 酶活性单位　　B. 酶的浓度　　C. 催量　　D. K_m 值单位

31. 在特定条件下每分钟催化 1 μmol/L 底物转变成产物所需的酶量是(　　)。

32. 在特定条件下每秒钟催化 1 mol/L 底物转变成产物所需的酶量是(　　)。

33. mol/L 是(　　)。

填空题

1. 酶是由________产生的对特异底物起高效催化作用的________。

2. 酶加速反应的机制是通过降低反应的________,而不改变反应的________。

3. 结合酶,其蛋白质部分称________,非蛋白质部分称________,二者结合其复合物称

________。

4. 酶活性中心与底物相结合的那些基团称________，而起催化作用的那些基团称________。

5. 当 K_m 值近似________ES 的解离常数 K_S 时，K_m 值可用来表示酶对底物的________。

6. 酶的特异性包括________特异性、________特异性和________特异性。

7. 米曼二氏根据中间产物学说推导出 v 与[S]的数学方程式简称为________，式中的________为米氏常数，它的值等于酶促反应速度达到________一半时的________。

8. 在其他因素不变的情况下，[S]对酶促反应 v 作图呈________线，双倒数作图呈________线，而变构酶的动力学曲线呈________形。

9. 可逆性抑制是指抑制剂与酶进行________结合影响酶催化的反应，________抑制剂与酶的活性中心结合，________抑制剂与酶的活性中心外的必需基团结合。

10. 反竞争性抑制剂使酶对底物 K_m________，v_{max}________。

11. 无活性状态的酶的前体物称为________，在一定条件下转变成有活性酶的过程称________。其实质是________的形成和暴露过程。

12. 丙二酸是________酶的________抑制剂，增加底物浓度可________抑制。

13. 同工酶是指催化化学反应________，而酶蛋白分子结构、理化性质及免疫学性质________的一组酶。

14. 辅酶与辅基的区别在于前者与酶蛋白________，后者与酶蛋白________。

15. 肌酸激酶的亚基分________型和________型。

16. 最适温度________酶的特征性常数，它与反应时间有关，当反应时间延长时，最适温度可以________。

17. 某些酶以________形式分泌，不仅可保护________本身不受酶的水解破坏，而且可输送到特定的部位与环境转变成________发挥其催化作用。

18. 不可逆性抑制剂常与酶的________以________相结合使酶失活。

19. 当非竞争性抑制剂存在时，酶促反应动力学参数 K_m________，v_{max}________。

20. 当酶促反应速度为最大反应速度的 80%时，底物浓度是 K_m 的________倍。

21. 迄今为止，人们已发现两类生物催化剂，一类是________，另一类是________。

22. 酶原的激活是________的转化过程，实际上是________的过程。

23. 有竞争性抑制剂存在时，酶促反应的最大速度________，K_m 值________；有非竞争性抑制剂存在时，酶促反应的最大速度________，K_m 值________。

24. 酶的特异性取决于________，而酶促反应种类与性质取决于________。

25. 酶的催化作用不同于一般催化剂，其主要特点是________、________、________和________。

26. 影响酶促反应速度的因素有________、________、________、________、________和________。

27. 磺胺类药物的结构和________结构相似，它可以竞争性抑制细菌体内的________。

28. 酶活性中心包括________和________两个功能部位。

29. 酶的必需基团，常见的有________、________、________、________等。

30. 酶是具有催化能力的______和______。

31. 辅助因子可分为两类，分别是______和______。

32. 全酶由______和______组成。

33. 与酶蛋白______结合的辅酶称为______。

34. 酶的活性是指________，一般用________来衡量。

35. K_m 值是酶的______常数，在一定的情况下，K_m 值愈大，表示酶与底物的亲和力______。

36. 酶所催化的反应叫________，参加反应的物质叫________。

37. 酶的可逆性抑制主要分为______、______和______三类。

简答题

1. 何谓酶？酶促反应的特点是什么？
2. 说明酶原激活的生理意义。
3. 何谓同工酶？在临床诊断上有什么意义？
4. 测定酶的活性时，应注意哪些方面？
5. 何谓可逆性抑制？说明其特点。
6. 什么是全酶？酶蛋白和辅助因子在酶促反应中各起什么作用？
7. 试说明最大反应速度(v_{max})的意义及应用。
8. 简述酶作为生物催化剂与一般催化剂的共性及其特性。
9. 简述酶的多元催化作用。
10. 酶活性中心的必需基团分为哪两类？在酶促反应中其作用是什么？
11. 酶的特异性有哪几种类型？
12. 试述温度对酶促反应影响的双重性。
13. 比较酶的不可逆抑制与可逆抑制的作用特点。
14. 简述磺胺类药物的作用机理及意义。
15. 根据酶催化反应的性质简述酶的分类。

论述题

1. 叙述酶的分子组成、作用特点、作用机制及酶的结构与功能的关系。
2. 叙述酶促反应高效率的机理。
3. 叙述 K_m 值和 v_{max} 的意义。
4. 酶在临床上有何作用？
5. 以乳酸脱氢酶为例，说明同工酶的生理意义和病理意义。
6. 以磺胺药为例说明竞争性抑制作用在临床上的应用。
7. 叙述影响酶促反应速度的因素及其作用机制。
8. 比较酶的三种可逆性抑制的作用特点。

【习题参考答案】

名词解释

1. 酶(enzyme):酶是由活细胞合成的对特异的底物起高效催化作用的生物大分子。是体内催化各种代谢反应最主要的催化剂,绝大多数酶是蛋白质。

2. 固定化酶(immobilized enzyme):固定化酶是将水溶性酶经物理或化学方法处理后,成为不溶于水但仍具有酶活性的一种酶的衍生物。固定化酶在催化反应过程中以固相状态作用于底物,并保持酶的高度特异性和催化的高效率。

3. 同工酶(isozyme):同工酶是指催化相同的化学反应,但酶蛋白的分子结构、理化性质乃至免疫学特性不同的一组酶。同工酶存在于同一种属或同一个体的不同组织或同一细胞的不同亚细胞结构中,在代谢中起重要作用。

4. 酶的特异性(enzyme specificity):酶对催化的底物有较严格的选择性,即一种酶仅作用于一种或一类化合物或一定的化学键,催化一定的化学反应生成一定的产物。酶的这种特性称酶的特异性。

5. 酶的活性中心(active center):必需基团在空间上彼此靠近,组成具有特定空间结构的区域,能与底物特异结合转化为产物,这一区域称为酶的活性中心。

6. 酶原及酶原激活(zymogen and activation of zymogen):有些酶在细胞内合成或初分泌时只是酶的无活性前体,称为酶原。无活性的酶原在一定条件下转变成有活性的酶的过程称为酶原的激活,酶原的激活实际上是酶活性中心形成和暴露的过程。

7. 抗体酶(abzyme):将底物过渡态类似物作为抗原,注入动物体内产生抗体。当抗体与底物结合时,就可使底物转变为过渡态而发生催化反应。人们将这种具有催化功能的抗体分子称为抗体酶。

8. 活化能(activation energy):反应物分子活化态与常态之间的能量差,即分子由常态转变为活化态所需的能量叫活化能。

9. 诱导契合假说(induced-fit hypothesis):1958 年 Daniel E. Koshland 提出。该学说认为酶在与底物相互接近时,其结构相互诱导、相互变形和相互适应,近而相互结合。

10. 初速度(initial rate):初速度是指反应刚开始时,各种影响酶促反应速度的因素尚未发挥作用,时间进程与产物的生成量呈直线关系时的反应速度。

11. K_m 值:K_m 值是当反应速度等于最大速度一半时的底物浓度。单位:mmol/L。

12. 最适温度(optimum temperature):酶是生物催化剂,温度对酶促反应速度有双重影响。酶促反应速度最快时的环境温度称酶的最适温度。

13. 最适 pH(optimum pH):在某一 pH 时,酶、底物、辅酶的解离状态最适合相互结合及催化反应,反应速度最大。此 pH 称为酶的最适 pH。

14. 不可逆性抑制(irreversible inhibition):抑制剂以共价键与酶活性中心上的必需基团牢固结合,使酶失活。这种抑制剂不能用简单透析或过滤方法去除。酶的活力难以恢复。这种抑制作用称不可逆性抑制。

15. 可逆性抑制(reversible inhibition):抑制剂与酶以非共价键结合,使酶活力降低或丧失,可用简单透析或过滤的方法去除抑制剂,酶的活力得以恢复。这种抑制作用称可逆性抑制。

16. 激活剂(activator):使酶从无活性变为有活性或使酶活性增加的物质称酶的激活剂。大多数为金属离子,少数为阴离子。也有许多有机化合物激活剂。

17. 抑制剂(inhibitor):能使酶分子上的必需基团(主要指酶活性中心上的一些基团)发生变化,从而引起酶活力下降,甚至丧失,致使酶促反应速度降低但并不使酶蛋白变性的物质。

18. 核酶(ribozyme):是具有高效、特异催化作用的核酸,是近年来发现的一类新的生物催化剂,主要参与 RNA 的剪接。

19. 变构酶(allosteric enzyme):变构酶由多亚基组成。某些小分子物质与酶活性中心外的变构部位或调节亚基结合,使酶构象改变,从而使活性改变。这种调节方式称为变构调节,这种受调节的酶称变构酶。

20. 酶的共价修饰(covalent mordification):蛋白质肽链上的一些基团可与某种化学基团发生可逆的共价结合,从而改变酶的活性。这一过程称为酶的共价修饰。

21. 酶的 v_{max}:一定 pH、温度和离子强度的条件下,酶完全被底物饱和时所得到的速度为酶的最大反应速度。

22. 结合酶(desmoenzyme):结合酶由酶蛋白和非蛋白的辅助因子组成,二者形成的复合物又称为全酶,全酶才有催化活性。

23. 酶活力(enzyme activity):也称酶活性,指酶催化一定化学反应的能力,可用在一定条件下,以它所催化的某一化学反应的速度表示。单位:浓度/单位时间。

24. 比活力(specific activity):每毫克酶蛋白所具有的酶活力单位,一般用 U/mg 蛋白表示。

25. 全酶(holoenzyme):指酶蛋白与辅助因子结合形成的复合物。

26. 必需基团(essential group):酶分子中,与酶的催化活性有关的所有基团,称为酶的必需基团。酶活性中心内的一些化学基团,是酶发挥催化作用及与底物直接接触的基团,称之为活性中心内的必需基团。还有一些酶活性中心以外的基团,虽然不直接参与酶的催化作用,但对维持酶分子的空间构象及酶活性是必需的,称之为活性中心以外的必需基团。

27. 绝对专一性(absolute specificity):指有的酶只能作用于特定结构的底物,催化一种专一的反应,生成一种特定结构的产物。

28. 相对专一性(relative specificity):指有一些酶的特异性相对较差,这种酶作用于一类化合物或一种化学键,这种不太严格的选择性称为相对专一性。

29. 竞争性抑制(competitive inhibition):指抑制剂与酶的底物结构相似,可与底物竞争酶的活性中心,从而阻碍酶与底物结合成中间产物的一种抑制作用。

30. 变构调节(allosteric regulation):指代谢物与关键酶分子活性中心以外的某个部位以非共价键可逆的结合,使酶发生变构而改变其催化活性,对酶催化活性的这种调节方式称变构调节。

单项选择题

A1 型题 1. B 2. D 3. B 4. C 5. D 6. C 7. B 8. B 9. D 10. C 11. B 12. B 13. A 14. D 15. B 16. B 17. C 18. B 19. A 20. B 21. A 22. A 23. B 24. C

25. B　26. A　27. D　28. A　29. D　30. C　31. C　32. A　33. B　34. C　35. D　36. D
37. C　38. B　39. A　40. A　41. B　42. A　43. A　44. C　45. D　46. A　47. B　48. A
49. B　50. A　51. C　52. A　53. C　54. D　55. B　56. B　57. A　58. C　59. C　60. C
61. B　62. D　63. B　64. A　65. A　66. B　67. C　68. D　69. B　70. C　71. D　72. A
73. D　74. D　75. C　76. D　77. A　78. A　79. B　80. A　81. D

A2 型题　1. C　2. B　3. D　4. B　5. C　6. C　7. B　8. B　9. D　10. A　11. B　12. A
13. A　14. A　15. B　16. A　17. D　18. D

A3 型题　1. B　2. C　3. A　4. A　5. B　6. C　7. B　8. B　9. C　10. C　11. D　12. A
13. D　14. B

B1 型题　1. C　2. D　3. A　4. B　5. C　6. B　7. A　8. C　9. B　10. D　11. C　12. A
13. B　14. A　15. C　16. B　17. A　18. B　19. A　20. C　21. C　22. A　23. B　24. D
25. D　26. D　27. C　28. A　29. B　30. D　31. A　32. C　33. D

填空题

1. 活细胞,蛋白质。
2. 活化能,平衡常数。
3. 酶蛋白,辅助因子,全酶。
4. 结合基团,催化基团。
5. 等于,亲和力。
6. 绝对,相对,立体异构。
7. 米氏方程式;K_m, v_{max}, $[S]$。
8. 矩形双曲,直,S。
9. 非共价键,竞争性,非竞争性。
10. 减小,降低。
11. 酶原,酶原激活;活性中心。
12. 琥珀酸脱氢,竞争性,解除。
13. 相同,不同。
14. 结合疏松,结合牢固。
15. M,B。
16. 不是,降低。
17. 酶原,器官,酶。
18. 活性中心,共价键。
19. 不变,降低。
20. 4。
21. 蛋白质,核糖核酸。
22. 酶原向酶,酶的活性中心形成或暴露。
23. 不变,增加;下降,不变。
24. 酶蛋白,辅助因子。

25. 高度的特异性，不稳定性，极高的催化效率，可调节性。

26. 底物浓度，酶浓度，温度，pH，激活剂，抑制剂。

27. 对氨基苯甲酸，二氢叶酸合成酶。

28. 结合，催化。

29. 丝氨酸残基上的羟基，半胱氨酸残基上的巯基，组氨酸残基上的咪唑基，酸性氨基酸残基上的羧基。

30. 蛋白质，核酸。

31. 金属离子，小分子有机化合物。

32. 酶蛋白，辅助因子。

33. 共价，辅基。

34. 酶催化化学反应的能力，酶促反应速度的大小。

35. 特征性，愈小。

36. 酶促反应，底物。

37. 竞争性抑制，非竞争性抑制，反竞争性抑制。

简答题

1. 答题要点：

酶是由活细胞合成的对特异底物具有高效催化作用的生物大分子，又叫生物催化剂。酶除具有一般催化剂的性质外，又具有生物大分子的特征。

酶促反应的特点：①具有极高的催化效率，比一般催化剂更有效的降低化学反应所需活化能。催化效率比非催化反应高 $10^{8}\sim10^{20}$，比一般催化剂高 $10^{7}\sim10^{13}$ 倍。②高度的特异性。根据酶对底物结构严格选择程度的不同，又分为绝对特异性、相对特异性和立体异构特异性。③酶促反应的可调节性。为适应不断变化的内外环境和生命活动的需要，酶促反应受多种因素的调控，如酶的区域化分布、酶活性调节及酶含量调节等。

2. 答题要点：

某些酶在细胞内初合成或分泌时只是酶的无活性前体，称酶原。酶原在一定条件下，水解开一个或几个肽键，使必需基团集中靠拢，构象发生改变，形成活性中心，表现出酶的活性，称酶原的激活。酶原激活的实质是活性中心形成或暴露的过程。某些酶以酶原形式存在于组织细胞内具有重要的生物学意义。消化腺分泌的一些蛋白酶原不仅能保护消化器官不受酶的水解破坏，而且保证酶原在其特定的部位和环境激活后发挥其催化作用。再如，凝血和纤溶酶类的酶原形式在血液循环中运行，一旦需要不失时机转变成有活性的酶，发挥对机体的保护作用。

3. 答题要点：

同工酶是指催化相同的化学反应，但酶蛋白的分子结构、理化性质及免疫学性质不同的一组酶。同工酶是长期进化过程中基因分化的产物，是由不同基因或等位基因编码的多肽链，或同一基因转录生成的不同 mRNA 翻译的不同多肽链组成的蛋白质。不同的组织器官中同工酶的分布和含量不同，因而有不同的酶谱。因其对底物的亲和力不同，又有不同的代谢特点，当某一特定器官发生病变时，细胞内酶释放出来并扩散入血浆，此时测定同工酶谱及活性增多的情况，在一定程度上可反映组织器官病变，有助于疾病的诊断。例如：血清 $LDH_5 > LDH_1$ 反映病变来自肝脏，$LDH_1 > LDH_2$，说明心肌有病变。所以同工酶在临床上主要用于鉴别诊断。

4. 答题要点：

酶活性测定是测量酶量的简便方法，测定时要在适宜的特定反应条件下进行。①酶的样品应作适当的处理。②反应体系中底物的量要足够，使酶被底物饱和，一般底物浓度应在 $10K_m$ 以上。③根据反应时间选择反应的最适温度。④应根据不同的底物和缓冲液选择反应的最适 pH。⑤应测定酶促反应的初速度。⑥为达到最大反应速度，在反应体系中可加入适量的辅助因子和激活剂等。

5. 答题要点：

可逆性抑制包括竞争性抑制、非竞争性抑制和反竞争性抑制，抑制剂以非共价键与酶结合，使酶活性降低，用简单的透析、超滤方法可将抑制剂除去。

1）竞争性抑制：抑制剂的结构与底物结构相似，共同竞争同一酶的活性中心，抑制程度强弱取决于抑制剂浓度和底物浓度的相对比例。动力学参数 K_m 值增加，v_{max} 不变。

2）非竞争性抑制：抑制剂与酶活性部位以外的基团结合，不影响酶与底物的结合，酶与底物的结合也不影响酶与抑制剂的结合。抑制程度的大小决定于抑制剂的浓度。动力学参数 K_m 值不变，v_{max} 降低。

3）反竞争性抑制：抑制剂仅与酶和底物形成的中间产物（ES）结合，生成三者复合物，不能解离出产物，增加[S]反而抑制作用增强。动力学参数 K_m 值减小，v_{max} 降低。

6. 答题要点：

由酶蛋白和辅助因子组成的结合酶称为全酶。全酶才有催化性。全酶中的酶蛋白决定催化作用的专一性。辅助因子是金属离子或小分子有机化合物。

1）金属离子的作用：①作为酶活性中心的催化基团参与反应传递电子；②作为连接酶与底物的桥梁，便于酶对底物的作用；③稳定酶分子的空间构象；④中和阴离子，降低反应的静电斥力。

2）小分子有机物的作用：主要参与酶的催化过程，在反应中传递电子、质子和一些基团。

7. 答题要点：

最大反应速度（v_{max}）是酶完全被底物饱和时的反应速度，它除受 pH 和温度影响外，还受抑制剂，特别是非竞争性抑制剂和竞争性抑制剂的影响。如果酶的浓度已知，则可利用 v_{max} 计算酶的转换数，即单位时间内每个酶分子催化底物转变为产物的分子数。

8. 答题要点：

酶与一般催化剂的共性：催化热力学允许的化学反应；可以加快化学反应的速度，而不改变反应的平衡点，即不改变反应的平衡常数；在反应前后，酶本身没有结构、性质和数量上的改变，且微量的酶便可发挥巨大的催化作用。

特性：酶作为生物催化剂有四个特点：催化效率更高，具有高度的专一性、不稳定性，酶催化活性和酶含量的可调节性。

1）酶的催化效率极高，可比一般催化剂高 $10^7 \sim 10^{13}$ 倍。

2)酶作用的专一性。即酶对底物具有严格的选择性。

3)不稳定性。酶的活性受许多因素影响。

4)酶的可调节性。酶促反应受多种因素的调控,以适应机体不断变化的内外环境和生命活动的需要。

9.答题要点:

酶的多元催化作用表现在三个方面:

1)酸-碱催化作用:酶是两性解离的蛋白质,酶活性中心有些基团可以成为质子的供体(酸),有些基团则可以成为质子的接受体(碱)。这些基团参与质子的转移,可使反应速度提高 $10^2 \sim 10^5$ 倍。

2)共价催化作用:很多酶的催化基团在催化过程中通过和底物形成瞬间共价键而将底物激活,并很容易进一步被水解形成产物和游离的酶。

3)亲核催化作用:酶活性中心有的基团属于亲核基团,可以提供电子给带有部分正电荷的过渡态中间物,从而加速产物的生成。

许多酶促反应常常有多种催化机制同时介入,共同完成催化反应,这是酶促反应高效率的重要原因。

10.答题要点:

酶的活性中心内的必需基团:一类是结合基团,其作用是与底物相结合,使底物与酶形成复合物;另一类是催化基团,其作用是影响底物中某些化学键的稳定性,催化底物发生化学反应并将其转变为产物。

11.答题要点:

酶的特异性可分为三种类型:

1)绝对特异性,即一种酶仅作用于一种底物催化一种化学反应,对其他任何底物都无催化作用。如脲酶。

2)相对特异性,即一种酶可作用于一类化合物或一种化学键。如胰蛋白酶。

3)立体异构特异性,即一种酶仅作用于立体异构中的一种,对另一种则无作用。如 *L*-乳酸脱氢酶。

12.答题要点:

一般化学反应随温度升高,反应速度加快,酶促反应在一定温度范围内遵循这个规律,但酶是一种蛋白质,温度的升高可影响其空间构象的稳定性,促使酶蛋白变性,因此反应温度在一定范围内增加可加速反应的进行,反应温度过高促使酶失去催化能力。因此,温度对酶促反应的影响具有双重性。

13.答题要点:

不可逆抑制:抑制剂(I)通常与酶(E)的活性中心上的必需基团以共价键结合,使酶失活。此种抑制剂不能用透析或超滤去除。

可逆抑制:抑制剂通常通过非共价键与酶或酶-底物复合物(ES)可逆性结合,使酶活性降低或消失。此种抑制剂可以用透析或超滤去除。

不可逆抑制与可逆抑制作用特点的比较

比较项目	不可逆抑制	可逆抑制
与 I 结合的组分	E	E 或 ES
I 与 E 的结合部位	酶活性中心的必需基团	酶活性中心或活性中心外的必需基团
I 与 E 的结合方式	共价结合	非共价结合
透析或超滤	可以除去 I	不可以除去 I

14. 答题要点：

细菌在生长繁殖过程中，必须从宿主体内摄取对氨基苯甲酸，在其他因素的参与下由二氢叶酸合成酶催化生成二氢叶酸，后者在二氢叶酸还原酶的催化下生成四氢叶酸参与核酸的合成。磺胺药的基本结构与对氨基苯甲酸相似，能竞争性地与二氢叶酸合成酶结合，从而抑制了细菌的二氢叶酸合成，抑制了细菌的生长繁殖。由于这是一种竞争性抑制作用，故在治疗中需维持磺胺药在体液中的高浓度才能有好的疗效。

15. 答题要点：

根据酶催化反应的性质把酶分成六大类。

1）氧化还原酶类：促进作用物氧化和还原的酶类。如乳酸脱氢酶、过氧化氢酶等。

2）转移酶类：促进不同物质分子间某种基团的交换或转移的酶类。如转甲基酶等。

3）水解酶类：促进水解反应的酶类。如淀粉酶、胃蛋白酶等。

4）裂解酶类：也叫裂合酶类。促进一种化合物分裂为两种化合物或由两种化合物合成一种化合物的酶类。

5）异构酶类：促进同分异构体相互转化的酶类。

6）连接酶类：也叫作合成酶类。促进两分子化合物相互结合，同时使 ATP 分子或其他三磷酸核苷中的高能磷酸键断裂的酶类。

论述题

1. 答题要点：

1）酶根据分子组成不同可以分为单纯酶和结合酶，结合酶包括酶蛋白和辅助因子，其中辅助因子多为金属离子和小分子有机物。

2）酶的作用特点包括：酶的高效性；酶的特异性和不稳定性；酶的可调节性。酶的特异性包括：绝对特异性，相对特异性，立体异构特异性。酶的可调节性包括：酶活性的调节和酶含量的调节。

3）酶的作用机制：①酶活性中心与底物结合后促进底物形成过渡态而提高反应速率。②酶与底物诱导契合形成酶-底物复合物，通过邻近效应、定向排列、表面效应使底物容易转变成过渡态。③酶通过多元催化发挥高效催化作用。

4）酶结构与功能的关系是结构决定功能。①单纯酶：催化活性依赖于酶蛋白的三维空间结构的完整。与酶活性密切相关的化学基团称酶的必需基团。这些必需基团在一级结构上可能相距很远，但在空间结构上彼此靠近，组成具有特定空间结构的区域，能和底物特异的结合，并将底物转化为产物，这一区域称为酶的活性中心。酶的活性中心是酶具有催化活性的关键部位，酶三级结构的完整是活性中心结构维持的必备条件。有些酶必须具备蛋白质的四级结构才能保持催化活性，如同工酶。②结合酶：除酶蛋白结构完整外，酶蛋白必须与辅助因子结合形成全酶才能发挥催化功能。

2. 答题要点：

酶之所以加快化学反应速度提高催化效率，其根本原因在于能降低反应的活化能，目前认为酶的催化机制如下：①诱导契合学说：酶在发挥作用前必须先与底物结合成中间结合物，但这种结合不是锁钥关系，开始并不适合。但它们互相诱导，互相转变，互相适应，有利于酶和底物结合，形成极不稳定的中间产物。②邻近效应与定向排列：在酶的作用下，底物聚集到酶的活性中心，使它们互相接近，正确定向。把分子间的反应变成分子内的反应有利反应的进行。③多元催化：酶是两性电解质，含有的多种功能基团具有不同的解离常数，即同一种酶分子既可进行酸催化，又可进行碱催化，这种多功能基团的协调作用可极大地提高催化效率。④表面效应：酶分子内部的疏水环境可排除水分子对酶和底物的功能基团的干扰和排斥，有利于酶和底物的密切接触，使催化反应更为有效和强烈。通过以上几种效应可降低反应的活化能，而实际上酶促反应高效率的原因往往是多种催化机制的综合作用。

3. 答题要点：

K_m 值的意义：①K_m 是反应速度等于 $1/2v_{max}$ 的$[S]$，单位为 mmol/L。②当中间产物 ES 解离成 E 和 S 的速度≫分解成 E 和 P 的速度时，K_m 值可近似于 ES 的解离常数 K_S。此时 K_m 值可表示酶和底物亲和力。K_m 值越小，酶和底物亲和力越大；K_m 值越大，酶和底物亲和力越小。K_m 值是酶的特征性常数之一，只与酶的结构、酶所催化的底物及反应温度、pH、离子强度有关，与酶的浓度无关。各种酶的 K_m 值大致在 $10^{-6}\sim10^{-2}$ mmol/L 之间。

v_{max} 的意义：v_{max} 是酶完全被底物饱和时的反应速度，如果酶的总浓度已知，便可根据 v_{max} 计算酶的转换数，即$[E]/v_{max}$，其意义是：当酶被底物充分饱和时，单位时间内每个酶分子催化底物转换变成产物的分子数。大多数酶的转换数在 $1\sim10^4$/s 之间。

4. 答题要点：

许多疾病的发生发展与酶的质和量的异常或酶受到抑制有关。目前酶在临床上可用于疾病的诊断和治疗。酶作为试剂用于临床检验，测定血液、尿中某些酶的活性，有助于疾病的诊断和疗效的观察。酶作为药物用于临床治疗，最常用于助消化，现已扩大到消炎、抗凝、促凝、降压等方面。例如：利用胃蛋白酶、胰蛋白酶、多酶片等可助消化；利用胰凝乳蛋白酶、溶菌酶等进行外科扩创、化脓伤口的净化、浆膜粘连的防治和一些炎症的治疗；利用链激酶、尿激酶等防止血栓形成等。此外，酶可作为工具用于科学研究。

5. 答题要点：

LDH 为四聚体，在体内共有五种分子形式，即 LDH_1（H_4）、LDH_2（H_3M_1）、LDH_3（H_2M_2）、LDH_4（H_1M_3）和 LDH_5（M_4）。心肌中 LDH_1 和 LDH_2 含量最多，而骨骼肌和肝脏中以 LDH_4 和 LDH_5 为主。LDH_1 和 LDH_2 对乳酸亲和力大，所以有利于心肌利用乳酸氧化获得能量；LDH_4 和 LDH_5 对丙酮酸亲和力大，有利于使丙酮酸还原为乳酸，这与肌肉在供氧不足时能由酵解作用取得能量的生理过程相适应。由于同工酶在组织器官中的分布有差异，因此，血清同工酶谱分析有助于器官疾病的诊断。如心肌病变时 LDH_1 和 LDH_2 活性升高；肝脏病变时 LDH_4 和 LDH_5 活性升高。

6. **答题要点：**

酶的竞争性抑制是指抑制剂与酶的底物结构相似，可与底物竞争酶的活性中心，从而阻碍酶与底物结合成中间产物的一种抑制作用。

细菌在生长繁殖时需利用对氨基苯甲酸作底物，在二氢叶酸合成酶的催化下合成二氢叶酸，二氢叶酸是核苷酸合成过程中的辅酶之一四氢叶酸的前体。磺胺药物的结构与对氨基苯甲酸相似，可竞争性抑制细菌体内的二氢叶酸合成酶，从而阻碍了二氢叶酸的合成。菌体内二氢叶酸缺乏，导致核苷酸、核酸的合成受阻，因而影响细菌的生长繁殖，起到杀菌的目的。根据竞争性抑制的特点，服用磺胺药物时必须保持血液中药物的高浓度，以发挥其有效的竞争性抑制作用。

7. **答题要点：**

影响酶促反应速度的因素有：底物浓度、酶浓度、温度、pH、抑制剂、激活剂。

1)底物浓度：$[S]$低时，酶的活性中心未被充分占据，随$[S]$的升高反应速度加快。当酶的活性中心被底物饱和后，继续加大底物浓度，反应速度也不再增加。解释$[S]$与酶促反应速度的关系最合适的学说是中间产物学说，根据中间产物学说推导出米氏方程：

$$v=\frac{v_{\max}[S]}{K_{\mathrm{m}}+[S]}$$

K_{m} 值是酶促反应速度达最大反应速度一半时的底物浓度，K_{m} 值反映酶与底物的亲和力。

2)酶浓度：当底物浓度大大超过酶浓度时，酶促反应的速度与酶的浓度成正比。

3)温度：温度对反应速度的影响具有双重性。酶促反应速度最快的反应体系温度称酶促反应的最适温度。反应体系的温度低于最适温度时，反应速度随温度的升高而加快。反应体系的温度高于最适温度时，反应速度因酶变性而降低。

4)pH：pH 通过改变酶和底物分子解离状态影响反应速度。酶催化活性最高时反应体系的 pH 称为酶促反应的最适 pH。

5)抑制剂：抑制剂可逆或者不可逆地降低酶促反应速率。

6)激活剂：激活剂可加快酶促反应速率。激活剂通过与酶、底物或酶-底物复合物结合参加反应。

8. **答题要点：**

竞争性抑制作用：抑制剂(I)和酶(E)的底物(S)结构相似，可以与底物竞争酶的活性中心，从而阻碍酶和底物结合成中间产物，这种抑制作用称为竞争性抑制作用。由于抑制剂和酶的结合是可逆的，抑制作用的程度取决于抑制剂与酶的相对亲和力以及与底物浓度的相对比例。

非竞争性抑制作用：抑制剂与酶活性中心外的必需基团相结合，不影响酶与底物的结合，酶和底物的结合也不影响酶与抑制剂的结合。底物和抑制剂之间无竞争关系，但酶-底物-抑制剂复合物(ESI)不能进一步释放出产物。这种抑制作用称为非竞争性抑制作用。

反竞争性抑制作用：抑制剂只与酶和底物形成的中间产物(ES)结合，使中间产物 ES 的量下降。这样，既减少从中间产物转化为产物的量，同时也减少从中间产物解离出游离酶和底物的量。这种抑制作用称为反竞争性抑制作用。

三种可逆性抑制作用特点的比较

作用特征	无抑制剂	竞争性抑制	非竞争性抑制	反竞争性抑制
与I结合的组分	—	E	E或ES	ES
I与E结合的部位	—	E的活性中心	E的活性中心外	E的活性中心外
K_m	K_m	增大	不变	减小
最大速度	v_{max}	不变	降低	降低
斜率	K_m/v_{max}	增大	增大	不变
纵轴截距	$1/v_{max}$	不变	增大	增大
横轴截距	$-1/K_m$	增大	不变	减小

第8章　糖　代　谢

糖是动物体内重要的能源物质和碳源物质，糖代谢在动物物质代谢中具有核心地位，其代谢途径与其他物质代谢途径密切联系。对动物而言，葡萄糖的氧化供能是其主要生理功能，因此维持血糖水平稳定十分重要。糖分解代谢的主要途径有糖原的分解、糖的无氧分解、糖的有氧分解和磷酸戊糖途径。糖原是动物体糖的主要贮存形式，需要时极容易动员以供分解利用。糖合成代谢的主要途径有糖原的合成和糖异生。糖原的合成是以葡萄糖作为起始物，糖基供体是尿嘧啶核苷二磷酸葡萄糖（UDPG），引物是小分子糖原，分支酶催化形成糖原支链。由非糖物质如甘油、乳酸、生糖氨基酸等合成糖的过程称为糖异生作用，肝是糖异生的主要器官。

【知识目标】

了解糖代谢的概况，血糖的意义；了解主要单糖的代谢；掌握糖代谢中的基本概念，糖的分解代谢和糖原异生的过程及糖原合成途径的基本过程；掌握糖在体内代谢的主要途径，理解其生理意义及其相互联系与调节。

【复习指南】

第一部分　糖代谢概述

糖（sugar）是一大类有机化合物，其化学本质为多羟基醛或多羟基酮类及其衍生物或多聚物。根据其水解产物的情况，可分为单糖（monosacchride）、寡糖（oligosacchride）、多糖（polysacchride）。动物体内最主要的单糖是葡萄糖，最主要的多糖是糖原。

表 8-1　糖的生物学功能

提供能量。动物体内能量的70%来自糖的分解代谢
动物体内的重要结构物质。构成结缔组织基质的蛋白多糖具有保持组织间水分、防止震动和维系细胞间黏合的作用
部分糖蛋白参与细胞间的信息传递作用，与细胞免疫和细胞识别作用有关
糖的磷酸衍生物可形成许多重要的功能物质，如ATP，DNA，NAD^+等

血糖(blood sugar):血液中的葡萄糖。血糖水平一般较恒定。与葡萄糖来源与去路保持动态平衡有关。

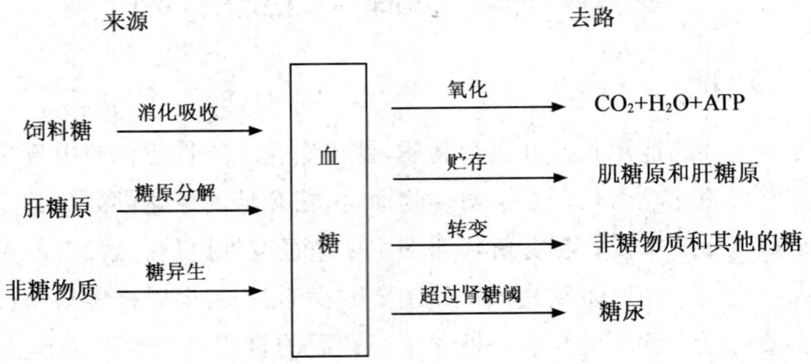

糖代谢(sugar metabolism):生物体内糖类的合成、分解和转变过程。包括分解代谢和合成代谢。

第二部分 糖原的分解与合成代谢

表 8-2 糖原概述

项目	主要内容
糖原(glycogen)	是由葡萄糖分子聚合而成的含有许多分支的大分子高聚物,呈聚集的颗粒状存在于肝和骨骼肌的细胞液中,其颗粒直径在 10～40 nm 之间,是动物体内糖的贮存形式
糖原中葡萄糖的连接方式	糖原中葡萄糖的连接形式有两种:一种以 α-1,4-糖苷键相连接;另一种在多糖分子的分支处,以 α-1,6-糖苷键的形式相连
糖原的贮存	肌糖原(0.5%),180～300 g,主要供肌肉收缩
	肝糖原(3%～6%),70～100 g,维持血糖水平
糖原的代谢	包括糖原分解代谢和糖原合成代谢

表 8-3 糖原的分解代谢

项目	主要内容
糖原的分解(glycogenolysis)	指糖原在肝脏或肌肉中分解为葡萄糖的过程
糖原分解的酶	糖原磷酸化酶、糖原脱支酶、磷酸葡萄糖变位酶和葡萄糖-6-磷酸酶(仅存在于肝脏和肾脏)
	关键酶:糖原磷酸化酶
肝糖原分解	分解的最终产物中约 85%为葡萄糖-1-磷酸,约 15%为游离葡萄糖,最后经葡萄糖-6-磷酸酶催化产生葡萄糖,补充血糖
肌糖原分解	肌肉中缺乏葡萄糖-6-磷酸酶,不能补充血糖,只能进入糖酵解

表 8-4　糖原的合成代谢

糖原合成是指由葡萄糖生成糖原的过程，主要在肝脏和肾脏的胞液中进行	
糖原合成的酶	己糖激酶、磷酸葡萄糖变位酶、UDP-葡萄糖焦磷酸化酶、糖原合酶和糖原分支酶或葡萄糖激酶
	关键酶：糖原合酶
合成步骤	1)葡萄糖被 ATP 磷酸化为 6-磷酸葡萄糖 2)6-磷酸葡萄糖在磷酸葡萄糖变位酶作用下生成 1-磷酸葡萄糖 3)葡萄糖-1-磷酸在 UDP-葡萄糖焦磷酸化酶的催化下与尿苷三磷酸(UTP)作用，生成尿苷二磷酸葡萄糖(UDP-葡萄糖，UDPG) 4)在糖原合酶作用下，UDPG 上的葡萄糖基转移给糖原引物，在糖基($n+1$)基础上生成糖原

第三部分　葡萄糖的分解代谢

葡萄糖是体内主要的供能物质。机体的所有组织都能有效地进行糖的分解以获得能量。糖的分解代谢包括糖的无氧氧化、糖的有氧氧化和磷酸戊糖途径。

表 8-5　糖的无氧氧化

项目	主要内容
定义	在无氧或缺氧的条件下，葡萄糖或糖原经过一系列酶促反应分解成乳酸并且有能量(ATP)释放的过程。生物体最古老的获能方式
	Gustav Embden 等发现乳酸的生成和乙醇的发酵很相似，称为酵解；因从糖开始，故称糖酵解。也称为 Embden Meyerhof-Parnas pathway (EMP)途径
分解步骤(两个阶段)	糖酵解的全部反应在胞液中进行
	第一阶段：葡萄糖经糖酵解生成丙酮酸(胞液)
	第二阶段：丙酮酸还原成乳酸(胞液)
三个关键酶	己糖激酶：反馈调节
	磷酸果糖激酶：主要的调节酶(由 4 个亚基组成)，主要受变构调节
	丙酮酸激酶：主要受变构调节和共价修饰调节
总反应	$C_6H_{12}O_6+2Pi+2ADP \longrightarrow 2CH_3CH(OH)COO^-+2ATP+2H_2O+2H^+$
特点	1 分子葡萄糖可分解生成 2 分子乳酸
	一处共 4 次发生底物水平磷酸化，可生成 4 分子 ATP
	2 处(葡萄糖磷酸化和磷酸果糖磷酸化)消耗 ATP，共消耗 2 分子 ATP
	1 分子葡萄糖无氧氧化净生成 2 分子 ATP

续表 8-5

项目	主要内容
生理意义	生物体获能的一种方式。如视网膜、神经、睾丸、肾髓质、血细胞等组织代谢活动极为活跃,即使不缺氧也常由无氧分解提供部分能量;成熟的红细胞完全依赖糖的无氧分解以获得能量
	生物体特殊生理或病理情况下获能的方式。如严重贫血、大量失血、休克等,由于循环障碍造成组织供氧不足,也会加强糖的无氧分解,产生的乳酸过多时还会引起酸中毒
	糖、脂肪、氨基酸代谢联系的途径
	糖异生成糖或糖原的重要途径

表 8-6 糖的有氧氧化

项目	主要内容
定义	有氧条件下,葡萄糖彻底氧化生成 CO_2 和 H_2O,并伴有能量释放的过程。有氧分解是糖分解的主要方式,绝大多数细胞都通过它获得能量 $C_6H_{12}O_6 + 6O_2 + 30(32)ADP + 30(32)Pi \longrightarrow 6CO_2 + 6H_2O + 30(32)ATP$
四个阶段	第一阶段:葡萄糖经酵解生成丙酮酸(胞液)
	第二阶段:丙酮酸进入线粒体,在丙酮酸脱氢酶复合体作用下氧化生成乙酰 CoA
	第三阶段:三羧酸循环(线粒体)
	第四阶段:呼吸链氧化(线粒体)

表 8-7 丙酮酸脱氢酶复合体

酶名称	缩写	辅因子	催化的反应
丙酮酸脱氢酶	E1	TPP^+	氧化脱羧
二氢硫辛酸转乙酰基酶	E2	硫辛酸,HSCoA	乙酰基转移
二氢硫辛酸脱氢酶	E3	FAD,NAD^+	氢转移

表 8-8 三羧酸循环(TCA)——第三阶段

项目	主要内容
定义	以乙酰 CoA 与草酰乙酸缩合成柠檬酸的反应为起始,对乙酰基团进行氧化脱羧再生成草酰乙酸的单向循环反应过程
	以乙酰 CoA 与草酰乙酸缩合成含有三个羧基的柠檬酸开始,故称为三羧酸循环(tricarboxylic acid cycle,TCA)
	因循环的第一个产物是柠檬酸,也称为柠檬酸循环(citric acid cycle)
	1937 年 Krebs 提出,称 Krebs 循环。1953 年获诺贝尔生理和医学奖

续表 8-8

项目	主要内容
特点	单向进行，不可逆，草酰乙酸前后未变，载乙酰基
	柠檬酸循环将乙酰 CoA 彻底氧化分解，每循环一次发生一次底物磷酸化生成 1 分子 GTP；两次脱羧生成 2 分子 CO_2；4 次脱氢反应生成 1 分子 $FADH_2$，3 分子 $NADH+H^+$；共生成 10 分子 ATP
关键酶	柠檬酸合酶；α-酮戊二酸脱氢酶复合体；异柠檬酸脱氢酶
生理意义	是三大营养物质的最终代谢通路
	是糖、脂肪、蛋白质及其他有机物质代谢的联系枢纽
	糖有氧分解的中间产物，为其他物质的合成提供碳架和碳素

表 8-9 糖的磷酸戊糖途径(pentose phosphate pathway, PPP)

项目	主要内容
定义	指由葡萄糖生成磷酸戊糖和 NADPH(还原性烟酰胺腺嘌呤二核苷酸磷酸)$+H^+$，前者再进一步转变成 3-磷酸甘油醛和 6-磷酸葡萄糖的反应过程 $6G\text{-}6\text{-}P+12NADP^+ +7H_2O \longrightarrow 5G\text{-}6\text{-}P+6CO_2+12NADPH+12H^+ +Pi$
发生场所	肝、骨髓、脂肪组织、乳腺、肾上腺及白细胞的胞液
两个阶段	第一阶段是氧化反应，不可逆，生成磷酸戊糖、$NADPH+H^+$ 及 CO_2
	第二阶段是非氧化反应，包括一系列基团转移，均是可逆反应
生理意义	途径中产生的 $NADPH+H^+$ 是生物合成反应的供氢体
	葡萄糖在体内可由此途径生成核糖-5-磷酸，是合成核酸和核苷酸的原料
	与糖有氧分解及糖无氧分解相互联系。在此途径中最后生成的果糖-6-磷酸与 3-磷酸甘油醛都是糖有氧分解(或糖无氧分解)的中间产物，它们可进入糖的有氧分解(或糖无氧分解)途径进一步进行代谢
	供能

表 8-10 糖的异生作用

由非糖物质转变为葡萄糖或糖原的过程称为糖的异生作用(gluconeogenesis)。肝是糖异生作用的最主要器官，肾(皮质)也具有糖异生的能力。反刍动物体内的糖异生作用 85%在肝，少量在肾中进行

原料	主要有生糖氨基酸、乳酸、甘油、丙酸、丙酮酸以及三羧酸循环中的各种羧酸等
反应过程	由各种非糖物质转变成糖的具体途径虽有所不同，但共同之处是都先转变成糖无氧分解途径中的某一中间产物，继而再转变成糖
生理意义	空腹或饥饿时维持血糖水平恒定
	消耗体内的乳酸(调节酸碱平衡)
	协助氨基酸代谢转变为糖

表 8-11　糖异生过程与糖酵解过程比较

糖异生途径与酵解途径大多数反应是共有的、可逆的。酵解途径中有 3 个由关键酶催化的不可逆反应。在糖异生时，须由另外的反应和酶代替	
糖酵解过程（3 步反应不可逆）	糖异生的反应过程
1）己糖激酶催化葡萄糖和 ATP 反应形成葡萄糖-6-磷酸和 ADP 葡萄糖＋ATP $\xrightarrow[\text{Mg}^{2+}]{\text{己糖激酶}}$ 葡萄糖-6-磷酸＋ADP	1）葡萄糖-6-磷酸在葡萄糖-6-磷酸酶（主要在肝脏）催化下水解为葡萄糖 葡萄糖-6-磷酸＋H_2O $\xrightarrow{\text{葡萄糖-6-磷酸酶}}$ 葡萄糖＋Pi
2）由磷酸果糖激酶催化果糖-6-磷酸和 ATP 反应形成果糖-1，6-二磷酸和 ADP 果糖-6-磷酸＋ATP $\xrightarrow{\text{磷酸果糖激酶}}$ 果糖-1，6-二磷酸＋ADP	果糖-1，6-二磷酸在果糖-1，6-二磷酸酶催化下，水解形成果糖-6-磷酸 果糖-1，6-二磷酸＋H_2O $\xrightarrow{\text{果糖-1,6-二磷酸酶}}$ 果糖-6-磷酸＋Pi
3）由丙酮酸激酶催化磷酸烯醇式丙酮酸和 ADP 反应形成丙酮酸和 ATP 磷酸烯醇式丙酮酸＋ADP $\xrightarrow{\text{丙酮酸激酶}}$ 丙酮酸＋ATP	丙酮酸可以通过先转变为草酰乙酸再形成磷酸烯醇式丙酮酸，即分两步进行，又称之为丙酮酸羧化支路 丙酮酸＋CO_2 $\xrightarrow{\text{丙酮酸羧化酶}}$ 草酰乙酸（消耗 1 分子 ATP） 草酰乙酸＋GTP $\xrightarrow{\text{磷酸烯醇式丙酮酸羧激酶}}$ 磷酸烯醇式丙酮酸＋CO_2＋GDP

表 8-12　乳酸的去路

乳酸循环（lactic cycle）	也称 Cori 循环。是指肌肉收缩时通过糖无氧氧化产生乳酸，乳酸经血液入肝进行糖异生，生成葡萄糖入血后又可被肌肉摄取，如此往复循环
生理意义	消耗体内的乳酸，防止酸中毒
	乳酸再利用

【练习与自测题】

名词解释

1. 血糖（blood sugar）
2. 糖原（glycogen）
3. 糖原的合成（glycogenesis）
4. UDPG（UDP-glucose）
5. 糖原的分解（glycogenolysis）
6. 糖的无氧氧化（glycolysis）
7. 糖的有氧氧化（aerobic oxidation）
8. 三羧酸循环（tricarboxylic acid cycle，TCA）
9. 磷酸戊糖途径（pentose phosphate pathway）

10. 糖的异生作用(gluconeogenesis)

11. 丙酮酸羧化支路(pyruvate carboxylation shunt)

12. 乳酸循环(lactic cycle)

单项选择题

A1 型题

为单项选择题，属于最佳选择题类型。每道试题由一个题干和四个备选答案组成，其中只有一个是最符合题目要求的。

1. 1 mol 的葡萄糖经有氧氧化产生 ATP 的数目与其无氧分解相比接近(　　)。

A. 10∶1　　B. 15∶1　　C. 20∶1　　D. 25∶1

2. 非反刍动物体内葡萄糖主要(　　)。

A. 由生糖氨基酸异生而来　　B. 由脂肪转变而来

C. 由糖原分解而来　　D. 从消化道吸收进来

3. 糖的有氧氧化的最终产物是(　　)。

A. CO_2+H_2O+ATP　　B. 乳酸　　C. 丙酮酸　　D. 乙酰 CoA

4. 生物体内 ATP 最主要的来源是(　　)。

A. 糖酵解　　B. 糖的有氧氧化　　C. 磷酸戊糖途径　　D. 氧化磷酸化

5. 在无氧条件下，下列哪一种化合物会在哺乳动物肌肉组织中积累？(　　)

A. 丙酮酸　　B. 乙醇　　C. 乳酸　　D. CO_2

6. 三羧酸循环是在细胞的什么部位进行的？(　　)

A. 线粒体基质　　B. 胞液中　　C. 内质网膜上　　D. 细胞核内

7. 一次三羧酸循环产生出的还原型辅酶和辅基有(　　)。

A. 3 mol $NADH+H^+$ 和 1 mol $FADH_2$　　B. 3 mol $NADH+H^+$ 和 2 mol $FADH_2$

C. 2 mol $FADH_2$ 和 2 mol $NADH+H^+$　　D. 4 mol $NADH+H^+$

8. 下列所催化反应有 GDP 参与的酶是(　　)。

A. 延胡索酸酶　　B. 琥珀酰 CoA 合成酶

C. 丙酮酸激酶　　D. 丙酮酸羧化酶

9. 葡萄糖合成糖原时，葡萄糖残基主要由(　　)供给。

A. UDPG　　B. 糖原引物　　C. 葡萄糖　　D. 6-磷酸葡萄糖

10. 糖原分解的初产物是(　　)。

A. 1-磷酸葡萄糖　　B. 葡萄糖　　C. 6-磷酸葡萄糖　　D. UDPG

A2 型题

每道题由一个叙述性的简要主题作为题干和四个备选答案组成。A、B、C、D 四个答案中只有一个是最佳答案。

1. 糖普遍存在于动物组织中，是动物生命活动中的主要的能源物质、结构物质和功能物质。动物体内最主要的单糖是(　　)。

A. 葡萄糖　　B. 糖原　　C. 乳糖　　D. 糖蛋白

2. 血糖通常指血液中的葡萄糖。血糖在体内是相对恒定的，受多种因素控制。调节血糖浓度的主要激素有胰岛素、肾上腺素、糖皮质激素等，除(　　)可降低血糖外，其他激素均可使血糖浓度升高。

A. 胰高血糖素　　B. 肾上腺素　　C. 胰岛素　　D. 糖皮质激素

3. 血糖浓度相对恒定是其来源和去路相平衡的结果，即进入血中的葡萄糖量与从血中移去的葡萄糖量基本相等。下列除哪个外，都可以作为血糖的来源？(　　)

A. 肌糖原分解产生

B. 肝糖原逐渐分解为葡萄糖进入血液

C. 某些有机酸、丙酸、甘油等通过肝的糖异生作用转变成葡萄糖或糖原

D. 生糖氨基酸转变成葡萄糖或糖原

4. 动物使役和剧烈运动时，肌肉中糖的无氧分解加快，在获得部分能量的同时，还产生出大量乳酸。乳酸在肌肉组织中不能利用，可以随血液运至肝脏再脱氢生成丙酮酸，后者既可以继续经有氧分解供能，又可以经异生作用再转变成葡萄糖，然后再释放进入血液以补充血糖。这一过程称为(　　)。

A. 有氧氧化　　B. 乳酸循环　　C. 无氧氧化　　D. 柠檬酸循环

5. 在无氧情况下，葡萄糖生成乳酸的过程称为糖的无氧分解，也称为糖酵解。糖的无氧分解过程可分为两个阶段：第一阶段是由葡萄糖分解成丙酮酸的过程，第二阶段是丙酮酸转变成乳酸的过程，下列除哪个外都是此途径的关键酶？(　　)

A. 6-磷酸葡萄糖激酶　　B. 1,6-二磷酸果糖激酶

C. 乳酸脱氢酶　　D. 丙酮酸激酶

6. 在有氧情况下，丙酮酸在丙酮酸脱氢酶复合体的催化下，进入线粒体中氧化脱羧生成乙酰 CoA，后者再经三羧酸循环氧化成水和二氧化碳。丙酮酸脱氢酶复合体由 3 种酶和几个辅酶在空间上高度组合形成。参加此酶复合体的辅酶不包括下列哪种物质？(　　)

A. 焦磷酸硫胺素(TPP^+)　B. 硫辛酸　　C. FAD　　D. 生物素

7. 磷酸戊糖途径的代谢反应在胞浆中进行，其过程可分为 2 个阶段。第一阶段是氧化反应，生成磷酸戊糖、$NADPH+H^+$ 及 CO_2；第二阶段则是非氧化反应，包括一系列基团转移。此途径的关键酶是(　　)。

A. 6-磷酸葡萄糖变位酶　　B. 1,6-二磷酸果糖激酶

C. 6-磷酸葡萄糖脱氢酶　　D. 丙酮酸激酶

8. 糖原的合成以葡萄糖作为起始物，糖基供体是 UDPG，引物是小分子糖原，分支酶催化形成糖原支链。糖原葡萄糖分子间通过糖苷键相连，有哪几种糖苷键？(　　)

A. α-1,6-糖苷键和 α-1,4-糖苷键　　B. α-1,6-糖苷键和 α-1,3-糖苷键

C. α-1,2-糖苷键和 α-1,4-糖苷键　　D. α-1,4-糖苷键和 α-1,4-糖苷键

9. B 族维生素以辅酶或辅基的形式参与了葡萄糖的各代谢途径，因而参与了体内的物质代谢过程，参与磷酸戊糖途径的维生素主要是(　　)。

A. 维生素 B_1　　B. 维生素 B_2　　C. 维生素 B_6　　D. 维生素 PP

10. 糖异生中丙酮酸羧化酶的辅酶是(　　)。

A. FAD　　B. NAD^+　　C. 生物素　　D. TPP^+

A3 型题

2～3 个相关的问题,每个问题均与开始的题干有关。每个问题均有四个备选答案,需要选择一个最佳答案。

(1～3 题共用题干)糖代谢包括分解代谢和合成代谢两个方面。糖的分解代谢的主要途径有糖原分解、糖的无氧氧化、糖的有氧氧化、磷酸戊糖途径等,糖的合成代谢途径有糖原合成、糖异生等。

1. 糖的消化吸收和糖的异生作用是动物体内糖的来源,(　　)是糖在体内的运输形式。

A. 血糖　　B. 糖原　　C. 葡萄糖　　D. 氧化分解

2. (　　)是糖在动物体内的贮存方式。

A. 合成糖原　　B. 血糖　　C. 氧化分解　　D. 糖异生

3. (　　)是糖供给机体能量的代谢途径,糖在体内也可转变为其他非糖物质。

A. 合成糖原　　B. 血糖　　C. 氧化分解　　D. 糖异生

(4～6 题共用题干)动物机体维持各种生理活动都需要能量,ATP 是提供能量的主要物质。糖的分解代谢的主要途径是体内获得能量的主要方式,有以下几条途径:

4. 当动物在缺氧或剧烈运动时,氧的供应不能满足肌肉将葡萄糖完全氧化的需求。葡萄糖生成乳酸并释放能量,这个通路为(　　)。

A. 糖的无氧氧化　　B. 糖原分解　　C. 糖的有氧氧化　　D. 糖异生

5. 体内绝大多数细胞都通过葡萄糖彻底氧化生成水和二氧化碳获得能量,这个通路为(　　)。

A. 糖的无氧氧化　　B. 糖原分解　　C. 糖的有氧氧化　　D. 糖异生

6. 另一条通路通过分解产生还原辅酶 $NADPH+H^+$,为脂类合成旺盛的脂肪组织、哺乳期乳腺、肾上腺皮质、睾丸等组织中生物合成反应的重要供氢体,或为合成核苷酸提供原料核糖-5-磷酸,此一糖的分解氧化通路称为(　　)。

A. 糖的无氧氧化　　B. 糖原分解　　C. 糖的有氧氧化　　D. 磷酸戊糖途径

(7～12 题共用题干)三羧酸循环以乙酰 CoA 与草酰乙酸缩合成含有三个羧基的柠檬酸开始,故称为三羧酸循环(TCA)。

7. TCA 循环中发生了唯一一次底物水平磷酸化的底物是(　　)。

A. 乙酰 CoA　　B. 琥珀酸　　C. 琥珀酰 CoA　　D. 苹果酸

8. TCA 循环中发生了 2 次脱羧反应,产生 2 分子 CO_2,下列哪个化合物前后各产生 1 分子 CO_2?(　　)

A. 乙酰 CoA　　B. 柠檬酸　　C. 琥珀酰 CoA　　D. α-酮戊二酸

9. TCA 循环的整个反应过程中有 3 处不可逆,即有 3 个关键酶,下面所列中哪一个属于 TCA 中的关键酶?(　　)

A. 丙酮酸脱氢酶　　B. 延胡索酸酶　　C. 苹果酸脱氢酶　　D. 异柠檬酸脱氢酶

10. 1 分子乙酰 CoA 经过 TCA 循环彻底氧化,可以产生(　　)分子 ATP。

A. 12　　B. 30　　C. 10　　D. 15

11. 1 分子乙酰 CoA 经过 TCA 循环,可以发生(　　)次脱氢(氧化还原反应)。

A. 3　　B. 4　　C. 2　　D. 5

12. TCA 反应是在细胞的(　　)进行的。

A. 胞液　B. 线粒体　C. 细胞核　D. 内质网

(13～16 题共用题干)1948 年 Horecker 等发现糖分解途径除糖的无氧氧化和有氧氧化外,还有其他途径。1954 年 Horecker 等提出 PPP 途径,又名磷酸戊糖途径或磷酸己糖支路。

13. 此途径的氧化阶段不可逆,有一个限速酶,下面所列中(　　)属于磷酸戊糖途径中的限速酶。

A. 丙酮酸脱氢酶　B. 6-磷酸葡萄糖脱氢酶

C. 苹果酸脱氢酶　D. 异柠檬酸脱氢酶

14. 此途径的受氢体是(　　)。

A. NAD^+　B. FAD　C. $NADP^+$　D. 硫辛酸

15. 此途径中间产物(　　)是核苷酸生物合成的重要原料。

A. 6-磷酸葡萄糖　B. 5-磷酸戊糖　C. 4-磷酸赤藓糖　D. 7-磷酸景天庚糖

16. 此途径的发生部位在细胞的(　　)。

A. 胞液　B. 线粒体　C. 细胞核　D. 内质网

(17～20 题共用题干)糖原分解是指糖原分解为葡萄糖的过程。糖原的分解需要 4 种酶的作用:糖原磷酸化酶、糖原脱支酶、磷酸葡萄糖变位酶和葡萄糖-6-磷酸酶。

17. 糖原在糖原磷酸化酶的催化下进行磷酸解作用,即由正磷酸引起糖苷键断裂,从糖原分子非还原性末端(即不含游离半缩醛羟基的一端)顺序地逐个移去葡萄糖残基,生成(　　)。

A. 6-磷酸葡萄糖　B. 葡萄糖-1-磷酸　C. 葡萄糖　D. 7-磷酸景天庚糖

18. 葡萄糖-1-磷酸在(　　)的作用下转变成葡萄糖-6-磷酸,最终又水解成葡萄糖。

A. 磷酸葡萄糖变位酶　B. 糖原磷酸化酶　C. 糖原脱支酶　D. 葡萄糖-6-磷酸酶

19. (　　) 是专门水解葡萄糖-6-磷酸的酶,只存在于肝细胞、肾细胞

A. 磷酸葡萄糖变位酶　B. 糖原磷酸化酶　C. 糖原脱支酶　D. 葡萄糖-6-磷酸酶

20. 此途径的关键酶是(　　)。

A. 磷酸葡萄糖变位酶　B. 糖原磷酸化酶　C. 糖原脱支酶　D. 葡萄糖-6-磷酸酶

(21～25 题共用题干)糖合成代谢的主要途径有糖原的合成和糖异生。糖原又称动物淀粉,是由许多葡萄糖分子缩合而成的带有分支的多糖。糖原的合成是由葡萄糖转变成糖原的过程,可在肝脏或肌肉的细胞浆中进行。

21. 葡萄糖作为起始物,糖原合成的糖基供体是(　　)。

A. 6-磷酸葡萄糖　B. UDPG　C. 1-磷酸葡萄糖　D. 果糖-6-磷酸

22. 糖原合成的引物是(　　)。

A. 6-磷酸葡萄糖　B. UDPG　C. 1-磷酸葡萄糖　D. 小分子糖原

23. 糖原合成是个消耗能量的过程,除了 ATP 外,还有下列哪个核苷酸为糖原的合成提供能量?(　　)

A. CTP　B. UTP　C. GTP　D. TTP

24. 糖原合成的关键酶是(　　)。

A. 糖原合成酶　B. UDPG 合成酶

C. 磷酸葡萄糖变位酶　D. 葡萄糖-6-磷酸酶

25. 与维持血糖有关的糖原主要是(　　)。

A. 肌糖原　　B. 肝糖原　　C. 两个都是　　D. 两个都不是

B1 型题

属于标准伍配单项选择题。开始给出 4 个备选答案，之后 2～6 个题干构成一组试题，要求从 4 个备选答案中为这些题干选择一个与其关系密切的答案。在这组试题中，每个备选答案可以被选一次、两次和多次，也可以不选用。

(1～3 题共用备选答案)

A. 三羧酸循环　　B. 磷酸戊糖途径　　C. 乳酸循环　　D. 尿素循环

1. 各种营养物质分解代谢的共同途径是(　　)。
2. 乳酸的再利用通过(　　)。
3. 可为脂肪酸从头合成提供 $NADPH+H^+$ 的是(　　)。

(4～6 题共用备选答案)

A. 糖的无氧氧化(糖酵解)　　B. 糖异生作用

C. 磷酸戊糖途径　　D. 乳酸循环

4. 终产物是乳酸的是(　　)。
5. 将乳酸转化成糖的途径是(　　)。
6. 可为核苷酸合成提供磷酸戊糖的是(　　)。

(7～9 题共用备选答案)

A. 磷酸烯醇式丙酮酸　　B. 2-磷酸甘油酸

C. 3-磷酸甘油醛　　D. 6-磷酸葡萄糖

7. 1,3-二磷酸甘油酸的直接前体是(　　)。
8. 含有高能磷酸键的化合物是(　　)。
9. 己糖激酶催化反应的产物是(　　)。

(10～12 题共用备选答案)

A. 琥珀酸脱氢酶　　B. 异柠檬酸脱氢酶

C. 乳酸脱氢酶　　D. 磷酸烯醇式丙酮酸羧激酶

10. TCA 循环的关键酶是(　　)。
11. 参与糖异生的酶是(　　)。
12. 可被丙二酸抑制的酶是(　　)。

(13～15 题共用备选答案)

A. 己糖激酶　　B. 柠檬酸合酶　　C. 磷酸化酶　　D. 丙酮酸羧化酶

13. 肌糖原分解的关键酶是(　　)。
14. 催化糖酵解中不可逆反应的酶是(　　)。
15. TCA 循环的关键酶是(　　)。

(16～18 题共用备选答案)

A. 延胡索酸—苹果酸　　B. 琥珀酸—延胡索酸

C. 苹果酸—草酰乙酸　　D. 异柠檬酸—α-酮戊二酸

16. 不属于氧化还原反应的是(　　)。

17. 能生成 $FADH_2$ 的反应是(　　)。

18. 不可逆的反应是(　　)。

(19～21 题共用备选答案)

A. 丙酮酸脱氢酶复合体　　B. 乳酸脱氢酶

C. 1,6-二磷酸果糖酶　　D. 磷酸化酶 b

19. 属于同工酶的是(　　)。

20. 能够发生变构作用的酶是(　　)。

21. 通过共价修饰作用被激活的酶是(　　)。

(22～24 题共用备选答案)

A. 丙酮酸脱氢酶复合体　　B. 乳酸脱氢酶

C. 1,6-二磷酸果糖酶　　D. 6-磷酸葡萄糖脱氢酶

22. 属于糖异生途径的限速酶的是(　　)。

23. 属于糖有氧氧化途径的关键酶的是(　　)。

24. 属于磷酸戊糖途径的关键酶的是(　　)。

(25～27 题共用备选答案)

A. NAD^+　　B. FAD　　C. CoA-SH　　D. 以上都是

25. 作为乳酸脱氢酶的辅酶的是(　　)。

26. 作为琥珀酰 CoA 脱氢酶的辅酶的是(　　)。

27. 作为丙酮酸脱氢酶复合体的辅因子的是(　　)。

填空题

1. 食物中的糖类主要是______,糖在体内的运输形式是______,体内主要的单糖是________。糖的储存形式是________。

2. 葡萄糖在体内分解代谢的主要途径有__________、__________和____________。糖原__________是葡萄糖在体内__________的方式,______是体内__________的途径。

3. 糖的无氧氧化是指在__________的条件下,葡萄糖或糖原分解成______并且有__________释放的过程。因与乙醇的发酵过程很相似,又称______。因从葡萄糖开始,也称__________。

4. 糖的有氧氧化是在__________条件下,葡萄糖彻底氧化生成______和______并伴有__________的过程。有氧氧化过程的前一阶段在______后一阶段在________中进行。

5. 丙酮酸异生成葡萄糖的第一步反应是在__________催化下,羧化生成__________,需要________作为辅酶。

6. 磷酸戊糖途径在______中进行,__________和__________是主要的中间代谢物。关键酶是__________________。

7. 非糖物质转变成葡萄糖或糖原的过程,称为______________。______是糖异生的主要器官。由乳酸进行糖酵解的逆过程转化成葡萄糖有三处是不可逆的,主要由 4 个酶催化,分别是____________________、____________________、____________________和____________________。

8. 乳酸循环又叫________，其生理意义在于避免____________以及乳酸堆积引起__________。

9. ________和________是体内糖的储存形式。肝糖原主要在饥饿时分解补充______，肌糖原通过无氧氧化为____________供能。糖原合成的关键酶是____________，合成糖原的前体分子是____________。

10. 糖原分解的主要产物是________________，关键酶是____________，磷酸化酶通过____________被激活，属于______________________。

11. 糖原合成不仅有利于葡萄糖的贮存，而且还可调节血糖浓度。糖原的合成过程在__________中进行，需要5种酶的催化：______________、____________________________、____________________________、______________和______________。

12. 参与三羧酸循环的辅因子有________、________，所对应的维生素是____________和____________。

简答题

1. 简述糖的生理功能。
2. 简述动物体内血糖的来源与去路。
3. 简述糖酵解途径的主要生理意义。
4. 在剧烈运动时，收缩肌肉产生大量乳酸，试述其主要代谢去向。
5. 何谓糖的有氧氧化？分哪几个阶段？关键酶有哪些？
6. 磷酸戊糖途径包括几个阶段？简述其生理意义。
7. 为什么说肌糖原不能直接补充血糖？
8. 总结糖代谢中与泛酸有关的代谢反应，并说明所在的代谢途径。
9. 总结糖代谢中辅因子，并说明其与维生素的关系和所在的代谢途径。
10. 总结6-磷酸葡萄糖的代谢走向。
11. 计算1分子丙酮酸彻底氧化产生的ATP数。

论述题

1. 关于TCA循环，回答以下问题。

1)哪一年，是哪位科学家提出的？

2)三羧酸循环的定义是什么？为什么又叫柠檬酸循环？

3)写出TCA循环的总反应方程式。

4)总结TCA循环中的关键酶。

2. 写出丙酮酸脱氢酶复合体催化的反应。参加此反应的辅酶或辅基有哪几个？哪些与维生素有关？哪些有核苷酸参与？

3. 写出乳酸转化成葡萄糖的主要反应过程及酶。

4. 总结糖酵解和糖异生途径的差异。

【习题参考答案】

名词解释

1. 血糖(blood sugar):血液中所含的糖,除微量的半乳糖、果糖及其磷酸酯外,几乎全部是葡萄糖及少量葡萄糖磷酸酯。临床上专指血液中的葡萄糖。血糖浓度因动物进食、运动和机体糖、脂代谢状况而变动,并受神经激素的调节。

2. 糖原(glycogen):又称动物淀粉。糖在动物肝脏和肌肉中的贮存形式。它有较多的分支,糖链中的葡萄糖基大部分以 α-1,4-糖苷键连接,分支点为 α-1,6-糖苷键。糖原颗粒存在于细胞浆中。在细胞需要耗用能量时,在代谢糖原酶的参与下分解成磷酸葡萄糖被利用。

3. 糖原的合成(glycogenesis):糖原的合成以葡萄糖作为起始物,糖基供体是 UDPG,引物是小分子糖原,分支酶催化形成糖原支链。

4. UDPG(UDP-glucose):尿苷二磷酸葡萄糖。UDPG 在体内作葡萄糖的供体,可看作"活性葡萄糖"。

5. 糖原的分解(glycogenolysis):一般指糖原分解成葡萄糖的过程。磷酸化酶催化糖原分子中 α-1,4-糖苷键的磷酸解反应生成大量葡萄糖-1-磷酸,而 α-1,6-糖苷键的水解反应则由葡萄糖基转移酶和脱支酶催化。肝脏中特异的葡萄糖磷酸酶可将葡萄糖磷酸酯转变成葡萄糖进入到血液中。

6. 糖的无氧氧化(glycolysis):葡萄糖在生物体内经无氧降解生成乳酸的过程。又称 EMP 途径(Embden Meyerhof Parnas pathway)。一分子葡萄糖经该途径可分解成两分子乳酸并伴有两分子 ATP 生成。糖酵解是生物在无氧或缺氧状况下从葡萄糖获得生理活动所需能量的重要方式。

7. 糖的有氧氧化(aerobic oxidation):在供氧充分的条件下,葡萄糖和糖原彻底分解成二氧化碳和水的过程。糖有氧氧化是需氧生物获取生理活动所需能量的主要手段。一分子葡萄糖经有氧氧化可产生 30 或 32 分子 ATP,其总反应式为:$C_6H_{12}O_6+6O_2+30(32)ADP+30(32)Pi \longrightarrow 6CO_2+6H_2O+30(32)ATP$。

8. 三羧酸循环(tricarboxylic acid cycle,TCA):又称柠檬酸循环或 Krebs 循环。以乙酰 CoA 与草酰乙酸缩合成柠檬酸的反应为起始,对乙酰基团进行氧化脱羧再生成草酰乙酸的单向循环反应过程。三羧酸循环是糖、脂和氨基酸分解代谢的共同归宿,也是通过其中间代谢产物互相转变的枢纽。

9. 磷酸戊糖途径(pentose phosphate pathway):以磷酸戊糖为主要中间产物的己糖氧化途径。又称磷酸己糖支路。它是不同碳原子数单糖代谢的共同通路。葡萄糖-6-磷酸经由该途径可完全降解成 CO_2 并有 NADPH 生成,后者可进一步氧化产生 ATP,也可作为脂肪酸甾醇等生物合成所需的氢和电子供体。该途径中间产物磷酸戊糖是核苷酸生物合成的重要原料。

10. 糖的异生作用(gluconeogenesis):由非糖物质如甘油、乳酸、生糖氨基酸等合成糖的过程称为糖异生作用。肝是糖异生的主要器官。在葡萄糖来源不足时,糖的异生作用对于维持动物血糖的恒定有重要生理意义。

11. 丙酮酸羧化支路(pyruvate carboxylation shunt):在糖异生过程中线粒体内首先在丙酮酸羧化酶催化下,利用 CO_2,以生物素为辅酶,形成草酰乙酸。草酰乙酸在磷酸烯醇式丙酮酸羧激酶催化下,形成磷酸烯醇式丙酮酸,即分两步进行,故称之为丙酮酸羧化支路。

12. 乳酸循环(lactic cycle):肌肉中肌糖原大量分解产生的乳酸通过血液循环到达肝,经糖异生作用转变成糖原和葡萄糖,生成的葡萄糖又可进入血液,以补充血糖,这一过程称为乳酸循环。又称 Cori 循环。其意义是清除体内多余的乳酸使其被再利用,防止发生由乳酸引起的酸中毒。

单项选择题

A1 型题　1. B　2. A　3. A　4. B　5. C　6. A　7. A　8. B　9. A　10. A

A2 型题　1. A　2. C　3. A　4. B　5. C　6. D　7. C　8. A　9. D　10. C

A3 型题　1. A　2. A　3. C　4. A　5. C　6. D　7. C　8. D　9. D　10. C　11. B　12. B　13. B　14. C　15. B　16. A　17. B　18. A　19. D　20. B　21. B　22. D　23. B　24. A　25. B

B1 型题　1. A　2. C　3. B　4. A　5. B　6. C　7. C　8. A　9. D　10. B　11. D　12. A　13. C　14. A　15. B　16. C　17. B　18. D　19. B　20. C　21. D　22. C　23. A　24. D　25. A　26. B　27. D

填空题

1. 淀粉,血糖,葡萄糖,糖原。

2. 无氧氧化,有氧氧化,磷酸戊糖途径;合成与分解,储存和动用;糖异生,合成葡萄糖

3. 无氧或缺氧,乳酸,能量(ATP),酵解,糖酵解。

4. 有氧,CO_2,H_2O,能量释放;胞液,线粒体。

5. 丙酮酸羧化酶,草酰乙酸,生物素。

6. 胞质,磷酸核糖,$NADPH+H^+$;葡萄糖-6-磷酸脱氢酶。

7. 糖的异生作用,肝脏;丙酮酸羧化酶,磷酸烯醇式丙酮酸羧激酶,果糖二磷酸酶,葡萄糖-6-磷酸酶。

8. Cori 循环,乳酸损失,酸中毒。

9. 肝糖原,肌糖原;血糖,肌肉收缩;糖原合酶,UDP-葡萄糖。

10. 葡萄糖-1-磷酸,磷酸化酶,磷酸化,酶的共价修饰调节。

11. 细胞质;己糖激酶,磷酸葡萄糖变位酶,UDP-葡萄糖焦磷酸化酶,糖原合酶,糖原分支酶。

12. FAD,NAD^+;维生素 B_2,维生素 PP。

简答题

1. 答题要点:

1)糖是动物体内的重要能源物质,动物体内能量的 70% 来自糖的分解代谢。在糖代谢中,葡萄糖居主要地位。

2)糖是动物体内的重要结构物质。糖与蛋白质结合形成糖蛋白,与脂类结合形成糖脂,糖蛋白和糖脂都是生物膜的组成成分。核糖与脱氧核糖是组成核酸的成分。在脑、骨骼肌和其

他许多组织细胞中还含有少量的鞘糖脂。

3)糖是动物体内的重要功能物质,如部分糖蛋白参与细胞间的信息传递作用,一些糖蛋白与细胞免疫和细胞识别作用有关。

2.答题要点:

1)血糖的来源主要有:①肠道吸收后经门静脉进入血液;②肝糖原逐渐分解为葡萄糖进入血液,这是空腹时血糖的直接来源;③非糖物质如甘油、乳酸、生糖氨基酸等通过肝的糖异生作用转变成葡萄糖或糖原,从而起到补充血糖的作用。

2)血糖的去路主要是:①在各种组织中分解供能;②在一些组织如肝、肌肉、肾中进行糖原合成;③转变为非糖物质如脂肪、各种有机酸、非必需氨基酸或其他糖。

3.答题要点:

1)糖的无氧分解最主要的生理意义在于迅速为动物机体提供能量,这对肌肉收缩尤为重要。如机体缺氧或剧烈运动时。

2)少数组织,即使在有氧情况下,也要进行糖的无氧分解。例如,表皮中50%~75%的葡萄糖经酵解产生乳酸;视网膜、神经、睾丸、肾髓质、血细胞等组织代谢活动极为活跃,即使不缺氧也常由无氧分解提供部分能量;成熟的红细胞由于没有线粒体则完全依赖糖的无氧分解以获得能量。

3)在某些病理情况下,例如严重贫血、大量失血、休克等,由于循环障碍造成组织供氧不足,糖的无氧分解加强,产生的乳酸过多时还会引起酸中毒。

4.答题要点:

1)机体剧烈运动时,即使呼吸和循环加快,仍不足以满足体内糖完全氧化时对氧的大量需求。这时肌肉处于相对缺氧状态,糖的无氧分解过程随之加强,以补充运动所需的能量。肌肉中糖的无氧分解加剧,引起肌糖原大量分解为乳酸,血中乳酸浓度会成倍地升高。

2)体内多余的乳酸通过Cori循环清除使其被再利用。即乳酸经血液循环到达肝,经糖异生作用转变成糖原和葡萄糖,生成的葡萄糖又可进入血液,以补充血糖。

5.答题要点:

1)葡萄糖在有氧条件下彻底氧化成水和二氧化碳的反应过程称为糖的有氧分解或有氧氧化。有氧分解是糖分解的主要方式,绝大多数细胞都通过它获得能量。

2)分四个阶段。

第一阶段:糖转变为丙酮酸,在细胞液中进行。

第二阶段:丙酮酸进入线粒体,在丙酮酸脱氢酶复合体的催化下氧化脱羧生成乙酰CoA。

第三阶段:乙酰CoA进入三羧酸循环彻底氧化产生二氧化碳和水。

第四阶段:呼吸链氧化。

3)关键酶:6-磷酸葡萄糖激酶(己糖激酶),1,6-二磷酸果糖激酶,丙酮酸激酶,丙酮酸脱氢酶复合体,柠檬酸合酶,异柠檬酸脱氢酶,α-酮戊二酸脱氢酶复合体。

6.答题要点:

包括两个阶段:氧化阶段和非氧化阶段。其生理意义如下:

1)途径中产生的$NADPH+H^+$是生物合成反应的供氢体。

2)葡萄糖在体内可由此途径生成核糖-5-磷酸,核糖-5-磷酸是合成核酸和核苷酸的原料。

3)供能:磷酸戊糖途径与糖有氧分解及糖无氧分解相互联系,在此途径中最后生成的果糖-6-磷酸与甘油醛-3-磷酸都是糖有氧分解(或糖无氧分解)的中间产物,它们可进入糖的有氧分解(或糖无氧分解)途径进一步进行代谢,产生 ATP,为机体供能。

4)不同碳原子糖代谢的共同途径。体内 C3,C4,C5,C6,C7 都可通过磷酸戊糖途径进入糖代谢。

7. 答题要点:

1)糖原分解是指糖原分解为葡萄糖的过程。糖原的分解需要 4 种酶的作用:糖原磷酸化酶、糖原脱支酶、磷酸葡萄糖变位酶和葡萄糖-6-磷酸酶。

2)葡萄糖-6-磷酸酶只存在于肝细胞、肾细胞及肠细胞滑面内质网的内腔面,脑细胞和肌细胞都无此酶。由于肌细胞缺乏葡萄糖-6-磷酸酶,又由于磷酸化的葡萄糖不能扩散到细胞外,所以生成的葡萄糖-6-磷酸主要在细胞中被氧化分解提供能量。

3)肝糖原分解产生的葡萄糖一半以上释入血液以维持血糖水平的恒定。肌糖原的动员不如肝迅速,肌糖原主要为肌肉收缩提供能量而不是提供血糖。

8. 答题要点:

1)丙酮酸$+$HSCoA$+NAD^+ \xrightarrow{\text{丙酮酸脱氢酶复合体}}$乙酰 CoA$+CO_2+NADH+H^+$。

糖的有氧氧化途径。

2)α-酮戊二酸$+NAD^+ +$HSCoA$\xrightarrow{\alpha\text{-酮戊二酸脱氢酶复合体}}$琥珀酰 CoA$+CO_2+NADH+H^+$。

糖的有氧氧化途径。

3)琥珀酰 CoA$+$GDP$+$Pi$\xrightarrow{\text{琥珀酰 CoA 合成酶}}$琥珀酸$+GTP+$HSCoA。

糖的有氧氧化途径。

9. 答题要点:

1) TPP^+(焦磷酸硫胺素),是重要的酮酸如 α-酮戊二酸脱氢酶复合体的辅酶,含维生素 B_1;参与糖的有氧氧化途径。

2)FAD(黄素腺嘌呤二核苷酸),三羧酸循环中琥珀酰 CoA 脱氢酶的辅基,含维生素 B_2;参与糖的有氧氧化途径。

3)NAD^+(烟酰胺腺嘌呤二核苷酸),是需氧脱氢酶的辅酶,参与糖无氧和有氧氧化,含维生素 PP。

4)$NADP^+$(烟酰胺腺嘌呤二核苷酸磷酸),是需氧脱氢酶的辅酶,含维生素 PP;参与磷酸戊糖途径。

5)HSCoA (辅酶 A),是体内酰基转移酶的辅酶,含维生素 B_3。丙酮酸脱氢酶复合体等的辅酶,参与有氧氧化途径。

6)生物素,羧化酶的辅酶,含维生素 B_7。丙酮酸羧化酶的辅酶,参与糖异生途径。

10. 答题要点:

1)参与糖异生途径:葡萄糖-6-磷酸在肝脏葡萄糖-6-磷酸酶作用下生成葡萄糖。

2)参与葡萄糖氧化途径:葡萄糖-6-磷酸在磷酸己糖异构酶作用下生成果糖-6-磷酸,进入糖分解代谢途径彻底氧化或进入酵解途径产生乳酸。

3)参与磷酸戊糖途径:葡萄糖-6-磷酸在葡萄糖-6-磷酸脱氢酶作用下生成葡萄糖-6-磷酸内酯进入磷酸戊糖途径。

4)参与糖原合成:葡萄糖-6-磷酸可在葡萄糖变位酶作用下生成葡萄糖-1-磷酸进入糖原合成途径。

11.答题要点:

(略)

论述题

1.答题要点:

1)1937 年由 Krebs 提出。

2)以乙酰 CoA 与草酰乙酸缩合成柠檬酸的反应为起始,对乙酰基团进行氧化脱羧再生成草酰乙酸的单向循环反应序列。因生成的第一个产物是柠檬酸,故称为柠檬酸循环。因柠檬酸有三个羧基,故称为三羧酸循环。

3)$CH_3CH_2CoA + 3NAD^+ + FAD + GDP + Pi + 2O_2 \longrightarrow 2CO_2 + 3NADH + H^+ + FADH_2 + GTP + HSCoA$。

4)关键酶有:柠檬酸合酶、异柠檬酸脱氢酶和 α-酮戊二酸脱氢酶复合体。

2.答题要点:

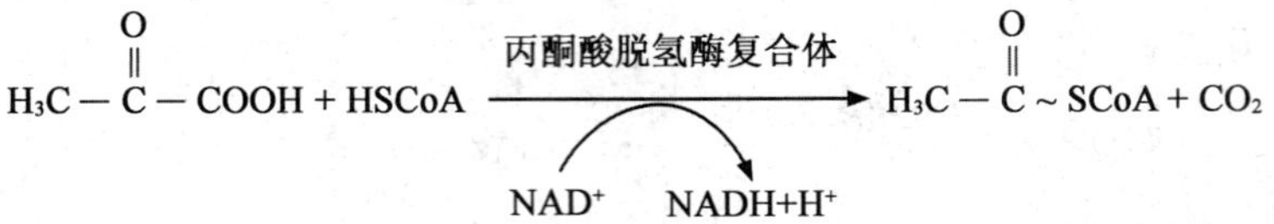

丙酮酸　　乙酰CoA

丙酮酸脱氢酶复合体

辅因子	名称	催化的反应	与维生素关系	与核苷酸关系
TPP^+	焦磷酸硫胺素	氧化脱羧	维生素 B_1	
FAD	黄素腺嘌呤二核苷酸	氢转移	维生素 B_2	有腺苷酸参与
NAD^+	烟酰胺腺嘌呤二核苷酸	递氢作用	维生素 PP	有腺苷酸参与
HSCoA	辅酶 A	乙酰基转移	泛酸	有腺苷酸参与
硫辛酸		递氢,酰基转移		

3.答题要点:

(略)

4.答题要点:

糖异生是耗能的糖的合成过程,糖酵解是产能的糖的分解过程。糖异生通过 4 步反应,4 个不同的酶催化绕过糖酵解中的三个不可逆反应:

糖酵解作用和糖异生作用酶的差异

糖酵解作用	糖异生作用
己糖激酶(消耗1分子ATP)	葡萄糖-6-磷酸酶(主要见于肝脏)
磷酸果糖激酶(消耗1分子ATP)	果糖-1,6-二磷酸酶
丙酮酸激酶(产生1分子ATP)	丙酮酸羧化酶(消耗1分子ATP)
	磷酸烯醇式丙酮酸羧激酶(消耗1分子GTP)

除上表列出的以外,糖异生的其他过程是糖酵解过程的逆过程,由相同的酶催化。

第9章 生物氧化

生物氧化是营养物质在体内氧化分解产生能量的共同的代谢过程。生物氧化的产物包括CO_2、H_2O和能量(ATP)。生物氧化的场所是线粒体。CO_2的生成主要是在各种脱羧酶或脱氢酶的催化下,以脱羧反应的形式进行的。H_2O的生成主要是在各种脱氢酶的催化下,通过NAD^+和$NADP^+$的携带,经由各种递氢体和电子传递体的顺次传递,最终与O_2结合而生成的,即通过呼吸链生成。在线粒体内膜上有两条呼吸链(NADH呼吸链和$FADH_2$呼吸链),它们由不需氧脱氢酶、铁硫蛋白、辅酶Q和多种细胞色素按照一定的顺序排列而成。营养物质氧化释放的能量中部分以化学能的形式贮存于ATP中。ATP的生成方式主要是氧化磷酸化,胞液中NADH可以经由磷酸甘油穿梭或苹果酸穿梭方式进入线粒体氧化。

【知识目标】

了解生物氧化的特点;理解生物氧化的概念、呼吸链和能量代谢;掌握通过电子呼吸链生成水的基本过程以及ATP的产生、贮存和利用的机理;了解其他氧化体系的意义。

【复习指南】

第一部分 生物氧化概述

表9-1 生物氧化的定义

营养物质(如糖、脂肪、蛋白质等)在动物机体内氧化,生成二氧化碳和水,并有能量释放的过程
组织氧化或细胞氧化、组织呼吸或细胞呼吸
真核生物主要在线粒体上,原核生物主要在胞膜上进行

表9-2 生物氧化与体外氧化的异同

项目	生物氧化	体外氧化
相同点	消耗氧,生成CO_2和H_2O,释放能量	
不同点	作用条件温和(常温、常压、近中性pH及有水环境),在活细胞中进行	作用条件剧烈(高温、干燥),一般在试管中进行
	一系列酶、辅因子及中间递体的参与下进行	不需要
	能量是逐步释放出来的	能量爆发式释放
	产生的能量一部分以热的形式散失,大部分储存在ATP中,供机体利用	释放的能量转变为光、热,散失于环境中

生物氧化的酶类：包括需氧脱氢酶、不需氧脱氢酶、氧化酶及其他氧化酶。

表 9-3 需氧脱氢酶

项目	主要内容
定义	催化底物脱氢，将脱掉的氢直接交给分子氧，生成 H_2O_2。多以 FMN 和 FAD 为辅基（黄素酶类），多需金属离子做辅因子
举例	黄嘌呤氧化酶、*L*-氨基酸氧化酶、*D*-氨基酸氧化酶及醛氧化酶
特点	不被氰化物和 CO 抑制

表 9-4 不需氧脱氢酶

项目	主要内容
定义	催化底物脱氢，但脱掉的氢不直接交给分子氧，而是通过呼吸链传递，最终生成水。多以 NAD^+、$NADP^+$ 和 FAD 为辅酶
举例	丙酮酸脱氢酶等糖代谢中脱氢酶，β-氧化中脱氢酶

表 9-5 氧化酶

项目	主要内容
定义	催化底物脱氢，将电子直接传递给氧，使氧激活成分子氧，生成 H_2O，需要金属离子（Fe^{2+}，Cu^+）做辅因子
举例	细胞色素 c 氧化酶
特点	被氰化物和 CO 抑制

表 9-6 其他氧化酶

名称	存在部位	结构特点	催化反应	生理功能
过氧化氢酶（catalase）	过氧化物酶体	辅基含血红素	$2H_2O_2 \rightarrow 2H_2O + O_2$	清除 H_2O_2
过氧化物酶（peroxidase）	过氧化物酶体	辅基含血红素	$H_2O_2 + A \rightarrow H_2O + AO$（A—酚类和胺类）	清除 H_2O_2
加单氧酶（羟化酶）（monooxygenase、hydroxylase）	内质网膜	NADPH + H^+ 和 Cyt P450	$RH + O_2 \rightarrow ROH + H_2O$	催化脂溶性物质（药物、毒物和类固醇物质）氧化，转化为极性物质排出体外（生物转化）
加双氧酶（dioxygenase）	内质网膜		催化底物分子双键与氧反应	胡萝卜素转化成维生素 A
超氧化物歧化酶（SOD）	胞外、胞浆、线粒体	胞浆 Cu/Zn-SOD 线粒体 Mn-SOD	$2O_2^- \cdot + 2H^+ \rightarrow H_2O_2 + O_2$	清除自由基
谷胱甘肽过氧化物酶		Se	$H_2O_2 + 2GSH \rightarrow 2H_2O + GSSG$	清除 H_2O_2 和过氧化物

第二部分 生物氧化中 CO_2 和 H_2O 的生成

表 9-7 生物氧化中 CO_2 的生成

项目	主要内容
CO_2 生成途径	各种脱羧酶或脱氢酶的作用下，通过脱羧反应生成的
脱羧方式及举例	α-单纯脱羧：脱羧发生在 α-碳原子上，不伴随氧化反应 如氨基酸脱羧
	α-氧化脱羧：脱羧发生在 α-碳原子上，伴随氧化反应（脱氢） 如丙酮酸脱氢酶复合体催化的反应
	β-单纯脱羧：脱羧发生在 β-碳原子上，不伴随氧化反应 如磷酸烯醇式丙酮酸羧激酶（PEP 羧激酶）催化的反应
	β-氧化脱羧：脱羧发生在 β-碳原子上，伴随氧化反应（既脱氢又脱羧） 如异柠檬酸脱氢酶催化的反应
特点	脱羧反应大多都是不可逆反应，多有生物素参与

表 9-8 生物氧化中 H_2O 的生成

项目	主要内容
直接由底物脱水	很少，如烯醇化酶，β-羟脂酰 ACP 脱水酶催化的反应
呼吸链生成	体内生成水的主要形式
	有氧氧化中，底物脱下的氢（可以表示为 $H^+ + e^-$）通过一系列递氢体和电子传递体的顺次传递，最终与氧结合生成水所组成的全部酶系称之为呼吸链
	因其递氢又递电子，也称电子传递系统（electron transfant system, ETS）
	真核生物存在于线粒体内膜上，原核生物在细胞膜上
	生物体内存在两条呼吸链：NADH 呼吸链和 $FADH_2$ 呼吸链

表 9-9 呼吸链的组成

1948 年 Eugene Kennedy 和 Albert Lehninger 通过实验分析提出		
四个蛋白复合体（镶嵌在线粒体内膜上）	复合体 Ⅰ	NADH 脱氢酶（NADH-泛醌还原酶），FMN 和 Fe-S 作为辅基
	复合体 Ⅱ	琥珀酸脱氢酶（琥珀酸-泛醌还原酶），FAD 和 Fe-S 作为辅基
	复合体 Ⅲ	泛醌-细胞色素 c 还原酶，含有 Cyt b，Fe-S，Cyt c_1 电子传递体。将电子从泛醌传递给细胞色素 c
	复合体 Ⅳ	Cyt c 氧化酶（末端氧化酶），Cyt aa_3，Cu 原子。Cu 原子通过其化合价在 +1 和 +2 之间往复变化将电子传递给氧，生成水
2 个相对游离的电子传递体	辅酶 Q	传递氢和电子
	Cyt c	传递电子

表 9-10 呼吸链的组成成分

成分	辅酶或辅基	作用类型	活性基团的氧化还原反应	其他
NADH 脱氢酶 NADH-CoQ 还原酶	FMN 为辅基	传递氢	$FMN+2H \rightarrow FMNH_2$	
琥珀酸脱氢酶 琥珀酸-泛醌还原酶	FAD 为辅基	传递氢	$FAD+2H \rightarrow FADH_2$	
辅酶 Q（泛醌、CoQ）		递氢，递电子	$CoQ+2H \rightarrow CoQH_2$	脂溶性的小分子
Fe-S 复合物（铁硫中心）	Fe-S 辅基	递电子	$Fe^{2+}-e^- \rightarrow Fe^{3+}$	一铁一硫（Fe-S），二铁二硫（2Fe-2S）和四铁四硫（4Fe-4S）三类
细胞色素类（Cyt）	血红素辅基	递电子	$Fe^{2+}-e^- \rightarrow Fe^{3+}$	a, a_3, b, c_1, c
细胞色素 c 氧化酶（末端氧化酶）		递电子	$Fe^{2+}-e^- \rightarrow Fe^{3+}$ $Cu^{+}-e^- \rightarrow Cu^{2+}$	Cyt aa_3

表 9-11 两条呼吸链的排列

呼吸链	排列顺序
NADH 呼吸链	NADH→复合体Ⅰ→CoQ→Cyt b→Fe-S→Cyt c_1→Cyt c→Cyt aa_3→O_2
$FADH_2$ 呼吸链	琥珀酸→复合体Ⅱ→CoQ→Cyt b→Fe-S→Cyt c_1→Cyt c→Cyt aa_3→O_2

表 9-12 呼吸链的抑制

项目	主要内容
呼吸链的抑制作用	呼吸链是一个由各种递氢体和电子传递体按一定的顺序所组成的传递链，因此，只要其中某一个传递体受到抑制，将阻断整个传递链，这就是呼吸链的抑制作用
电子传递抑制剂	能够阻断呼吸链中某部位的电子传递的物质
常见的电子传递抑制剂	鱼藤酮（rotenone）、阿的平、异戊巴比妥：阻断 NADH→CoQ 的氢和电子传递 抗霉素 A（antimycin A）：阻断 CoQ→Cyt c_1 氰化物（cyanide，CN^-），如氰化钾（KCN）、氰化钠（NaCN）、叠氮化物（azide，N_3^-）和一氧化碳（CO）：阻断 Cyt aa_3→O_2

表 9-13 细胞液 NADH 穿梭进入线粒体

穿梭机制	作用部位	胞液中形式	线粒体中形式	进入
苹果酸穿梭	肝脏、心肌、肾脏	$NADH+H^+$	$NADH+H^+$	NADH 呼吸链
磷酸甘油穿梭	肌肉组织和大脑	$NADH+H^+$	$FADH_2$	$FADH_2$ 呼吸链

第三部分　ATP的生成

表 9-14　ATP 与高能磷酸化合物

项目	主要内容
高能磷酸键	ATP 等的分子中的焦磷酸键在水解时或在转移时，可释放很高的能量，大于 30.56 kJ/mol
高能磷酸化合物	水解自由能大于 30.56 kJ/mol 的磷酸化合物，如磷酸烯醇式丙酮酸(PEP)、氨基甲酰磷酸、磷酸肌酸(CP)等
能荷	细胞内 3 种腺苷酸的比例 能荷 $=\dfrac{[ATP]+[ADP]/2}{[ATP]+[ADP]+[AMP]}$ 能荷高，表明细胞的合成代谢旺盛，分解代谢受阻，反之则相反
ATP 在能量代谢中的核心作用	是体内能量捕获和释放利用的重要分子(偶联使反应进行) 是体内能量转移和磷酸核苷化合物相互转变的核心 通过自身基团提供能量 以磷酸肌酸为能量的储存形式

表 9-15　生物氧化中 ATP 的生成

通过磷酸化作用，即 ADP 结合高能键及磷酸生成 ATP		
生成方式	底物水平磷酸化	底物分子内部能量重新分布生成高能键，使 ADP 磷酸化生成 ATP 的作用。是无氧条件下获得能量的主要方式
	氧化磷酸化	底物脱下的氢($2H\rightarrow 2H^{+}+2e^{-}$)经过呼吸链或电子传递系统传递给氧，并与之结合生成水(氧化作用)。氧化过程释放的部分能量以高能磷酸键的形式储存在 ATP 分子中(ADP＋Pi →ATP，磷酸化作用)。氧化过程与磷酸化过程的偶联称为氧化磷酸化
		氧化磷酸化发生在线粒体内膜上，在有氧条件下进行，是需氧细胞中生成 ATP 的最重要方式
磷氧比(P/O)		一对电子通过呼吸链时，每消耗 1 mol 氧原子时，被酯化的无机磷酸(Pi)的摩尔数
		磷氧比(P/O)＝偶联次数＝生成 ATP 的数
		NADH 呼吸链的 P/O 为 2.5；$FADH_2$ 呼吸链的 P/O 为 1.5。即在 NADH 呼吸链中，将一对电子传递给 O，实现了 2.5 次磷酸化反应，而在 $FADH_2$ 呼吸链中只有 1.5 次
偶联的部位		呼吸链各段释放出 $\Delta G>30.56$ kJ/mol 的部位即是氧化磷酸化偶联的部位 NADH 呼吸链中有 3 个氧化磷酸化偶联部位： NADH→CoQ，Cyt b→Cyt c_1，Cyt aa_3→O_2 $FADH_2$ 呼吸链上有 2 个氧化磷酸化偶联部位： Cyt b→Cyt c_1，Cyt aa_3→O_2
氧化磷酸化的解偶联作用		对呼吸链的电子传递没有抑制作用，但抑制磷酸化作用，这种电子传递过程与储能过程分开的现象称为解偶联作用。具有解偶联作用的物质称为解偶联剂，如 2,4-二硝基苯酚(DNP)
		表现体温升高，耗氧增加，P/O 值下降，ATP 生成减少等现象

表 9-16 氧化磷酸化的机制——化学渗透学说

呼吸链中的氢和电子的传递体以复合物的形式，按照一定的顺序排列在线粒体内膜上，氧化与磷酸化的偶联依赖于内膜的完整性
底物脱下的氢的一对电子通过 NADH 呼吸链传递给氧原子，其间分别有 4、4、2 共 5 对质子从线粒体的基质转移到膜的间隙中。呼吸链发挥了质子泵的作用
在线粒体内膜的两侧形成了质子的电化学梯度，积蓄了很大的自由能
当质子顺着电化学梯度通过基粒返回到基质时，有自由能的释放。释放的能量在基粒 ATP 合酶的作用下，通过 ADP 的磷酸化生成 ATP 分子
1961 年英国 Peoter Mitchell 提出，1978 年获诺贝尔化学奖

【练习与自测题】

名词解释

1. 生物氧化(biological oxidation)
2. 呼吸链 (respiratory chain)
3. 细胞色素(cytochrome,Cyt)
4. 细胞色素 aa_3(cytochrome aa_3,Cyt aa_3)
5. 辅酶 Q (coenzyme Q,CoQ)
6. 铁硫中心(iron-sulfur center)
7. 氧化磷酸化(oxidative phosphorylation)
8. P/O 值(P/O ratio)
9. 底物水平磷酸化(substrate phosphorylation)
10. 解偶联作用(uncoupler action)
11. 高能磷酸键(high energy phosphate bond)
12. 高能磷酸化合物(high-energy phosphate compounds)
13. 超氧化物歧化酶 (superoxide dismutase,SOD)
14. F_1F_0 复合体(F_1F_0 complex)
15. 需氧脱氢酶(aerobic dehydrogenase)
16. 不需氧脱氢酶(anaerobic dehydrogenase)
17. 氧化酶(oxidase)
18. 能荷(energy charge)

单项选择题

A1 型题

为单项选择题，属于最佳选择题类型。每道试题由一个题干和四个备选答案组成，其中只有一个是最符合题目要求的。

1. 在肌肉中作为能量储备物质的是（　　）。

A. ATP　B. GTP　C. 磷酸肌酸　D. 肌酸

2. 下列关于呼吸链的描述正确的是（　　）。

A. CoQ 是递氢体　B. 两条呼吸链的会合点是 Cyt c

C. 最终生成 CO_2　D. 存在于细胞膜上

3. 铁硫蛋白的作用是（　　）。

A. 脱去底物的氢　B. 脱去底物的电子

C. 传递氢　D. 传递电子

4. 胞液中产生的 NADH 经 α-磷酸甘油穿梭途径到线粒体内产生水的同时，发生氧化磷酸化的 P/O 是（　　）。

A. 2　B. 1.5　C. 2.5　D. 3

5. 下列各组物质中都含铁卟啉的是（　　）。

A. 铁硫蛋白和血红蛋白　B. Cyt c 氧化酶和乳酸脱氢酶

C. 过氧化氢酶和过氧化物酶　D. 以上均不是

6. 呼吸链存在于（　　）。

A. 细胞膜　B. 线粒体　C. 内质网　D. 微粒体

7. 下列哪种化合物不含高能键？（　　）

A. 1,3-二磷酸甘油酸　B. 磷酸肌酸　C. 3-磷酸甘油酸　D. 琥珀酰 CoA

8. 下列物质中哪一种不能直接穿过线粒体膜？（　　）

A. 苹果酸　B. 草酰乙酸　C. 丙酮酸　D. 谷氨酸

9. 氰化物中毒是由于抑制了呼吸链的哪种细胞色素？（　　）

A. Cyt b　B. Cyt c　C. Cyt c_1　D. Cyt aa_3

10. 体内产生 ATP 的主要方式是（　　）。

A. 直接来自于阳光　B. 底物水平磷酸化　C. 氧化磷酸化　D. 以上都不是

11. 需氧脱氢酶可以催化底物脱氢，并且将脱掉的氢立即交给分子氧，生成（　　）。

A. H_2O_2　B. H_2O　C. CO_2　D. CO

12. 不需氧脱氢酶可使底物脱氢而氧化，但脱下来的氢并不直接与氧反应，而是通过呼吸链传递最终才与氧结合生成（　　）。

A. H_2O_2　B. H_2O　C. CO_2　D. CO

13. 过氧化氢酶催化过氧化氢分解成（　　）和氧，消除其对细胞的毒性。

A. H_2O_2　B. H_2O　C. CO_2　D. CO

14. 过氧化物酶催化（　　）氧化其他物质，如酚类和胺类，同时生成水。

A. H_2O_2　B. H_2O　C. CO_2　D. CO

15. 过氧化氢酶和过氧化物酶主要存在于过氧化物酶体中，它们的辅基是(　　)。

A. FMN　　B. FAD　　C. NAD^+　　D. 铁卟啉

A2 型题

每道题由一个叙述性的简要主题作为题干和四个备选答案组成。A、B、C、D 四个答案中只有一个是最佳答案。

1. 葡萄糖在体内完全氧化分解生成二氧化碳和水，并释放能量。其中部分可以被机体利用来做有用功(例如生物合成、肌肉收缩、物质运输等)。但是能量在生物体内不是一次性释放的，而是逐步释放的，释放出的能量也不是直接去用于做功，而是首先转变为一种特殊的载体，这种载体是(　　)。

A. GTP　　B. ATP　　C. UTP　　D. TTP

2. 呼吸链是指排列在线粒体内膜上的一个由多种脱氢酶以及氢和电子传递体组成的电子传递系统。下列化合物中，除(　　)外，都是呼吸链的组成成分。

A. CoQ　　B. Cyt c_1　　C. 生物素　　D. Fe-S

3. 生物氧化是营养物质在体内氧化分解产生能量的共同的代谢过程。生物氧化的产物包括 CO_2、H_2O 和能量(ATP)。生物氧化的场所是线粒体。CO_2 的生成主要是在各种脱羧酶或脱氢酶的催化下，以(　　)的形式进行的。

A. 脱羧反应　　B. 氧化反应　　C. 脱氢反应　　D. 缩合反应

4. 在氧化磷酸化过程中，底物的脱氢氧化与 ADP 的磷酸化是通过能量进行偶联的。某些物质，如 2,4-二硝基苯酚(2,4-dinitrophenol,DNP)，能够解除这个偶联过程，称为解偶联作用。关于解偶联作用，下列叙述中哪个是错误的？(　　)

A. 底物的脱氢氧化继续进行，同样有电子的传递和氧气的消耗

B. 同样有能量的释放，但不能生成 ATP

C. 解偶联作用中由于底物氧化释放的能量以热的形式散发，使动物的体温升高

D. 以上都不对

5. 目前被人们普遍接受的 ATP 的生成机制是“化学渗透学说”：当底物脱下的 H 被传递体传递的时候，被解离为 H^+ 和电子，H^+ 被“泵”出线粒体进入胞液，产生[H^+]梯度，其中就蕴藏着能量。当这些 H^+ 再度被位于线粒体内膜上的“三分子体”转运回到线粒体内时，在 F_1F_0-ATP 酶的催化下应用[H^+]梯度中所蕴藏的能量，使 ADP 与 Pi 反应产生 ATP。“化学渗透学说”解释了氧化磷酸化的机理。关于此学说下列说法不正确的是(　　)。

A. 呼吸链的各个组分按照一定的顺序排列在线粒体的内膜上

B. 氢和电子的传递体发挥了“质子泵”的作用

C. 质子返回到线粒体内膜的内侧时推动了 ATP 的合成

D. 质子从线粒体内膜的内侧转到其外侧时推动了 ATP 的合成

A3 型题

2～3 个相关的问题，每个问题均与开始的题干有关。每个问题均有四个备选答案，需要选择一个最佳答案。

(1～3 题共用题干)生物氧化是指营养物质，例如糖、脂肪和蛋白质在体内分解，消耗氧

气，生成 CO_2 和 H_2O 的同时产生能量的过程。生物氧化的产物包括 CO_2、H_2O 和能量(ATP)。

1. CO_2 的生成主要是在各种脱羧酶或脱氢酶的催化下，以(　　)的形式进行的。

A. 脱羧反应　　B. 氧化反应　　C. 脱氢反应　　D. 脱氨基反应

2. H_2O 的生成主要是底物在各种(　　)的催化下脱下氢，脱下的氢通过 NAD^+ 和 $NADP^+$ 的携带，经由各种递氢体和电子传递体的顺次传递，即呼吸链的传递，最终与 O_2 结合而生成的。

A. 脱氢酶　　B. 氧化酶　　C. 脱羧酶　　D. 脱氨酶

3. 生物氧化中 ATP 的生成有两种方式：底物水平磷酸化和(　　)。后者是 ATP 生成的主要方式。

A. 磷酸化反应　　B. 底物水平磷酸化　　C. 氧化反应　　D. 氧化磷酸化

(4～6 题共用题干)分布在线粒体内膜上的不需氧脱氢酶、递氢体和电子传递体可以组成四种复合物，形成了两条既有联系又互相独立的呼吸链——NADH 呼吸链和 $FADH_2$ 呼吸链。

4. 以下哪个成分不是不需氧脱氢酶(　　)。

A. 3-磷酸甘油醛脱氢酶　　B. 柠檬酸脱氢酶　　C. 琥珀酸脱氢酶　　D. 细胞色素 c 氧化酶

5. 以下哪个选项不是呼吸链的组成成分？(　　)

A. 细胞色素 b　　B. CoA　　C. CoQ　　D. 细胞色素 a

6. 以下哪一种电子传递方向是错误的？(　　)

A. FMN→CoQ　　B. 细胞色素 aa_3→O_2

C. 细胞色素 c→细胞色素 c_1　　D. 细胞色素 b→细胞色素 c_1

(7～9 题共用题干)营养物质分解过程中产生的部分能量主要以各种高能化合物的形式被储存起来。在这些高能化合物中，ATP 的作用最重要。

7. 如营养物质在代谢过程中经过脱氢、脱羧、分子重排和烯醇化反应，产生高能磷酸基团或高能键，随后直接将高能磷酸基团转移给 ADP 生成 ATP 的方式为(　　)。

A. 底物水平磷酸化　　B. 氧化磷酸化　　C. FAD　　D. NAD^+

8. 底物脱下的氢经呼吸链的氧化作用与 ADP 的磷酸化作用通过能量相偶联生成 ATP 的方式为(　　)。

A. 底物水平磷酸化　　B. 氧化磷酸化　　C. FAD　　D. NAD^+

9. 氧化磷酸化偶联的次数可以用 P/O 值来测定。以琥珀酸脱氢酶为首的呼吸链的 P/O 为 1.5；以 NADH 为首的呼吸链的 P/O 为(　　)。

A. 2.5　　B. 1.5　　C. 2　　D. 3

(10～12 题共用题干)呼吸链是一个由各种递氢体和电子传递体按一定的顺序所组成的传递链，因此，只要其中某一个传递体受到抑制，将阻断整个传递链，即呼吸链的抑制作用。能够阻断呼吸链中某部位的电子传递的物质称为电子传递抑制剂。如鱼藤酮(rotenone)、安密妥(amytal)等，不同的抑制剂阻断呼吸链中的部位不同。

10. 可以阻断 NADH→CoQ 氢和电子传递的是(　　)。

A. 抗霉素 A　　B. 鱼藤酮　　C. 氰化物　　D. NAD^+

11. 可以阻断 CoQ→Cyt c_1 电子传递的是(　　)。

A. 抗霉素 A　　B. 鱼藤酮　　C. 氰化物　　D. NAD^+

12. 可以阻断 Cyt $aa_3 \to O_2$ 电子传递的是(　　)。

A. 抗霉素 A　　B. 鱼藤酮　　C. 氰化物　　D. NAD^+

B1 型题

属于标准伍配单项选择题。开始给出 4 个备选答案,之后 2~6 个题干构成一组试题,要求从 4 个备选答案中为这些题干选择一个与其关系密切的答案。在这组试题中,每个备选答案可以被选一次、两次和多次,也可以不选用。

(1~3 题共用备选答案)

A. Cyt　　B. LDH　　C. 羟化酶　　D. 过氧化氢酶

1. 定位在线粒体中的是(　　)。

2. 定位在微粒体的是(　　)。

3. 定位在过氧化氢酶体的是(　　)。

(4~6 题共用备选答案)

A. Cyt P450　　B. 铁硫蛋白　　C. 羟化酶　　D. 二硝基苯酚

4. 参与生物转化的酶是(　　)。

5. 可作为氧化磷酸化解偶联剂的是(　　)。

6. 属于呼吸链组成成分的是(　　)。

(7~9 题共用备选答案)

A. 氧化磷酸化　　B. 底物水平磷酸化　　C. 两者都有　　D. 两者都无

7. 苹果酸转化为草酰乙酸的过程中伴有(　　)。

8. 琥珀酸脱氢酶所催化的反应伴有(　　)。

9. 琥珀酰 CoA 合成酶所催化的反应伴有(　　)。

(10~12 题共用备选答案)

A. 寡霉素　　B. CO　　C. 二硝基苯酚　　D. 抗霉素 A

10. 可作为氧化磷酸化的解偶联剂的是(　　)。

11. 细胞色素氧化酶的抑制剂是(　　)。

12. 对电子传递及 ADP 磷酸化均有抑制作用的是(　　)。

(13~15 题共用备选答案)

A. 苹果酸-天冬氨酸穿梭　　B. α-磷酸甘油穿梭

C. 肉碱穿梭　　D. 细胞跨膜

13. 肝细胞的胞液中 NADH 进入线粒体,通过(　　)。

14. 肌肉细胞的胞液中 NADH 进入线粒体,通过(　　)。

15. 脂酰 CoA 由胞液进入线粒体,通过(　　)。

填空题

1. 生物氧化是指营养物质在动物机体内氧化,生成__________和______,并有__________的过程,是在生物体__________中进行的。生物氧化发生的场所真核生物主要在__________上,原核生物主要在__________进行。

2. 体内 CO_2 的生成主要在各种__________或脱氢酶的作用下,通过__________生成的。

H_2O 的生成是__________,经由各种______和________,最后与____结合而生成的。

3. 呼吸链是指:____。因其递氢又递电子,又称电子传递系统。

4. 目前已知的呼吸链有两条:____________和____________。按氧化还原电位由低至高的顺序排列,NADH 呼吸链的排列顺序为_______________。

5. 细胞色素是一类含血红素的电子传递蛋白,Fe 原子处于血红素环中央,借助______变化传递电子。主要有____,____,____,____,____,____,处于呼吸链的末端,含有________,通过其化合价在+1 和+2 之间往复变化将电子传递给氧,也称为____________________或____________。可以被______和______抑制。

6. 胞液中生成的 NADH 不能直接透过线粒体膜而进入线粒体,但可以通过________和________作用进入线粒体,参与呼吸链氧化,最终生成_______和_______,并放出能量。特别注意的是通过______________作用,胞液中的________转入到线粒体后转变为________,进入琥珀酸呼吸链氧化。

7. 生物体内____________有两种方式:______________和_____________。氧化磷酸化是________________的主要方式。____________在____________进行,它是需氧细胞中____________的最重要方式。

8. 氧化磷酸化是指____。

9. 氧化磷酸化偶联的次数可以用________来表示。P/O 值是指:底物脱下的氢和电子在沿呼吸链传递时,一对电子通过呼吸链时,每消耗 1 mol 氧原子时,被酯化的无机磷酸(Pi)的摩尔数。NADH 呼吸链的 P/O 值为________;$FADH_2$ 呼吸链的 P/O 值为________。

10. NADH 呼吸链中有______个氧化磷酸化偶联部位。第一个是____________之间;第二个是____________之间;第三个是____________之间。

11. ATP 合酶又称____________。F1 有 5 种亚基,有____________,催化 ATP 生成;Fo 有 4 种亚基,镶嵌在线粒体的内膜上,作为____________。

12. 呼吸链的抑制剂能阻断呼吸链中________________,可引起细胞窒息死亡,如氰化物;解偶联剂使__________________脱离,会产生体温______、耗氧______,P/O 值______,ATP 生成______等现象。

13. 生物氧化的氧化还原酶类包括____________、____________和______三类。

14. 超氧化物歧化酶(SOD)是一类广泛存在于动、植物及微生物中的含金属酶类。SOD 能促进超氧化物的________,通过生成______和______而______________,对机体起到保护作用。

15. 目前被人们普遍接受的 ATP 的生成机制是_____________。该学说认为,经过呼吸链每生成 1 分子 ATP 需要_____个 H^+ 从线粒体膜外侧回流进入基质中。

简答题

1. 简述生物氧化的特点。

2. 生物氧化中 CO_2 如何生成?举出已知的 2 个反应。

3. 生物氧化中 H_2O 的生成有几种方式？
4. 简述苹果酸穿梭作用的过程。
5. 简述磷酸甘油穿梭作用的过程。
6. 何谓高能磷酸化合物？举例说明。
7. 何谓底物水平磷酸化？举出已知的 3 个反应。
8. 何谓 P/O 比值？简述氧化磷酸化的偶联部位。
9. 什么是氧化磷酸化的解偶联作用？举例说明。
10. 简述需氧脱氢酶和不需氧脱氢酶的异同。

论述题

1. 本章的两个重要的研究或发现：
1)Mitchell 与化学渗透学说；
2)Boyer 和 Walker 与 ATP 合酶和 ATP 生成。
说说他们的故事。
2. ATP 有哪几种生成方式？比较它们的异同。
3. 图示 NADH 呼吸链氢和电子的传递过程。
4. 线粒体外 NADH 如何氧化？
5. 试述化学渗透学说的主要内容。
6. 1 mol/L 葡萄糖彻底氧化产生 30 或 32 mol/L ATP，用你学过的生化知识解释原因。
7. Hb、Cyt 及铁硫蛋白都是含铁的蛋白质，比较它们的异同。
8. 下列所示抑制剂，说明它们对呼吸链的电子传递和氧化磷酸化的影响。
1)鱼藤酮　2)CO　3)2,4-二硝基苯酚　4)寡霉素　5)抗霉素 A

【习题参考答案】

名词解释

1. 生物氧化(biological oxidation)：有氧情况下，营养物质在动物机体内氧化，生成二氧化碳和水，并有能量释放的过程。生物氧化发生在组织和细胞中，故称组织氧化和细胞氧化。因与呼吸有关，也称组织呼吸或细胞呼吸。

2. 呼吸链 (respiratory chain)：是指有氧氧化中，底物脱下的氢经过一系列中间递体，将氢交给吸收进来的、被酶活化的氧生成水所组成的全部酶系及链素。因其递氢又递电子，又称电子传递系统。

3. 细胞色素(cytochrome,Cyt)：是一类含血红素的电子传递蛋白，Fe 原子处于血红素环中央，借助化学价的变化(Fe^{2+}/Fe^{3+})传递电子。主要有细胞色素 a，a_3，b，c_1，c。

4. 细胞色素 aa_3(cytochrome aa_3，Cyt aa_3)：也称为细胞色素 c 氧化酶或末端氧化酶，处于呼吸链的末端，含有 Cu^{2+}，负责将氢原子直接传递给氧生成水。它容易被 CO，CN^- 抑制。

5. 辅酶 Q (coenzyme Q ,CoQ)：一组醌类的衍生物。有的具有类异戊二烯的侧链，在呼吸链中作为氢的传递体。

6. 铁硫中心(iron-sulfur center)：是铁硫蛋白的活性中心。铁硫蛋白又称为非血红素铁蛋白。铁硫中心有一铁一硫(Fe-S)、二铁二硫(2Fe-2S)和四铁四硫(4Fe-4S)几种不同类型，通过铁原子化合价的变化(Fe^{3+}/Fe^{2+})传递电子。

7. 氧化磷酸化(oxidative phosphorylation)：是体内产生 ATP 的主要方式。指底物脱下的氢经过呼吸链或电子传递系统传递给氧，并与之结合生成水(氧化作用)的过程中所释放的能量与 ADP 的磷酸化作用偶联生成 ATP。

8. P/O 值 (P/O ratio)：是指底物脱下的氢和电子在沿呼吸链传递时，一对电子通过呼吸链时，每消耗 1 mol 氧原子时，被酯化的无机磷酸(Pi)的摩尔数。是确定氧化磷酸化次数的重要指标。氧化磷酸化偶联的次数可以用 P/O 值来测定。以 NADH 为首的呼吸链的 P/O 为 2.5，以琥珀酸脱氢酶为首的呼吸链的 P/O 为 1.5。

9. 底物水平磷酸化(substrate phosphorylation)：指底物分子在氧化分解过程中经过脱氢、脱羧、分子重排和烯醇化反应，产生高能磷酸基团或高能键，然后直接将高能磷酸基团转移给 ADP 生成 ATP；或水解产生的高能键，将释放的能量用于 ADP 与无机磷酸反应，生成 ATP 的过程。是无氧条件下获得能量的主要方式。底物磷酸化的过程包括高能键的生成和高能键的转移两个相联系的连续酶促反应。

10. 解偶联作用(uncoupler action)：不影响呼吸链中质子或电子的传递过程，但能减弱或停止 ADP 的磷酸化作用，这种使氧化与磷酸化过程脱离而阻断能量转化的作用称为解偶联作用。具有解偶联作用的物质叫解偶联剂(uncoupler)。解偶联作用中由于底物氧化释放的能量不能以 ATP 的形式贮存利用而以热的形式散发，结果动物的体温升高。

11. 高能磷酸键(high energy phosphate bond)：随水解反应或基团转移反应而释放大量自由能(大于 30.56 kJ/mol)的磷酸酯或磷酸酐类化学键，称为高能磷酸键。

12. 高能磷酸化合物(high-energy phosphate compounds)：含有高能磷酸键的化合物叫高能磷酸化合物。如 ATP。

13. 超氧化物歧化酶 (superoxide dismutase，SOD)：指在体内催化自由基氧歧化反应的一组金属酶，是机体清除自由基氧的天然抗氧化酶。

14. F_1F_0复合体(F_1F_0 complex)：也叫 F_1F_0ATPase，存在于线粒体内膜上。由两部分组成。F_1 头部：含有 α、β、γ、δ、ε 5 种不同的亚基，有 ATP 合酶的活性；F_0柄部：由 a、b、c 三种亚基组成，为质子通道。

15. 需氧脱氢酶(aerobic dehydrogenase)：催化底物脱氢，将脱掉的氢直接交给分子氧，生成 H_2O_2。多以 FMN 和 FAD 为辅基(黄素酶类)，多需金属离子做辅因子。

16. 不需氧脱氢酶(anaerobic dehydrogenase)：催化底物脱氢，但脱掉的氢不直接交给分子氧，而是通过呼吸链传递，最终生成水。多以 NAD^+、$NADP^+$ 和 FAD 为辅酶

17. 氧化酶(oxidase)：催化底物脱氢，将电子直接传递给氧，使氧激活成分子氧，生成 H_2O 的一类酶。需要金属离子(Fe^{2+}，Cu^+)做辅因子。

18. 能荷(energy charge)：细胞内三种腺苷酸的比例规定为能荷。即细胞中 ATP 的含量(包括以 1/2ATP 计算的 ADP)与三种腺苷酸 ATP、ADP 和 AMP 含量总和的比值：

$$能荷=\frac{[ATP]+[ADP]/2}{[ATP]+[ADP]+[AMP]}$$

单项选择题

A1 型题　1. C　2. A　3. D　4. B　5. A　6. B　7. C　8. B　9. D　10. C　11. A　12. B　13. B　14. A　15. D

A2 型题　1. B　2. C　3. A　4. D　5. D

A3 型题　1. A　2. A　3. D　4. D　5. B　6. C　7. A　8. B　9. A　10. B　11. A　12. C

B1 型题　1. A　2. D　3. C　4. A　5. D　6. B　7. A　8. A　9. B　10. C　11. B　12. A　13. A　14. B　15. C

填空题

1. 二氧化碳，水，能量释放，活细胞，线粒体，胞膜。

2. 脱羧酶，脱羧反应；将底物脱下的氢，递氢体，电子传递体，氧。

3. 有氧氧化中，底物脱下的氢经过一系列中间递体，将氢交给吸收进来的、被酶活化的氧生成水所组成的全部酶系及链索。

4. NADH 呼吸链，$FADH_2$ 呼吸链；NADH→复合体Ⅰ→CoQ→Cyt b→Fe-S→Cyt c_1→Cyt c→Cyt aa_3→O_2。

5. Fe 的化学价；a，a_3，b，c_1，c，Cyt aa_3，Cu 原子，细胞色素 c 氧化酶或末端氧化酶；CN^-，CO。

6. 苹果酸穿梭，磷酸甘油穿梭，CO_2，H_2O；磷酸甘油穿梭，NADH，$FADH_2$。

7. ATP 的生成，底物水平磷酸化，氧化磷酸化；无氧条件下获得能量；氧化磷酸化，有氧条件下，生成 ATP。

8. 底物脱下的氢（$2H \rightarrow 2H^+ + 2e^-$）经过呼吸链或电子传递系统传递给氧，并与之结合生成水（氧化作用）的过程中所释放的能量与 ADP 的磷酸化作用偶联生成 ATP。

9. P/O 值，2.5，1.5。

10. 3，NADH→CoQ，Cyt b→Cyt c_1，Cyt aa_3→O_2。

11. F_1F_0 复合体；ATP 合酶的活性，质子通道

12. 某些部位电子的传递，氧化与磷酸化过程偶联；升高、增加，下降，减少。

13. 需氧脱氢酶，不需氧脱氢酶，氧化酶。

14. 歧化反应，H_2O_2，O_2，清除自由基。

15. 化学渗透学说，3。

简答题

1. 答题要点：

1）在生物体活细胞中进行。

2）在一系列酶、辅因子及中间递体的参与下逐步进行。

3）产生的能量一部分以热的形式散失，大部分储存在 ATP 中，逐步释放。

4）真核生物主要在线粒体上，原核生物主要在胞膜上进行。

2. 答题要点：

1）CO_2 的生成主要是在各种脱羧酶或脱氢酶的催化下，以脱羧反应的形式进行的。

2）例 1：葡萄糖有氧分解第二阶段，丙酮酸脱羧生成乙酰 CoA。

例 2：异柠檬酸脱羧生成 α-酮戊二酸。

3. 答题要点：

1）H_2O 的生成主要是在各种脱氢酶的催化下，通过 NAD^+ 和 $NADP^+$ 的携带，经由各种递氢体和电子传递体的顺次传递，最终与 O_2 结合而生成的。

2）胞液中生成的 NADH 不能直接透过线粒体内膜而进入线粒体内，但可以通过磷酸甘油穿梭或苹果酸穿梭的方式进入线粒体，参与呼吸链的传递，最终与 O_2 结合生成 H_2O。

3）目前已知的呼吸链有两条：NADH 呼吸链和 $FADH_2$ 呼吸链。每两个氢经过呼吸链可以生成 1 分子水。

4. 答题要点：

这类穿梭主要存在于肝脏和心肌等组织。通过该穿梭作用，胞液中的 NADH 转入到线粒体进入 NADH 呼吸链氧化。

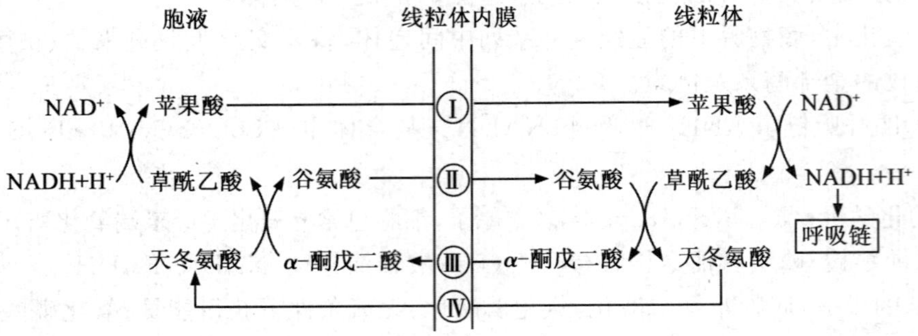

苹果酸穿梭作用（Ⅰ~Ⅳ代表穿梭作用的过程）

5. 答题要点：

某些肌肉组织和大脑，通过该穿梭作用，胞液中的 NADH 转入到线粒体后转变为 $FADH_2$，进入琥珀酸呼吸链氧化。

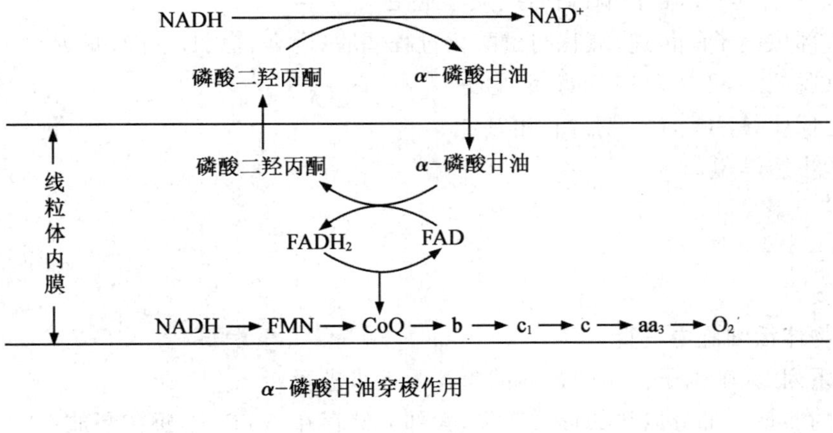

α-磷酸甘油穿梭作用

6. 答题要点：

1）ATP 等的分子中的焦磷酸键在水解时或在转移时，可释放很高的能量，大于 30.56 kJ/mol，称高能磷酸键。

2）具有高能磷酸键的化合物称为高能磷酸化合物。高能磷酸化合物有转移其磷酰基的倾向，形成较低能量的磷酸酯。ATP 是磷酰基的传递体。

3)如磷酸烯醇式丙酮酸(PEP)的水解自由能是-61.69 kJ/mol。在糖的无氧氧化中其中的高能磷酸基直接转移给 ADP 生成 ATP。

7. 答题要点：

1)是无氧条件下获得能量的主要方式。底物分子在氧化分解过程中经过脱氢、脱羧、分子重排和烯醇化反应，产生高能磷酸基团或高能键，然后直接将高能磷酸基团转移给 ADP 生成 ATP，或水解产生的高能键，将释放的能量用于 ADP 与无机磷酸反应，生成 ATP 的过程。

2)底物磷酸化生成 ATP 不需要经过呼吸链的传递过程，不需要消耗氧气，也不利用线粒体 ATP 酶的系统。生成 ATP 的速度比较快，但生成量不多。

3)举例(略)。

8. 答题要点：

1)一对电子通过呼吸链时，每消耗 1 mol 氧原子，被酯化的无机磷酸(Pi)摩尔数。

2)在 NADH 呼吸链中，将一对电子传递给 O_2，实现了 2.5 次的磷酸化反应，而在 $FADH_2$ 呼吸链只有 1.5 次。

3)呼吸链各阶段释放出 $\Delta G > 30.56$ kJ/mol 的部位即是氧化磷酸化偶联的部位：在 NADH 呼吸链上：NADH→CoQ，Cyt b→Cyt c_1，Cyt aa_3→O_2；在 $FADH_2$ 呼吸链上：Cyt b→cyt c_1，Cyt aa_3→O_2。

9. 答题要点：

1)对呼吸链的电子传递没有抑制作用，但抑制磷酸化作用，这种电子传递过程与储能过程分开的现象称为解偶联作用。通过解偶联作用，呼吸链氧化过程产生的能量主要以热的形式散发。

2)如解热药物阿司匹林。

10. 答题要点：

1)相同点：都属于氧化还原酶类，催化反应时都需要辅酶或辅基。

2)不同点：

(1)需氧脱氢酶可以催化底物脱氢，并且将脱掉的氢立即交给分子氧，生成 H_2O_2。此酶大多以黄素单核苷酸(FMN)和黄素腺嘌呤二核苷酸(FAD)为辅基，常需要某些金属离子；不被氰化物(CN^-)和 CO 抑制。

(2)不需氧脱氢酶可使底物脱氢而氧化，脱下来的氢并不直接与氧反应，而是通过呼吸链传递最终才与氧结合生成 H_2O。这些酶的辅酶包括 NAD^+、$NADP^+$ 和 FAD 等。

论述题

1. 答题要点：

1)Mitchell 与化学渗透学说

Mitchell (1920—1992)主要从事线粒体功能研究。分离了线粒体内膜上的各种酶，阐明其作用及功能上的差异，于 1961 年提出了化学渗透学说，揭示了氧化磷酸化的偶联机制。1978 年获诺贝尔化学奖。

2)Boyer 和 Walker 与 ATP 合酶和 ATP 生成

Boyer 主要从事酶学研究，揭示了 ATP 合酶的分子机制。Walker 主要从事膜生物学研究，揭示了线粒体 ATP 合酶的结构。与 Mitchell 在不同实验室揭示了跨膜质子浓度差驱动 ATP 合酶合成 ATP 的机制。

2. 答题要点：

ATP 的生成有底物磷酸化和氧化磷酸化两种方式。

1)相同点：它们都生成了 ATP，为机体供能。

2)不同点：

(1)底物磷酸化生成 ATP 不需要经过呼吸链的传递过程，也不需要消耗氧气，也不利用线粒体 ATP 酶的系统。生成 ATP 的速度比较快，但生成量不多。是无氧条件下获得能量的主要方式。

(2)氧化磷酸化生成 ATP 需要经过呼吸链的传递过程，底物脱下的氢经过呼吸链或电子传递系统传递给氧，并与之结合生成水(氧化作用)的过程中所释放的能量与 ADP 的磷酸化作用偶联生成 ATP。是体内产生 ATP 的主要方式。

3. 答题要点：

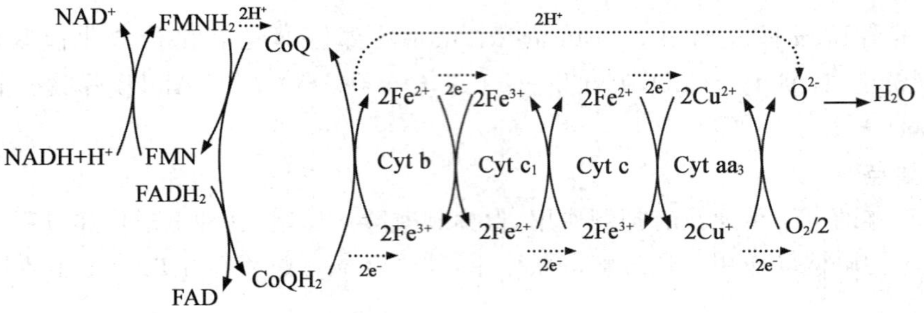

4. 答题要点：

1)线粒体内形成的 NADH 可直接参加氧化磷酸化过程，但在胞质中形成的 NADH 不能直接透过线粒体内膜，线粒体外 NADH 所携带的氢必须通过转运进入线粒体，然后再进入呼吸链进行氧化磷酸化过程。

2)有 2 种转运机制：α-磷酸甘油穿梭和苹果酸穿梭，分别进入 $FADH_2$ 和 NADH 呼吸链进行氧化磷酸化过程。

5. 答题要点：

1)呼吸链中氢和电子的传递体以复合物的形式，按照一定的顺序排列在线粒体内膜上。

2)当底物脱下的氢通过呼吸链传递时，氢和电子传递体发挥了类似质子“泵”的作用，将 H^+ 从线粒体的基质中通过内膜转运到膜间隙中，造成了[H^+]的跨膜电化学梯度。

3)其蕴涵的质子电位差和浓度差可以驱动 H^+ 向线粒体内回流。

4)当“泵”出到膜间隙中的 H^+ 顺着浓度梯度通过位于线粒体的内膜球体即基粒(其头部具有 ATP 酶的活性)重新转运回线粒体内腔基质中时，在 ATP 酶的催化下，ADP 与 Pi 发生磷酸化反应，生成 ATP。

6. 答题要点：

取决于 NADH 进入线粒体的途径。如胞液中 1 mol/L NADH 通过苹果酸穿梭作用转入到线粒体进入 NADH 呼吸链氧化，可以产生 2.5 mol/L ATP。1 mol/L 葡萄糖彻底氧化产生

32 mol/L ATP；但如胞液中 1 mol/L NADH 通过磷酸甘油途径转入到线粒体后转变为 $FADH_2$，进入琥珀酸呼吸链氧化，可以产生 1.5 mol/L ATP，1 mol/L 葡萄糖彻底氧化产生 30 mol/L ATP。

7.答题要点：

1）相同点：

（1）都是含铁的蛋白。

（2）Hb、Cyt 都含有血红素。

（3）Cyt 和铁硫蛋白都是电子递体。

2）不同点：

（1）功能不同：Hb 通过血红素中铁与氧形成配位键结合，贮存和输送氧；Cyt 和铁硫蛋白都是通过铁离子化合价变化传递电子。

（2）组成不同：Hb、Cyt 都有血红素，铁硫蛋白不含血红素。

8.答题要点：

1）鱼藤酮：阻断 NADH→CoQ 的电子传递和跨膜质子梯度的形成。

2）CO：抑制 Cyt aa_3→O_2 的电子传递和跨膜质子梯度的形成。

3）2，4-二硝基苯酚：不影响呼吸链的电子传递，可引起解偶联作用阻断 ATP 合成。

4）寡霉素：通过对 F_0 的抑制阻断质子梯度的利用，影响 ATP 的合成。

5）抗霉素 A：阻断 CoQ→Cyt c_1 间的电子传递和跨膜质子梯度的形成。

第 10 章　脂类代谢

脂肪是动物机体的一个重要能量来源，也是能量的贮存形式。脂肪的动员受葡萄糖供应水平和激素调节。其分解产物甘油按糖代谢途径分解或转变，脂肪酸则进行 β-氧化分解供能。在其分解过程中生成的酮体是有重要生理意义的小分子，丙酸是异生成糖的原料。脂肪酸的合成由一个多酶复合体催化。氨基酸、CTP 和磷脂酸参与甘油磷脂的合成，乙酰 CoA、ATP 和 NADPH 参与胆固醇的合成与转变。类脂的种类很多，其中磷脂和胆固醇都是组成生物膜双层结构的成分。磷脂参与形成脂蛋白，对运输外源性和内源性三脂酰甘油和胆固醇及其酯起重要作用。胆固醇是组成类固醇激素和胆汁酸的前体物质，低密度脂蛋白(LDL)是转运胆固醇的主要物质。胆固醇一部分从肝直接排出，大部分则转变成胆汁酸后分泌排出。脂蛋白是脂类在血液中的运输形式，包括乳糜微粒、高密度脂蛋白、低密度脂蛋白和极低密度脂蛋白，它们各有重要的分工。

【知识目标】

了解脂类的分类及生理功能和在体内转运的大致方式。掌握脂肪分解和合成的基本途径与调节机理；掌握类脂(主要是磷脂和胆固醇)代谢的基本过程及类脂的功能。

【复习指南】

第一部分　脂类概述

表 10-1　脂类概述

<table>
<tr><td colspan="2">脂类是指不溶或微溶于水而易溶于有机溶剂，并能被机体利用的一类有机化合物，是脂肪和类脂及其衍生物的总称</td></tr>
<tr><td rowspan="3">脂肪及其作用</td><td>由甘油的三个羟基与三个脂肪酸缩合而成，又叫甘油三酯(triglyceride，TG)，主要是储脂</td></tr>
<tr><td>脂肪的氧化分解为动物机体提供能量来源，脂肪也是动物的贮能方式，其储量与营养状况有关</td></tr>
<tr><td>脂肪的另一个作用是为机体提供物理保护，如抵御寒冷和固定保护内脏等</td></tr>
<tr><td rowspan="3">类脂</td><td>是指除脂肪以外的其他脂类，包括磷脂、糖脂、胆固醇及其酯(是组织脂的主要成分)，还有其他的脂溶性分子</td></tr>
<tr><td>类脂是细胞膜系统的组成成分，如磷脂和胆固醇都参与细胞膜的组成</td></tr>
<tr><td>类脂还能转变为多种生理活性分子。如性激素、肾上腺皮质激素、维生素 D_3 和促进脂类消化吸收的胆汁酸，可以由胆固醇衍生而来。磷脂的代谢中间物，如甘油二酯、肌醇磷酸可作为信号分子参与细胞代谢的调节过程</td></tr>
</table>

第二部分 脂肪的代谢

表 10-2 脂肪的分解代谢——脂肪动员

项目	主要内容
脂肪的动员	脂肪组织中的脂肪在激素敏感脂酶作用下水解为脂肪酸和甘油并释放入血液供其他组织利用的过程
激素敏感脂酶(HSL)	受多种激素调控,胰岛素下调,肾上腺素与胰高血糖素上调激素敏感脂酶的活性
产物	甘油和脂肪酸

表 10-3 甘油的分解代谢

项目	主要内容
第一阶段:α-磷酸甘油的生成	部位:肝脏、肾脏
	过程:在 Mg^{2+}、ATP 存在时,甘油在甘油激酶催化下,生成 α-磷酸甘油
	要点:甘油激酶是关键酶,为肝脏、肾中特有;此反应不可逆,消耗 1 分子 ATP
第二阶段:磷酸二羟丙酮的生成	过程:在 α-磷酸甘油脱氢酶催化下,脱氢生成磷酸二羟丙酮
	要点:此反应的受氢体是 NAD^+,生成 1 分子 $NADH+H^+$
第三阶段:异生成糖或糖原	过程:磷酸二羟丙酮在胞液与 3-磷酸甘油醛反应生成 1,6-二磷酸果糖。1,6-二磷酸果糖再经 1,6-二磷酸果糖酶的催化,生成 6-磷酸果糖,异构成 6-磷酸葡萄糖,在 6-磷酸葡萄糖酶催化下生成葡萄糖。也可进一步合成糖原
	要点:1,6-二磷酸果糖酶和 6-磷酸葡萄糖酶是糖异生途径的关键酶,后者仅存在于肝脏
第三阶段:或彻底氧化	过程:磷酸二羟丙酮在胞液转变为 3-磷酸甘油醛,后者经糖的有氧氧化途径,进入 TCA 循环,彻底氧化产生 CO_2 和 H_2O,并产生 ATP
	要点:1 分子甘油彻底氧化可以产生 12.5 分子 ATP

表 10-4 脂肪酸分解代谢的 β-氧化学说

Knoop 实验	1904 年 Knoop 等第一个通过标记证明的代谢途径——β-氧化
	实验方案:利用在体内不易降解的苯基作为标记物连接在脂肪酸的甲基末端,喂犬或兔,结果发现,如是偶数脂肪酸尿中发现的代谢物是苯乙酸;如是奇数脂肪酸尿中发现的代谢物是苯甲酸
	结论:1)脂肪酸(FA)的分解氧化是从羧基端 β-碳原子上开始的 2)碳链逐次断裂,每次脱下一个 2C 单位,即乙酰 CoA

表 10-5 脂肪酸分解代谢的 **β-氧化**

项目	主要内容
定义	脂肪酸的分解氧化发生在 β-碳原子上，每次降解生成一个乙酰 CoA 和比原来少两个碳原子的脂酰 CoA，如此循环往复，称为 β-氧化
	要点：β-氧化在线粒体的基质中进行；反应在 β-碳原子上，产物是乙酰 CoA
第一阶段：脂肪酸的活化	场所：细胞液
	过程：脂肪酸在脂酰 CoA 合成酶催化下，生成脂酰 CoA
	$RCH_2CH_2CH_2COOH(16:0)+HSCoA+ATP\rightarrow RCH_2CH_2CH_2COSCoA+AMP+PPi$
	要点：此反应需要 ATP、Mg^{2+} 和 HSCoA 的参与。在脂肪酸的活化过程中消耗了两个高能磷酸键。反应是不可逆的
第二阶段：脂酰 CoA 由胞液转运到线粒体	线粒体膜上肉碱脂酰转移酶，催化脂酰基在肉碱和 CoA 之间的转移反应
	过程：位于线粒体内膜外侧面的酶Ⅰ促进脂酰基转化为脂酰肉碱，后者通过线粒体内膜上的脂酰肉碱载体转运进入膜内侧，再在酶Ⅱ的作用下转变为脂酰 CoA 并释出肉碱
	要点：肉碱脂酰转移酶有Ⅰ、Ⅱ两种抗原性不同的同工酶，分别存在于线粒体内膜的外侧面与内侧面。肉碱脂酰转移酶Ⅰ是途径的关键酶
第三阶段：氧化阶段	场所：线粒体基质
	1)脱氢：脂酰 CoA 脱氢酶催化生成 Δ^2-反烯脂酰 CoA。脱下的一对氢原子由该酶的辅基 FAD 接受生成 $FADH_2$
	2)加水：Δ^2-反烯脂酰 CoA 经 Δ^2-烯脂酰 CoA 水合酶催化，加水，生成 β-羟脂酰 CoA，其构型为 $L(+)$型
	3)再脱氢：β-羟脂酰 CoA 再经 $L(+)$-β-羟脂酰 CoA 脱氢酶催化脱氢，生成 β-酮脂酰 CoA，此酶的辅酶是 NAD^+，接受脱下的 2 个氢原子成为 $NADH+H^+$
	4)硫解：β-酮脂酰 CoA 经 β-酮脂酰 CoA 硫解酶催化，生成比原来少 2 个碳原子的脂酰 CoA 和 1 分子乙酰 CoA。此反应需有 CoA 参加
至此完成 1 次 β-氧化，生成 1 分子乙酰 CoA 和少了 2 个碳原子的脂酰 CoA，再经过脱氢，加水，再脱氢，硫解的多次循环往复，可以将偶数脂肪酸完全降解成乙酰 CoA。 β-氧化的产物乙酰 CoA、$FADH_2$、$NADH+H^+$ 可汇入糖有氧氧化途径和呼吸链，最终产生 CO_2、H_2O 和 ATP	

表 10-6　奇数脂肪酸的分解代谢

<table>
<tr><th>项目</th><th>主要内容</th></tr>
<tr><td>特点</td><td>长链奇数碳原子的脂肪酸在开始分解时也和偶数碳原子脂肪酸一样，每经过一次 β-氧化切下来 2 个碳原子。但当分解进行到末端只剩下 3 个碳原子，即丙酰 CoA 时，就不再进行 β-氧化，而是被羧化生成甲基丙二酸单酰 CoA，继续进行代谢</td></tr>
<tr><td rowspan="4">反应过程
（以丙酸为例）</td><td>1）游离的丙酸在硫激酶的催化下，与 CoA 作用生成丙酰 CoA，此过程消耗 ATP 的两个高能键</td></tr>
<tr><td>2）丙酰 CoA 在丙酰 CoA 羧化酶的催化下，与 CO_2 作用生成甲基丙二酸单酰 CoA。此反应消耗 ATP，需要生物素</td></tr>
<tr><td>3）甲基丙二酸单酰 CoA 在甲基丙二酸单酰 CoA 变位酶的催化下，转变为琥珀酰 CoA。此酶需要辅酶维生素 B_{12}</td></tr>
<tr><td>4）琥珀酰 CoA 是三羧酸循环中的产物，它可以通过草酰乙酸转变为磷酸烯醇式丙酮酸，进入糖异生途径合成葡萄糖或糖原，也可以彻底氧化成二氧化碳和水，提供能量</td></tr>
<tr><td colspan="2">奇数脂肪酸可以生成葡萄糖。反刍动物体内的葡萄糖约有 50% 来自丙酸的异生作用，其余的大部分来自氨基酸</td></tr>
</table>

表 10-7　酮体的生成和利用

<table>
<tr><th>项目</th><th colspan="3">主要内容</th></tr>
<tr><td rowspan="2">定义</td><td colspan="3">酮体是一类小分子有机酸，是脂肪酸在肝中分解氧化时产生的特有的中间代谢物，包括乙酰乙酸（又称 β-酮丁酸）、β-羟丁酸和丙酮</td></tr>
<tr><td colspan="3">在肝脏中由乙酰 CoA 缩合生成，在肝外组织，如脑、心、骨骼肌中利用</td></tr>
<tr><td rowspan="3">生酮作用</td><td colspan="3">场所：肝脏线粒体，肾脏少量合成</td></tr>
<tr><td colspan="3">过程：肝细胞线粒体中由乙酰 CoA 缩合而成，并以 β-羟-β-甲基戊二酸单酰 CoA（HMG-CoA）为重要的中间产物</td></tr>
<tr><td colspan="3">要点：β-羟-β-甲基戊二酸单酰 CoA 合成酶（HMGCoA 合成酶）是途径的关键酶</td></tr>
<tr><td rowspan="4">解酮作用</td><td colspan="3">场所：肝外组织（包括心肌、骨骼肌及大脑等）</td></tr>
<tr><td rowspan="3">过程：</td><td>β-羟丁酸</td><td>由 β-羟丁酸脱氢酶（其辅酶为 NAD^+）催化，生成乙酰乙酸</td></tr>
<tr><td>乙酰乙酸</td><td>在乙酰乙酸-琥珀酰 CoA 转移酶的作用下生成乙酰乙酰 CoA。后者在硫解酶的作用下生成 2 分子乙酰 CoA，然后进入三羧酸循环彻底氧化成二氧化碳和水，并释出能量</td></tr>
<tr><td>丙酮</td><td>少量丙酮可以转变为丙酮酸或乳酸后再进一步代谢</td></tr>
<tr><td rowspan="3">酮体的生理意义</td><td colspan="3">缺糖或饥饿时大脑的供能物质</td></tr>
<tr><td colspan="3">便于利用（分子小，便于转运）</td></tr>
<tr><td colspan="3">新生动物合成类脂的重要原料</td></tr>
<tr><td>酮病</td><td colspan="3">反刍动物由于碳水化合物和挥发性脂肪酸代谢障碍，发生以血酮增高和血糖降低为主征的代谢病。常见的有高产乳牛酮血症、绵羊妊娠毒血症等</td></tr>
</table>

表 10-8 必需脂肪酸和非必需脂肪酸

项目	主要内容
必需脂肪酸	机体自身不能合成，必须由食物提供的多不饱和脂肪酸，称为必需脂肪酸(essential fatty acid)，包括亚油酸、亚麻酸和花生四烯酸
非必需脂肪酸	在胞液中合成。线粒体中的乙酰 CoA 通过柠檬酸-丙酮酸循环转运入胞液，由 NADPH 供氢，在脂肪酸合成酶复合体催化下合成

表 10-9 长链非必需脂肪酸的合成

项目	主要内容	
直接原料	乙酰 CoA	反刍动物来自瘤胃吸收的乙酸和少量丁酸
		非反刍动物可从消化道吸收大量葡萄糖转化而来
合成的酶	脂肪酸合成酶复合体	乙酰转移酶(AT)、丙二酸单酰转移酶(MT)、缩合酶(CE，β-酮脂酰-ACP 合成酶)、β-酮脂酰还原酶(KR)、脱水酶(DH)、烯脂酰还原酶(ER)和硫酯酶(TE)
		脂酰基载体蛋白(ACP)
合成场所	合成速度最快的是肝脏、脂肪组织和小肠黏膜上皮，其次是肾脏和其他内脏，最慢的是肌肉、皮肤和神经组织。在胞液中进行	

表 10-10 长链脂肪酸的合成过程

项目	主要内容
乙酰 CoA 的转运	由线粒体到胞液：柠檬酸-丙酮酸循环 特点：不仅转移脂酰基，也产生 NADPH
丙二酸单酰 CoA 的合成	部位：胞液
	过程：乙酰 CoA 原料分子由乙酰 CoA 羧化酶催化羧化成丙二酸单酰 CoA
	要点：脂肪酸合成途径的限速反应，乙酰 CoA 羧化酶为关键酶。需柠檬酸激活，可被长链脂酰 CoA 抑制。生物素作为此酶的辅酶，反应消耗 ATP
合成过程	1)起始反应：乙酰转移酶(AT)催化
	2)丙二酸单酰基转移反应：ACP 丙二酸单酰 CoA 转移酶催化
	3)缩合反应：β-酮脂酰 ACP 缩合酶(CE)催化
	4)还原反应：β-酮脂酰 ACP 还原酶(KR)催化，$NADPH+H^+$ 供氢
	5)脱水反应：羟脂酰 ACP 脱水酶(DH)催化
	6)再还原反应：烯脂酰-S-ACP 还原酶(ER)催化，$NADPH+H^+$ 供氢
	7)水解或硫解反应：最后生成的棕榈酰-S-ACP 在硫酯酶作用下水解释放出棕榈酸，或者由硫解酶催化把棕榈酰基从 ACP 上转移到 CoA

表 10-11 甘油三酯的合成

项目	主要内容
甘油二酯途径（主要途径）	场所：肝组织和脂肪组织
	过程：α-磷酸甘油在转酰基酶作用下依次加上2分子脂酰CoA转变成磷脂酸(PA)，即二脂酰甘油磷酸。后者在磷脂酸磷酸酶作用下，水解脱去磷酸生成1,2-甘油二酯(DG)，然后在转酰基酶催化下，再加上1分子脂酰基即生成甘油三酯
	要点：磷脂酸是重要的中间物
甘油一酯途径（次要途径）	场所：小肠黏膜上皮细胞
	过程：消化吸收的甘油一酯可作为合成甘油三酯的前体，再与2分子的脂酰CoA经转酰基酶催化生成甘油三酯

第三部分 磷脂的代谢

表 10-12 磷脂的分类及主要的生物学功能

含磷酸的类脂称为磷脂。主要由甘油或鞘氨醇、脂肪酸、磷酸和含氮化合物等组成。根据组成，磷脂主要分为甘油磷脂和鞘磷脂	
甘油磷脂	定义：以甘油为骨架的磷脂的统称
	举例：卵磷脂、脑磷脂、丝氨酸磷脂和肌醇磷脂等
	功能：细胞膜脂质双层结构的基本成分，如卵磷脂存在于细胞膜中，心磷脂是线粒体膜的主要脂质；是血浆脂蛋白的重要组成部分；磷脂的一些代谢物是细胞信号传导的第二信使，如IP_3等
鞘磷脂	定义：以鞘氨醇为基础的磷脂
	举例：神经鞘磷脂
	功能：与蛋白质及多糖等形成神经纤维和轴突的保护层；参与细胞识别及信息传递

表 10-13 甘油磷脂的合成

项目	主要内容
部位	机体各组织细胞的内质网，以肝、肾、肠最活跃
原料	甘油，脂肪酸，磷酸，胆碱或胆胺
其他	ATP——磷酸化；CTP——活化，供能 SAM(S-腺苷甲硫氨酸)——合成胆碱的甲基供体
合成过程	1)合成甘油二酯部分(同脂肪的合成) 2)胆胺或胆碱活化：转变为CDP-乙醇胺或CDP-胆碱 3)释出CMP，将磷酸乙醇胺或磷酸胆碱转到甘油二酯分子上生成脑磷脂或卵磷脂

表 10-14 甘油磷脂的分解

水解甘油磷脂的酶类称磷脂酶。甘油磷脂的分解代谢是在一系列磷脂酶作用下进行的	
磷脂酶 A1	水解甘油磷脂的 1 位酯键，产生脂肪酸和溶血磷脂 2
磷脂酶 A2	水解甘油磷脂的 2 位酯键，产生脂肪酸和溶血磷脂 1
磷脂酶 B1	水解溶血磷脂 1 位酯键
磷脂酶 B2	水解溶血磷脂 2 位酯键
磷脂酶 C	水解 3 位磷酸酯键，产物为甘油二酯及磷酸胆碱或磷酸乙醇胺等
磷脂酶 D	作用于磷酸取代基间酯键

第四部分 胆固醇的代谢

表 10-15 胆固醇概述

项目	主要内容
定义	是动物机体中最重要的一种以环戊烷多氢菲为母核的固醇类化合物，最早从动物胆石中分离得到，故得此名
作用	既是细胞膜的重要组分之一，又是动物合成胆汁酸、类固醇激素和维生素 D_3 等生理活性物质的前体
分布	原核生物中少见，低等菌类中含量很低。食物中来源很少，由动物自身合成，多存在于内脏，以神经组织中含量最高

表 10-16 胆固醇的合成

项目	主要内容
合成部位	动物机体的几乎所有组织；肝是主要场所，其次是小肠
合成场所	胞液
合成原料	乙酰 CoA：主要来自线粒体中糖的有氧氧化
还原单位	NADPH＋H^+：由磷酸戊糖途径供给，或通过柠檬酸-丙酮酸循环转运乙酰 CoA 时获得
合成过程（三个阶段）	第一阶段：甲羟戊酸（mevalonic acid，MVA）的合成 1）乙酰 CoA 在胞液硫解酶催化下，缩合成乙酰乙酰 CoA 2）β-羟-β-甲基戊二酸单酰 CoA 合成酶催化乙酰乙酰 CoA 与乙酰 CoA 缩合成 β-羟-β-甲基戊二酸单酰 CoA，即 HMGCoA 3）HMGCoA 经 HMGCoA 还原酶催化，NADPH＋H^+ 供氢，还原转变为甲羟戊酸（MVA）
	第二阶段：合成 30C 鲨烯（squalene）
	第三阶段：鲨烯再由内质网的单加氧酶、环化酶作用，形成羊毛固醇，后者再经氧化、还原等反应，并伴有 3 次脱羧，生成 27C 的胆固醇
关键酶	HMGCoA 还原酶。受胆固醇的反馈抑制

表 10-17 胆固醇的代谢转变

1)血中胆固醇的一部分运送到组织,成为细胞膜的组成成分
2)胆固醇可以经修饰后转变为 7-脱氢胆固醇,后者在紫外线照射下,在动物皮下转变为维生素 D_3
3)机体合成的约 2/5 的胆固醇在肝实质细胞中经羟化酶作用转化为胆酸和脱氧胆酸,它们再与甘氨酸、牛磺酸等结合成甘氨胆酸、牛磺胆酸、甘氨鹅脱氧胆酸、牛磺鹅脱氧胆酸等。以胆酸盐的形式,由胆道排入小肠
4)在肾上腺合成醛固酮、皮质醇等肾上腺类固醇激素
5)在性腺合成雌二醇、孕酮、睾丸酮等固醇类性激素

表 10-18 胆固醇合成的调节

HMGCoA 还原酶是胆固醇合成的限速酶,多种因素可以通过调节 HMGCoA 还原酶的产生从而影响胆固醇合成的速度	
低密度脂蛋白(LDL)-受体复合物的调节	阻断 LDL-受体蛋白的合成,减少胆固醇的细胞内吞
激素的调节	胰岛素和甲状腺素能诱导肝中 HMGCoA 还原酶的合成
	胰高血糖素及皮质醇可抑制和降低 HMGCoA 还原酶的活性
饥饿与禁食	可以使 HMGCoA 还原酶的合成减少,活性下降,肝脏中胆固醇的合成大幅度下降
加速胆固醇转变为胆汁酸	某些药物如消胆胺和纤维素多的食物,有利于胆汁酸的排出,减少胆汁酸经肠肝循环的重吸收,加速胆固醇在肝中转化为胆汁酸,从而降低血清胆固醇水平

第五部分 脂类在体内的转运

游离脂肪酸(FFA)和血浆清蛋白结合起来形成可溶性复合体运输,其余脂类都是以血浆脂蛋白(lipoprotein)的形式运输的。

表 10-19 血脂和血浆脂蛋白

项目	主要内容
血脂	指血浆中所含的脂质,包括甘油三酯、磷脂、胆固醇及其酯和游离脂肪酸。血脂的含量随生理状态不同而改变,动物品种、饲养状况、年龄、性别等都可以影响血脂的组成和水平
血浆脂蛋白	由载脂蛋白、甘油三酯、磷脂、胆固醇及其酯等成分组成
	不同种类的血浆脂蛋白具有大致相似的球状结构。疏水的甘油三酯、胆固醇酯处于脂蛋白球的内核中,即非极性基团朝向疏水的内核
	兼有极性与非极性基团的载脂蛋白、磷脂和胆固醇则以单分子层覆盖于脂蛋白球的表面,即极性的基团朝向脂蛋白球的外侧

续表 10-19

项目	主要内容
载脂蛋白（apoprotein，apo）	参与脂蛋白形成的蛋白质。有 apo A、B、C、D 和 E 等类型
	其多具有双性的 α-螺旋结构。其中不带电荷的疏水氨基酸残基分布在螺旋的非极性一侧，带电荷的亲水氨基酸残基分布在螺旋的极性一侧
血浆脂蛋白分类	乳糜微粒（CM）：小肠黏膜细胞合成。转运外源性甘油三酯及胆固醇
	极低密度脂蛋白（VLDL）：肝细胞合成。转运内源性甘油三酯及胆固醇
	低密度脂蛋白（LDL）：血浆合成。转运内源性胆固醇
	高密度脂蛋白（HDL）：肝、肠、血浆合成。逆向转运胆固醇

【练习与自测题】

名词解释

1. 脂类（lipid）
2. 必需脂肪酸（essential fatty acid）
3. 脂肪动员（adipokinetic action）
4. 甘油的代谢（glycerin metabolism）
5. 脂肪酸的 β-氧化（β-oxidation of fatty acid）
6. 酮体（ketone body）
7. 生酮作用 （ketogenesis）
8. 解酮作用（ketolysis）
9. 酮病（ketosis）
10. 脂酰基载体蛋白（acyl carrier protein，ACP）
11. 血浆脂蛋白（lipoprotein）
12. 载脂蛋白（apolipoprotein，apo）
13. 磷脂（phospholipid，PL）
14. 磷脂代谢（metabolism of phospholipid）
15. 乳糜微粒（CM）
16. 极低密度脂蛋白（VLDL）
17. 低密度脂蛋白（LDL）
18. 高密度脂蛋白（HDL）

单项选择题

A1 型题

为单项选择题，属于最佳选择题类型。每道试题由一个题干和四个备选答案组成，其中只有一个是最符合题目要求的。

1. 下列除(　　)外，都属于类脂。

A. 磷脂　B. 糖脂　C. 胆固醇　D. 脂肪酸

2. 脂肪动员的限速酶是(　　)。

A. HSL　B. LPL　C. ACC　D. FAS

3. 下列关于脂肪酸 β-氧化的叙述不正确的是(　　)。

A. 脂肪酸 β-氧化的限速酶是肉碱脂酰基转移酶 Ⅰ

B. FFA 需要被活化

C. β-氧化的场所在线粒体

D. 不饱和 FA 不能进行 β-氧化

4. 奇数脂肪酸经 β-氧化，除生成乙酰 CoA 外，还有(　　)。

A. 丙酰 CoA　B. 丁酰 CoA　C. 琥珀酰 CoA　D. 乙酰乙酰 CoA

5. 1 分子丁酸经 β-氧化彻底氧化净生成多少分子 ATP？(　　)

A. 20　B. 22　C. 24　D. 30

6. 酮体包括(　　)。

A. 乙酰乙酸、β-酮丁酸和丙酮酸　B. 乙酰乙酸、β-酮丁酸和丙酮

C. 乙酰乙酸、β-羟丁酸和丙酮　D. 乙酰乙酰 CoA、β-酮丁酸和丙酮酸

7. 长期饥饿时，大脑的能量来源主要是(　　)。

A. 酮体　B. 糖原　C. 甘油　D. 葡萄糖

8. 下列哪种物质是乙酰 CoA 羧化酶的辅酶？(　　)

A. TPP^+　B. FH_4　C. 生物素　D. FAD

9. 脂肪酸合成的限速酶是(　　)。

A. 脂肪酸合成酶复合体　B. 乙酰 CoA 羧化酶

C. 柠檬酸裂解酶　D. 肉碱转移酶

10. 在胞浆内不能进行下列哪种代谢反应？(　　)

A. 脂肪酸合成　B. 糖原合成与分解　C. 磷酸戊糖途径　D. 脂肪酸 β-氧化

11. 下列哪两种为人或动物体内多不饱和脂肪酸？(　　)

A. 亚油酸，亚麻油酸　B. 油酸，亚麻油酸　C. 亚油酸，油酸　D. 油酸，软脂酸

12. 能合成前列腺素的脂肪酸是(　　)。

A. 花生四烯酸　B. 亚油酸　C. 软脂酸　D. 硬脂酸

13. 下列哪种物质没有参与脂肪组织中脂肪的合成？(　　)

A. 磷脂酸　B. 乙酰 CoA　C. 甘油二酯　D. α-磷酸甘油

14. 下列作为卵磷脂和脑磷脂合成的共同前体是(　　)。

A. Ser　B. SAM　C. Gly　D. CTP

15. 含有胆碱的磷脂是（　　）。

A. 脑磷脂　　B. 卵磷脂　　C. 心磷脂　　D. 鞘磷脂

16. 卵磷脂中含有的含氮化合物是（　　）。

A. 磷酸吡哆醛　　B. 胆胺　　C. 胆碱　　D. 谷氨酰胺

17. 乙酰 CoA 不能转变成下列哪种物质？（　　）

A. 胆固醇　　B. 脂肪酸　　C. 丙二酰 CoA　　D. 丙酮酸

18. 胆固醇是下列哪种化合物的前体分子？（　　）。

A. 辅酶 A　　B. 辅酶 Q　　C. 维生素 A　　D. 维生素 D

19. FFA 在血液中的运输方式是（　　）。

A. 直接由血液运输　　B. 与清蛋白结合运输

C. 与球蛋白结合运输　　D. 与载脂蛋白结合运输

20. 血液中转运内源甘油三酯的脂蛋白是（　　）。

A. LDL　　B. VLDL　　C. CM　　D. HDL

21. 血液中转运外源甘油三酯及胆固醇的脂蛋白是（　　）。

A. LDL　　B. VLDL　　C. CM　　D. HDL

A2 型题

每道题由一个叙述性的简要主题作为题干和四个备选答案组成。A、B、C、D 四个答案中只有一个是最佳答案。

1. 脂类是脂肪和类脂的总称。脂肪由甘油的三个羟基与三个脂肪酸缩合而成，又称甘油三酯。类脂则包括（　　）、糖脂、胆固醇及其酯。

A. 膜脂　　B. 磷脂　　C. 脂蛋白　　D. 谷胱甘肽

2. 禁食、饥饿或交感神经兴奋时，肾上腺素、去甲肾上腺素和胰高血糖素分泌增加，激活激素敏感脂酶，在激素敏感脂酶作用下，贮存在脂肪细胞中的脂肪被水解为游离脂肪酸和甘油并释放入血液，被其他组织氧化利用，这一过程称为（　　）。

A. 脂肪动员　　B. 脂肪氧化　　C. 脂肪合成　　D. 脂肪转移

3. 脂肪酸分解的 β-氧化过程是在线粒体中进行的。胞液中的脂肪酸需先活化为脂酰 CoA，然后由（　　）转运至线粒体中进行 β-氧化分解。

A. 肉碱　　B. 脂蛋白　　C. 柠檬酸　　D. 丙酮酸

4. 脂肪酸的合成主要在胞液中进行。合成脂肪酸的直接原料是乙酰 CoA，主要来自葡萄糖的分解。在非反刍动物，乙酰 CoA 须从线粒体内转移到线粒体外的胞液中才能被利用，将乙酰基从线粒体内转到胞浆中的化合物是（　　）。

A. 柠檬酸　　B. 乙酰肉碱　　C. 磷酸甘油　　D. 苹果酸

5. 含磷酸的类脂称为磷脂。动物体内有甘油磷脂和鞘磷脂两类，并以甘油磷脂为多，如卵磷脂、脑磷脂、丝氨酸磷脂和肌醇磷脂等。脑磷脂中含有的含氮化合物是（　　）。

A. 谷氨酸　　B. 谷氨酰胺　　C. 胆碱　　D. 胆胺

6. 甘油磷脂是两性分子，甘油分子中的两个（　　）形成疏水的非极性尾，而 C-3 位上的磷酸或取代基团，是亲水的极性头部。

A. 脂酰基　　B. 羟基　　C. 脂肪酸　　D. 胆固醇

7. 血脂是指血浆中所含的脂质，包括甘油三酯、磷脂、胆固醇及其酯以及游离脂肪酸。脂类不溶于水，不能以游离的形式运输，而必须以某种方式与蛋白质结合起来才能在血浆中转运。游离脂肪酸和血浆清蛋白结合形成可溶性复合体运输，其余的脂类都是以(　　)的形式运输。

A. 血浆脂蛋白　B. 谷氨酰胺　C. 糖蛋白　D. 血浆球蛋白

8. 乙酰 CoA 是糖、脂代谢中非常重要的中间代谢物，下面代谢反应除哪个外，都与其有关？(　　)

A. 糖原的合成　B. 酮体的生成　C. 脂肪酸合成　D. 胆固醇合成

9. 在有些情况下，如持续的低血糖(饥饿或废食)导致脂肪大量动员，血中的酮体增加，肝中产生的酮体多于肝外组织的消耗量，超过了肝外组织所能利用的限度，使血液和尿中的酮体升高，导致动物酸碱平衡失调，引起(　　)。

A. 酮体堆积　B. 酮病　C. 氨中毒　D. 酮体中毒

10. 血中的胆固醇，一部分运送到组织，构成细胞膜的组成成分。大部分胆固醇在体内转化，参与体内许多生理活性物质的组成，如是组成下列除(　　)外的前体物质。

A. 醛固酮、皮质醇等肾上腺类固醇激素　B. 胆酸和脱氧胆酸等

C. 葡萄糖和脂肪酸　D. 雌二醇、孕酮、睾丸酮等性激素

11. 合成脑磷脂和卵磷脂有氨基酸参与，下列哪个氨基酸参与了脑磷脂和卵磷脂的合成？(　　)

A. Ser　B. Met　C. Asp　D. Gly

12. 无论是乙醇胺或是胆碱在掺入到脑磷脂或卵磷脂分子中去之前，都须进一步活化。它们除了被 ATP 首先磷酸化以外，还需利用(　　)发生转胞苷反应被活化。

A. TTP　B. CTP　C. UTP　D. GTP

A3 型题

2～3 个相关的问题，每个问题均与开始的题干有关。每个问题均有四个备选答案，需要选择一个最佳答案。

(1～3 题共用题干)脂肪代谢是指动物体内脂肪的分解和合成代谢。动物在摄入供能物质超过能量消耗时，多余部分可合成或转变为脂肪储存，而在摄入供能物质不足时，则动用储存脂肪分解供能。故脂肪代谢可受机体生理和营养状况等多种因素的影响，并与糖、蛋白质代谢有密切关系。

1. 哺乳动物脂肪合成部位主要在(　　)，由脂酰辅酶 A 与磷酸甘油缩合而成。

A. 肾脏　B. 心脏　C. 肝脏　D. 脂肪组织

2. 脂肪的分解受(　　)的作用，其活性受到肾上腺素、去甲肾上腺素和胰高血糖素的调控。

A. 乙酰 CoA 羧化酶　B. 肉碱转移酶

C. 激素敏感脂酶　D. 柠檬酸脱氢酶

3. 脂肪分解的主要产物是(　　)和脂肪酸，它们被从脂肪组织送往其他组织氧化和利用。

A. 乙酰 CoA　B. 葡萄糖　C. 甘油　D. 氨基酸

(4～6 题共用题干)1904 年 Knoop 实验提出脂肪酸在体内发生氧化分解，β-氧化是脂肪酸分解的主要方式。

4. 脂肪酸在体内的氧化分解是从羧基端的(　　)。

A. β-碳原子开始的　　B. α-碳原子开始的

C. ω-碳原子开始的　　D. 甲基端

5. β-氧化是在细胞的(　　)进行的。

A. 内质网　　B. 胞液　　C. 微粒体　　D. 线粒体

6. 每经过一次 β-氧化，产生一个二碳单位和比原来少两个碳原子的脂酰 CoA，此二碳单位即是(　　)。

A. 乙酰 CoA　　B. 柠檬酸　　C. 乙酸　　D. 乳糖

(7～9 题共用题干)脂肪酸在氧化前也需要被活化，然后转运到线粒体进行氧化。

7. 脂肪酸的活化是在(　　)进行的。

A. 胞液　　B. 线粒体　　C. 微粒体　　D. 内质网

8. 脂肪酸的活性形式为(　　)。

A. 肉碱　　B. 脂酰 CoA

C. 柠檬酸　　D. 丙酮酸

9. 转运到线粒体的过程是由(　　)催化进行的。

A. 肉碱转移酶　　B. 乙酰 CoA 羧化酶

C. 脂酰 CoA 合成酶　　D. 内质网

(10～12 题共用题干)酮体是脂肪酸分解的特殊中间产物。酮体溶于水，分子小，能通过肌肉毛细血管壁和血脑屏障，是肝脏输出能源的一种形式，是易于被肌肉和脑组织利用的能源物质。

10. 酮体的生成主要是在肝细胞的(　　)中进行的。

A. 线粒体　　B. 内质网　　C. 胞液　　D. 细胞核

11. 酮体生成的原料是脂肪酸 β-氧化产生的(　　)。

A. 脂酰 CoA　　B. 脂肪酸　　C. 乙酰 CoA　　D. 丙酰 CoA

12. 酮体生成的关键酶是(　　)。

A. HMGCoA 还原酶　　B. HMGCoA 合成酶

C. HMGCoA 裂解酶　　D. 以上都不是

(13～15 题共用题干)胆固醇是一种以环戊烷多氢菲为母核的固醇类化合物，动物机体的几乎所有组织都可以合成胆固醇，其中肝是合成胆固醇的主要场所。

13. 其合成原料是(　　)。

A. 乙酰 CoA　　B. 脂肪酸　　C. 氨基酸　　D. 葡萄糖

14. 合成通路的主要调节部位是(　　)所催化的反应。

A. HMGCoA 裂解酶　　B. HMGCoA 合成酶

C. 乙酰 CoA 羧化酶　　D. HMGCoA 还原酶

15. 合成部位在(　　)。

A. 胞液　　B. 线粒体　　C. 细胞膜　　D. 细胞核

(16～18 题共用题干)磷脂是指含磷的脂类。按其组成结构分为甘油磷脂和鞘磷脂。动物机体的几乎所有组织都可以合成甘油磷脂，其中肝是合成磷脂的主要场所。

16. 含有胆碱的甘油磷脂是(　　)。

A. 卵磷脂　　B. 脑磷脂　　C. 心磷脂　　D. 磷脂酸

17. 在磷脂的合成过程中，胆碱的活性形式是(　　)。

A. CDP-胆碱　　B. ADP-胆碱　　C. UDP-胆碱　　D. GDP-胆碱

18. 胆碱合成中的3个甲基是由(　　)提供的。

A. FH_4　　B. SAM　　C. 葡萄糖　　D. 胸腺嘧啶

(19～21题共用题干)脂肪酸是合成脂肪的前体分子，脂肪酸的合成主要在胞液中进行。合成脂肪酸的直接原料是乙酰CoA，因此，凡能生成乙酰CoA的物质都是脂肪酸合成的碳源，糖就是主要的碳源。

19. 脂肪酸合成原料乙酰CoA需要从线粒体转运到胞液，转运通过(　　)。

A. 肉碱系统　　B. 柠檬酸-丙酮酸循环

C. NADH-苹果酸穿梭　　D. α-磷酸甘油穿梭

20. 催化转运到胞液的乙酰CoA合成脂肪酸的酶是(　　)。

A. 脂肪酸合成酶复合体　　B. 乙酰CoA羧化酶

C. 胆碱转移酶　　D. 硫酯酶

21. 脂肪酸合成中碳链延长需要的氢是由(　　)提供的。

A. NADPH　　B. NADH　　C. $FADH_2$　　D. $FMNH_2$

(22～24题共用题干)在动物体内的脂肪酸，虽然绝大多数都是含有偶数碳原子的，但含有奇数碳原子的脂肪酸的代谢也很重要。长链奇数碳原子的脂肪酸在开始分解时也和偶数碳原子脂肪酸一样，每经过一次β-氧化水解下来2个碳原子。但当分解进行到只剩下末端3个碳原子，即丙酰CoA时，就不再进行β-氧化，而是被羧化生成甲基丙二酸单酰CoA，继续进行代谢。

22. 催化生成甲基丙二酸单酰CoA的酶是(　　)。

A. 脂肪酸合成酶复合体　　B. 乙酰CoA羧化酶

C. 丙酰CoA羧化酶　　D. 硫酯酶

23. 甲基丙二酸单酰CoA在甲基丙二酸单酰CoA变位酶的催化下，转变为(　　)。

A. 琥珀酰CoA　　B. 乙酰CoA　　C. 丙酰CoA　　D. 硫酯酶

24. 反刍动物体内的葡萄糖，约有50%来自(　　)的异生作用。

A. 丙酸　　B. 乙酸　　C. 丁酸　　D. 甘油

(25～27题共用题干)酮体的生成和胆固醇的合成的原料都是乙酰CoA，途径中都有HMGCoA合成酶，二者不同之处在于：

25. 胆固醇合成的关键酶是(　　)。

A. HMGCoA合成酶　　B. HMGCoA还原酶

C. HMGCoA裂解酶　　D. 硫解酶

26. 酮体合成的关键酶是(　　)。

A. HMGCoA合成酶　　B. HMGCoA还原酶

C. HMGCoA裂解酶　　D. 硫解酶

27. 胆固醇合成在细胞的胞液中，酮体合成则在肝脏的(　　)。

A. 胞液　　B. 线粒体　　C. 细胞核　　D. 细胞膜

(28～30题共用题干)脂类不溶于水，因此不能以游离的形式运输，而必须以某种方式与蛋白质结合起来才能在血浆中转运。现已证明，除了游离脂肪酸是和血浆清蛋白结合起来，形成可溶性复合体运输以外，其余的都是以血浆脂蛋白的形式运输的。

28. 转运外源性甘油三酯及胆固醇的脂蛋白是（　　）。

A. HDL　　B. LDL　　C. CM　　D. VLDL

29. 主要转运内源性胆固醇的脂蛋白是（　　）。

A. HDL　　B. LDL　　C. CM　　D. VLDL

30. 逆向转运胆固醇，被称为体内胆固醇的"清扫机"的是（　　）。

A. HDL　　B. LDL　　C. CM　　D. VLDL

B1 型题

属于标准伍配单项选择题。开始给出 4 个备选答案，之后 2～6 个题干构成一组试题，要求从 4 个备选答案中为这些题干选择一个与其关系密切的答案。在这组试题中，每个备选答案可以被选一次、两次和多次，也可以不选用。

（1～3 题共用备选答案）

A. 丙酮酸　　B. 乙酰 CoA　　C. 草酰乙酸　　D. α-磷酸甘油

1. 脂肪酸从头合成 2C 单位的供体是（　　）。

2. 三羧酸循环的中间物是（　　）。

3. 可以直接用于合成甘油三酯的前体分子是（　　）。

（4～6 题共用备选答案）

A. 载脂蛋白　　B. 脂酰基载体蛋白

C. 高密度脂蛋白　　D. 甘油二酯

4. 与细胞信号传导中介作用有关的是（　　）。

5. 可以作为脂酰基载体的是（　　）。

6. 脂蛋白中的蛋白质是（　　）。

（7～9 题共用备选答案）

A. 磷酸化酶　　B. 磷酸酶　　C. 磷脂酶　　D. 蛋白激酶

7. 催化糖原分解的酶是（　　）。

8. 催化磷脂分解的酶是（　　）。

9. 催化底物脱磷酸的酶是（　　）。

（10～12 题共用备选答案）

A. 脂酰 CoA 脱氢酶　　B. 烯脂酰 CoA 水化酶

C. 酮脂酰 CoA 硫解酶　　D. 羟脂酰 CoA 脱氢酶

10. 以 FAD 作为辅因子的酶是（　　）。

11. 以 NAD^+ 作为辅酶的酶是（　　）。

12. 产生乙酰 CoA 的酶是（　　）。

（13～15 题共用备选答案）

A. 脂酰 CoA 脱氢酶　　B. 乙酰 CoA 羧化酶

C. 心脏 HMGCoA 合成酶　　D. 肉碱脂酰基转移酶 Ⅰ

13. 存在于线粒体内膜上的酶是（　　）。

14. 存在于胞液中的酶是（　　）。

15. 存在于线粒体基质中的酶是(　　)。

(16～18 题共用备选答案)

A. HMGCoA 裂解酶　　B. 乙酰 CoA 羧化酶

C. HMGCoA 还原酶　　D. 肉碱脂酰基转移酶 Ⅰ

16. 脂肪酸合成代谢的关键酶是(　　)。

17. 脂肪酸分解代谢的关键酶是(　　)。

18. 胆固醇合成代谢的关键酶是(　　)。

(19～21 题共用备选答案)

A. 胆碱　　B. 胆胺　　C. SAM　　D. GTP

19. 参与脑磷脂合成的是(　　)。

20. 作为甲基供体的是(　　)。

21. 与甘油磷脂合成无关的是(　　)。

(22～24 题共用备选答案)

A. TTP　　B. GTP　　C. UTP　　D. CTP

22. 参与磷脂合成的是(　　)。

23. 参与糖原合成的是(　　)。

24. 参与蛋白质合成的是(　　)。

填空题

1. 动物机体的脂类分为______和______两大类。脂肪,即__________,主要是储脂;类脂是指除脂肪以外的其他脂类,包括______、______、__________,是组织脂的主要成分。

2. 脂肪动员是指脂肪组织中的脂肪在______________作用下水解为__________和________并释放入血液供其他组织利用的过程。

3. 脂肪酸的 β-氧化是指脂肪酸的分解氧化发生在__________,每次降解生成一个__________和比原来少两个碳原子的__________的循环往复过程。脂肪酸的 β-氧化在______________中进行。

4. 偶数脂肪酸分解代谢的终产物是__________,不能净生成糖。奇数脂肪酸分解代谢可得到__________,可通过异生途径生成葡萄糖。

5. 酮体是__________,是脂肪酸在肝中分解氧化时产生的特有的中间代谢物,包括__________、__________和__________。酮体在__________中由乙酰 CoA 缩合生成,在__________中利用。

6. 酮体主要是在肝细胞__________中由____________缩合而成,并以__________________________为重要的中间产物。酮体生成的全套酶系位于______________的内膜或基质中,其中______________是此途径的限速酶。

7. 脂肪酸的合成主要在________中进行。合成脂肪酸的直接原料是__________,线粒体中的__________通过________________转运入胞液,由__________供氢,在________________催化下合成。

8. 动物体内多个双键的不饱和脂肪酸必须从食物中来,称为__________,包括__________、__________和______________。它们是__________、__________和

__________等生理活性物质的前体。

9. 机体内合成甘油三酯的主要器官是______、__________和________________。家畜主要在__________中合成甘油三酯，家禽主要在________中合成甘油三酯。家畜家禽合成甘油三酯时，都以__________和__________为原料。

10. 甘油三酯合成的途径有__________和__________途径。前者主要在____________合成内源 TG；后者主要在__________合成外源 TG。

11. 磷脂是指含有__________的脂类。代表性的甘油磷脂有________________和________________。合成甘油磷脂需要 ATP 和________提供能量，氨基酸中________参与甘油磷脂的合成。

12. 胆固醇是含有________的固醇类物质。主要在肝的__________中合成，合成原料是____________，合成需要的氢由__________提供，__________是途径的关键酶，受胆固醇的反馈抑制。

13. 血脂是指血液中的____________。包括____________、____________、________________和__________。__________是血脂的运输方式，包括________________、____________________、____________________和____________________。

简答题

1. 何谓脂类？它有哪些生理功能？
2. 简述脂肪动员的过程、关键酶及影响因素。
3. Knoop 用苯基标记末端的偶数或奇数脂肪酸饲喂犬，然后分析其尿中的代谢产物，得出的两个结论是什么？
4. 简述肉碱将脂酰 CoA 从胞液转移至线粒体内的机制。
5. 动物体内脂肪酸分解代谢的主要途径为何？产物是什么？
6. 简要叙述酮体和酮体的代谢。
7. 比较脂肪酸分解和合成途径的主要区别。
8. 脂类代谢中哪些途径与 HMGCoA 有关？
9. 简述柠檬酸-丙酮酸循环的反应途径及其意义。
10. 简述胆固醇重要的生理功能。
11. 简述磷脂的分类和主要的生物学功能。

论述题

1. 写出甘油转变成葡萄糖的过程。计算其彻底氧化产生的 ATP 摩尔数。
2. 试述酮病及其产生的主要原因。
3. 用图解简略表示丙酸的氧化过程，其对反刍动物有何意义？
4. 试述软脂酸（棕榈酸 16:0）的合成过程。
5. 参与甘油磷脂降解的磷脂酶有哪些？分别作用于哪些基团？得到哪些产物？
6. 试述血浆脂蛋白的组成、分类和生理功能。
7. 甘油磷脂主要包括哪几类？合成部位、原料和途径怎样？

8. 试述胆固醇合成的部位、原料、过程和关键酶。

9. 计算1 mol辛烯酸彻底氧化产生ATP的摩尔数。

【习题参考答案】

名词解释

1. 脂类(lipid):是脂肪和类脂的总称。脂肪由甘油的三个羟基与三个脂肪酸缩合而成,又称甘油三酯;类脂则包括磷脂、糖脂、胆固醇及其酯。

2. 必需脂肪酸(essential fatty acid):动物必须从饲料中获得的亚油酸、亚麻油酸和花生四烯酸等多不饱和脂肪酸,称为必需脂肪酸。它们是组成细胞膜上磷脂、胆固醇酯和血浆脂蛋白的重要成分,还可以转变成前列腺素、血栓素和白三烯等生物活性物质。

3. 脂肪动员(adipokinetic action):在激素敏感脂酶作用下,贮存在脂肪细胞中的脂肪被水解为游离脂肪酸和甘油并释放入血液,被其他组织氧化利用,这一过程称为脂肪动员。

4. 甘油的代谢(glycerin metabolism):脂肪组织分解释放的甘油运送至肝脏,在甘油磷酸激酶催化下,使甘油磷酸化生成α-磷酸甘油,然后转变成磷酸二羟丙酮,进入糖代谢途径分解或转变。

5. 脂肪酸的β-氧化(β-oxidation of fatty acid):指脂肪酸活化为脂酰CoA,脂酰CoA进入线粒体基质后,依次进行脱氢、水化、再脱氢和硫解四步连续反应,释放出一分子乙酰CoA和一分子比原来少两个碳原子的脂酰CoA。由于反应在脂酰CoA的α、β碳原子之间进行,最后β碳原子被氧化为酰基,所以称为β-氧化。

6. 酮体(ketone body):是脂肪酸分解的特殊中间产物,包括乙酰乙酸、β-羟丁酸和丙酮三种小分子。

7. 生酮作用(ketogenesis):酮体在肝内生成与肝外分解利用的过程。以乙酰CoA为原料,在肝细胞线粒体酶体系的催化下,缩合成β-羟-β-甲基戊二酸单酰CoA(HMGCoA),然后裂解转变成乙酰乙酸、β-羟丁酸和微量的丙酮。

8. 解酮作用(ketolysis):由于肝内缺乏硫解酶,酮体的分解需在肝外组织中进行,最终转变成乙酰CoA进入三羧酸循环途径氧化供能。动物在禁食、缺糖或糖的有氧氧化受阻时,由于脂肪的大量动员,脂肪酸氧化加剧,酮体生成也显著增加。

9. 酮病(ketosis):反刍兽由于碳水化合物和挥发性脂肪酸代谢障碍,发生以血酮增高和血糖降低为主征的代谢病。临床上分为营养性酮病、自发性酮病和继发性酮病。病因是摄入碳水化合物和能量严重不足,致使糖的异生物质减少或供应中断所致。

10. 脂酰基载体蛋白(acyl carrier protein,ACP):大肠杆菌的ACP是一个由77个氨基酸构成,分子量为10 000的热稳定蛋白。其丝氨酸(Ser36)羟基与4′-磷酸泛酰巯基乙胺(4′-phosphopantetheine)上的磷酸基团相连,如同连上个“长臂”,在脂肪酸合成中,脂酰基通过与4′-磷酸泛酰巯基乙胺上的巯基酯化而相连。于是ACP上的这个“长臂”携带着脂肪酸合成过程中的各个中间物从一个酶的活性位置转向另一个酶的活性位置。

11. 血浆脂蛋白(lipoprotein):非蛋白部分为脂类的结合蛋白。血浆脂蛋白为动物体内血脂的运输形式,由载脂蛋白和脂类包裹成颗粒,主要有乳糜微粒、极低密度脂蛋白、低密度脂蛋白和高密度脂蛋白。

12. 载脂蛋白(apolipoprotein, apo):参与脂蛋白形成的蛋白,有 apo A、B、C、D 和 E 等类型。每类中又有不同的种类,已知有近 20 种。它们大多具有双性的 α-螺旋结构。其不带电荷的疏水氨基酸残基分布在螺旋的非极性一侧,带电荷的亲水氨基酸残基分布在螺旋的极性一侧。这种双性 α-螺旋结构有利于载脂蛋白与脂质的结合并稳定脂蛋白的结构。

13. 磷脂(phospholipid, PL):存在于生物体内的含磷脂类。包括以甘油为基础的甘油磷脂和以鞘氨醇为基础的鞘磷脂两大类。属于前一类的如卵磷脂、脑磷脂等。属于后一类的如神经鞘磷脂等。磷脂因其分子结构中既有亲水的极性部分,又有疏水的非极性部分,在水相中可以形成双分子层,而成为生物膜的基本结构。此外,它也是组成血浆脂蛋白的成分,在脂肪的吸收、运转以及储存不饱和脂肪酸中起重要作用。神经鞘磷脂还与蛋白质及多糖等形成神经纤维和轴突的保护层。

14. 磷脂代谢(metabolism of phospholipid):动物体内磷脂合成与分解的过程。体内各组织都能合成与分解磷脂,以肝脏的更新率最快。各类甘油磷脂和神经磷脂的合成分别以磷脂酸和鞘氨醇为中间体,需要脂酰 CoA、甘油、胆碱、胆胺等原料,在 CTP 参与下进行。它们的分解由水解羧基酯键和磷酸酯键的特异的酶催化,如分解卵磷脂的卵磷脂酶 A 和 B 等,其水解产物可再进入有关的途径代谢。

15. 乳糜微粒(CM):是运输外源(来自肠道吸收的)甘油三酯和胆固醇的脂蛋白形式。新生 CM 通过淋巴管进入血液。当 CM 到达肌肉、心和脂肪等组织时,黏附在微血管的内皮细胞表面,并由脂蛋白脂肪酶水解释出脂肪酸,被肌肉、心和脂肪组织摄取利用。

16. 极低密度脂蛋白(VLDL):功能与 CM 相似,其不同之处是把内源的,即肝内合成的甘油三酯、磷脂、胆固醇与载脂蛋白结合形成脂蛋白,运到肝外组织去贮存或利用。

17. 低密度脂蛋白(LDL):由 CM 与 VLDL 的代谢残余物合并而成。富含胆固醇,因此它是向组织转运肝脏合成的内源胆固醇的主要形式。当血浆中的 LDL 与组织细胞表面的 LDL 受体结合后,形成 LDL-受体复合物,然后通过胞吞作用将此复合体摄入胞内,由溶酶体中的水解酶将 LDL 降解,其中的蛋白质被水解成氨基酸,胆固醇酯则水解成胆固醇和脂肪酸。释放的胆固醇在细胞中进行生物转化,同时反馈调节胆固醇的合成。

18. 高密度脂蛋白(HDL):主要在肝脏和小肠内合成,其作用与 LDL 基本相反。它是机体胆固醇的"清扫机",通过胆固醇的逆向转运,把外周组织中衰老细胞膜上的以及血浆中的胆固醇运回肝脏代谢。

单项选择题

A1 型题 1. D 2. A 3. D 4. A 5. B 6. C 7. A 8. C 9. B 10. D 11. A 12. A 13. B 14. A 15. B 16. C 17. D 18. D 19. B 20. B 21. C

A2 型题 1. B 2. A 3. A 4. A 5. D 6. A 7. A 8. A 9. B 10. C 11. A 12. B

A3 型题 1. D 2. C 3. C 4. A 5. D 6. A 7. A 8. B 9. A 10. A 11. C 12. B 13. A 14. D 15. A 16. A 17. A 18. B 19. B 20. A 21. A 22. C 23. A 24. A 25. B 26. A 27. B 28. C 29. D 30. A

B1 型题 1. B 2. C 3. D 4. D 5. B 6. A 7. A 8. C 9. B 10. A 11. D 12. C 13. D 14. B 15. A 16. B 17. D 18. C 19. B 20. C 21. D 22. D 23. C 24. B

填空题

1. 脂肪，类脂；甘油三酯；磷脂，糖脂，胆固醇及其酯。

2. 激素敏感脂酶，脂肪酸，甘油。

3. β-碳原子，乙酰 CoA，脂酰 CoA；线粒体的基质。

4. 乙酰 CoA，丙酰 CoA。

5. 一类小分子有机酸；乙酰乙酸，β-羟丁酸，丙酮；肝脏，肝外组织。

6. 线粒体，乙酰 CoA，β-羟-β-甲基戊二酸单酰 CoA（HMGCoA）；肝细胞线粒体，HMG-CoA 合成酶。

7. 胞液，乙酰 CoA，乙酰 CoA，柠檬酸-丙酮酸循环，NADPH，脂肪酸合成酶系。

8. 必需脂肪酸；亚油酸，亚麻油酸，花生四烯酸；白三烯，血栓素，前列腺素。

9. 肝脏，脂肪组织，小肠黏膜上皮；脂肪组织，肝脏；脂酰 CoA，α-磷酸甘油。

10. 甘油二酯，甘油一酯；脂肪组织，小肠黏膜。

11. 磷酸；卵磷脂（胆碱磷脂），脑磷脂（胆胺磷脂），CTP，Ser。

12. 27C，胞液，乙酰 CoA，NADPH，HMGCoA 还原酶。

13. 脂类；甘油三酯，卵磷脂，胆固醇及其酯，游离脂肪酸；脂蛋白，乳糜微粒，极低密度脂蛋白（VLDL），低密度脂蛋白（LDL），高密度脂蛋白（HDL）。

简答题

1. 答题要点：

1）脂类是不溶或微溶于水而易溶于有机溶剂的一类有机化合物。为中性脂肪和类脂及其衍生物的总称。

2）脂肪是体内储存能量和氧化供能的物质。

3）类脂是指除脂肪以外的其他脂类，包括磷脂、糖脂、胆固醇及其酯。磷脂、糖脂和胆固醇是构成组织细胞的膜系统的主要成分。胆固醇除参与构成生物膜和血浆脂蛋白外，还是体内类固醇激素、维生素 D 及胆汁酸的前体。磷脂的代谢中间物，如甘油二酯、肌醇磷酸可作为信号分子参与细胞代谢的调节过程。

2. 答题要点：

1）脂肪是动物体内的重要贮能物质。当机体需要时，贮存在脂肪细胞中的脂肪，被脂肪酶逐步水解为游离脂肪酸和甘油并释放入血液，被其他组织氧化利用，这一过程称为脂肪的动员。

2）在脂肪动员中，激素敏感脂酶起了决定性的作用，它是脂肪分解的限速酶，其活性受到肾上腺素、去甲肾上腺素和胰高血糖素的调控。在禁食、饥饿或交感神经兴奋时，这三种激素的分泌增加并使它激活，促进脂肪动员。相反，胰岛素等则使其活性抑制，具有对抗脂肪动员的作用。

3. 答题要点：

1904 年 Knoop 利用在体内不易降解的苯基作为标记物连接在脂肪酸的甲基末端，然后饲喂犬或兔。结果发现，如饲喂苯基标记末端的偶数碳原子脂肪酸，动物尿中的代谢物为苯乙酸，如饲喂苯基标记末端的奇数碳原子脂肪酸，则尿中发现的代谢物是苯甲酸。

他提出的 2 个结论是:脂肪酸在体内的氧化分解是从其羧基端的 β-碳原子开始的;碳链逐次断裂,每次产生一个二碳单位,即乙酰 CoA。

4. **答题要点:**

肉碱脂酰转移酶有Ⅰ、Ⅱ两种抗原性不同的同工酶,分别存在于线粒体内膜的外侧面与内侧面。位于线粒体内膜外侧面的酶Ⅰ促进脂酰基转化为脂酰肉碱,后者通过线粒体内膜上的脂酰肉碱载体转运进入膜内侧,再在酶Ⅱ的作用下转变为脂酰 CoA 并释出肉碱。

5. **答题要点:**

从羧基端 β-碳原子开始的氧化过程。它是脂肪酸在体内氧化的主要方式。包括 6 步反应:①在胞浆中脂肪酸活化成脂酰 CoA。②转入线粒体。③脱氢并产生 $FADH_2$。④加水。⑤再脱氢并产生 NADH。⑥硫解并以乙酰 CoA 的形式从脂酰 CoA 上脱下一个二碳单位。上述过程周而复始,直至整个脂酰 CoA 分解完毕。β-氧化的产物乙酰 CoA、$FADH_2$、NADH 可汇入糖有氧氧化途径和呼吸链,最终产生 CO_2、H_2O 和 ATP。

6. **答题要点:**

1)酮体是乙酰乙酸、β-羟丁酸和丙酮的总称。为一类小分子能源物质,是脂肪酸在肝分解氧化时产生的特有的中间代谢物。它们在肝脏中生成,在肝外组织,如脑、心、骨骼肌中利用。

2)酮体在肝内生成的过程:酮体的生成以乙酰 CoA 为原料,在肝细胞线粒体酶体系的催化下,缩合成 β-羟-β-甲基戊二酸单酰 CoA(HMGCoA),然后裂解转变成乙酰乙酸、β-羟丁酸和微量的丙酮。

3)酮体在肝外分解利用:酮体的分解需在肝外组织中进行,最终转变成乙酰 CoA 进入三羧酸循环氧化供能。动物在禁食、缺糖或糖的有氧氧化受阻时,由于脂肪的大量动员,脂肪酸氧化加剧,酮体生成也显著增加。

7. **答题要点:**

项目	β-氧化	FA 合成
细胞定位	线粒体	胞液
运载系统	肉碱	柠檬酸-丙酮酸循环
酰基载体	CoA-SH	ACP-SH
2C 单位参加形式	乙酰 CoA	丙二酸单酰 ACP
电子和氢传递体	FAD,NAD^+	NADPH
能量	产能	耗能
关键酶	肉碱脂酰转移酶Ⅰ	乙酰 CoA 羧化酶
合成过程	活化、转运、脱氢、水合、再脱氢、硫解	转移、缩合、还原、脱水、再还原、水解(或硫解)

8. **答题要点:**

酮体合成途径:肝细胞线粒体中 2 mol 乙酰 CoA 在硫解酶的催化下,缩合成乙酰乙酰 CoA,后者再与 1 mol 乙酰 CoA 在 β-羟-β-甲基戊二酸单酰 CoA 合成酶(HMGCoA 合成酶)的催化下缩合成 β-羟-β-甲基戊二酸单酰 CoA。

胆固醇合成途径：2 mol 乙酰 CoA 在胞液的硫解酶催化下，缩合成乙酰乙酰 CoA，然后在 β-羟-β-甲基戊二酸单酰 CoA 合成酶催化下，再与 1 mol 乙酰 CoA 缩合成 β-羟-β-甲基戊二酸单酰 CoA，即 HMGCoA。

9. 答题要点：

1）反应途径：乙酰 CoA 首先在线粒体内与草酰乙酸缩合生成柠檬酸，然后柠檬酸穿过线粒体膜进入胞液，在柠檬酸裂解酶作用下，裂解成乙酰 CoA 和草酰乙酸。进入胞液的乙酰 CoA 即可用于脂肪酸的合成，而草酰乙酸则还原成苹果酸，后者可再分解脱氢转变为丙酮酸转入线粒体，在线粒体中再羧化成为草酰乙酸，参与乙酰 CoA 的转运。

2）意义：

（1）转运乙酰 CoA：将脂肪酸合成的原料分子乙酰 CoA 由线粒体转运到胞液。

（2）转氢作用：每次循环伴有转氢作用，把 1 mol NADH＋H^+ 转变为 1 mol NADPH＋H^+。为脂肪酸合成提供氢。

10. 答题要点：

1）血中胆固醇的一部分运送到组织，构成细胞膜的组成成分。

2）胆固醇可以经修饰后转变为 7-脱氢胆固醇，后者在紫外线照射下，在动物皮下转变为维生素 D3。植物中含有的麦角固醇转变为维生素 D_2。所以家畜放牧接触日光和饲喂干草都是其获得维生素 D 的来源。

3）机体合成的约 2/5 的胆固醇在肝实质细胞中经羟化酶作用转化为胆酸和脱氧胆酸，它们再与甘氨酸、牛磺酸等结合成甘氨胆酸、牛磺胆酸、甘氨鹅脱氧胆酸、牛磺鹅脱氧胆酸等。

4）胆固醇是肾上腺皮质、睾丸和卵巢等内分泌腺合成类固醇激素的原料。

11. 答题要点：

1）磷脂是指含磷的脂类。磷脂包括甘油磷脂、鞘磷脂等。代表性的甘油磷脂有：卵磷脂（胆碱磷脂）、脑磷脂（胆胺磷脂），代表性的鞘磷脂有：神经鞘磷脂。

2）其功能主要是细胞膜的组成成分，参与脂类在体内的运输，磷脂的一些代谢物是细胞信号传导的第二信使。

论述题

1. 答题要点：

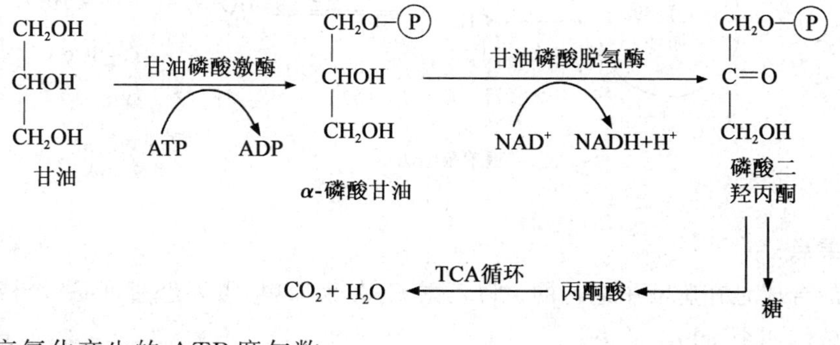

甘油彻底氧化产生的 ATP 摩尔数：

1）1 mol 甘油的活化消耗 1 mol ATP。

2）生成 1 mol 乙酰 CoA 产生 3 mol NADH＋H^+，则产生 3×2.5 mol ATP；2 次底物水平

磷酸化产生 2 mol ATP。

3)1 mol 乙酰 CoA 进入 TCA 产生 10 mol ATP。

4)共产生 18.5 mol ATP。

2.答题要点:

1)在正常情况下,血液中酮体含量很少。肝脏中产生酮体的速度和肝外组织分解酮体的速度处于动态平衡中。但在有些情况下,肝中产生的酮体多于肝外组织的消耗量,超过了肝外组织所能利用的限度,因而在体内积存,引起酮病(ketosis)。患酮病时,不仅血中酮体含量升高,酮体还可随乳、尿排出体外。由于酮体主要是酸性的物质,其大量积存的结果常导致动物酸碱平衡失调,引起酸中毒。

2)引起动物发生酮病的原因很复杂,但是其基本的生化机制可归结为糖与脂类代谢的紊乱所致。例如,持续的低血糖(饥饿或废食)导致脂肪大量动员,脂肪酸在肝中经过 β-氧化产生的乙酰 CoA 缩合形成过量的酮体,超过了机体所能利用酮体的能力,于是血中的酮体增加。这种情况在高产乳牛开始泌乳后或绵羊(尤其是双胎绵羊)妊娠后期可见到。由于泌乳和胎儿的需要,其体内葡萄糖的消耗量很大,无疑也容易造成缺糖,引起酮病。

3.答题要点:

反刍动物体内的葡萄糖约有 50%来自丙酸的异生作用,其余的大部分来自氨基酸。可见丙酸代谢对于反刍动物是非常重要的。丙酸代谢中还需要维生素 B_{12},因此反刍动物对这种维生素的需要量比其他动物大,不过瘤胃中的微生物能够合成并提供足量的维生素 B_{12}。

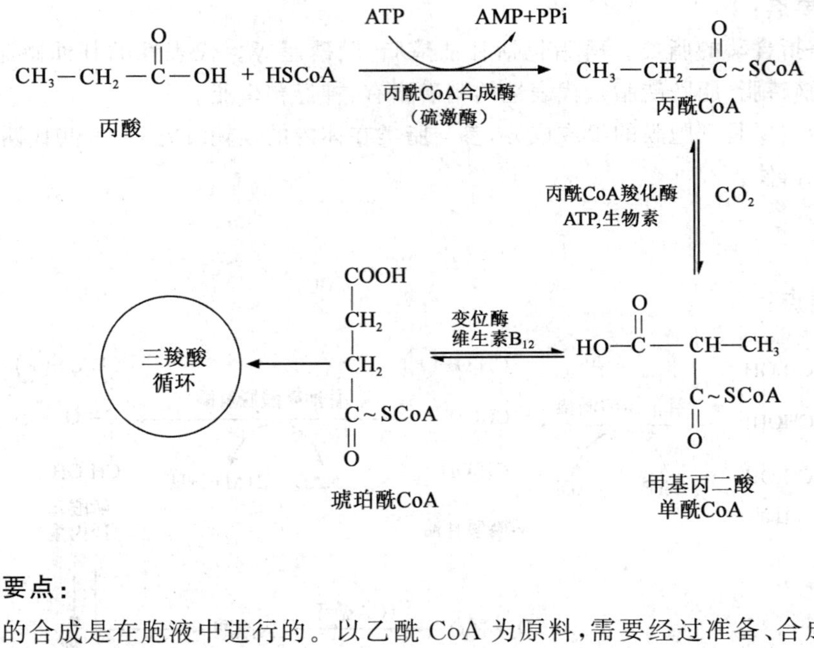

4.答题要点:

脂肪酸的合成是在胞液中进行的。以乙酰 CoA 为原料,需要经过准备、合成、再循环(延长)、水解或硫解四个阶段。

脂肪酸生物合成的反应程序如下：

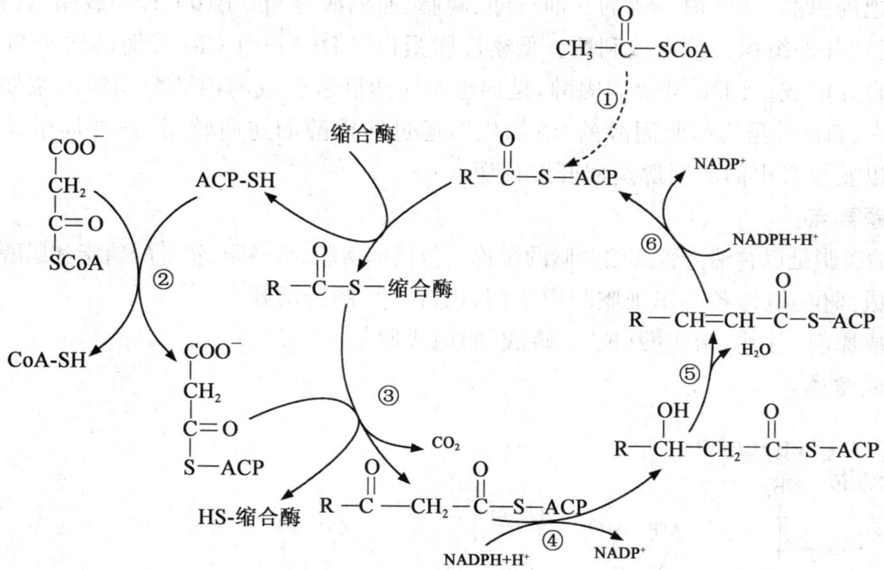

①乙酰 CoA-ACP 酰基转移酶　②丙二酸单酰 CoA-ACP 酰基转移酶
③β-酮脂酰-ACP 合成酶(缩合酶)　④β-酮脂酰-ACP 还原酶
⑤β-羟脂酰-ACP 脱水酶　⑥β-烯脂酰-S-ACP 还原酶

每次循环脂酰基都要经过转移、缩合、还原、脱水和再还原。经七次循环以后，形成最终产物棕榈酰-S-ACP。生成的棕榈酰-S-ACP 可以在硫酯酶作用下水解释放出棕榈酸。总反应为：

$$8\text{乙酰 CoA}+14NADPH+H^{+}+7ATP+H_2O \longrightarrow \text{棕榈酸}+8HSCoA+14NADP^{+}+7ADP+7Pi$$

5. 答题要点：

水解甘油磷脂的酶类称磷脂酶，它们作用于甘油磷脂分子中不同的酯键。

1)磷脂酶 A1、A2 分别作用于甘油磷脂的 1、2 位酯键，产生溶血磷脂 2 和溶血磷脂 1。

2)溶血磷脂是一类具有较强表面活性的物质，能使红细胞膜和其他细胞膜破坏引起溶血或细胞坏死。溶血磷脂 2 和 1 又可分别在磷脂酶 B_2(即溶血磷脂酶 2)和磷脂酶 B_1(即溶血磷脂酶 1)的作用下，水解脱去脂酰基生成不具有溶血性的甘油磷酸-X。磷脂酶 C 可以特异地水解甘油磷酸-X 中甘油的 3 位磷酸酯键，产物是甘油二酯及磷酸乙醇胺或磷酸胆碱。而磷酸与其取代基 X 之间的酯键可由磷脂酶 D 催化水解。

6. 答题要点：

血浆脂蛋白主要有载脂蛋白、甘油三酯、磷脂、胆固醇及其酯等成分。不同种类的血浆脂蛋白具有大致相似的球状结构。疏水的甘油三酯、胆固醇酯常处于脂蛋白球的内核中，而兼有极性与非极性基团的载脂蛋白、磷脂和胆固醇则以单分子层覆盖于脂蛋白球的表面，其非极性基团朝向疏水的内核，而极性的基团则朝向脂蛋白球的外侧。因而疏水的脂质可以在血浆的水相中运输。

利用密度梯度超速离心技术，也可以把血浆脂蛋白根据其密度由小至大分为乳糜微粒(CM)、极低密度脂蛋白(VLDL)、低密度脂蛋白(LDL)和高密度脂蛋白(HDL)四类。

乳糜微粒(CM)是运输外源甘油三酯和胆固醇的脂蛋白形式。极低密度脂蛋白(VLDL)的功能是把内源的,即肝内合成的甘油三酯、磷脂、胆固醇与apo B100、E等载脂蛋白结合形成脂蛋白,运到肝外组织去贮存或利用。低密度脂蛋白(LDL)是由CM代谢的残余与VLDL的代谢产物合并而成。LDL富含胆固醇,是向组织转运肝脏合成的内源胆固醇的主要形式。高密度脂蛋白(HDL)是机体胆固醇的"清扫机",通过胆固醇的逆向转运,把外周组织中衰老细胞膜上的以及血浆中的胆固醇运回肝脏代谢。

7.答题要点:

1)甘油磷脂是以甘油为骨架的磷脂的统称。包括卵磷脂、脑磷脂、丝氨酸磷脂和肌醇磷脂等。

2)合成部位:机体各组织细胞的内质网,以肝、肾、肠最活跃。

3)合成原料:甘油,脂肪酸(FA),磷酸,胆碱或胆胺。

4)合成途径:

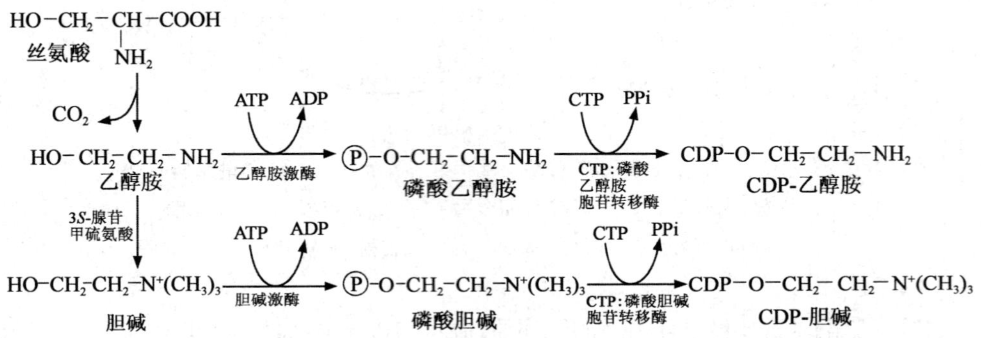

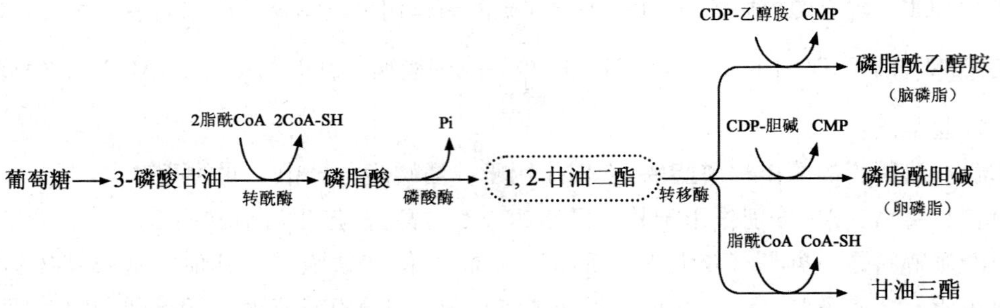

8.答题要点:

1)合成部位:动物机体的几乎所有组织;肝是主要场所,其次是小肠。合成场所:胞液的内质网膜。

2)合成原料:乙酰CoA,主要来自线粒体中糖的有氧氧化。

3)过程包括三个阶段。

第一阶段:甲羟戊酸(MVA)的合成;

第二阶段:合成30C鲨烯;

第三阶段:合成胆固醇。

4)关键酶:HMGCoA还原酶。

9.答题要点:

(略)

第 11 章　含氮小分子的代谢

核酸和蛋白质都是生物体内重要的含氮生物大分子，核苷酸和氨基酸分别是核酸和蛋白质的基本组成单位。氨基酸与核苷酸是动物机体内重要的两大类含氮小分子物质。氨基酸的重要性不仅在于它是蛋白质分子的基本组成单位，而且在于它能够在机体内进行代谢转变生成许多重要的生理活性分子。核酸是生命有机体遗传的物质基础，其基本组成单位是核苷酸。核苷酸除了作为核酸的构件分子外，还具有多种生物学功能。本章的主要内容是氨基酸与核苷酸这两类含氮小分子物质在细胞内的代谢变化，重点在于氨基酸的分解代谢和核苷酸的从头合成过程。

【知识目标】

了解蛋白质的营养功能、氮平衡的概念和体内氨基酸的来源去路，掌握必需氨基酸的概念。掌握氨基酸的一般分解代谢途径及其代谢终产物的生成，重点掌握尿素生成的鸟氨酸循环过程。了解个别氨基酸的代谢。掌握核苷酸的从头合成与补救合成的要点，了解核酸的基本分解过程和碱基的最终降解产物。

【复习指南】

第一部分　氨基酸的代谢

表 11-1　蛋白质的营养作用

维持组织细胞的生长、更新和修补
蛋白质的营养作用
转变为生理活性分子，如合成激素、酶等生理活性分子，也可转变成儿茶酚胺类、甲状腺素等生物活性分子
氧化供能。1 g 蛋白质在体内氧化可以产生 17.2 kJ 的能量
参与体内催化、运输、调节作用

表 11-2　必需氨基酸

项目	主要内容
定义	动物机体内不能合成或合成量不足，必须由食物或饲料供给的氨基酸。体内能够合成的氨基酸则称为非必需氨基酸
举例	赖氨酸、甲硫氨酸、色氨酸、苯丙氨酸、亮氨酸、异亮氨酸、缬氨酸和苏氨酸
特例	人和大鼠体内还需要组氨酸和精氨酸；雏鸡还必需甘氨酸；反刍动物瘤胃能合成必需氨基酸

表 11-3 氨基酸的来源与去路

来源		去路
食物蛋白消化吸收的氨基酸 组织蛋白分解产生的氨基酸 体内合成的非必需氨基酸	氨基酸	合成组织蛋白 脱氨基 脱羧基 转变为其他含氮化合物

表 11-4 氨基酸的一般分解代谢

氨基酸的一般分解代谢是所有氨基酸分解代谢的共同途径，有脱氨基作用和脱羧基作用		
脱氨基作用（主要途径）	概念	指氨基酸在酶的催化下脱去氨基生成 α-酮酸的过程，是动物机体内氨基酸分解代谢的主要途径
	方式	体内的氨基酸可通过多种方式脱去氨基，包括氧化脱氨基作用、转氨基作用、联合脱氨基作用及嘌呤核苷酸循环
脱羧基作用（次要途径）	氨基酸在脱羧酶的催化下，脱去羧基产生 CO_2 和相应的胺，脱羧酶的辅酶是磷酸吡哆醛。氨基酸的脱羧基作用的产物胺类大多数具有特殊的生理功能	

表 11-5 氨基酸脱氨基作用的要点

项目	氧化脱氨基作用	转氨基作用	联合脱氨基作用	嘌呤核苷酸循环
作用底物	*L*-谷氨酸	体内大多数氨基酸，赖氨酸、脯氨酸及羟脯氨酸除外	体内所有氨基酸	骨骼肌、心肌中的氨基酸
催化反应的酶	*L*-谷氨酸脱氢酶	转氨酶	转氨酶、*L*-谷氨酸脱氢酶	腺苷酸脱氨酶等
辅酶	NAD^+ 或 $NADP^+$	磷酸吡哆醛	磷酸吡哆醛、NAD^+ 或 $NADP^+$	
有无游离氨的生成	有	无	有	有

表 11-6 动物体内胺的来源与生理功能

来源	胺类	功能
谷氨酸	γ-氨基丁酸（GABA）	抑制性神经递质
组氨酸	组胺	血管舒张剂，促进胃液分泌
色氨酸	5-羟色胺	抑制性神经递质，缩血管
半胱氨酸	牛磺酸	形成牛磺胆汁酸，促进脂类消化
鸟氨酸、精氨酸	腐胺、精胺等	促进细胞增殖等

表 11-7　氨基酸一般分解代谢总结

项目	作用	代谢产物
脱氨基作用	氧化脱氨基作用	α-酮酸,NH_3
	转氨基作用	α-酮酸,α-氨基酸
	联合脱氨基作用	α-酮酸,NH_3
	嘌呤核苷酸循环	α-酮酸,NH_3
脱羧基作用		胺,CO_2

表 11-8　血氨的来源与去路

血液中所含有的氨称为血氨,正常情况下其保持动态平衡	
血氨的来源	氨基酸的脱氨基反应
	胺类、嘌呤和嘧啶的分解产生
	消化道吸收
血氨的去路	排出体外:排氨,包括许多水生动物,排泄时需要少量的水;排尿素,绝大多数陆生脊椎动物;排尿酸,包括鸟类和陆生爬行动物
	合成非必需氨基酸
	参与嘌呤、嘧啶等重要含氮化合物的合成

表 11-9　氨在血液中的转运

机体内游离的氨是有毒的,血液中的氨主要以丙氨酸和谷氨酰胺两种无毒的形式运输		
	生成谷氨酰胺	生成丙氨酸
组织定位	大脑、肌肉	肌肉
催化反应的酶	谷氨酰胺合成酶 谷氨酰胺酶	转氨酶 *L*-谷氨酸脱氢酶
辅助因子	Mg^{2+}	磷酸吡哆醛、NAD^+
功能	以谷氨酰胺的形式将游离氨转运至肝脏合成尿素,转运到其他组织合成非必需氨基酸或嘌呤、嘧啶等含氮物质。肾小管上皮细胞中的谷氨酰胺酶可分解谷氨酰胺,释放出氨用于中和体内过多的H^+,有利于维持动物机体的酸碱平衡	以丙氨酸的形式将氨从骨骼肌运输至肝脏,经联合脱氨基作用脱去氨,经鸟氨酸循环生成尿素。丙氨酸脱氨基后的丙酮酸作为糖异生的原料在肝脏中生成糖,其再经过血液循环回到肌肉组织,供肌肉组织再度利用

表 11-10 氨在体内的主要代谢去路——尿素的生成

在哺乳动物体内氨的最终去路是合成尿素排出体外。氨转变为尿素是一个循环反应，称为尿素循环或鸟氨酸循环。1932 年由德国学者 H. Krebs 和他的学生 K. Henseleit 提出，鸟氨酸循环反应的关键步骤如下：

第一阶段：氨基甲酰磷酸的生成	部位：肝细胞线粒体
	过程：在 Mg^{2+}、ATP 及 *N*-乙酰谷氨酸(AGA)存在时，氨与 CO_2 在氨基甲酰磷酸合成酶Ⅰ(CPS-Ⅰ)的催化下合成氨基甲酰磷酸
	要点：CPS-Ⅰ是变构酶，AGA 是此酶的变构激活剂；此反应不可逆，消耗 2 分子 ATP
第二阶段：瓜氨酸的生成	部位：肝细胞线粒体
	过程：氨基甲酰转移酶催化氨甲酰基与鸟氨酸缩合生成瓜氨酸
	要点：此反应不可逆
第三阶段：精氨酸的生成	部位：肝细胞胞液
	过程：瓜氨酸被转运到胞液，在胞液中经精氨酸代琥珀酸合成酶的催化，与天冬氨酸反应生成精氨酸代琥珀酸。其后，精氨酸代琥珀酸再经精氨酸代琥珀酸裂解酶的催化，裂解成精氨酸及延胡索酸
	关键酶：精氨酸代琥珀酸合成酶
	要点：天冬氨酸起着氨基供体的作用，体内多种氨基酸可通过天冬氨酸的形式参与尿素合成；裂解产生的延胡索酸可经三羧酸循环的中间步骤转变成草酰乙酸，草酰乙酸与谷氨酸进行转氨基反应，可重新生成天冬氨酸；通过延胡索酸和天冬氨酸将鸟氨酸循环与三羧酸循环联系起来；此过程消耗 1 分子 ATP
第四阶段：精氨酸水解生成尿素	部位：肝细胞胞液
	过程：精氨酸在精氨酸酶的催化下水解，生成尿素和鸟氨酸
	要点：鸟氨酸通过线粒体内膜上载体的转运再进入线粒体，参与下一轮反应，尿素作为代谢终产物排出体外

表 11-11 *α*-酮酸的主要代谢途径

α-酮酸的代谢去路
- 通过转氨基作用合成非必需氨基酸
- 转变成糖、脂类
- 氧化供能

表 11-12　氨基酸在体内的代谢转变

根据 α-酮酸在体内的代谢转变,可将氨基酸分为生糖氨基酸、生酮氨基酸和生酮兼生糖氨基酸	
生糖氨基酸	定义:在动物体内可以转变成葡萄糖的氨基酸
	所属氨基酸:丙氨酸、半胱氨酸、甘氨酸、丝氨酸、苏氨酸、天冬氨酸、天冬酰胺、甲硫氨酸、缬氨酸、精氨酸、谷氨酸、谷氨酰胺、脯氨酸和组氨酸
	举例:丙氨酸脱去氨基生成丙酮酸,丙酮酸可转变成葡萄糖,所以丙氨酸是生糖氨基酸
生酮氨基酸	定义:在动物体内可以转变成酮体的氨基酸
	所属氨基酸:赖氨酸、亮氨酸
	举例:亮氨酸经过一系列代谢转变生成乙酰 CoA 或乙酰乙酰 CoA,它们可以进一步转变成酮体或脂肪酸,所以亮氨酸是生酮氨基酸
生糖兼生酮氨基酸	定义:在动物体内既可以转变成糖又可以转变成酮体的氨基酸
	所属氨基酸:色氨酸、苯丙氨酸、酪氨酸和异亮氨酸
	举例:苯丙氨酸经代谢转变既可生成延胡索酸(转化成糖),又可生成乙酰乙酸(参与脂肪代谢),所以苯丙氨酸是生糖兼生酮氨基酸

表 11-13　一碳基团与氨基酸

项目	主要内容
定义	某些氨基酸在分解代谢过程中可以产生含有一个碳原子的基团,称为一碳基团或一碳单位
常见的一碳单位	甲酰基(—CHO)、甲炔基(—CH═)、甲烯基($—CH_2—$)、亚氨甲基(—CH═NH)、羟甲基和甲基($—CH_3$)
	注意:CO_2 不属于一碳单位
有关的氨基酸	甲硫氨酸、丝氨酸、甘氨酸、组氨酸、色氨酸
	如:甘氨酸、色氨酸与 N^{10}—CHO—FH_4
一碳基团的载体	四氢叶酸(FH_4)是一碳单位的运载体,携带一碳单位的部位是在 N^5,N^{10} 位
生理功能	参与机体内的甲基化反应。如参与肾上腺素、胆碱、肌酸的合成
	参与嘌呤和嘧啶核苷酸的合成,与细胞的增殖等有关。如 N^{10}-甲酰 FH_4,N^5,N^{10}-甲炔 FH_4 等为嘌呤和嘧啶的合成提供甲基来源

表 11-14　甲硫氨酸的代谢与转甲基作用

甲硫氨酸属于含硫氨基酸(含硫氨基酸有甲硫氨酸、半胱氨酸和胱氨酸),与其他含硫氨基酸的代谢是相互联系的		
活性甲硫氨酸的生成	甲硫氨酸(Met)分子中含有 *S*-甲基,在甲硫氨酸腺苷转移酶的催化下,Met 与 ATP 作用生成 *S*-腺苷甲硫氨酸(SAM)。SAM 中的甲基称为活性甲基,SAM 称为活性甲硫氨酸	
转甲基作用	过程	活性甲硫氨酸在甲基转移酶的作用下,可将甲基转移至另一种物质,使其甲基化,而活性甲硫氨酸转变为 *S*-腺苷同型半胱氨酸,后者进一步脱去腺苷,生成同型半胱氨酸
	生理功能	甲基化作用是重要的代谢反应,通过各种转甲基反应能生成多种含有甲基的重要生理活性物质,例如去甲肾上腺素、肌酸、肉碱等,而 SAM 是体内最重要的甲基直接供给体

表 11-15　甲硫氨酸循环

项目	主要内容
定义	同型半胱氨酸可接受 N^5-甲基四氢叶酸提供的甲基,重新生成甲硫氨酸的循环反应过程,称为甲硫氨酸循环
意义	由 N^5-甲基四氢叶酸供给甲基合成甲硫氨酸,再通过此循环的 SAM 提供甲基,以进行体内广泛存在的甲基化反应,因此,N^5-甲基四氢叶酸可看成是体内甲基的间接供体,此反应是目前已知的体内能利用 N^5-甲基四氢叶酸的唯一反应
代谢障碍病	维生素$_{12}$缺乏时,N^5-甲基四氢叶酸上的甲基不能转移,这不仅不利于甲硫氨酸的生成,同时也影响四氢叶酸的再生,使组织中游离的四氢叶酸含量减少,不能重新利用它来转运其他一碳单位,引起核酸合成障碍,导致巨幼红细胞性贫血
特别提示	尽管循环可以生成甲硫氨酸,但体内不能净合成同型半胱氨酸,它只能由甲硫氨酸转变而来,所以实际上体内不能合成甲硫氨酸,必须由饲料或食物供给

表 11-16　肌酸的合成与代谢

项目	主要内容
部位	肝脏
过程	以甘氨酸为骨架,精氨酸提供脒基,*S*-腺苷甲硫氨酸提供甲基合成肌酸。在肌酸激酶(CPK)催化下,肌酸转变为磷酸肌酸,并贮存高能磷酸键
生理功能	肌酸和磷酸肌酸是能量贮存、利用的重要化合物
代谢产物	肌酸和磷酸肌酸代谢的终产物是肌酸酐,肌酸酐主要在肌肉中通过磷酸肌酸的非酶促反应而生成
代谢异常	肾脏严重病变时,肌酸酐排泄受阻,血液中肌酸酐浓度升高

表 11-17　芳香族氨基酸的代谢转变

芳香族氨基酸包括苯丙氨酸、酪氨酸和色氨酸，它们经代谢可转变成多种重要的活性物质，因此对动物和人类的健康与代谢活动十分重要	
苯丙氨酸	属必需氨基酸。主要经羟化酶催化，转变成酪氨酸
	代谢异常：苯丙氨酸羟化酶缺陷导致苯丙酮酸尿症(PKU)
酪氨酸	酪氨酸经碘化转变为甲状腺激素 T_3 和 T_4
	酪氨酸脱羧生成酪胺
	黑色素细胞中经酪氨酸酶作用羟化生成多巴，经过一系列反应生成黑色素。酪氨酸酶缺陷引起白化病
	经酪氨酸羟化酶作用下转变成多巴，再进一步转变为儿茶酚胺类激素，如多巴胺、肾上腺素和去甲肾上腺素
	苯丙氨酸和酪氨酸经对羟苯丙酮酸、尿黑酸最终分解为延胡索酸(转化成糖)和乙酰乙酸(参与脂肪代谢)——生糖兼生酮氨基酸
色氨酸	脱羧基生成 5-羟色胺
	生成一碳基团(N^5，N^{10}—CHO—FH_4)
	转化成烟酸(尼克酸)和烟酰胺
	转化成丙酮酸和乙酰乙酸(生糖兼生酮氨基酸)

第二部分　核苷酸的代谢

表 11-18　核苷酸的生物学功能

功能	举例
是核酸生物合成的基本原料和组成成分	如 NTP 和 dNTP 是 DNA 和 RNA 的合成原料，NMP 和 dNMP 是 DNA 和 RNA 分子的组成成分
是体内能量的利用形式	如 ATP 为“能量货币”，CTP 参与磷脂合成，GTP 参与蛋白质的合成
参与代谢和生理调节	如 cAMP 为细胞信号转导中重要的第二信使
是辅酶的组成成分	如 FAD、NAD^+、CoA 分子中含有腺苷酸成分
作为多种活性中间代谢物的载体	如 UDP-葡萄糖是糖原合成中的活性原料；SAM 是活性甲基的原料

表 11-19　两种核苷酸从头合成途径的要点

项目	嘌呤核苷酸	嘧啶核苷酸
主要器官	肝脏，其次是小肠黏膜和胸腺	肝脏
合成部位	胞液	胞液
合成原料	磷酸核糖、天冬氨酸、甘氨酸、谷氨酰胺、一碳单位及 CO_2 等	天冬氨酸、谷氨酰胺、CO_2 等
中间产物	IMP	UMP
合成特点	是在磷酸核糖分子基础上逐步合成的，不是首先单独合成嘌呤碱再与磷酸核糖结合的	先合成嘧啶环，再与磷酸核糖结合生成核苷酸
关键酶	PRPP 合成酶	氨基甲酰磷酸合成酶Ⅱ

表 11-20　核苷酸的分解代谢

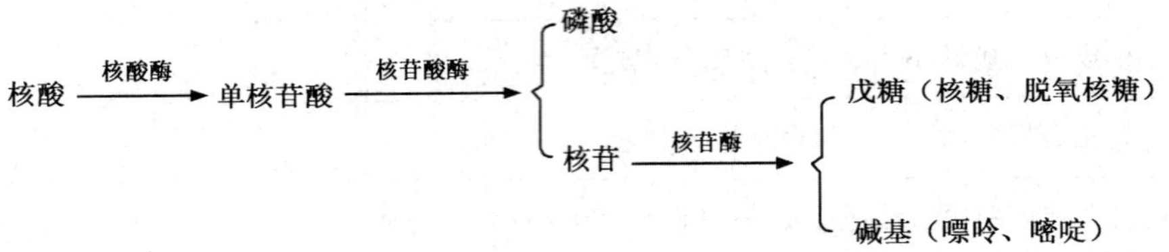

表 11-21　嘌呤碱和嘧啶碱分解代谢要点

类别	分解代谢要点
嘌呤核苷酸	主要部位：肝脏、小肠及肾
	终产物：人、灵长类、鸟类、爬行类等，尿酸；其他哺乳动物，尿囊素；硬骨鱼类，尿囊酸；两栖类，尿素、乙醛酸
	关键酶：黄嘌呤氧化酶
	代谢异常：痛风
嘧啶核苷酸	主要部位：肝脏
	终产物：胞嘧啶脱氨基转变成尿嘧啶；尿嘧啶最终生成 NH_3、CO_2 及 β-丙氨酸；胸腺嘧啶降解成 β-氨基异丁酸、NH_3、CO_2

【练习与自测题】

名词解释

1. 必需氨基酸(essential amino acid)
2. 脱氨基作用(deamination)
3. 氧化脱氨基作用(oxidative deamination)
4. 转氨基作用(transamination)
5. 联合脱氨基作用(transdeamination)
6. 脱羧基作用(decarboxylation)
7. 丙氨酸-葡萄糖循环(alanine-glucose cycle)
8. 乌氨酸循环(ornithine cycle)
9. 生糖氨基酸(glucogenic amino acid)
10. 生酮氨基酸(ketogenic amino acid)
11. 生糖兼生酮氨基酸(glucogenic and ketogenic amino acid)
12. 一碳单位(one carbon unit)或一碳基团(one carbon group)
13. 苯丙酮酸尿症(phenyl ketonuria,PKU)
14. 甲硫氨酸循环(methionine cycle)
15. 核苷酸的从头合成途径(*de novo* synthesis)
16. 核苷酸的补救合成途径(salvage pathway)
17. 核酸酶(nuclease)
18. 核苷酸酶(nucleotidase)

单项选择题

A1 型题

为单项选择题,属于最佳选择题类型。每道试题由一个题干和四个备选答案组成,其中只有一个是最符合题目要求的。

1. 蛋白质生理价值的高低取决于(　　)。

A. 氨基酸的种类及数量　　B. 必需氨基酸的种类、数量及比例
C. 必需氨基酸的种类　　D. 必需氨基酸的数量

2. 下列属于必需氨基酸的是(　　)。

A. Tyr　　B. Gly　　C. Trp　　D. Ala

3. 动物机体内氨基酸脱氨基的主要方式是(　　)。

A. 转氨基作用　　B. 氧化脱氨基作用
C. 联合脱氨基作用　　D. 嘌呤核苷酸循环

4. 下列氨基酸中,可以通过转氨基作用脱去氨基生成草酰乙酸的是(　　)。

A. 丙氨酸　　B. 谷氨酸　　C. 天冬氨酸　　D. 苏氨酸

5. 丙氨酸和α-酮戊二酸经谷丙转氨酶和下列哪一种酶的连续作用，才能产生游离的氨？(　　)

A. 谷氨酰胺酶　　B. 谷草转氨酶

C. 谷氨酰胺合成酶　　D. 谷氨酸脱氢酶

6. 在氧化脱氨基作用中，L-谷氨酸脱氢酶的辅酶是(　　)。

A. NAD^+　　B. CoA　　C. FMN　　D. FAD

7. 肌肉组织中氨基酸脱氨基的主要方式是(　　)。

A. 氧化脱氨基作用　　B. 转氨基

C. 嘌呤核苷酸循环　　D. 转氨基偶联氧化脱氨基作用

8. γ-氨基丁酸是下列哪种氨基酸脱羧基的产物？(　　)

A. 鸟氨酸　　B. 谷氨酸　　C. 天冬氨酸　　D. 组氨酸

9. 下列哪种氨基酸脱羧后能生成使血管扩张的活性物质？(　　)

A. 赖氨酸　　B. 半胱氨酸　　C. 精氨酸　　D. 组氨酸

10. 关于转氨基作用，下列叙述错误的是(　　)。

A. 转氨基作用可产生游离的氨

B. 转氨酶主要分布于细胞内，血清中活性很低

C. 体内有多种转氨酶

D. 与氧化脱氨基联合是体内氨基酸主要的脱氨基方式

11. 转氨酶的辅酶中含有的维生素是(　　)。

A. 维生素 B_{12}　　B. 维生素 B_1　　C. 维生素 B_3　　D. 维生素 B_6

12. 动物机体内合成尿素的主要器官是(　　)。

A. 心脏　　B. 骨骼肌　　C. 肝脏　　D. 肾脏

13. 下列哪种氨基酸与尿素的生成无关？(　　)

A. 赖氨酸　　B. 天冬氨酸　　C. 瓜氨酸　　D. 精氨酸

14. 尿素生成中哪一阶段发生在线粒体中？(　　)

A. 生成瓜氨酸　　B. 生成精氨酸

C. 精氨酸分解生成尿素　　D. 生成精氨酸代琥珀酸

15. 鸟氨酸循环是在细胞的哪些部位中进行的？(　　)

A. 细胞质、线粒体　　B. 核糖体

C. 高尔基体、内质网　　D. 微粒体

16. 尿素生成过程是个耗能的过程，需要消耗多少个高能磷酸键？(　　)

A. 1 个　　B. 2 个　　C. 3 个　　D. 4 个

17. 氨基甲酰磷酸合成酶Ⅰ参与下列哪种代谢途径？(　　)

A. 脂肪酸合成　　B. 尿素合成　　C. 嘧啶核苷酸合成　　D. 酮体合成

18. 尿素分子中含有两个 N 原子，它们直接来源于(　　)。

A. 氨、谷氨酰胺　　B. 谷氨酸、天冬氨酸

C. 氨、谷氨酸　　D. 氨、天冬氨酸

19. 在尿素合成中，能自由穿过线粒体膜进入胞液中的氨基酸是(　　)。

A. 鸟氨酸　　B. 瓜氨酸　　C. 天冬氨酸　　D. 精氨酸

20. 丝氨酸合成的前体物质是(　　)。

A. α-磷酸甘油　B. 3-磷酸甘油酸　C. 丙酮酸　D. 丙氨酸

21. 下列哪种氨基酸在分解代谢过程中能产生一碳单位？(　　)

A. Ser　B. Asp　C. Val　D. Phe

22. 肌肉中氨的转运形式为(　　)。

A. 丙氨酸-葡萄糖循环　B. 鸟氨酸循环　C. Cori 循环　D. 三羧酸循环

23. 血氨的主要来源是(　　)。

A. 肠道吸收　B. 肾脏产氨　C. 氨基酸脱氨基　D. 碱基分解

24. 脑中氨的主要去路是(　　)。

A. 合成尿素　B. 扩散入血

C. 合成谷氨酰胺　D. 合成非必需氨基酸

25. 下列哪种物质是体内氨的储存和运输方式？(　　)

A. 谷氨酸　B. 谷氨酰胺　C. 谷胱甘肽　D. 尿素

26. 下列哪种物质是甲基的直接供体？(　　)

A. *S*-腺苷甲硫氨酸　B. 甲硫氨酸　C. 半胱氨酸　D. 四氢叶酸

27. 体内转运一碳单位的载体是(　　)。

A. CoA　B. FAD　C. NAD^+　D. FH_4

28. γ-谷氨酰基循环的主要作用是(　　)。

A. 转运氨　B. 氨基酸的转运　C. GSH 的合成　D. 合成尿素

29. 下列属于生酮氨基酸的是(　　)。

A. Leu　B. Asp　C. Cys　D. Glu

30. 三羧酸循环和鸟氨酸循环共同的中间产物是(　　)。

A. 草酰乙酸　B. 天冬氨酸　C. 琥珀酸　D. 延胡索酸

31. 精氨酸分解的产物除了尿素外还有下列哪种物质？(　　)

A. 瓜氨酸　B. 天冬氨酸　C. 鸟氨酸　D. 苏氨酸

32. 甘氨酸裂解生成 CO_2、NH_3 和 H_2 的同时还生成(　　)。

A. $N^5—CH_2—FH_4$　B. $N^5,N^{10}—CH_2—FH_4$

C. $N^5,N^{10}═CH—FH_4$　D. $N^{10}—CHO—FH_4$

33. 甲硫氨酸循环需要下列哪种维生素？(　　)

A. 生物素　B. 维生素 B_6　C. 维生素 B_{12}　D. CoA

34. 除叶酸外，与一碳单位转运有密切关系的维生素是(　　)。

A. 生物素　B. 维生素 B_2　C. 维生素 B_{12}　D. 泛酸

35. 嘌呤核苷酸从头合成时首先生成的是(　　)。

A. GMP　B. AMP　C. IMP　D. ATP

36. 嘧啶环中的两个氮原子来自(　　)。

A. 谷氨酰胺和氨　B. 谷氨酰胺和天冬酰胺

C. 天冬氨酸和氨基甲酰磷酸　D. 谷氨酸和氨基甲酰磷酸

37. 嘧啶分解代谢的终产物是(　　)。

A. 尿酸　B. 尿苷　C. 尿素　D. 氨和二氧化碳

38. 嘌呤核苷酸从头合成的原料不包括(　　)。
A. 一碳单位、磷酸核糖　B. SAM　C. Asp，Gly　D. Gln，CO_2
39. 胸腺嘧啶降解的产物是(　　)。
A. 乙酰 CoA　B. 丙酰 CoA
C. 丙二酸单酰 CoA　D. 琥珀酰 CoA
40. 人体嘌呤碱基降解的终产物是(　　)。
A. 尿素　B. 尿酸　C. 尿囊酸　D. 尿囊素
41. 在嘌呤环合成过程中，下列哪种物质不是环中氮原子的来源？(　　)
A. Asp　B. Gly　C. Gln　D. Glu
42. 在嘧啶核苷酸的合成过程中，生物体首先合成的是(　　)。
A. UMP　B. CMP　C. dUMP　D. dTMP
43. 下列哪种酶不参与核苷酸的补救合成过程？(　　)
A. 磷酸核糖转移酶　B. 核苷酶　C. 核酸酶　D. 核苷磷酸化酶
44. 催化脱氧核糖核苷酸合成的酶是(　　)。
A. 磷酸核糖转移酶　B. 核苷酶
C. 核苷酸酶　D. 核糖核苷二磷酸还原酶
45. 氨基甲酰磷酸是下列哪两种物质合成过程中的重要前体？(　　)
A. 尿素生成和嘌呤核苷酸从头合成　B. 尿素生成和嘧啶核苷酸从头合成
C. 胆固醇生成和酮体生成　D. 嘧啶核苷酸和嘌呤核苷酸的从头合成
46. 下列哪种物质不是嘌呤与嘧啶核苷酸从头合成反应的共同原料？(　　)
A. 谷氨酰胺　B. 天冬氨酸　C. 磷酸核糖焦磷酸　D. 氨基甲酰磷酸
47. 脱氧核糖核苷酸生成的主要方式是(　　)。
A. 由核苷还原　B. 直接由核糖还原
C. 由一磷酸核苷还原　D. 由二磷酸核苷还原
48. 将氨基酸代谢和核苷酸代谢联系起来的枢纽化合物是(　　)。
A. CoA　B. SAM 和 FH_4
C. 磷酸吡哆醛和生物素　D. FAD 和 NAD^+

A2 型题

每道题由一个叙述性的简要主题作为题干和四个备选答案组成。A、B、C、D 四个答案中只有一个是最佳答案。

1. 骨骼肌和心肌中 *L*-谷氨酸脱氢酶的活性较弱，氨基酸难以以转氨基和氧化脱氨基联合的方式脱去氨基。因此，肌肉中是通过嘌呤核苷酸循环的方式使氨基酸脱去氨基。在此过程中，氨基酸可以通过连续的转氨基作用将氨基转移给草酰乙酸，生成天冬氨酸；天冬氨酸与次黄嘌呤核苷酸(IMP)缩合生成腺苷酸代琥珀酸，后者经过裂解，释放出延胡索酸并生成腺嘌呤核苷酸(AMP)。AMP 是在下列哪种酶的催化下水解转变为 IMP 并脱去氨基的(　　)。
A. 丙氨酸氨基转移酶　B. *L*-氨基酸氧化酶
C. 腺苷酸脱氨酶　D. 腺苷酸代琥珀酸合成酶
2. 动物体内氨的主要来源是氨基酸的脱氨基作用。低水平血氨对动物是有用的，但过量的氨对机体是有毒的。氨的解毒部位主要是肝脏，体内各组织中产生的氨需要被运输到肝脏进行解毒。氨主要是在体内形成哪两种无毒物质进行转运的？（　　）

A. 乳酸和柠檬酸　　B. 谷氨酰胺和丙氨酸

C. 谷氨酸和天冬酰胺　　D. 谷氨酰胺和天冬氨酸

3. 1932 年，H. Krebs 等的实验证明，切除了肝脏的犬，其血液和尿中的尿素显著减少，而血氨浓度增高；如果将犬的肾切除但保留肝脏，发现血液中的尿素浓度明显升高但不能排出；而如果将犬的肝和肾都切除，则其血液中只有低水平的尿素而血氨浓度显著增加。Krebs 的实验证明了合成尿素的主要器官是（　　）。

A. 肾脏　　B. 骨骼肌　　C. 肝脏　　D. 心脏

4. 当氨基酸分解加强时，所产生的过多的氨必须排出体外。此时，由转氨基作用生成的谷氨酸在细胞中的浓度增加，它作为氨基酸分解代谢加强的化学信号，促进了氨基甲酰磷酸合成酶Ⅰ的变构激活剂的合成，推动尿素循环进行。作为氨基甲酰磷酸合成酶Ⅰ变构激活剂的物质是（　　）。

A. 谷氨酸　　B. *N*-乙酰谷氨酸　　C. 谷氨酰胺　　D. 谷胱甘肽

5. 谷胱甘肽是体内重要的具有还原性的寡肽，它的生物合成不需要编码的 RNA，而是与一个“γ-谷氨酰基循环”的氨基酸转运系统相联系，其反应过程首先是谷胱甘肽对氨基酸的转运，其次是谷胱甘肽的再合成。γ-谷氨酰基循环的酶系广泛存在于肠黏膜细胞、肾小管和脑组织中，其中的关键酶是（　　）。

A. 谷胱甘肽还原酶　　B. 谷胱甘肽合成酶

C. γ-谷氨酰半胱氨酸合成酶　　D. γ-谷氨酰氨基转移酶

A3 型题

2～3 个相关的问题，每个问题均与开始的题干有关。每个问题均有四个备选答案，需要选择一个最佳答案。

（1～3 题共用题干）氨基酸在酶的作用下，先脱氢生成亚氨基酸，再与水作用生成 α-酮酸和氨的过程，称为氨基酸的氧化脱氨基作用。能够催化氧化脱氨基反应的酶有 *L*-氨基酸氧化酶、*D*-氨基酸氧化酶和 *L*-谷氨酸脱氢酶。

1. 氨基酸氧化酶的辅基是（　　）。

A. 维生素 B_1 的衍生物　　B. 维生素 B_2 的衍生物

C. 维生素 PP 的衍生物　　D. 维生素 B_6 的衍生物

2. 下列哪种组织中 *L*-谷氨酸脱氢酶的活性低？（　　）

A. 骨骼肌　　B. 肝脏　　C. 肾脏　　D. 大脑

3. *L*-谷氨酸脱氢酶是一个由 6 个亚基构成的变构酶，该酶的变构抑制剂是（　　）。

A. GDP 和 ADP　　B. GTP 和 ATP　　C. 谷氨酸　　D. NAD^+

（4～6 题共用题干）氨基酸在脱羧酶的催化下，脱去羧基产生二氧化碳和相应的胺类，这个过程称为氨基酸的脱羧基作用。氨基酸的脱羧基作用是在各自特异的脱羧酶催化下进行的，脱去羧基产生的胺类大多具有特殊的生理功能。

4. 氨基酸脱羧酶的辅酶是（　　）。

A. NAD^+　　B. FAD　　C. 磷酸吡哆醛　　D. CoA

5. 谷氨酸脱羧基产生的胺类物质是(   )。

A. γ-氨基丁酸 B. 多胺 C. 组胺 D. 5-羟色胺

6. 脱羧基后能产生在中枢神经系统为抑制性神经递质,在外周组织中具有缩血管作用的胺类物质的氨基酸是(   )。

A. 谷氨酸 B. 色氨酸 C. 组氨酸 D. 半胱氨酸

(7～9 题共用题干)氨转变为尿素是一个循环反应,称为尿素循环或鸟氨酸循环。尿素循环是最早发现的代谢循环之一。尿素由一系列酶催化合成。合成的尿素由血液运输到肾脏,从尿中排出。尿素合成是一个消耗能量的过程。尿素的生成可以解除氨对动物机体的毒性,也可降低由于 CO_2 溶于血液所产生的酸性,因此对于哺乳动物有十分重要的生理意义。

7. 尿素循环的发现者是(   )。

A. Sanger B. Wohler C. Krebs D. Sumner

8. 催化尿素合成的酶位于细胞的(   )。

A. 胞液 B. 线粒体 C. 核糖体 D. 胞液和线粒体

9. 尿素合成过程中需水解几个高能磷酸键?(   )

A. 1 B. 2 C. 3 D. 4

(10～13 题共用题干)芳香族氨基酸(苯丙氨酸、色氨酸和酪氨酸)的代谢转变对动物和人类的健康与代谢活动十分重要。芳香族氨基酸在不同的组织细胞中可转变为多种不同的生物活性物质,其代谢过程的异常还可导致多种疾病的发生。

10. 芳香族氨基酸经过代谢转变不能生成下列哪种激素?(   )

A. 胰岛素 B. 肾上腺素 C. 去甲肾上腺素 D. 甲状腺激素

11. 酪氨酸在黑色素细胞中可生成黑色素。由于酪氨酸代谢转变过程中某种酶基因的缺陷,造成黑色素合成障碍,导致白化病,该种缺陷酶是(   )。

A. 酪氨酸羟化酶 B. 酪氨酸酶 C. 苯丙氨酸羟化酶 D. 酪氨酸还原酶

12. 色氨酸除了可以脱羧转变为 5-羟色胺外,还可用于哪种维生素的少量合成?(   )

A. 维生素 B_1 B. 维生素 B_2 C. 维生素 B_3 D. 维生素 B_5

13. 3 种芳香族氨基酸均属于(   )。

A. 生糖氨基酸 B. 生酮氨基酸

C. 生糖兼生酮氨基酸 D. 必需氨基酸

B1 型题

属于标准伍配单项选择题。开始给出 4 个备选答案,之后 2～6 个题干构成一组试题,要求从 4 个备选答案中为这些题干选择一个与其关系密切的答案。在这组试题中,每个备选答案可以被选一次、两次和多次,也可以不选用。

(1～5 题共用备选答案)

A. 精氨酸 B. 丝氨酸 C. 苯丙氨酸 D. 半胱氨酸

1. 可经代谢转变产生儿茶酚胺类物质的是(   )。

2. 尿素合成的中间产物是(   )。

3. 属于必需氨基酸的是(   )。

4. 分解代谢中可产生一碳单位的是(   )。

5. 在体内可由 3-磷酸甘油酸合成的是(　　)。

(6～9 题共用备选答案)

A. 丙氨酸-葡萄糖循环　B. 甲硫氨酸循环　C. 鸟氨酸循环　D. 三羧酸循环

6. 生成 SAM 的反应过程是(　　)。

7. 生成尿素的反应过程是(　　)。

8. 三大营养物质在体内的共同代谢通路是(　　)。

9. 作为肌肉组织中转运氨的主要方式是(　　)。

(10～13 题共用备选答案)

A. 酪氨酸酶　B. 谷丙转氨酶

C. 苯丙氨酸羟化酶　D. 酪氨酸羟化酶

10. 苯丙酮酸尿症缺陷酶是(　　)。

11. 白化病缺陷酶是(　　)。

12. 儿茶酚胺类物质合成的限速酶是(　　)。

13. 急性肝炎患者血清中活性升高的酶是(　　)。

(14～19 题共用备选答案)

A. 精氨酸　B. 甘氨酸　C. 亮氨酸　D. 组氨酸

14. 尿素合成反应的中间产物是(　　)。

15. 属于生酮氨基酸的是(　　)。

16. 不具有旋光异构体的是(　　)。

17. 组胺的前体是(　　)。

18. 分解代谢中能产生一碳单位的是(　　)。

19. 在生理条件下具有天然缓冲作用的氨基酸是(　　)。

(20～23 题共用备选答案)

A. 磷酸核糖焦磷酸酰胺转移酶　B. 磷酸核糖焦磷酸合成酶

C. 氨基甲酰磷酸合成酶Ⅰ　D. 氨基甲酰磷酸合成酶Ⅱ

20. 嘧啶核苷酸从头合成反应中催化氨基甲酰磷酸生成的是(　　)。

21. 嘌呤核苷酸从头合成反应中的关键酶是(　　)。

22. 鸟氨酸循环中催化氨基甲酰磷酸生成的是(　　)。

23. 催化生成的中间产物是合成嘌呤与嘧啶核苷酸的共同前体物质的是(　　)。

(24～27 题共用备选答案)

A. 尿酸　B. 尿素　C. β-氨基异丁酸　D. β-丙氨酸

24. 胞嘧啶分解代谢的终产物是(　　)。

25. 哺乳动物嘌呤分解的终产物是(　　)。

26. 胸腺嘧啶分解代谢的终产物是(　　)。

27. 体内氨的最终代谢产物是(　　)。

填空题

1. 将营养价值较低的蛋白质混合使用，其必需氨基酸可以互相补充从而提高营养价值，这称为______________。

2. 动物机体不能合成必须要从饲料中获取的氨基酸称为______。

3. 谷氨酸在肝脏 L-谷氨酸脱氢酶作用下生成______和 NADPH 或 NADH，前者可进入______循环最终氧化成 CO_2 和 H_2O。

4. 直接生成游离氨的脱氨基方式有______和______，骨骼肌内以______方式脱氨基。

5. 氨基酸的代谢去路有合成蛋白质、______、______和______，其中______是氨基酸的主要分解去路。

6. 嘌呤核苷酸循环中最终将 NH_3 释放出的化合物称______，催化此反应的酶是______。

7. 转运氨并降低其毒性的氨基酸为______和______。

8. 肝脏中活性最高的转氨酶是______，心肌中活性最高的转氨酶是______。

9. 转氨酶的辅酶是______；氨基酸脱羧酶的辅酶是______。

10. 肝细胞参与合成尿素的两个亚细胞部位是______和______。

11. 鸟氨酸循环是合成______的过程，催化此循环反应的酶存在于______组织中。

12. 尿素分子中有两个 N 原子，在尿素合成过程中一个 N 来自于______，另一个 N 来自于______，通过______作用由其他氨基酸提供。

13. 尿素合成过程中产生的两种氨基酸______和______不参与动物机体内蛋白质的合成。

14. 氨基甲酰磷酸合成酶 Ⅰ 催化______和______等合成氨基甲酰磷酸，______是此酶的激活剂。

15. 肝细胞中的氨基甲酰磷酸可分别参与合成______和______。

16. 酪氨酸代谢转变生成的儿茶酚胺类物质包括______、______和______。

17. 正常情况下，体内苯丙氨酸的主要代谢途径是经羟化作用生成______，催化此反应的酶是______。

18. 催化氨与谷氨酸生成谷氨酰胺的酶是______；催化谷氨酰胺分解成氨与谷氨酸的酶是______。

19. 生酮氨基酸包括______和______。

20. 最直接联系核苷酸合成与糖代谢的物质是______。

21. 由于嘌呤核苷酸代谢异常而导致的疾病是______。

22. 磷酸核糖焦磷酸（PRPP）参与的代谢途径有______、______和______

简答题

1. 简述动物机体内 α-酮酸的主要代谢去路。

2. 简述动物机体内氨基酸的来源和去路。

3. 简述血氨的来源与去路。

4. B 族维生素中有哪些成员是与氨基酸代谢有关的？请简述之。

5. 氨在体内是如何运输的？

6. 简述体内重要胺的生成及其生理作用。

7. 简述一碳单位的生理功能。

8. 谷氨酰胺在含氮小分子的代谢过程中都发挥了哪些生理功能？

9. 简述鸟氨酸循环、丙氨酸-葡萄糖循环、甲硫氨酸循环的生理意义。

10. 简述氨基酸脱氨基后的 α-酮酸如何进入三羧酸循环。

论述题

1. 氨基酸脱氨基作用的方式有哪些？试述每种脱氨基方式是如何进行的。

2. 试述尿素的生成过程。

3. 回答以下有关一碳单位的问题：

1)何谓一碳单位？写出四种体内重要的一碳单位。

2)一碳单位的辅酶是什么？如何与之结合？

3)一碳单位主要来源于哪几种氨基酸的分解代谢？

4)一碳单位的生理功能是什么？

4. 含硫氨基酸参与哪些重要生理活性物质的合成？

5. 试述核苷酸的生物学功能。

6. 试比较氨基甲酰磷酸合成酶Ⅰ和Ⅱ的异同。

7. 什么是核苷酸的“从头合成” 途径？什么是核苷酸的“补救合成”途径？

8. 已知 1 分子乙酰辅酶 A 经过三羧酸循环氧化成 CO_2 和 H_2O 可产生 10 分子的 ATP。试计算 1 分子丙氨酸在哺乳动物体内彻底氧化同时产生的氨生成尿素后净生成多少分子的 ATP。

9. 总结尿素循环的代谢特点。

【习题参考答案】

名词解释

1. 必需氨基酸(essential amino acid)：一部分氨基酸在动物体内不能合成，或合成太慢，远不能满足动物需要，因而必须由饲料供给，被称为必需氨基酸。

2. 脱氨基作用(deamination)：指氨基酸脱去氨基生成相应的 α-酮酸的过程。动物的脱氨基作用主要在肝脏和肾脏中进行。

3. 氧化脱氨基作用(oxidative deamination)：氨基酸在酶的作用下，先脱氢形成亚氨基酸，进而与水作用生成 α-酮酸和氨的过程，称为氨基酸的氧化脱氨基作用。

4. 转氨基作用(transamination)：在转氨酶的作用下可逆地将 α-氨基酸的氨基转移给 α-酮酸的反应，称为转氨基作用。

5. 联合脱氨基作用(transdeamination)：体内大多数的氨基酸脱去氨基，是通过转氨基作用和氧化脱氨基作用两种方式联合起来进行的，这种作用方式称为联合脱氨基作用。

6. 脱羧基作用(decarboxylation)：氨基酸在脱羧酶催化下，脱去羧基产生 CO_2 和相应的胺，这一过程称为氨基酸的脱羧基作用。

7. 丙氨酸-葡萄糖循环(alanine-glucose cycle)：肌肉中的氨基酸经转氨基作用将氨基转给丙酮酸生成丙氨酸，生成的丙氨酸经血液运到肝脏。在肝中通过联合脱氨基作用，释放出氨，用于尿素的形成。经转氨基作用产生的丙酮酸通过糖异生途径生成葡萄糖，形成的葡萄糖由血液又回到肌肉，又沿糖分解途径转变成丙酮酸，后者再接受氨基而生成丙氨酸。丙氨酸和葡萄糖反复地在肌肉和肝脏之间进行氨的转运，称之为丙氨酸-葡萄糖循环。

8. 鸟氨酸循环(ornithine cycle)：又称尿素循环(urea cycle)或 Krebs-Henseleit 循环。动物肝脏中生成尿素的反应过程。

9. 生糖氨基酸(glucogenic amino acid)：在动物体内可以转变成葡萄糖的氨基酸称为生糖氨基酸。

10. 生酮氨基酸(ketogenic amino acid)：在动物体内能转变成酮体的氨基酸称为生酮氨基酸，有亮氨酸和赖氨酸。

11. 生糖兼生酮氨基酸(glucogenic and ketogenic amino acid)：在动物体内既可以转变成糖，又可以转变成酮体的氨基酸称为生糖兼生酮氨基酸，包括色氨酸、苯丙氨酸、酪氨酸和异亮氨酸。

12. 一碳单位(one carbon unit)或一碳基团(one carbon group)：某些氨基酸在分解代谢过程中可以产生含有一个碳原子的基团(不包括羧基)，称为一碳单位或一碳基团。

13. 苯丙酮酸尿症(phenyl ketonuria，PKU)：在人类有苯丙氨酸羟化酶先天缺陷的遗传病发生。患儿体内由于苯丙氨酸累积，经转氨生成大量苯丙酮酸及苯乙酸等衍生物，并可大量出现在尿中，引起苯丙酮酸尿症。苯丙酮酸的堆积可严重损害神经系统，造成患儿智力发育障碍。

14. 甲硫氨酸循环(methionine cycle)：甲硫氨酸在体内最主要的分解代谢途径是通过转甲基作用而提供甲基，与此同时产生的 *S*-腺苷同型半胱氨酸进一步转变成同型半胱氨酸。同型半胱氨酸还可以在 N^5-甲基四氢叶酸转甲基酶的作用下获得甲基再转变成甲硫氨酸，形成一个循环过程，称为甲硫氨酸循环。在此循环过程中，需要维生素 B_{12} 与四氢叶酸的参与。

15. 核苷酸的从头合成途径(*de novo* synthesis)：以简单小分子物质如磷酸核糖、氨基酸、一碳单位及 CO_2 等为原料，经过多步酶促反应，消耗较多能量进行核苷酸合成的反应。

16. 核苷酸的补救合成途径(salvage pathway)：利用体内游离的嘧啶碱或嘌呤碱、嘧啶核苷或嘌呤核苷为原料，经过简单的酶促反应合成嘧啶核苷酸或嘌呤核苷酸的过程。

17. 核酸酶(nuclease)：动物体内催化核酸水解的酶，其可按底物不同分为核糖核酸酶(RNase)和脱氧核糖核酸酶(DNase)两类，它们分别将 RNA 和 DNA 水解为单核苷酸。

18. 核苷酸酶(nucleotidase)：将单核苷酸水解为核苷和磷酸的酶。

单项选择题

A1 型题 1. B 2. C 3. C 4. C 5. D 6. A 7. C 8. B 9. D 10. A 11. D 12. C 13. A 14. A 15. A 16. D 17. B 18. D 19. B 20. B 21. A 22. A 23. C 24. C 25. B 26. A 27. D 28. B 29. A 30. D 31. C 32. B 33. C 34. C 35. C 36. C 37. D 38. B 39. D 40. B 41. D 42. A 43. C 44. D 45. B 46. D 47. D 48. B

A2 型题 1. C 2. B 3. C 4. B 5. D

A3 型题　1. B　2. A　3. B　4. C　5. A　6. B　7. C　8. D　9. D　10. A　11. B　12. D　13. C

B1 型题　1. C　2. A　3. C　4. B　5. B　6. B　7. C　8. D　9. A　10. C　11. A　12. D　13. B　14. A　15. C　16. B　17. D　18. B　19. D　20. D　21. A　22. C　23. B　24. D　25. A　26. C　27. B

填空题

1. 蛋白质的互补作用。
2. 必需氨基酸。
3. α-酮戊二酸，三羧酸。
4. 氧化脱氨基，联合脱氨基，嘌呤核苷酸循环。
5. 脱氨基，脱羧基，转变为其他含氮化合物，脱氨基。
6. 腺苷酸，腺苷酸脱氨酶。
7. 丙氨酸，谷氨酰胺。
8. 谷丙转氨酶(丙氨酸氨基转移酶 ALT)，谷草转氨酶(天冬氨酸氨基转移酶 AST)。
9. 磷酸吡哆醛，磷酸吡哆醛。
10. 胞液，线粒体。
11. 尿素，肝脏。
12. 氨，天冬氨酸，转氨基。
13. 瓜氨酸，鸟氨酸。
14. 氨，二氧化碳，*N*-乙酰谷氨酸。
15. 尿素，嘧啶核苷酸。
16. 多巴胺，肾上腺素，去甲肾上腺素。
17. 酪氨酸，苯丙氨酸羟化酶。
18. 谷氨酰胺合成酶，谷氨酰胺酶。
19. 赖氨酸，亮氨酸。
20. 磷酸核糖。
21. 痛风。
22. 嘌呤核苷酸的从头合成，嘌呤核苷酸的补救合成，嘧啶核苷酸的补救合成。

简答题

1. 答题要点：

机体内 α-酮酸的代谢去路有：①通过转氨基作用合成非必需氨基酸；②转变成糖、脂类；③氧化供能。

2. 答题要点：

氨基酸的主要来源有：①食物蛋白消化吸收的氨基酸；②组织蛋白分解产生的氨基酸；③体内合成的非必需氨基酸。

氨基酸的主要代谢去路有：①合成组织蛋白；②脱氨基；③脱羧基；④转变为其他含氮化合物。

3. 答题要点：

血氨的来源包括：①氨基酸及胺的分解产生的氨；②肠道吸收的氨，包括肠道氨基酸被肠道细菌分解产生的氨和肠道尿素经细菌脲酶水解产生的氨；③胺类、嘌呤和嘧啶的分解产生少量的氨。

血氨的去路有：①合成尿素；②合成非必需氨基酸；③合成其他含氮化合物。

4. 答题要点：

维生素 B_6：组成磷酸吡哆醛辅酶，是转氨酶和脱羧酶的辅酶，参与转氨基、脱羧基反应；维生素 B_{12}：转甲基酶的辅酶；

叶酸：体内衍生物为四氢叶酸，是个别氨基酸代谢过程中产生的一碳单位的载体；

维生素 B_1、维生素 B_2、维生素 PP 和泛酸：维生素 B_1 的辅酶形式为焦磷酸硫胺素，维生素 B_2 的辅酶形式为 FMN、FAD，维生素 PP 的辅酶形式为 NAD^+ 或 $NADP^+$，上述 B 族维生素都与氨基酸脱氨基后的碳骨架——α-酮酸的代谢有关。

5. 答题要点：

氨对机体是有毒的，在血液中主要以丙氨酸及谷氨酰胺两种形式运输。肌肉中的氨通过丙氨酸-葡萄糖循环以无毒的丙氨酸形式运输到肝脏。有些组织（如大脑等）所产生的氨，首先合成谷氨酰胺以解毒，然后随血液运输到其他组织进一步代谢。

6. 答题要点：

体内某些氨基酸可以通过脱羧基作用生成相应的胺类。催化反应的酶是氨基酸脱羧酶，其辅酶是磷酸吡哆醛。

谷氨酸脱羧基生成 γ-氨基丁酸（GABA），GABA 是一种抑制性神经递质，对中枢神经有抑制作用。

组氨酸脱羧基生成组胺。组胺在体内分布广泛，是一种强烈的血管舒张剂，并能增加毛细血管的通透性，促进胃液分泌。

色氨酸脱羧基生成 5-羟色胺。5-羟色胺在体内分布很广，在脑内可作为抑制性神经递质，在外周组织中 5-羟色胺有收缩血管的作用。

鸟氨酸脱羧后生成多胺（腐胺和精胺）。多胺是调节细胞生长的重要物质，凡生长旺盛的组织如胚胎、癌组织多胺含量较高。

7. 答题要点：

一碳单位的主要生理功能是作为合成嘌呤和嘧啶核苷酸的原料，$N^5,N^{10}=CH—FH_4$ 与 $N^{10}—CHO—FH_4$ 分别提供嘌呤合成时 C8 与 C2 的来源，$N^5,N^{10}—CH_2—FH_4$ 提供胸苷酸合成时甲基的来源。一碳单位是联系氨基酸与核酸代谢的枢纽。

8. 答题要点：

谷氨酰胺的生成是氨在组织中解毒的方式之一；是氨在体内的运输方式；是合成嘌呤、嘧啶等含氮化合物的原料；在肾脏中，谷氨酰胺经谷氨酰胺酶水解释放氨，氨与肾小管管腔内的 H^+ 结合生成 NH_4^+ 随尿排出，从而调节机体的酸碱平衡。

9. 答题要点：

1）鸟氨酸循环：将机体内有毒的氨转变为无毒的尿素，达到解除氨毒的作用。

2）丙氨酸-葡萄糖循环：将肌肉中氨基酸脱氨基代谢产生的氨以无毒的丙氨酸的形式运输到肝脏，在肝脏中，丙氨酸通过联合脱氨基作用，释放出氨，用于尿素合成，而脱氨基作用生成的丙酮酸可作为糖异生的原料在肝脏中生成葡萄糖，葡萄糖通过血液循环再次被肌肉组织摄取，可以再次分解生成丙酮酸。

3）甲硫氨酸循环：通过此循环可生成 S-腺苷甲硫氨酸，为体内甲基化反应提供活性甲基。

10. 答题要点：

氨基酸脱氨基后的 α-酮酸可经形成乙酰 CoA 的途径、α-酮戊二酸的途径、琥珀酰 CoA 的途径、延胡索酸途径和草酰乙酸途径而进入三羧酸循环彻底氧化分解。

论述题

1. 答题要点：

氨基酸脱氨基作用的主要方式有氧化脱氨基作用、转氨基作用、联合脱氨基作用和嘌呤核苷酸循环。大多数氨基酸以联合脱氨基作用脱去氨基。

1）氧化脱氨基作用：氨基酸在酶的作用下，先脱氢形成亚氨基酸，进而与水作用生成 α-酮酸和氨的过程，称为氨基酸的氧化脱氨基作用。动物机体内只有 L-谷氨酸脱氢酶分布广，有较强的活性，其催化谷氨酸脱氨基生成 α-酮戊二酸和氨。但是，L-谷氨酸脱氢酶具有很强的专一性，只能催化 L-谷氨酸的氧化脱氨基作用。

2）转氨基作用：在转氨酶的作用下可逆地将 α-氨基酸的氨基转移给 α-酮酸的反应，称为转氨基作用。大多数氨基酸可参与转氨基作用。转氨酶的辅酶是磷酸吡哆醛，其分布广，种类多。体内最重要的 2 种转氨酶是谷丙转氨酶（GPT 或 ALT）和谷草转氨酶（GOT 或 AST）。转氨基作用是可逆的，既是氨基酸的分解代谢途径，也是体内某些氨基酸（非必需氨基酸）合成的重要途径。

3）联合脱氨基作用：体内大多数的氨基酸脱去氨基，是通过转氨基作用和氧化脱氨基作用两种方式联合起来进行的，这种作用方式称为联合脱氨基作用。氨基酸先与 α-酮戊二酸进行转氨基反应，生成相应的 α-酮酸和谷氨酸，然后谷氨酸再经 L-谷氨酸脱氢酶作用，进行氧化脱氨基作用，生成氨和 α-酮戊二酸，后者继续参加转氨基作用。联合脱氨基作用主要在肝、肾等组织中进行，全部过程都是可逆的，因此这一过程也是体内合成非必需氨基酸的重要途径。

4）嘌呤核苷酸循环：骨骼肌和心肌中 L-谷氨酸脱氢酶的活性弱，难以进行以上方式的联合脱氨基作用。肌肉中存在另一种氨基酸脱氨基反应，即通过嘌呤核苷酸循环脱去氨基。在此过程中氨基酸可以通过连续的转氨基作用将氨基转移给草酰乙酸，生成天冬氨酸；天冬氨酸与次黄嘌呤核苷酸（IMP）反应生成腺苷酸代琥珀酸，后者经过裂解，释放出延胡索酸并生成腺嘌呤核苷酸（AMP）。AMP 在腺苷酸脱氨酶（在肌肉组织中活性较强）催化下水解再转变为次黄嘌呤核苷酸（IMP）并脱去氨基。

2. 答题要点：

尿素在肝细胞中经鸟氨酸循环合成，使有毒的氨合成无毒的尿素，随尿液排出体外。尿素合成的主要步骤如下：

1）氨基甲酰磷酸的生成：氨、CO_2 和 ATP 在氨基甲酰磷酸合成酶Ⅰ的催化下，合成氨基甲酰磷酸。反应在线粒体内进行，消耗 2 分子 ATP。

2）瓜氨酸的生成：氨基甲酰磷酸将其氨甲酰基转移给鸟氨酸，生成瓜氨酸。瓜氨酸通过线粒体膜到达胞液。

3）精氨酸的生成：在胞液中，瓜氨酸由精氨酸代琥珀酸合成酶催化与天冬氨酸结合形成精氨酸代琥珀酸。该酶需要 ATP 提供能量(消耗两个高能磷酸键)。精氨酸代琥珀酸在精氨酸代琥珀酸裂解酶的催化下分解为精氨酸及延胡索酸。

4)精氨酸的水解和尿的生成:在胞液中,精氨酸水解生成尿素和鸟氨酸。鸟氨酸可再进入线粒体与氨基甲酰磷酸反应合成瓜氨酸,重复上述循环过程。

3.答题要点:

1)某些氨基酸在分解代谢过程中可以产生含有一个碳原子的基团(不包括羧基),称为一碳单位或一碳基团。体内的一碳单位有甲基、甲烯基、甲炔基、甲酰基和亚氨甲基(回答 4 种即可)。

2)四氢叶酸,一碳单位通常结合在四氢叶酸分子的 N^5、N^{10} 位上。

3)一碳单位主要来源于甲硫氨酸、组氨酸、丝氨酸、甘氨酸、色氨酸的代谢。

4)一碳单位的主要生理功能是作为合成嘌呤和嘧啶核苷酸的原料。

4.答题要点:

含硫氨基酸有甲硫氨酸、半胱氨酸和胱氨酸。甲硫氨酸循环是甲硫氨酸代谢的主要途径,循环生成的 *S*-腺苷甲硫氨酸是体内甲基的直接供体,许多生理活性物质的合成均需要甲基化,例如,肾上腺素、肌酸等。半胱氨酸可转变成牛磺酸,牛磺酸是合成结合胆汁酸的成分。谷胱甘肽是由谷氨酸、半胱氨酸和甘氨酸组成的三肽,它是细胞内重要的还原剂,保护蛋白质分子的巯基处于还原状态。

5.答题要点:

1)是核酸生物合成的基本原料和组成成分,这是核苷酸最主要的功能。

2)是体内能量的利用形式,例如 ATP 是细胞的主要能量形式。

3)参与代谢和生理调节,例如 cAMP 作为第二信使传递胞外信息,与代谢调节有关。

4)是辅酶的组成成分。例如,NAD^+、FAD、CoA 分子中均含有腺苷酸。

5)作为多种活性中间代谢物的载体。例如,*S*-腺苷甲硫氨酸是活性甲基的载体等。

6)参与酶活性的快速调节。例如,ATP 可作为酶的变构剂;磷酸化是酶共价修饰调节的主要方式,而 ATP 可提供磷酸基团。

6.答题要点:

项目	氨基甲酰磷酸合成酶Ⅰ	氨基甲酰磷酸合成酶Ⅱ
分布	线粒体(肝脏)	胞液(所有细胞)
氮源	氨	谷氨酰胺
变构激活剂	*N*-乙酰谷氨酸	无
反馈抑制剂	无	UMP(哺乳动物)
催化的反应途径	尿素合成	嘧啶核苷酸的从头合成
临床意义	其活性可作为肝细胞分化程度的指标之一	其活性可作为细胞增殖程度的指标之一

7.答题要点:

动物体内能合成各种嘌呤核苷酸和嘧啶核苷酸,其合成的途径有两种。一种是以氨基酸、磷酸核糖、CO_2 和 NH_3 等小分子物质为原料,经过一系列酶促反应从头开始合成核苷酸,因此称为“从头合成”途径。例如,次黄嘌呤核苷酸的合成,就是在磷酸核糖的基础上,逐步加上氨基酸、CO_2 及 NH_3 等完成嘌呤环的合成。从头合成途径是核苷酸生物合成的主要途径。

所谓核苷酸的"补救合成"途径，是指当核苷酸分解时，可产生一些中间产物，如嘌呤碱和嘧啶碱以及核苷等，这些"半成品"可通过各种不同的路线再合成核苷酸，这种合成途径叫作补救合成途径。例如，腺嘌呤和次黄嘌呤可由腺嘌呤磷酸核糖基转移酶和次黄嘌呤磷酸核糖基转移酶催化，合成相应的核苷酸。次黄嘌呤和鸟嘌呤也可经嘌呤核苷磷酸化酶催化，生成相应的核苷。腺苷可在腺苷激酶催化下转变为腺苷酸。

在嘧啶核苷酸的生物合成中，尿嘧啶核苷酸（UMP）也是从头合成的，然后由 UMP 再转变为其他嘧啶核苷酸。嘧啶核苷酸合成的补救途径也可将嘧啶碱基、嘧啶核苷在专一的酶催化下，转变为相应的核苷酸。

8. 答题要点：

丙氨酸可经转氨基作用将氨基转给 α-酮戊二酸，生成丙酮酸和谷氨酸。反应如下：

$$丙氨酸 + \alpha\text{-}酮戊二酸 \longrightarrow 丙酮酸 + 谷氨酸$$

然后谷氨酸可在 L-谷氨酸脱氢酶的催化下氧化脱氨基，生成氨、NADH 和 α-酮戊二酸。反应如下：

$$谷氨酸 + NAD^+ \longrightarrow NH_3 + \alpha\text{-}酮戊二酸 + NADH$$

代谢中间产物丙酮酸、NADH 和氨可继续彻底氧化分解或合成尿素排出体外。

丙酮酸先在丙酮酸脱氢酶复合体的催化下生成 NADH 和乙酰 CoA，这两种产物经三羧酸循环和呼吸链的传递生成 12.5 个 ATP 分子，即 1 分子丙酮酸进入三羧酸循环可生成 12.5 个 ATP 分子。

谷氨酸氧化脱氨基过程中生成的 NADH 经呼吸链传递可生成 2.5 个 ATP。

一个尿素分子内含有两个 N 原子，若这两个 N 原子均来自丙氨酸，其中一个丙氨酸经联合脱氨基作用生成了游离的 NH_3（如前所述），另一个丙氨酸分子要经过转氨基作用把氨基交给草酰乙酸生成天冬氨酸和一个丙酮酸，天冬氨酸把氨基交给尿素循环后，再经脱氢重新生成草酰乙酸和一个 NADH。这个过程中生成了 1 分子丙酮酸和 1 分子 NADH。1 分子丙酮酸进入三羧酸循环生成 12.5 个 ATP 分子，NADH 经呼吸链传递生成 2.5 个 ATP 分子（如前所述）。

经过鸟氨酸循环生成尿素需消耗 4 个高能磷酸键，相当于 4 个 ATP 分子。2 分子丙氨酸在哺乳动物体内彻底氧化净生成 $12.5+2.5+12.5+2.5-4=26$ 分子的 ATP，因此 1 分子丙氨酸在哺乳动物体内彻底氧化同时产生的氨生成尿素后净生成 $26/2=13$ 个 ATP 分子。

9. 答题要点：

特点	酶分散在两个体系中（线粒体、胞液）
	整个反应是耗能的，3 个 ATP，4 个"～"。此过程与 TCA 相连
	尿素分子中两个 N 的来源（线粒体中游离的 NH_3，Asp 的—NH_2）
	生成尿素的同时，消耗 1 分子 CO_2，有利于缓解酸中毒
	鸟氨酸、瓜氨酸、精氨酸是重要的代谢中间物
关键酶	氨基甲酰磷酸合成酶Ⅰ（CPS-Ⅰ）、N-乙酰谷氨酸（N-AGA）是其变构激活剂，CPS-Ⅰ和 N-AGA 都存在于肝脏线粒体里
	精氨酸代琥珀酸合成酶

第 12 章　物质代谢的联系与调节

动物机体是一个统一的整体，各种物质的代谢彼此之间密切联系、互相影响并且协调一致。代谢调节的实质是维持生命活动的恒态。它是通过从细胞、激素、整体的不同层次的调节实现的。细胞水平的调节是基础。代谢信号分子或者与细胞膜上的受体或者进入细胞与其特异的受体结合，向细胞传递代谢信息，以引起生理效应。主要的细胞信号传递系统有 G 蛋白偶联型受体系统、酪氨酸蛋白激酶型受体系统和 DNA 转录调节型受体系统。

【知识目标】

了解代谢的基本特点和目的。掌握糖、脂、蛋白质及核苷酸等物质代谢之间的相互关系，理解代谢调节的方式和原理；重点掌握细胞信号传递的方式、受体类型和若干过膜信号传递系统的特点及机理。

【复习指南】

第一部分　物质代谢的相互联系

表 12-1　物质代谢的基本目的

新陈代谢的目的是为了维持生命过程。物质代谢的基本目的如下：	
生成 ATP	ATP 被称为“通用能量货币”
生成还原辅酶	代表性物质是还原辅酶 NADPH＋H^+
	在脂肪酸、胆固醇和脱氧核糖核苷酸等的还原性生物合成中作为主要的氢和电子供体
生成生物合成的小分子前体	产生 ATP 和还原力的同时，也产生用于构建比较复杂生物分子的小分子前体
	如甘油三酯合成所需的甘油骨架来自糖代谢途径的中间产物磷酸二羟丙酮，糖分解代谢中产生的 α-酮酸中间物是合成非必需氨基酸碳骨架的来源

表 12-2　物质代谢间的相互关系

项目	主要内容
糖代谢与脂代谢	糖可以转变成脂类： 1）葡萄糖经氧化分解，生成磷酸二羟丙酮及丙酮酸等中间产物，最后合成脂酰 CoA 2）葡萄糖氧化产生的乙酰 CoA 是合成胆固醇及其衍生物的原料 3）磷酸戊糖途径为脂肪酸、胆固醇合成提供还原辅酶 $NADPH+H^+$
	动物体内脂肪能转变成葡萄糖，但转变是有限度的： 1）脂肪分解的产物甘油可以转变成糖 2）奇数脂肪酸经 β-氧化产生的丙酰 CoA 可进入异生过程生成葡萄糖 3）偶数脂肪酸经 β-氧化产生的乙酰 CoA 在动物体内则不能净合成糖
糖代谢与氨基酸代谢	糖分解代谢的中间产物，特别是 α-酮酸可以作为“碳架”，通过转氨基或氨基化作用转变成组成蛋白质的许多非必需氨基酸
	20 种氨基酸除亮氨酸和赖氨酸外，都可以转变成糖
脂代谢与氨基酸代谢	蛋白质可以转变为脂肪
	脂类不能转变为氨基酸，仅甘油异生成糖，再转变为某些非必需氨基酸 丝氨酸可作为合成磷脂的原料
核酸与氨基酸及糖代谢	某些氨基酸是合成核酸的重要原料
	磷酸核糖由糖的磷酸戊糖途径提供
	糖、脂等燃料分子为核酸生物学功能的实现提供能量保证

第二部分　物质代谢的调节

表 12-3　动物机体物质代谢的基本状态和代谢调节的实质

项目	主要内容
基本状态	恒态是机体代谢的基本状态。机体不断从外界摄入营养物质，然后在体内经由不同的代谢途径进行转变，又不断地把代谢产物和热量排出体外
代谢调节的实质	维持恒态。就是把体内的酶组织起来，在统一的指挥下，互相协作，使整个代谢过程适应生理活动的需要。机体通过代谢调节维持恒态。恒态的破坏意味着疾病或机体的死亡

表 12-4　物质代谢调节的基本方式

项目	主要内容
细胞水平代谢调节	对酶的活性及含量进行调节
激素水平代谢调节	器官及细胞分泌的激素对其他细胞发挥代谢调节作用
整体水平代谢调节	在中枢神经系统的控制下，或通过神经组织及其产生的神经递质对靶细胞直接发生影响，或通过某些激素的分泌来调节某些细胞的代谢及功能，并通过各种激素的互相协调而对机体代谢进行综合调节
三种调节方式在高等动物和人体内部都存在，细胞水平的调节是一切调节的基础	

表 12-5 细胞水平的调节

通过细胞内代谢浓度的改变来调节某些酶促反应的速度进行的调节，是最原始的调节方式。有三种途径	
酶的区室化	动物细胞的膜结构把细胞分为许多区域，结果把不同代谢途径的酶系都固定地分布在不同的区域中，称为酶的区室化。酶的区室化作用保证了代谢途径的定向和有序，也使合成途径和分解途径彼此独立、分开进行
酶活性的调节	通过调节途径中的关键酶或限速酶进行，包括反馈控制、酶原激活、变构调节、共价化学修饰、多酶复合体系及同工酶六种方式。变构调节和共价修饰调节是对关键酶活性调节的两种主要方式
酶含量的调节	通过改变细胞内酶含量调节酶活性，属于慢调

表 12-6 主要代谢途径(多酶体系)在细胞内的分布

细胞定位	代谢途径
胞液	糖酵解，糖异生，磷酸戊糖途径，脂肪酸合成，糖原合成与分解，蛋白质合成
线粒体	三羧酸循环，呼吸链，酮体合成，脂肪酸 β-氧化等
质膜	Na^+-K^+-ATP 酶等
细胞核	DNA 复制，RNA 转录以及转录后加工

表 12-7 一些重要代谢途径的限速酶(关键酶)

代谢途径	关键酶	调节方式	反应效应
糖酵解	己糖激酶	反馈调节	G-6-P 变构抑制
	磷酸果糖激酶 I	变构调节	AMP、ADP、FDP(1,6-二磷酸果糖)变构激活 ATP、柠檬酸变构抑制
	丙酮酸激酶	变构调节	FDP 变构激活 ATP、丙氨酸变构抑制
		共价修饰	
三羧酸循环	柠檬酸合酶	变构调节	AMP 变构激活 ATP、长链脂酰 CoA 变构抑制
	异柠檬酸脱氢酶	变构调节	AMP、ADP 变构激活 ATP、NADH 变构抑制
	α-酮戊二酸脱氢酶复合体		
磷酸戊糖途径	葡萄糖-6-磷酸脱氢酶		
糖异生	丙酮酸羧化酶	变构调节	ATP、乙酰 CoA 变构激活 AMP 变构抑制
	果糖-1,6-二磷酸酶	变构调节	5′-AMP 变构激活 AMP 变构抑制
糖原分解	磷酸化酶 b	变构调节	AMP、G-1-P、Pi 变构激活 ATP、G-6-P 变构抑制
		共价修饰	磷酸化——激活；脱磷酸化——抑制

续表 12-7

代谢途径	关键酶	调节方式	反应效应
糖原合成	糖原合酶	变构调节	G-6-P 变构激活
		共价修饰	磷酸化——抑制;脱磷酸化——激活
脂肪酸合成	乙酰 CoA 羧化酶	变构调节	柠檬酸、异柠檬酸变构激活 ATP、长链脂酰 CoA 变构抑制
		共价修饰	磷酸化——抑制;脱磷酸化——激活
胆固醇合成	HMGCoA 还原酶	反馈调节	胆固醇反馈抑制
		共价修饰	磷酸化——抑制;脱磷酸化——激活
酮体合成	HMGCoA 合成酶		
氨基酸代谢	谷氨酸脱氢酶	变构调节	ADP、Leu、Met 变构激活 ATP、GTP、NADH 变构抑制
尿素合成	精氨酸代琥珀酸合成酶		
嘌呤合成	PRPP 酰胺转移酶	变构调节	PRPP 变构激活 AMP、ADP、GMP、GDP 变构抑制
	PRPP 合成酶		
嘧啶合成	Asp 氨基甲酰转移酶(细菌)	变构调节	CTP 变构抑制
	氨基甲酰磷酸合成酶Ⅱ(哺乳动物细胞)		
核酸合成	脱氧胸苷激酶	变构调节	dCTP、dATP 变构激活 dTTP 变构抑制

第三部分　代谢调节信号的细胞传导机制

动物体各种器官之间的功能协调以及整体统一性的维持主要是依靠组织与组织之间、细胞与细胞之间的信息传递来完成的。细胞对外源信息所发生的细胞内的生物化学变化及效应的全过程称为信号转导(signal transduction)。介导信号在细胞内传递的所有分子,称为信号转导分子(信号分子)。由一组分子形成的有序分子变化称为信号转导通路或信号转导途径。

表 12-8　信号分子与受体

项目	主要内容
信号分子	定义:各种化学物质以及非化学性的外界刺激信号,称为信号分子,是信息的载体,也称第一信使或配体,包括激素、神经递质、生长因子、细胞因子等。一些外源的药物、毒物和外来抗原等可以成为携带某种信号的载体,一旦进入体内,可以引发与天然激素类似的生理效应,属于外源性信号分子
受体	定义:细胞膜上或细胞内能识别信号分子(激素、神经递质、毒素、药物、抗原和其他细胞黏附分子)并与之结合的生物大分子。有膜受体和胞内受体 化学本质:大部分受体是蛋白质,少数是糖脂 特点:与其相应的配体结合具有专一性、高亲和力,且与配体之间的结合具有可逆性和可饱和性。受体的分布和含量具有组织和器官特异性,并呈现特异的作用模式

表 12-9 受体的类型及特点

类型	特点
Ⅰ型：配体门控通道型	结构特点：由多个亚基形成离子通道，为膜受体
	配体：多为神经递质，如乙酰胆碱、γ-氨基丁酸等
	作用模式：配体与受体结合引起离子通透性改变，改变膜电位
Ⅱ型：G蛋白偶联型	结构特点：膜受体。一条多肽链，7个跨膜α-螺旋肽段
	配体：多为激素，如肾上腺素等
	作用模式：通过G蛋白参与控制第二信使的产生，影响其下游靶分子发挥作用
Ⅲ型：酪氨酸蛋白激酶型	结构特点：膜受体，具有一个跨膜螺旋结构的糖蛋白，包括胞外区（与配体结合）、跨膜区（疏水α-螺旋）和胞内区（功能区）三个区
	配体：胰岛素、生长因子、细胞因子
	作用模式：受体本身具有酪氨酸蛋白激酶的活性，直接调节细胞内效应蛋白或酶的磷酸化过程，进而引发生理效应
Ⅳ型：DNA转录调节型	结构特点：受体存在于胞浆中或核内，属于胞内受体
	配体：类固醇激素等
	作用模式：激活受体，直接影响DNA的转录和特定基因的表达

表 12-10 G蛋白及其偶联型受体系统

项目	主要内容
G蛋白（GTP结合调节蛋白）	是鸟嘌呤核苷酸结合调节蛋白的简称，是一类和GTP或GDP相结合、位于细胞膜胞浆面的外周蛋白。广泛存在于各种组织
	由α、β和γ三种亚基组成的三聚体，其中β和γ通常紧密结合成β/γ二聚体。当结合的核苷酸是GTP时，G蛋白处于活化形式；G蛋白自身具有ATP酶活性，可将结合的GTP水解为GDP，使处于非活化状态
	包括激活型（G_s）和抑制型（G_i）两种
	G蛋白相偶联的受体通常是一条肽链形成的过膜蛋白，有七段α-螺旋往返于质膜的脂质双层中
G蛋白偶联受体介导的基本模式	配体与受体结合→受体激活G蛋白→G蛋白激活或抑制下游效应分子→产生或减少第二信使→第二信使作用于相应的靶分子→相应的效应蛋白或酶→生物学效应
G蛋白偶联受体介导的主要信号通路	蛋白激酶A（PKA）（cAMP-PKA）途径
	IP_3-钙离子/钙调蛋白激酶途径
	蛋白激酶C（PKC）（DG-PKC）途径
	蛋白激酶G（PKG）（cGMP-PKG）途径

表 12-11　G 蛋白偶联型受体系统总结

类型	第二信使	第二信使效应器	代谢途径
蛋白激酶 A (cAMP-PKA)途径	cAMP	PKA	配体→G 蛋白偶联受体→G 蛋白→AC(腺苷酸环化酶)→cAMP→PKA→效应蛋白→生物学效应
蛋白激酶 C (DG-PKC)途径	DG	PKC	激素→G 蛋白偶联受体→G 蛋白→PLC(磷脂酶 C)→DG(甘油二酯)→PKC→效应蛋白→生物学效应
IP_3-Ca^{2+}/钙调蛋白激酶途径	IP_3,Ca^{2+}	钙调蛋白激酶(CaM)	配体→G 蛋白偶联受体→G 蛋白→PLC→IP_3(肌醇三磷酸)→Ca^{2+}/CaM→生物学效应
蛋白激酶 G (cGMP-PKG)途径	cGMP	鸟苷酸环化酶(GC)	激素→G 蛋白偶联受体→G 蛋白→GC(鸟苷酸环化酶)→cGMP→PKG→效应蛋白→生物学效应

表 12-12　酪氨酸蛋白激酶型受体系统

项目	主要内容
受体	酪氨酸蛋白激酶(tyrosine protein kinase,TPK)型受体
配体	肽类激素和生长因子,如胰岛素、类胰岛素生长因子、生长激素、上皮生长因子等
作用途径	配体与受体结合→受体间发生聚合→激活的受体具有酪氨酸蛋白激酶活性,可催化受体自身或相互催化其胞内部分的酪氨酸残基磷酸化→通过信号级联放大效应或通过蛋白质的相互作用,调控细胞的有丝分裂、分化等

表 12-13　DNA 转录调节型受体系统

项目	主要内容
受体	多为转录因子。在胞质内或胞核内
配体	为脂溶性配体,如类固醇激素(甲状腺素、前列腺素、维生素 D、性激素等)
作用途径	脂溶性配体进入细胞→或与胞核内受体结合形成配体-受体复合物;或先与胞质内受体结合,以复合物的形式穿过核孔进入核内→与 DNA 顺式作用元件(也叫激素反应元件)结合→转录水平调节基因表达

【练习与自测题】

名词解释

1. 恒态 (stable state)
2. 代谢途径(metabolic pathway)
3. 中间代谢(intermediary metabolism)
4. 中间代谢物(metabolic intermediates)
5. 限速酶(limiting velocity enzymes)

6. 酶的区室化(compartmentation)
7. 信号分子(signal molecules)
8. 受体(receptor)
9. G 蛋白(G protein)
10. 第二信使(second messenger)

单项选择题

A1 型题

为单项选择题,属于最佳选择题类型。每道试题由一个题干和四个备选答案组成,其中只有一个是最符合题目要求的。

1. 处于糖酵解、糖原合成、磷酸戊糖途径三者交汇点上的化合物是(　　)。
A. 1-磷酸葡萄糖　B. 6-磷酸葡萄糖　C. 6-磷酸果糖　D. 3-磷酸甘油醛
2. 糖、脂、氨基酸分解代谢的共同中间代谢物是(　　)。
A. 乙酰 CoA　B. 丙酮酸　C. 草酰乙酸　D. ATP
3. 糖、脂、氨基酸间相互转化的最主要枢纽是(　　)。
A. 5-磷酸核糖　B. 丙酮酸　C. 6-磷酸葡萄糖　D. 3-磷酸甘油醛
4. 下列不在胞浆内进行的反应途径是(　　)。
A. 糖酵解　B. 糖原合成和分解
C. 脂肪酸的 β-氧化　D. 磷酸戊糖途径
5. 乙酰 CoA 在糖、脂代谢中非常重要,下面代谢反应除哪个外,都与其有关?(　　)
A. 糖原的合成　B. 酮体的生成　C. 脂肪酸合成　D. 胆固醇合成
6. 生物体对物质代谢最基本的调控方式是(　　)。
A. 整体水平调节　B. 细胞水平调节　C. 激素水平调节　D. 以上都不是
7. 真核细胞中酶的分布特点是(　　)。
A. 都在细胞核内　B. 都分布在细胞浆内
C. 都在线粒体内　D. 有一定布局,相关的酶多集中分布在某一部位
8. 细胞的受体(　　)。
A. 只存在于细胞膜上　B. 同时具有酶的活性
C. 与信号分子专一并可逆的结合　D. 具有与 GTP/GDP 结合的特性
9. 在细胞的 PKA 信号通路中,涉及一系列靶酶和靶蛋白的活化。由第二信使 cAMP 首先激活的靶酶是(　　)。
A. 腺苷酸环化酶　B. 蛋白激酶 A　C. 磷酸化酶 b　D. 磷酸化酶 b 激酶
10. 从内质网释放的第二信使是(　　)。
A. cAMP　B. cGMP　C. DG　D. Ca^{2+}
11. 细胞水平的调节不是通过下列哪种机制实现的?(　　)
A. 激素调节　B. 化学修饰　C. 酶含量调节　D. 变构调节
12. G 蛋白偶联受体与下列哪条信号通路无关?(　)
A. 酪氨酸蛋白激酶系统　B. Ca^{2+}-CaM 通路

C. DG-PKC 通路　　D. cAMP-PKA 通路

13. 第二信使通常是指（　　）。

A. 细胞内的蛋白质　　B. 细胞内的酶分子

C. 细胞内的受体　　D. 细胞内的小分子物质

14. 下列哪个酶可水解 PIP_2（磷脂酰肌醇二磷酸）生成 DAG 和 IP_3？（　　）

A. 磷脂酶 A　　B. 磷脂酶 B　　C. 磷脂酶 C　　D. 磷脂酶 D

15. IP_3 通常能使下列哪种离子在胞液中的浓度升高？（　　）

A. Mg^{2+}　　B. K^+　　C. Ca^{2+}　　D. Zn^{2+}

16. 直接被 DAG（甘油二酯）激活的蛋白激酶是（　　）。

A. PKA　　B. PKC　　C. PKG　　D. 受体型 TPK

17. 关于 TPK，描述正确的是（　　）。

A. 是分解酪氨酸的酶　　B. 使蛋白质上结合酪氨酸

C. 使含有酪氨酸的蛋白质去磷酸化　　D. 使蛋白质分子中酪氨酸残基磷酸化

18. 下列哪种配体作用于细胞内受体？（　　）

A. 类固醇激素　　B. 肽类激素　　C. 细胞因子　　D. 生长因子

19. cAMP 引起 PKA 发生（　　）。

A. 共价修饰　　B. 反馈激活　　C. 变构　　D. 变性

20. 下列哪种核苷三磷酸与 G 蛋白活化关系密切？（　　）

A. ATP　　B. UTP　　C. GTP　　D. CTP

A2 型题

每道题由一个叙述性的简要主题作为题干和四个备选答案组成。A、B、C、D 四个答案中只有一个是最佳答案。

1. 动物机体是一个统一的整体，各种物质代谢彼此之间密切联系、相互影响。其中，糖与脂类的代谢联系最为重要。糖可以转变为脂类，但是，脂类转变为糖在动物体内是有条件和有限度的。下列哪种物质不可以净生成糖？（　　）

A. 乙酸　　B. 丙酸　　C. 甘油　　D. 乳酸

2. 细胞水平调节方式之一是利用动物细胞的膜结构把细胞分为许多区域（酶的区室化），保证代谢途径的定向和有序，也使合成途径和分解途径彼此独立、分开进行。如糖、脂的氧化分解都发生在线粒体内，而在胞液中则不能进行下列哪种代谢反应？（　　）

A. 糖原的合成与分解　　B. 三羧酸循环

C. 脂肪酸合成　　D. 磷酸戊糖途径

3. 代谢调节的实质，就是把体内的酶组织起来，在统一的指挥下，互相协作，以便使整个代谢过程适应生理活动的需要。动物机体的物质代谢调节在细胞水平、激素水平和整体水平三个层次上进行。细胞水平的调节是最基本，也是最原始的调节方式。细胞水平的调节有许多机制，但不能通过下列哪种机制来实现？（　　）

A. 变构调节　　B. 共价修饰调节　　C. 激素调节　　D. 同工酶调节

4. 代谢调节的信息所依赖的各种化学分子，称为信号分子，属于第一信使。能识别信号分子并与之结合的生物大分子称为受体。受体与配体两者结合后可以通过第二信使改变细胞内

靶蛋白或靶酶的活性，继而引发细胞内的生理效应。下列除哪个外，都是第二信使？（　　）

A. cAMP　　B. cGMP　　C. IP_3　　D. G 蛋白

5. 多酶复合体系是酶活性调控的一种方式，它通过把功能上相关的酶组合在一起使反应高速定向进行。体内的主要多酶复合体系丙酮酸多酶复合体系与下列哪条代谢途径有关？（　　）

A. 糖的有氧分解代谢　　B. 脂肪酸的合成代谢

C. 甘油的合成代谢　　D. 蛋白质的合成

6. 受体是指细胞膜上或细胞内能识别信号分子（激素、神经递质、毒素、药物、抗原和其他细胞黏附分子）并与之结合的生物大分子。有膜受体和胞内受体。下列除哪个外都属于膜受体？（　　）

A. 配体门控通道型受体　　B. G 蛋白偶联型受体

C. 酪氨酸蛋白激酶型受体　　D. DNA 转录调节型受体

7. 调节代谢的细胞机制是激素、神经递质等信号分子与细胞膜上的或细胞内的特异受体结合将代谢信息传递到细胞的内部，以实现对细胞内酶的活性或酶蛋白基因表达的调控。G 蛋白偶联的受体信号系统是主要的细胞内的信号传导通路之一，下列除哪个外都属于 G 蛋白偶联的受体信号系统？（　　）

A. 蛋白激酶 A 系统　　B. DNA 转录调节型受体系统

C. IP_3-钙离子/钙调蛋白激酶系统　　D. 蛋白激酶 C 系统

8. G 蛋白的全称为 GTP 结合调节蛋白，广泛存在于各种组织的细胞膜上。它在细胞膜上的受体与细胞内的效应酶或效应蛋白之间起中介的作用，参与细胞信号的传导过程。以下不属于 G 蛋白效应酶的是（　　）。

A. 腺苷酸环化酶　　B. 磷脂酶 C　　C. 蛋白激酶 C　　D. 鸟苷酸环化酶

9. cAMP 是在 20 世纪 50 年代研究肾上腺素激活磷酸化酶，促进糖原分解的机制时认识到的，也是人们最早知道的第二信使。现在发现大多数激素和神经递质，如β-肾上腺素能受体激动剂，阿片肽，胰高血糖素等都可以刺激 cAMP 合成增加，而对其合成产生抑制的则较少。cAMP 合成的底物是（　　）。

A. CTP　　B. GTP　　C. ATP　　D. UTP

10. 除 cAMP-PKA 外，还存在环化鸟苷酸第二信使系统，即 cGMP-蛋白激酶 G（PKG）途径。G 蛋白可激活鸟苷酸环化酶，使（　　）生成 cGMP，后者再激活 PKG 而发生效应。

A. CTP　　B. GTP　　C. ATP　　D. UTP

A3 型题

2～3 个相关的问题，每个问题均与开始的题干有关。每个问题均有四个备选答案，需要选择一个最佳答案。

（1～3 题共用题干）动物机体中各种物质的代谢活动高度协调，因此物质代谢的各条途径不是孤立和分隔的，而是互相联系的。一些共同的代谢中间物通过分支点把许多途径联系起来，形成一个复杂的代谢网络并交织在一起。

1. 下列物质中与糖、脂代谢均有关系的物质是（　　）。

A. 乙酰 CoA　　B. 氨基甲酰磷酸　　C. 肌酸　　D. 腺嘌呤

2. 下列与核苷酸合成有关系的氨基酸是(　　)。

A. Gly　B. Trp　C. Leu　D. Arg

3. 下列哪种物质是联系磷酸戊糖途径和核苷酸代谢的主要物质？(　　)

A. 尿素　B. 5-磷酸核糖　C. Leu　D. 磷脂

(4～6 题共用题干)酶的区室化是真核生物细胞水平调控物质代谢的一种方式。通过酶的区室化作用保证了代谢途径的定向和有序,也使合成途径和分解途径彼此独立、分开进行。

4. 下列在线粒体中进行的代谢途径是(　　)。

A. 糖的无氧氧化　B. 脂肪酸的合成

C. 糖原的合成和分解　D. 氧化磷酸化

5. 下列在胞液中进行的代谢过程是(　　)。

A. 磷酸戊糖途径　B. 脂肪酸 β-氧化　C. 酮体合成　D. DNA 的复制

6. 下列在线粒体和胞液中进行的代谢过程是(　　)。

A. RNA 的转录　B. 尿素合成　C. 胆固醇合成　D. 磷脂合成

(7～9 题共用题干)受体是指细胞膜上或细胞内能识别生物活性分子并与之结合的生物大分子,其中存在于细胞膜上的受体叫膜受体,存在于细胞内的则叫胞内受体。

7. 胞内受体的化学本质通常是(　　)。

A. 糖蛋白　B. 脂蛋白　C. DNA 结合蛋白　D. 蛋白多糖

8. 下列哪种信息分子的受体为胞内受体？(　　)

A. 甲状腺素　B. 肾上腺素　C. 胰岛素　D. 生长激素

9. 下列哪种受体不是细胞内受体？(　　)

A. 雌激素受体　B. 肾上腺素受体

C. 糖皮质激素受体　D. 雄激素受体

(10～12 题共用题干)G 蛋白是存在于细胞膜的胞浆面上的鸟嘌呤核苷酸结合调节蛋白。都是由 α、β 和 γ 三种亚基组成的三聚体,并具有 GTP 酶的活性。当信号分子与细胞膜上的受体结合后,要通过 G 蛋白作中介,再将代谢调节信号向胞内传递。

10. 下列哪种核苷酸与 G 蛋白关系密切？(　　)

A. ATP　B. GTP　C. CTP　D. UTP

11. 与 G 蛋白偶联的受体具有下列哪种特点？(　　)

A. 位于细胞核　B. 一条肽链,一个跨膜 α-螺旋

C. 一条肽链,7 段跨膜 α-螺旋　D. 属于离子通道型受体

12. 活化 G 蛋白能直接影响下列哪种酶的活性？(　　)

A. AC　B. PKC　C. PKA　D. PKG

(13～15 题共用题干)蛋白激酶 A(PKA)通路是与 G 蛋白偶联型受体系统有关的信号传导途径之一。例如,当信号分子 β-肾上腺素与肌肉细胞膜上的受体结合后,在 GTP 参与下,G 蛋白活化,活化的 G 蛋白再激活腺苷酸环化酶(AC),使胞内的大量 ATP 转变为 cAMP。cAMP 又进一步活化细胞中的蛋白激酶 A。蛋白激酶 A 又使磷酸化酶 b 激酶磷酸化激活,后者又使磷酸化酶 b 磷酸化激活成为磷酸化酶 a,最后导致肌肉糖原分解成 1-磷酸葡萄糖。

13. 此途径的第二信使是(　　)。

A. G 蛋白　B. cAMP　C. β-肾上腺素　D. 蛋白激酶 A

14. 在此途径中蛋白激酶 A 的激活通过(　　)方式。

A. 共价修饰　　B. cAMP 活化　　C. 变构作用　　D. 反馈作用

15. 在此途径中磷酸化酶 b 的激活通过(　　)方式。

A. 共价修饰　　B. cAMP 活化　　C. 变构作用　　D. 反馈作用

B1 型题

属于标准伍配单项选择题。开始给出 4 个备选答案，之后 2～6 个题干构成一组试题，要求从 4 个备选答案中为这些题干选择一个与其关系密切的答案。在这组试题中，每个备选答案可以被选一次、两次和多次，也可以不选用。

(1～3 题共用备选答案)

A. GTP　　B. cAMP　　C. cGMP　　D. ATP

1. GC 的底物是(　　)。

2. AC 的底物是(　　)。

3. AC 的产物是(　　)。

(4～6 题共用备选答案)

A. Ca^{2+}　　B. cAMP　　C. cGMP　　D. DAG

4. 主要使 CaM 活化的第二信使是(　　)。

5. 主要使 PKA 活化的第二信使是(　　)。

6. 主要与 NO 信息传导相关的第二信使是(　　)。

(7～9 题共用备选答案)

A. IP_3　　B. cAMP　　C. TG　　D. DAG

7. 通常不作为第二信使的是(　　)。

8. 能变构激活 PKA 的第二信使是(　　)。

9. 能促使 PKC 活化的第二信使是(　　)。

(10～12 题共用备选答案)

A. DNA 结合蛋白　　B. 鸟苷酸结合调节蛋白

C. Ca^{2+} 结合蛋白　　D. SOS 蛋白

10. G 蛋白是(　　)。

11. CaM 是(　　)。

12. 胞内蛋白是(　　)。

(13～15 题共用备选答案)

A. 细胞核　　B. 内质网　　C. 细胞浆　　D. 细胞膜

13. DAG 位于(　　)。

14. IP_3 位于(　　)。

15. 性激素受体主要位于(　　)。

填空题

1. 物质代谢的基本目的是生成__________、生成__________和产生生物合成的__________。

2. 动物的代谢过程表现为机体不断从外界摄入营养物质，然后在体内经由不同的代谢途径进行转变，又不断地把代谢产物和热量排出体外。这种状态称为______。

3. 在高等动物和人体内部都存在三级水平的代谢调节方式，即__________、__________和__________。__________是一切调节的基础。

4. 单细胞的微生物通过细胞内代谢浓度的改变来调节某些酶促反应的速度进行的调节，是最原始的调节方式，包括__________、__________和__________。

5. 酶活性调节的主要方式有__________和__________等。酶含量的调节主要是通过__________来调节细胞内酶的含量，从而调节代谢的速度和强度。

6. __________是核酸的基本组成单位，在调节代谢中也起着重要作用。______是能量通用货币和转移磷酸基团的主要分子，______参与单糖的转变和多糖的合成，______参与磷脂的合成，而______为蛋白质多肽链的生物合成所必需。

7. 信号分子是指与__________的活性分子，是信息的载体，也称__________。大多数作用到细胞膜上的______，通过跨膜信号传递引起细胞功能活动的改变。

8. 受体是指细胞膜上或细胞内能__________并与之结合的__________，其中存在于细胞膜上的受体叫______，存在于细胞内的则叫______。受体包括__________、__________、__________和__________。

9. G 蛋白由____、____和____三个亚基组成，其中 α 亚基具有 ATP 酶活性。由 G 蛋白介导可激活一些信号传导途径，包括__________、__________、__________和__________。

10. 磷脂酶 C(PLC)激活后可水解 PIP_2 生成__________和__________。

简答题

1. 简述糖代谢与脂代谢的联系。
2. 简述糖代谢与氨基酸代谢的联系。
3. 简述脂代谢与氨基酸代谢的联系。
4. 简述第二信使的主要特点。
5. 简述受体与配体结合的主要特点。
6. 简述 G 蛋白的结构和功能。
7. 简述蛋白激酶 A(PKA)通路信息传递的基本过程。
8. 简述蛋白激酶 C(PKC)通路信息传递的基本过程。
9. 简述膜受体的类型及特点。
10. 解释 PKA 的激活机制。

论述题

1. 分别举出 2～3 个发生在细胞核、线粒体和胞液中的代谢途径。

2. 酶活性的调节主要是对代谢途径的关键酶或限速酶进行调节，总结糖代谢途径的关键酶及主要的调节方式。

3. cAMP 是第一个被叫作第二信使的物质，回答以下问题：

1)第二信使学说是哪一年，哪位科学家正式提出的？得到了哪一年的诺贝尔奖？

2)解释第二信使的概念,举出其他几个细胞内常见的第二信使。

3)解释 cAMP 的作用机制及生物学意义。

4. 试以糖原分解代谢为例阐明 cAMP-蛋白激酶 A 途径的信息传递过程。

5. 总结核苷酸在体内代谢中的主要作用。

6. 以天冬氨酸(Asp)为例叙述糖、脂肪、氨基酸和核苷酸之间的相互关系。

7. 调节途径中的关键酶或限速酶的活性是细胞水平代谢调节的一种方式,以你学过的生化知识举两例解释其调节机制。

【习题参考答案】

名词解释

1. 恒态 (stable state):动物的代谢过程表现为机体不断从外界摄入营养物质,然后在体内经由不同的代谢途径进行转变,又不断地把代谢产物和热量排出体外。这种状态称为恒态。恒态是机体代谢的基本状态。恒态的破坏意味着疾病或机体的死亡。机体通过代谢调节维持恒态。

2. 代谢途径(metabolic pathway):多种酶连续催化的反应体系,一般由一系列酶催化的反应组成,如糖的无氧氧化途径由 12 步酶促反应组成。

3. 中间代谢(intermediary metabolism):代谢途径中的各个反应步骤。

4. 中间代谢物(metabolic intermediates):代谢途径中连续转变的酶促产物。如葡萄糖无氧氧化是从葡萄糖开始最后生成乳酸,从葡萄糖到乳酸之间的所有酶促产物都是中间代谢物。

5. 限速酶(limiting velocity enzymes):催化单向不可逆或非平衡反应,速度最慢,它的速度决定整个代谢途径的总速度,活性决定整个代谢途径的方向。一般位于途径的第一步或分支点。这类酶活性除受底物控制外,还受多种代谢物或效应剂的调节,又称调节酶(regulatory enzyme)。

6. 酶的区室化(compartmentation):动物细胞的膜结构把细胞分为许多区域,结果把不同代谢途径的酶系都固定地分布在不同的区域中,称为酶的区室化。一方面可以使某些调节物只对某一区域中的代谢途径发生影响,另一方面还可以通过膜的转运功能,根据条件变化的需要把调节物从一个区域转运至另一个区域,以发挥其调节作用。

7. 信号分子(signal molecules):代谢调节的信息所依赖的各种化学分子,称为信号分子,也常被称为配体。配体是信息的载体,属于第一信使(first messenger)。它们将环境中调节代谢的信息传递给细胞。信号分子包括激素、神经递质、生长因子、细胞因子,以至外源的药物、毒物和外来抗原等。

8. 受体(receptor):指能识别信号分子并与之结合的生物大分子。受体有膜上受体和胞内或核内受体。绝大部分受体是蛋白质,少数膜受体是糖脂。受体通常可以专一性地与其相应的配体可逆结合;与配体有高亲和力;受体与配体两者结合后可以通过第二信使改变细胞内靶蛋白或靶酶的活性,继而引发细胞内的生理效应。

9. G 蛋白(G protein):G 蛋白的全称为鸟嘌呤核苷酸结合调节蛋白(GTP 结合调节蛋白),存在于细胞膜的胞浆面上。当信号分子与细胞膜上的受体结合后,要通过 G 蛋白作中介,再将代谢调节信号向胞内传递。已知的 G 蛋白有十多种,都是由 α、β 和 γ 三种亚基组成的三聚体，并具有 GTP 酶的活性。与 GDP 结合的 G 蛋白是非活性的，结合了 GTP 的 G 蛋白成为有活性的，并可以进一步激活其他的靶酶。

10. 第二信使(second messenger)：指位于靶细胞内的具有信号传导功能的小分子化合物。目前已确认的第二信使分子有：cAMP、cGMP、Ca^{2+}、IP_3(1,4,5-三磷酸肌醇)、DG(甘油二酯)、NO 等。

单项选择题

A1 型题　1.B　2.A　3.B　4.C　5.A　6.B　7.D　8.C　9.B　10.D　11.A　12.A　13.D　14.C　15.C　16.B　17.D　18.A　19.C　20.C

A2 型题　1.A　2.B　3.C　4.D　5.A　6.D　7.B　8.C　9.C　10.B

A3 型题　1.A　2.A　3.B　4.D　5.A　6.B　7.C　8.A　9.B　10.B　11.C　12.A　13.B　14.C　15.A

B1 型题　1.A　2.D　3.B　4.A　5.B　6.C　7.C　8.B　9.D　10.B　11.C　12.A　13.D　14.C　15.A

填空题

1. ATP，还原辅酶，小分子前体。

2. 恒态。

3. 细胞水平代谢调节，激素水平代谢调节，整体水平代谢调节；细胞水平的调节。

4. 酶的区室化，酶活性的调节，酶含量的调节。

5. 变构调节，共价修饰调节；改变酶的合成或降解。

6. 核苷酸；ATP，UTP，CTP，GTP。

7. 受体结合，第一信使或配体，受体。

8. 识别生物活性分子，生物大分子，膜受体，胞内受体；门控通道型受体，G 蛋白偶联型受体，酪氨酸蛋白激酶型受体，DNA 转录调节型受体。

9. α，β，γ；蛋白激酶 A 途径，IP_3-钙离子/钙调蛋白激酶途径，蛋白激酶 C 途径，蛋白激酶 G 途径。

10. 二酰甘油，三磷酸肌醇。

简答题

1. 答题要点：

1)当有过量葡萄糖摄入时，葡萄糖经氧化分解成的中间产物磷酸二羟丙酮可以还原成 α-磷酸甘油，而丙酮酸可以氧化脱羧转变为乙酰 CoA 成为合成脂酰 CoA 的原料。α-磷酸甘油与脂酰 CoA 再用来合成甘油三酯。乙酰 CoA 也是合成胆固醇的原料。磷酸戊糖途径还为脂肪酸、胆固醇合成提供所需 NADPH。

2)动物体内脂肪转变成葡萄糖是有限度的。脂肪的分解产物中甘油和奇数脂肪酸可以经过异生途径转变为葡萄糖或糖原，乙酰 CoA 则不能直接转变成葡萄糖或糖原。

2. 答题要点：

1)糖分解代谢的中间产物，特别是 α-酮酸可以作为“碳架”通过转氨基或氨基化作用进而转变成组成蛋白质的非必需氨基酸。

2)当动物缺乏糖的摄入(如饥饿)时,体蛋白的分解加强。大部分的氨基酸又可以通过脱氨基作用直接地或间接地转变成糖异生途径中的某种中间产物,再沿异生途径合成糖,以满足机体对葡萄糖的需要和维持血糖水平的稳定。

3.答题要点:

1)所有的氨基酸都可以在动物体内转变成脂肪。生酮氨基酸可以通过解酮作用转变成乙酰 CoA 之后合成脂肪酸,生糖氨基酸既然能异生成糖,自然也可以转变成脂肪。此外,蛋氨酸、丝氨酸等还是合成磷脂的原料。

2)脂肪分解产生的甘油可以转变成用以合成非必需氨基酸的碳骨架,如羟基丙酮酸,再直接合成丝氨酸等。

3)在动物体内难以由脂肪酸合成氨基酸,或动物组织不易利用脂肪酸合成氨基酸。

4.答题要点:

第二信使指位于靶细胞内的具有信号传导功能的小分子化合物。具有以下共同特点:

1)在完整细胞中,其浓度或分布可以在细胞外信号的刺激下迅速发生改变。

2)该分子类似物可以模拟细胞外信号的作用。

3)阻断该分子的变化可以阻断细胞对外源信号的反应。

4)在细胞内有特定的靶蛋白分子。

5.答题要点:

受体是指细胞膜上或细胞内能识别生物活性分子(激素、神经递质、毒素、药物等)并与之结合的生物大分子。受体多位于膜上,少部分在胞内。受体与配体结合具有以下特点:

1)受体通常可以专一性地与其相应的配体可逆结合。

2)与配体有高亲和力和可饱和性。

3)特定的作用模式:受体与配体两者结合后可以通过第二信使(如 cAMP 等)改变细胞内靶蛋白或靶酶的活性,继而引发细胞内的生理效应。

6.答题要点:

1)是鸟苷酸结合调节蛋白的简称,是一类和 GTP 或 GDP 相结合、位于细胞膜胞浆面的外周蛋白。是由 α、β 和 γ 三种亚基组成的三聚体,其中 β 和 γ 通常紧密结合成 β/γ 二聚体。

2)G 蛋白的 α 亚基有 GTP 或 GDP 结合位点,并具有 GTP 酶的活性。

3)分为激活型(G_s)和抑制型(G_i)。

4)功能主要是在细胞膜上的受体与细胞内的效应酶或效应蛋白之间起中介作用,参与细胞信号的传导过程。

7.答题要点:

PKA 通路是与 G 蛋白偶联型受体系统有关的信号传导途径之一。当信号分子如 β-肾上腺素与肌肉细胞膜上的受体结合后,在 GTP 参与下,G 蛋白活化,活化的 G 蛋白激活腺苷酸环化酶(AC),使胞内的大量 ATP 转变为 cAMP(第二信使)。cAMP 又进一步活化细胞中的蛋白激酶 A。接着通过共价化学修饰,蛋白激酶 A 又使磷酸化酶 b 激酶磷酸化激活,后者又使磷酸化酶 b 磷酸化激活成为磷酸化酶 a,这一系列磷酸化过程都消耗 ATP,最后导致肌肉糖原分解成 1-磷酸葡萄糖,为其分解供能做好准备。

8. **答题要点：**

PKC 通路是与 G 蛋白偶联型受体系统有关的信号传导途径之一。当激素与受体结合后经 G 蛋白介导，激活细胞膜上的磷脂酶 C，该酶将质膜上的磷脂酰肌醇二磷酸（PIP_2）水解成三磷酸肌醇（IP_3）和甘油二酯（DG）。IP_3 和 DG 也都是第二信使。IP_3 可以与内质网上的 Ca^{2+} 门控通道结合，促使内质网中的 Ca^{2+} 释放到胞液中，胞内 Ca^{2+} 水平的升高，使 Ca^{2+}/钙调蛋白依赖性蛋白激酶（CaM 酶）激活。而脂溶性的 DG 在膜上累积并与 Ca^{2+} 一起使结合在膜上的无活性的蛋白激酶 C(PKC)活化。PKC 又使其他靶蛋白磷酸化修饰而改变活性，以此方式向细胞内部传递代谢调节的信息，引起生理效应。

9. **答题要点：**

1）门控通道型受体：为神经递质受体，如乙酰胆碱受体。一般由多个亚基组成，位于膜上，直接与离子通道相连，配体与受体结合引起离子通透性改变，通过控制离子的进出，引起膜电位改变，发挥调控作用。

2）G 蛋白偶联型受体：分布很广，如肾上腺素受体。大多数激素、少数细胞因子及外源刺激物的受体。7 个跨膜 α-螺旋肽段。通过 G 蛋白介导靶酶产生第二信使发挥作用。

3）酪氨酸蛋白激酶型受体：属于糖蛋白，有一个跨膜 α-螺旋结构，肽链分三个区：与配体结合的胞外区、高度疏水的跨膜区和胞内功能区（酪氨酸蛋白激酶催化部位）。许多与细胞生长、分裂和分化有关的生长因子的受体，与细胞的增殖、分化、分裂及癌变有关。

4）DNA 转录调节型受体：存在于胞浆中或核内，配体主要是类固醇激素等；作用模式是激活受体，直接影响 DNA 的转录和特定基因的表达。

10. **答题要点：**

1）蛋白激酶 A(PKA)的非活性形式是由四个亚基组成的四聚体——两个同样的调节亚基(R)和两个同样的催化亚基(C)。

2）当 4 分子 cAMP 结合到两个调节亚基的结合部位时，此四聚体解离成两部分，即结合有 cAMP 的调节亚基二聚体和具有催化活性的两个分离的催化亚基。

3）催化亚基使胞内多种蛋白酶磷酸化而激活，引起生理效应。

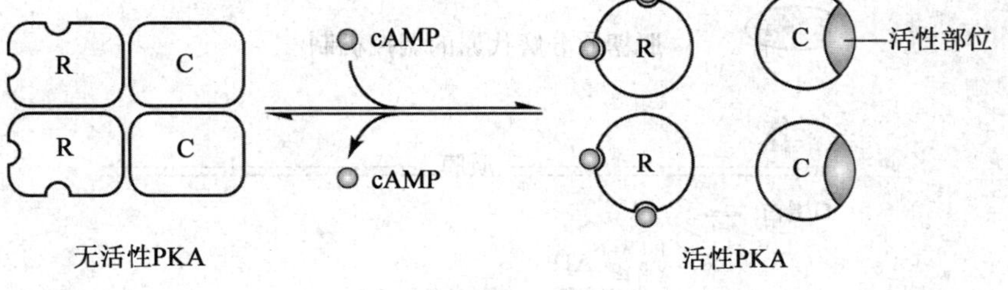

论述题

1. **答题要点：**

1）发生在细胞核的代谢途径有：DNA 的复制和 RNA 的转录。

2）发生在线粒体的代谢途径有：TCA、脂肪酸的 β-氧化、酮体的生成。

3）发生在胞液中的代谢途径有：糖酵解途径、磷酸戊糖途径及脂肪酸的合成。

2. 答题要点：

代谢途径	关键酶	调控方式	反应效应
糖酵解	己糖激酶	反馈调节	G-6-P 变构抑制
	磷酸果糖激酶 Ⅰ	变构调节	AMP、ADP、FDP 变构激活；ATP、柠檬酸变构抑制
	丙酮酸激酶	变构调节	FDP 变构激活；ATP、丙氨酸变构抑制
		共价修饰	
三羧酸循环	柠檬酸合酶	变构调节	AMP 变构激活；ATP、长链脂酰 CoA 变构抑制
	异柠檬酸脱氢酶	变构调节	AMP、ADP 变构激活；ATP、NADH 变构抑制
	α-酮戊二酸脱氢酶复合体		
磷酸戊糖途径	葡萄糖-6-磷酸脱氢酶		
糖异生	丙酮酸羧化酶	变构调节	ATP、乙酰 CoA 变构激活；AMP 变构抑制
	果糖-1，6-二磷酸酶	变构调节	5′-AMP 变构激活；AMP 变构抑制
糖原分解	磷酸化酶 b	变构调节	AMP 等变构激活；ATP、G-6-P 变构抑制
		共价修饰	磷酸化——激活；脱磷酸化——抑制
糖原合成	糖原合酶	变构调节	G-6-P 变构激活
		共价修饰	磷酸化——抑制；脱磷酸化——激活

3. 答题要点：

1）1965 年，美国生物化学家 Sutherland 正式提出，即激素是第一信使，cAMP 作为激素在细胞内的第二信使。获得 1971 年诺贝尔生理学/医学奖。

2）第二信使是指位于靶细胞内的具有信号传导功能的小分子化合物，在第一信使所诱发的信息转导过程中，第二信使可起到信息传递和放大的作用。包括 Ca^{2+}，DG，IP_3，cAMP，cGMP 等。

3）cAMP 的作用机制：cAMP 经腺苷酸环化酶（AC）催化 ATP 产生，对细胞的调节作用是通过变构激活蛋白激酶 A（PKA）系统来实现的，其可经磷酸二酯酶降解为 5′-AMP 而失活。

4. 答题要点：

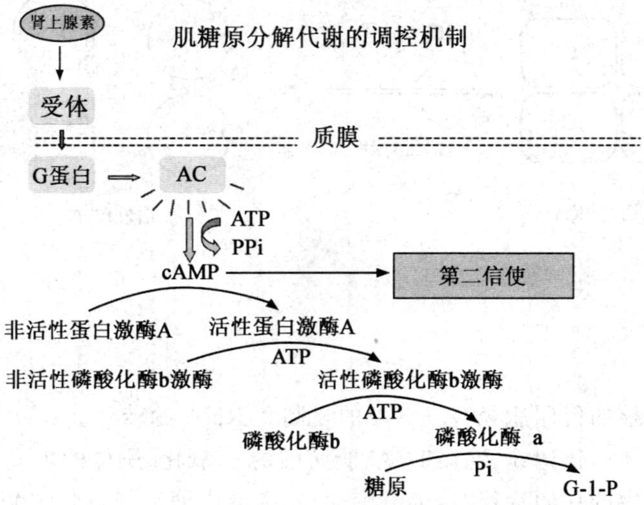

5. 答题要点：

1)核苷酸是核酸的基本组成单位，且在调节代谢中也起着重要作用。ATP 是能量通用货币和转移磷酸基团的主要分子，UTP 参与单糖的转变和多糖的合成，CTP 参与磷脂的合成，而 GTP 为蛋白质多肽链的生物合成所必需。

2)许多重要的辅酶辅基，如 CoA、NAD^+、FAD 等都是腺嘌呤核苷酸的衍生物，参与酶的催化作用。环化核苷酸如 cAMP、cGMP 作为第二信使参与细胞信号的传导。

3)糖代谢为核苷酸合成提供磷酸核糖(及脱氧核糖)和 NADPH 还原力。甘氨酸、天冬氨酸、谷氨酰胺等参与嘌呤和嘧啶环的合成，多种酶和蛋白因子参与核酸的生物合成(复制和转录)，糖、脂等燃料分子为核酸生物学功能的实现提供能量保证。

6. 答题要点：

1)与蛋白质的关系：作为合成蛋白质的原料参与蛋白质合成，肝脏中参与尿素的合成。

2)与糖代谢的关系：Asp 通过转氨基作用(GOT)生成草酰乙酸，后者经糖异生途径转变成葡萄糖或糖原，属生糖氨基酸。

3)与脂代谢的关系：生成的草酰乙酸转化成磷酸甘油，参与甘油三酯的合成。

4)与核酸的关系：Asp 参与嘌呤和嘧啶环的合成，与核酸合成有关。

7. 答题要点：

以主要的调节方式酶的变构调节和共价修饰调节为例说明：

1)变构调节是变构效应物通过调节途径中关键酶发生变构作用而使其活性改变所进行的调控。如 PKA 通路中 cAMP 作为效应物通过与 PKA 中的调节亚基结合使其与催化亚基分离，活性改变而发挥催化作用。

2)共价修饰调节是指在酶的作用下通过给途径中的关键酶增加或脱掉一个基团使其活性改变所进行的调控。如糖原分解代谢途径的关键酶磷酸化酶 b 没有活性，在磷酸化酶 b 激酶的作用下使其磷酸化则变成有活性的磷酸化酶 a，即可启动糖原的分解过程。如机体不需要糖原分解时，有活性的磷酸化酶 a 在磷酸酶作用下脱掉膦酰基重新变成没有活性的磷酸化酶 b。

第 13 章　DNA 的生物合成

遗传信息的传递依据中心法则进行。DNA 的生物合成也就是它的复制。遗传信息经亲本 DNA 的复制后，完整准确地传给子代。复制具有半保留性。有多种酶和蛋白因子参与 DNA 的复制，包括解链酶、引发酶(引物合成酶)、DNA 聚合酶、拓扑异构酶和连接酶等。DNA 复制通常是从特定的复制原点开始，有双向进行的，也有少数单向进行的。由于双链 DNA 模板走向相反，且子链的合成总是 5′→3′，因此复制采取的方式是半不连续的。DNA 聚合酶以 dNTP 为原料，通过形成 3′，5′-磷酸二酯键延长多核苷酸链，并有校对和纠错的功能。此外，真核细胞的端粒酶可防止复制后子代线性化基因组 DNA 缩短。

【知识目标】

通过 DNA 的合成，掌握参与复制的酶系和蛋白因子(真核和原核生物)，原核生物的复制过程及生物学意义；了解与复制相关的 DNA 的损伤和修复现象，以及一种特殊的 DNA 合成形式反转录；了解端粒酶的性质与作用。

【复习指南】

现代生物化学和分子生物学的一个最基本的观点——在生命有机体中，基因是唯一能够复制，并且能永远存在的单位，而其意义最终须通过蛋白质体现出来。从 DNA 到蛋白质，遗传信息的流动遵循着中心法则(图 13-1)。

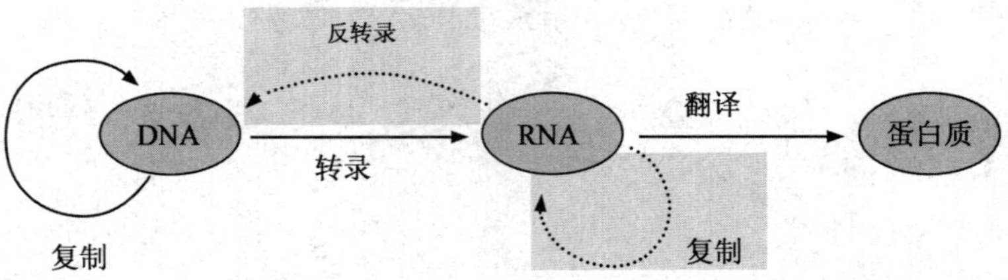

图 13-1　中心法则

表 13-1　DNA 的复制和半保留复制

项目	主要内容
复制(replication)	以亲代 DNA 分子为模板合成两个完全相同的子代 DNA 分子的过程。它是一个由酶催化进行的复杂的 DNA 生物合成过程。DNA 是生物遗传信息的携带者,并且可以进行自我复制(self-replication),保证了在细胞分裂时,亲代细胞的遗传信息正确无误地传递到两个子代细胞中
半保留复制	在新合成的子代双链 DNA 分子中,一股链来自模板,一股链为新合成的。两个子代的 DNA 都和亲代 DNA 碱基序列一致,这种复制方式为半保留复制
半保留复制的实验依据	1958 年 M. Messelson 等用实验加以证实
	^{14}N、^{15}N 标记大肠杆菌 DNA,氯化铯密度梯度离心,得出两种 DNA 形成位置不同的区带
半保留复制的意义	保证亲代的遗传特征完整无误地传递给子代,体现了遗传的保守性

表 13-2　原核生物参与 DNA 复制的主要酶类和蛋白因子

蛋白或酶	功能
DnaA 蛋白	辨认起始位点并结合于位点
DnaB 蛋白(解旋酶)	解开 DNA 双链
DnaC 蛋白	运送和协助 DnaB 蛋白作用
DnaG 蛋白(引物酶)	催化合成 RNA 引物
SSB 蛋白(单链 DNA 结合蛋白)	结合单链 DNA,稳定已解开成两股的 DNA 单链
DNA 拓扑异构酶 (一类改变 DNA 拓扑性质的酶)	Ⅰ型酶:1)使 DNA 的一条链发生断裂和再连接,不需能量; 2)DNA 复制时负超螺旋的消除
	Ⅱ型酶:使 DNA 的两条链同时发生断裂和再连接,需 ATP 供能
DNA 连接酶(DNA ligase)	将不连续的 DNA 片段以磷酸二酯键连接起来
DNA 聚合酶 (DNA polymerase,DNA-pol)	酶Ⅰ:1)5′→3′聚合酶活性,延伸多核苷酸链 2)5′→3′外切酶活性,切除引物 3)3′→5′外切酶活性,起校对功能
	酶Ⅱ:1)5′→3′聚合酶活性 2)3′→5′外切酶活性
	酶Ⅲ:1)5′→3′聚合酶活性,主要的复制酶 2)3′→5′外切酶活性

表 13-3　真核生物参与 DNA 复制的主要酶类和蛋白因子

蛋白或酶	功能
DNA 拓扑异构酶(topoisomerase)	Ⅰ型酶:能使正、负超螺旋 DNA 松弛,不依赖于 ATP
	Ⅱ型酶:能以同样的速率松弛正、负超螺旋 DNA,但不能产生负超螺旋,发挥作用时需要 ATP 和 Mg^{2+}
DNA 聚合酶(DNA polymerase)	5 种 DNA 聚合酶,分别是 α、β、γ、δ、ε 亚基
	α、δ、ε 亚基参与染色体 DNA 的复制,有引物要求
	β 亚基负责 DNA 的修复
	γ 亚基的功能是线粒体 DNA 的复制
复制蛋白 A(replication protein A,RP-A)	真核生物的单链 DNA 结合蛋白
复制因子 C(replication factor C,RF-C)	是夹子装置,相当于大肠杆菌的 γ 复合物,控制滞后链上酶的结合与脱离
端粒酶(telomerase)	是一种含有 RNA 链的逆转录酶。以自身所含的 RNA 为模板来合成 DNA 的端粒结构,兼有提供 RNA 模板和催化反转录的功能

表 13-4　原核生物 DNA 复制的主要步骤

阶段	主要内容
第一阶段:复制起始	部位:细胞核
	过程:识别起点、解链解旋、合成引物 DnaA 蛋白辨认起始位点并结合于位点,解旋酶在 DanC 蛋白的协同下在复制叉内解开亲代 DNA 双螺旋,SSB 结合在分开的单链上,引物酶以 DNA 链为模板合成 RNA 引物 解旋酶、DnaC 蛋白、引物酶和 DNA 的起始复合区域的复合结构称引发体
	要点:原核生物的染色体 DNA 中只有一个起始位点,有双向或单向复制,均形成复制叉
第二阶段:延伸阶段	部位:细胞核
	过程:主要由 DNA 聚合酶Ⅲ催化
	前导链(leading chain)为连续合成,合成方向与解链方向一致,它的模板 DNA 链是 3′→5′链
	滞后链(lagging chain)为不连续合成,在 RNA 引物基础上分段合成 DNA 小片段(冈崎片段),方向与解链方向相反,它的模板 DNA 链是 5′→3′链
	要点:整个 DNA 分子的复制是半不连续的
第三阶段:终止阶段	部位:细胞核
	过程:DNA 聚合酶Ⅰ切除引物,并且填补空隙;DNA 连接酶将 DNA 片段连接起来
	要点:原核生物 DNA 连接酶分解 NAD^+ 为 NMN 和 Pi 提供能量;拓扑异构酶也可参加终止阶段

表 13-5　端粒和端粒的形成

项目	定义	生物学功能
端粒(telomere)	由端粒酶催化,在真核生物染色体线性DNA的末端形成的一种特殊结构	稳定染色体的末端结构,防止染色体间末端连接,并可补偿滞后链5′末端在消除RNA引物后造成的空缺
端粒的形成	端粒酶可结合到端粒的3′末端上,以RNA链为模板使DNA链延伸,合成一个重复单位后酶再向前移动一个单位。端粒的3′单链末端可回折作为引物,合成其互补链	

表 13-6　DNA 其他类型的复制方式

项目	滚环复制	取代环复制
特点	单链DNA首先合成互补的环状双链复制型,正链被切开,未开环的负链边滚动边连续复制,正链的5′端逐渐从负链分离	进行DNA复制时,可以在电镜下看到D-环形状
应用	噬菌体ΦX174 DNA的复制过程	线粒体DNA的复制方式

表 13-7　DNA 复制忠实性的保证

项目	主要内容
正确的碱基选择	聚合酶在复制延长中严格遵守碱基配对规律,按模板要求选择底物碱基
即时的校读功能	DNA聚合酶中的3′→5′外切酶活性在复制中辨认切除错配碱基并加以校正
切除引物	选择先合成一段RNA引物然后切除,避免刚开始聚合时发生的错配
聚合时的方向	生物体选择DNA合成的方向都是5′→3′,便于切除错配碱基
细胞的各种修复机制	环境中的物理或化学因素可以使DNA不断受到损伤,可以通过细胞的各种修复机制进行修复

表 13-8　DNA 的损伤和修复

项目	主要内容
DNA 损伤	在复制过程中发生的DNA的突变
损伤的原因	生物因素、物理因素、化学因素等
修复的方式	光复活:可见光(最有效波长为400 nm左右)激活了光复活酶,分解由于紫外线照射而形成的嘧啶二聚体
	切除修复:在一系列酶的作用下,将DNA分子中受到损伤的部分切除掉,并以完整的那一条链为模板,合成切去的部分
	重组修复:先复制再修复。子代链在对应模板链的损伤处留下缺口,先将同源母链DNA上相应的核苷酸片段转移替补,然后再合成一段序列填充缺口
	应急修复(SOS):复杂的应急反应。既有避免差错的修复,又有引起差错的修复,后者有高变异率,但也增加了生存机会

表 13-9 反转录合成 DNA

项目	主要内容
反转录作用	在反转录酶作用下，以 RNA 为模板合成 DNA 双链的作用
反转录酶	依赖 RNA 的 DNA 聚合酶。有三种酶活性：RNA 指导的 DNA 合成反应、RNA 的水解反应、DNA 指导的 DNA 合成反应
特点	在反转录酶的作用下以 RNA 为模板合成互补 DNA（cDNA）
应用	RNA 病毒的特殊复制方式，其发现发展了中心法则

【练习与自测题】

名词解释

1. 中心法则（central regulation）
2. 半保留复制（semiconservative replication）
3. 逆转录（reverse transcription）
4. 冈崎片段（Okazaki fragment）
5. 复制叉（replication fork）
6. 前导链（leading strand）
7. 滞后链（lagging strand）
8. 拓扑异构酶（topoisomerase）
9. 光复活（photoreactivation）
10. 重组修复（recombination repair）
11. 引发体（primosome）
12. 端粒（telomere）
13. 反转录酶（reverse transcriptase）

单项选择题

A1 型题

为单项选择题，属于最佳选择题类型。每道试题由一个题干和四个备选答案组成，其中只有一个是最符合题目要求的。

1. 关于原核生物的 DNA 聚合酶（DNA-pol），描述正确的是（　　）。

A. DNA-pol Ⅲ是细胞内含量最多的　　B. DNA-polⅢ由多亚基的不对称二聚体组成

C. DNA-pol Ⅰ有即时的校读功能　　D. 都用 NTP 作底物

2. DNA 拓扑异构酶的作用是（　　）。

A. 解开 DNA 双螺旋，便于复制　　B. 使 DNA 断开旋转复合不致打结、缠绕

C. 稳定复制叉　　D. 辨认复制起始点

3. DNA连接酶的作用是(　　)。

A. 使DNA形成超螺旋结构　　B. 连接双螺旋DNA链内缺口的两个末端

C. 合成RNA引物　　D. 将双螺旋解链

4. 中心法则阐明的遗传信息的基本传递流向是(　　)。

A. 蛋白质→RNA→DNA　　B. RNA→DNA→蛋白质

C. RNA→蛋白质→DNA　　D. DNA→RNA→蛋白质

5. 大肠杆菌DNA复制的主要酶是(　　)。

A. DNA聚合酶Ⅰ　　B. DNA聚合酶Ⅱ

C. DNA聚合酶Ⅲ　　D. DNA连接酶

6. 端粒酶是一种(　　)。

A. 蛋白质　　B. RNA分子

C. 由蛋白质和RNA组成的复合物　　D. 由蛋白质和DNA组成的复合物

7. 点突变引起的后果是(　　)。

A. DNA复制停顿　　B. 转录终止

C. 氨基酸读码可改变　　D. 氨基酸缺失

8. DNA复制时，最先合成一小段RNA引物的作用是(　　)。

A. 使DNA-pol活化　　B. 解开DNA双链

C. 提供5′-P合成DNA链　　D. 提供3′-OH合成DNA链

9. 复制起始，还未进入延长时，下列哪组物质已出现？(　　)

A. 冈崎片段、复制叉、DNA-pol　　B. DNA外切酶、DNA内切酶、连接酶

C. RNA酶、解旋酶、DNA-pol　　D. Dna蛋白、引发体、SSB

10. 复制中，引物切除及空隙填补之后要进行的步骤是(　　)。

A. 复制出现终止　　B. 片段间连接缺口

C. 向两个方向的双向复制在中点汇合　　D. 需要DNA-polⅡ校读

11. 真核生物细胞DNA复制的特点是(　　)。

A. 引物较长　　B. 冈崎片段较短

C. 仅有一个复制起始点　　D. 在细胞周期的G1期最活跃

12. DNA复制起始过程，下列酶和蛋白的作用顺序是(　　)。

①DNA-pol；②SSB；③引物酶；④解旋酶

A. ①,②,③,④　　B. ④,②,③,①　　C. ③,①,②,④　　D. ①,④,③,②

13. DNA复制时，下列哪一种酶是不需要的？(　　)

A. DNA指导的DNA聚合酶　　B. DNA连接酶

C. 拓扑异构酶　　D. 限制性内切酶

14. 滚环复制是双链中的正链被(　　)把3′,5′-磷酸二酯键切开，形成一个缺口，双链打开。

A. DNA水解酶　　B. RNA水解酶　　C. 核酸内切酶　　D. DNA聚合酶

15. 滚环复制中双链的正链被核酸内切酶切开后，露出(　　)。

A. 3′-羟基末端和5′-磷酸末端　　B. 3′-磷酸末端和5′-磷酸末端

C. 3′-羟基末端和5′-羟基末端　　D. 3′-磷酸末端和5′-羟基末端

16. 滚环复制时以环状闭合的负链 DNA 为模板,以正链的(　　)为引物。

A. 3′-磷酸末端　　B. 3′-羟基末端　　C. 5′-磷酸末端　　D. 5′-羟基末端

17. 滚环复制时在(　　)作用下,在正链切口 3′-羟基末端逐个连接上脱氧核糖核苷酸,使正链延长。

A. RNA 聚合酶　　B. DNA 内切酶　　C. DNA 连接酶　　D. DNA 聚合酶

18. 紫外线辐射可引起 DNA 链上相邻的碱基聚合成二聚体,其中最易形成的是(　　)。

A. AT　　B. CT　　C. GT　　D. TT

19. 噬菌体 ΦX174 DNA 以(　　)方式进行复制。

A. 取代环复制　　B. 滚环复制　　C. 反转录复制　　D. D 环复制

20. 线粒体 DNA 采取(　　)方式进行复制。

A. 取代环复制　　B. 反转录复制　　C. 滚环复制　　D. 半保留复制

21. 首先以内环链为模板进行复制,外环链保持单链而被取代,在电镜下可看到呈 D-环形状 DNA 的复制方式属于(　　)。

A. 半保留复制　　B. 滚环复制　　C. 取代环复制　　D. 反转录复制

A2 型题

每道题由一个叙述性的简要主题作为题干和四个备选答案组成。A、B、C、D 四个答案中只有一个是最佳答案。

1. 将在 $^{15}NH_4Cl$ 作为唯一氮源的培养基中培养多代的大肠杆菌,转入含 $^{14}NH_4Cl$ 的培养基中生长三代后,其各种状况的 DNA 分子比例应该是(LL 代表两条轻链 ^{14}N-DNA,HH 代表两条重链 ^{15}N-DNA,LH 代表轻链、重链 DNA)(　　)。

A. 3LH/1HH　　B. 6LL/2LH　　C. 15LL/1LH　　D. 7HH/1LH

2. DNA 复制是所有生物体中最基本的过程,是生物遗传的基础,主要的复制方式为半保留复制,即以最开始的双链分子作为模板进行 DNA 复制,产生两个完全一致的 DNA 分子。以下不属于半保留复制的是(　　)。

A. 肝细胞　　B. 上皮细胞　　C. 肾细胞　　D. 线粒体

3. 端粒是真核生物染色体线性 DNA 的末端形成的一种特殊结构。形态学上,染色体 DNA 末端膨大成粒状,是因为 DNA 和它的结合蛋白质紧密结合,像两顶帽子盖在染色体两端而得名。催化端粒生成的酶是(　　)。

A. 反转录酶　　B. DNA 聚合酶　　C. 端粒酶　　D. 引物酶

4. 首先以内环链(为方便采取如此称谓)为模板进行复制,外环链保持单链而被取代,在电镜下可看到呈 D-环形状。待内环链复制到一定程度,露出外环链的复制起点时,再合成另一反向引物,以外环链为模板进行反向延伸,最后完成两个双链环状 DNA 的复制,此为哪种复制方式?(　　)

A. 眼型　　B. θ 型　　C. D-环型　　D. 滚环型

5. 双链中的正链被核酸内切酶把 3′,5′-磷酸二酯键切开,形成一个缺口,双链打开,露出 3′-羟基末端和 5′-磷酸末端,正链的 5′末端固定在细胞膜上,然后以环状闭合的负链 DNA 为模板,以正链的 3′-羟基末端为引物,在 DNA 聚合酶作用下,在正链切口 3′-羟基末端逐个连接上脱氧核糖核苷酸,使正链延长。未开环的负链即边滚动边连续复制,正链的 5′端逐渐从负链分离，待长度达到一个基因组时即被核酸内切酶切断，被切断的尾链经环化即成为一个新的 DNA 分子为哪种复制方式？（　　）

A. 眼型　　B. θ 型　　C. D-环型　　D. 滚环型

A3 型题

2～3 个相关的问题，每个问题均与开始的题干有关。每个问题均有四个备选答案，需要选择一个最佳答案。

（1～4 题共用题干）DNA 复制从特定位点开始，可以单向或双向进行，但是以双向复制为主。由于 DNA 双链的合成延伸均为 5′→3′的方向，因此复制是以半不连续的方式进行，可以概括为：双链的解开；RNA 引物的合成；DNA 链的延长；切除 RNA 引物，填补缺口，连接相邻的 DNA 片段。

1. 下列关于 DNA 复制的叙述，哪一项是错误的？（　　）

A. 属于半保留复制　　B. 两条子链均是连续合成

C. 合成方向 5′→3′　　D. 以四种 dNTP 为原料

2. DNA 复制时，模板序列为 5′-TAGA-3′，将合成下列哪种互补结构？（　　）

A. 5′-TCTA-3′　　B. 5′-ATCA-3′　　C. 5′-UCUA-3′　　D. 5′-GCGA-3′

3. DNA 复制中的引物是（　　）。

A. 由 DNA 为模板合成的 DNA 片段　　B. 由 RNA 为模板合成的 DNA 片段

C. 由 DNA 为模板合成的 RNA 片段　　D. 由 RNA 为模板合成的 RNA 片段

4. DNA 复制时，子链的合成是（　　）。

A. 一条链 5′→3′，另一条链 3′→5′　　B. 两条链均为 3′→5′

C. 两条链均为 5′→3′　　D. 两条链均为连续合成

（5～7 题共用题干）以亲代 DNA 分子为模板合成两个完全相同的子代 DNA 分子的过程称为复制。遗传信息经亲本 DNA 的复制后，完整准确地传给子代。

5. 合成 DNA 的原料是（　　）。

A. dAMP dGMP dCMP dTMP　　B. dATP dGTP dCTP dTTP

C. dADP dGDP dCDP dTDP　　D. ATP GTP CTP UTP

6. 原核生物 DNA 合成中能辨认起始位点的是（　　）。

A. DnaA 蛋白　　B. DnaB 蛋白　　C. DnaC 蛋白　　D. DnaG 蛋白

7. 使 DNA 超螺旋松弛的酶是（　　）。

A. 引物酶　　B. 解旋酶　　C. DNA 连接酶　　D. 拓扑异构酶

（8～10 题共用题干）反转录酶是 1970 年在致癌 RNA 病毒（鸟类成髓细胞白血病病毒和劳斯肉瘤病毒）中首次发现的，后来发现该酶存在于某些 RNA 病毒和个别 DNA 病毒中。病毒反转录酶催化 RNA 指导下的 DNA 合成，即以病毒 RNA 为模板，以 dNTP 为底物，催化合成一条与模板 RNA 互补的 DNA 链，此 DNA 链称为互补 DNA 链（cDNA）。

8. 逆转录过程中需要的酶是（　　）。

A. DNA 指导的 DNA 聚合酶　　B. RNA 指导的 DNA 聚合酶

C. RNA 指导的 RNA 聚合酶　　D. DNA 指导的 RNA 聚合酶

9. 下列关于逆转录的说法错误的是(　　)。

A. 以 RNA 为模板合成 DNA　　B. RNA-DNA 杂交体为终产物

C. 催化链的延长方向是 5′→3′　　D. 底物是四种 dNTP

10. 关于逆转录酶叙述错误的是(　　)。

A. 催化以 RNA 为模板合成双链 DNA　　B. 水解 RNA-DNA 杂交双链中的 RNA

C. 合成反应按照 5′→3′方向　　D. 依赖 DNA 的 DNA 聚合酶

(11～12 题共用题干)在 DNA 复制过程中按照半保留方式,亲代 DNA 的两条互补链各自作为模板进行复制。由于 DNA 两条链的方向是反平行的,一条的方向为 5′→3′,另一条是 3′→5′,按照模板的方向性,似乎应该有两类 DNA 聚合酶,分别催化 5′→3′方向和 3′→5′方向的复制,但迄今为止所发现的 DNA 聚合酶,只能催化 5′→3′方向的合成。这就不能解释 DNA 的两条链为什么能够同时进行复制的事实。为了解决这个矛盾,冈崎于 1968 年提出了半不连续复制假说。

11. 冈崎片段是指(　　)。

A. DNA 模板上的 DNA 片段　　B. 引物酶催化合成的 RNA 片段

C. 滞后链上合成的 DNA 片段　　D. 前导链上合成的 DNA 片段

12. 促使冈崎片段发生的原因是(　　)。

A. 新链的合成方向与解链方向相反　　B. 复制产生了 RNA 引物

C. DNA 复制速度太慢　　D. DNA 复制时母链被切断

(13～14 题共用题干)W. Gilbert 和 D. Dressler 于 1968 年提出一种新的模型,来解释噬菌体 ΦX174 DNA 的复制过程。ΦX174,属微小噬菌体科、微小噬菌体属,是侵染大肠埃希氏菌的一种球状、无尾、含 ssDNA 的噬菌体。

13. ΦX174 的 DNA 在进行复制时首先形成(　　)。

A. 环状 DNA　　B. 环状复制型 DNA

C. 环状复制型 RNA　　D. 环状 RNA

14. ΦX174 DNA 的复制机制为(　　)。

A. 滚环复制　　B. 半保留复制　　C. 反转录合成　　D. 取代环复制

B1 型题

属于标准伍配单项选择题。开始给出 4 个备选答案,之后 2～6 个题干构成一组试题,要求从 4 个备选答案中为这些题干选择一个与其关系密切的答案。在这组试题中,每个备选答案可以被选一次、两次和多次,也可以不选用。

(1～3 题共用备选答案)

A. DNA 聚合酶Ⅰ　　B. DNA 聚合酶Ⅱ　　C. DNA 聚合酶Ⅲ　　D. DNA 连接酶

1. 具有 5′→3′核酸外切酶活性的是(　　)。

2. 在原核生物复制中能除去 RNA 引物的酶是(　　)。

3. 原核生物 DNA 链延长最主要的酶是(　　)。

(4～6 题共用备选答案)

A. 复制原点　　B. 前导链　　C. 滞后链　　D. 基因表达

4. DNA 开始复制的部位是(　　)。

5. 合成方向与解链方向一致的是（ ）。

6. 合成方向与解链方向相反的是（ ）。

（7～9 题共用备选答案）

A. 冈崎片段 B. 端粒 C. 反转录酶 D. DNA 拓扑异构酶

7. 真核生物染色体线性 DNA 分子末端的结构是（ ）。

8. 理顺缠绕打结的 DNA 链的是（ ）。

9. 在 RNA 病毒中发现能催化以 RNA 为模板合成双链 DNA 的酶是（ ）。

（10～13 题共用备选答案）

A. DNA-polα B. DNA-polβ

C. DNA-polγ D. DNA-polδ E. DNA-polε

10. 线粒体 DNA 复制的酶是（ ）。

11. 填补引物空隙主要的酶是（ ）。

12. 延长子链，有解螺旋活性的主要酶是（ ）。

13. 起始引发，有引物酶活性的是（ ）。

（14～15 题共用备选答案）

A. DNA 的半保留复制 B. DNA 的滚环复制

C. DNA 的取代环复制 D. 反转录合成 DNA

14. 噬菌体 ΦX174 DNA 的复制方式为（ ）。

15. 真核细胞中线粒体的复制方式为（ ）。

填空题

1. 复制是遗传信息从__________传递至__________的过程。DNA 复制得到的新的双链 DNA 中，一股链来自模板，一股链为新合成的，这种复制方式称为__________。

2. DNA 复制的基本过程可分__________、__________及__________三个阶段。DNA 复制时，子链 DNA 合成的方向是__________。催化 DNA 链合成的酶是__________。

3. DNA 复制延长中主要起催化作用的 DNA 聚合酶在原核生物是__________，在真核生物是__________。

4. 冈崎片段是__________。其生成是因为 DNA 复制过程中__________和__________方向不一致造成的。

5. 复制过程能催化磷酸二酯键生成的，除了 DNA 聚合酶外，还有__________和__________。

6. SSB 是参与复制的蛋白因子。SSB 的中文名称是__________，可结合于__________上；其主要作用有__________和__________。

7. DNA 合成的原料是__________；复制中所需要的引物是__________。

8. 端粒酶能保证染色体线性复制，是因为它兼有__________和__________两种作用。

9. DNA 损伤的修复有__________、__________、__________及__________等方式。

10. DNA 其他类型的复制方式有__________和__________。

简答题

1. 何谓生物信息遗传的中心法则？图示其信息传递的过程。
2. 参与 DNA 复制的酶在原核生物和真核生物有何异同？
3. DNA 拓扑异构酶在 DNA 复制中有何作用？比较两种拓扑异构酶的作用特点。
4. 解释遗传相对保守性及其变异性的生物学意义和分子基础。
5. 简述单链 DNA 结合蛋白在原核 DNA 复制中的作用。
6. 总结原核生物 DNA 复制的酶和因子。
7. 什么是端粒？简述其生成过程。
8. 简述滚环复制的复制机制。

论述题

1. DNA 除了半保留的复制方式外还有哪些复制方式？详述其复制机制。
2. 试述 DNA 复制的基本规律及 DNA 复制的过程。
3. DNA 的复制包括哪些主要阶段？为什么复制具有半保留性？为什么说子链的合成是半不连续的？
4. 关于逆转录，回答下列问题：

1）试述逆转录酶及逆转录现象的发现。

2）试述逆转录酶的特点。

3）试述逆转录的基本反应过程。

5. 下列几个论点是否正确，请简单加以评论：

1）DNA 是唯一的遗传信息携带者；

2）DNA 只存在于细胞核内；

3）从兔子的心脏和兔子的肝脏细胞核提纯得到的 DNA 毫无差别。

6. DNA 损伤修复的机制有哪几种？光复活修复损伤的机制是怎样的？

【习题参考答案】

名词解释

1. 中心法则（central regulation）：是指遗传信息从 DNA 传递给 RNA，再从 RNA 传递给蛋白质，即完成遗传信息的转录和翻译的过程。也可以从 DNA 传递给 DNA，即完成 DNA 的复制过程。这是所有有细胞结构的生物所遵循的法则。

2. 半保留复制（semiconservative replication）：双链 DNA 的复制方式，其中亲代链分离，每一子代 DNA 分子由一条亲代链和一条新合成的链组成。

3. 逆转录（reverse transcription）：Temin 和 Baltimore 各自发现在 RNA 肿瘤病毒中含有 RNA 指导的 DNA 聚合酶，证明了逆向转录，即以 RNA 为模板合成 DNA。

4. 冈崎片段（Okazaki fragment）：一组短的 DNA 片段，是在 DNA 复制的起始阶段产生的，随后又被连接酶连接形成较长的片段。在大肠杆菌生长期间，将细胞短时间地暴露在氚标记的胸腺嘧啶中，就可证明冈崎片段的存在。冈崎片段的发现为 DNA 复制的科恩伯格机理提供了依据。

5. 复制叉(replication fork)：复制 DNA 分子的 Y 形区域。在此区域发生链的分离及新链的合成。

6. 前导链(leading strand)：连续复制所合成的新的 DNA 链。

7. 滞后链(lagging strand)：不连续复制所合成的 DNA 新链。

8. 拓扑异构酶(topoisomerase)：存在于细胞核内的一类酶，它们能够催化 DNA 链的断裂和结合，从而控制 DNA 的拓扑状态。拓扑异构酶参与了超螺旋结构模板的调节。

9. 光复活(photoreactivation)：将受紫外线照射而引起损伤的细菌用可见光照射，大部分损伤细胞可以恢复，这种可见光引起的修复过程就是光复活作用。光复活作用的机制是可见光(最有效波长为 400 nm 左右)激活了光复活酶，它能分解由于紫外线照射而形成的嘧啶二聚体。光复活作用是一种高度专一的直接修复方式，它只作用于紫外线引起的 DNA 嘧啶二聚体。

10. 重组修复(recombination repair)：这个过程是先进行复制，再进行修复，复制时，子代 DNA 链损伤的对应部位出现缺口，这可通过分子重组从完整的母链上将一段相应的多核苷酸片段移至子链的缺口处，然后再合成一段多核苷酸链来填补母链的缺口，这个过程称为重组修复。

11. 引发体(primosome)：在解链的基础上，DnaB、DnaC 蛋白与起始位点相结合形成复合体，再结合引物酶，形成较大的复合体，再结合到 DNA 上，这种复合体称引发体。

12. 端粒(telomere)：是存在于真核细胞线状染色体末端的一小段 DNA-蛋白质复合体，它与端粒结合蛋白一起构成了特殊的“帽子”结构，作用是保持染色体的完整性和控制细胞分裂周期。

13. 反转录酶(reverse transcriptase)：能够以病毒 RNA 为模板，以 dNTP 为底物，催化合成一条与模板 RNA 互补的 DNA 链的一种酶。

单项选择题

A1 型题　1. C　2. B　3. B　4. D　5. C　6. C　7. C　8. D　9. D　10. B　11. B　12. B　13. D　14. C　15. A　16. B　17. D　18. D　19. B　20. A　21. C

A2 型题　1. B　2. D　3. C　4. C　5. D

A3 型题　1. B　2. A　3. C　4. C　5. B　6. A　7. D　8. B　9. B　10. D　11. C　12. A　13. B　14. A

B1 型题　1. A　2. A　3. C　4. A　5. B　6. C　7. B　8. D　9. C　10. C　11. E　12. D　13. A　14. B　15. C

填空题

1. DNA，DNA，半保留复制。

2. 起始，延伸，终止；5′→3′；DNA 聚合酶。

3. DNA-pol Ⅲ，DNA-polδ。

4. 新合成的不连续的 DNA 片段，解链，复制。

5. DNA 拓扑异构酶;DNA 连接酶。
6. 单链 DNA 结合蛋白,单链 DNA;阻止 DNA 复性,保护 DNA 不被核酸酶降解。
7. dNTP,RNA。
8. RNA 模板,反转录酶。
9. 光复活,切除修复,重组修复,SOS 反应。
10. 滚环复制,取代环复制。

简答题

1. 答题要点:

中心法则是指遗传信息从 DNA 传递给 RNA,再从 RNA 传递给蛋白质,即完成遗传信息的转录和翻译的过程。也可以从 DNA 传递给 DNA,即完成 DNA 的复制过程。这是所有有细胞结构的生物所遵循的法则。

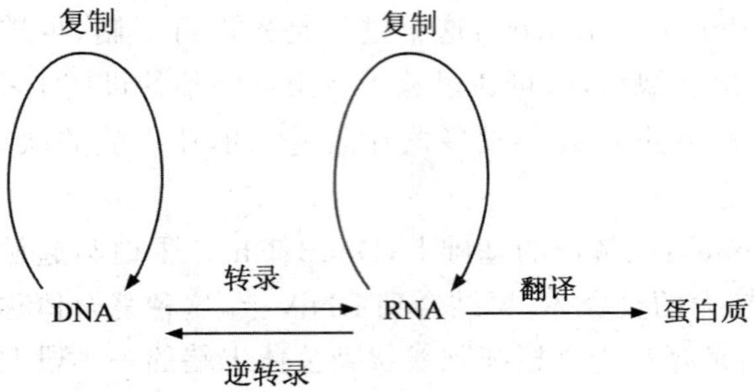

2. 答题要点:

原核生物有 DNA-pol Ⅰ、Ⅱ、Ⅲ,真核生物为 DNA-pol α、β、γ、δ、ε,而且每种酶都各有其自身的功能。这是最主要的差别。当然其他的酶类、蛋白质也会有差别。例如原核、真核生物的 DNA 拓扑异构酶就有不同;又如:解旋酶,原核生物是 *dnaB* 基因的表达产物(DnaB),真核生物就不可能是这个基因和这种产物。相同之处在于底物(dNTP)相同,催化方向($5'\rightarrow3'$)相同,催化方式(生成磷酸二酯键)、放出 PPi 相同等等。

3. 答题要点:

拓扑异构酶的主要作用是理顺由复制的高速度引起的 DNA 连环、缠绕、打结等现象和使复制中过度拧紧的正超螺旋得以松弛。这些都是复制能继续进行的保证。DNA 拓扑异构酶的作用本质是靠其核酸内切酶活性和催化磷酸二酯键生成的活性,即先在 DNA 链上造成缺口,其中一股链绕过缺口后再与原断端连接,就可达到松弛 DNA 拓扑构象的目的。

特点:拓扑异构酶Ⅰ催化 DNA 链的断裂和重新连接,每次只作用于一条链,即催化瞬时的单链断裂和连接,它们不需要能量辅因子,如 ATP 或 NAD^+。*E. coli* DNA 拓扑异构酶Ⅰ又称 ω 蛋白,大鼠肝 DNA 拓扑异构酶Ⅰ又称切刻-封闭酶(nicking-closing enzyme)。拓扑异构酶Ⅱ能同时断裂并连接双股 DNA 链,它们通常需要能量辅因子 ATP。拓扑异构酶Ⅱ又可以分为两个亚类:一个亚类是 DNA 旋转酶(DNA gyrase),其主要功能为引入负超螺旋,在 DNA 复制中起着十分重要的作用。

4. **答题要点：**

遗传相对保守性，其分子基础在复制上，包括已知的三方面：依照碱基配对规律的半保留复制，DNA-pol Ⅰ 的校读、修复机制和 DNA-pol Ⅲ 的碱基选择作用。因此，遗传信息代代相传，作为基因组（全套基因）传代，是相对稳定的。物种的变化是漫长过程的积累，如果不用人工手段去干预，是不可能在几个世代之内就见得到的。生物的自然突变率很低（10^{-9}），但生物基因组庞大，自然突变是不容低估的。例如同一物种的个体差别、器官组织的分化，生物的进化，从长远意义上说，都是突变造成的结果。突变都是 DNA 分子上可传代的各种变化（点突变、缺失、插入、框移、重排），其后果需具体问题具体分析，不能笼统地简化为有利或有害。

5. **答题要点：**

被解旋酶解开的两条单链被单链 DNA 结合蛋白（SSB）所覆盖，大肠杆菌的 SSB 蛋白由 4 个相同亚基构成，其功能在于稳定解开的 DNA 单链，阻止 DNA 复性和保护单链部分不被核酸酶降解。

6. **答题要点：**

原核生物参与 DNA 复制的主要酶类和蛋白因子

蛋白或酶	功能
DnaA 蛋白	辨认起始位点并结合于位点
DnaB 蛋白（解旋酶）	解开 DNA 双链
DnaC 蛋白	运送和协助 DnaB 蛋白作用
DnaG 蛋白（引物酶）	催化合成 RNA 引物
SSB 蛋白（单链 DNA 结合蛋白）	结合单链 DNA，稳定已解开成两股的 DNA 单链
DNA 拓扑异构酶	改变 DNA 拓扑性质
DNA 连接酶	将不连续的 DNA 片段以磷酸二酯键连接起来
DNA 聚合酶	复制

DNA 连接酶 DnaA。

7. **答题要点：**

端粒是真核生物线性染色体末端的特殊结构，它由成百个 6 个核苷酸的重复序列所组成（人为 TTAGGG，四膜虫为 TTGGGG）。端粒的功能是稳定染色体末端结构，防止染色体间末端连接，并可补偿滞后链 5′末端在消除 RNA 引物后造成的空缺。复制可使端粒 5′末端缩短，而端粒酶可外加重复单位到 5′末端上，结果使端粒维持一定的长度。

8. **答题要点：**

单链 DNA 首先合成互补的环状双链复制型，双链中的正链被核酸内切酶切开，双链打开，露出 3′-羟基末端和 5′-磷酸末端，正链的 5′末端固定在细胞膜上；然后以环状闭合的负链 DNA 为模板，以正链的 3′-羟基末端为引物，在 DNA 聚合酶作用下，在正链切口 3′-羟基末端逐个连接上脱氧核糖核苷酸；未开环的负链边滚动边连续复制，正链的 5′端逐渐从负链分离，长度达到一个基因组时即被核酸内切酶切断；被切断的尾链经环化即成为一个新的 DNA 分子。

论述题

1. **答题要点:**

DNA 除了半保留的复制方式外还有滚环复制和取代环复制两种方式。

滚环复制用来解释噬菌体 ΦX174 DNA 的复制过程。ΦX174 的 DNA 是环状单链分子，复制时首先以其自身单链 DNA 为模板，合成互补的环状双链复制型(replication form，RF) DNA 分子自身母链为正链(+)，新合成的为负链(−)。复制机制是:双链中的正链被核酸内切酶把 3′,5′-磷酸二酯键切开，形成一个缺口，双链打开，露出 3′-羟基末端和 5′-磷酸末端，正链的 5′末端固定在细胞膜上，然后以环状闭合的负链 DNA 为模板，以正链的 3′-羟基末端为引物，在 DNA 聚合酶作用下，在正链切口 3′-羟基末端逐个连接上脱氧核糖核苷酸，使正链延长。未开环的负链即边滚动边连续复制，正链的 5′端逐渐从负链分离，待长度达到一个基因组时即被核酸内切酶切断，被切断的尾链经环化即成为一个新的 DNA 分子。正负两条链均可作为模板，产生新的 2 个双链环状子代 DNA。

线粒体 DNA 采取取代环复制方式。真核生物的线粒体 DNA 为环状双链，双链环在固定点解开并进行复制。但两股链的合成是单方向、不对称的半保留复制，复制时需要合成引物。其复制机制是:首先以内环链为模板进行复制，外环链呈单链，继而被新链逐渐替代，在电镜下可看到呈 D-环形状。待内环链复制到一定程度，露出外环链的复制起点，再合成另一反方向引物，以外环链为模板进行反向延伸，最后完成两个双链环状 DNA 的复制。

2. **答题要点:**

1)基本规律:①复制过程是半保留的。②细菌或病毒 DNA 的复制通常由特定的复制起始位点开始，真核细胞染色体 DNA 复制则可以在多个不同部位起始。③复制可以是单向的或是双向的，以双向复制较为常见，两个方向复制的速度不一定相同。④两条 DNA 链合成的方向均是按 5′→3′方向进行的。⑤复制的过程大部分都是半不连续的，即其中前导链是相对连续的，滞后链则是不连续的。⑥各短片段在开始复制时，先形成小段 RNA 作为 DNA 合成的引物，这一 RNA 片段以后被切除，并用 DNA 填补余下的空隙。

2)复制过程:DNA 复制从特定位点开始，可以单向或双向进行，但是以双向复制为主。由于 DNA 双链的合成延伸均为 5′→3′的方向，因此复制以半不连续的方式进行，可以概括为:双链的解开;RNA 引物的合成;DNA 链的延伸;切除 RNA 引物，填补缺口，连接相邻的 DNA 片段。

(1)双链的解开:在 DNA 的复制原点，双股螺旋解开，呈单链状态，形成复制叉，分别作为模板，各自合成其互补链。在复制叉上结合着各种各样与复制有关的酶和辅助因子。

(2)RNA 引物的合成:引发体在复制叉上移动，识别合成的起始位点，引发 RNA 引物的合成。移动和引发均需要由 ATP 提供能量。以 DNA 为模板按 5′→3′的方向，合成一段引物 RNA 链。引物长度约为几个至 10 个核苷酸。在引物的 5′端含 3 个磷酸残基，3′端为游离的羟基。

(3)DNA 链的延伸:当 RNA 引物合成之后，在 DNA 聚合酶Ⅲ的催化下，以四种脱氧核糖核苷 5′-三磷酸为底物，在 RNA 引物的 3′端以磷酸二酯键连接上脱氧核糖核苷酸并释放出 PPi。DNA 链的合成是以两条亲代 DNA 链为模板，按碱基配对原则进行复制的。亲代 DNA 的双股链呈反向平行，一条链是 5′→3′方向，另一条链是 3′→5′方向。在一个复制叉内两条链的复制方向不同，所以新合成的两条子链极性也正好相反。由于迄今为止还没有发现一种DNA聚合酶能按3′→5′方向延伸，因此子链中有一条链沿着亲代DNA单链的3′→5′方向（亦即新合成的DNA沿5′→3′方向）不断延长。

（4）切除引物，填补缺口，连接相邻的DNA片段：当新形成的冈崎片段延长至一定长度，其3′-OH端与前面一条老片段的5′端接近时，在DNA聚合酶Ⅰ的作用下，在引物RNA与DNA片段的连接处切去RNA引物后留下的空隙，由DNA聚合酶Ⅰ催化合成一段DNA填补上；在DNA连接酶的作用下，连接相邻的DNA链；修复掺入DNA链的错配碱基。这样以两条亲代DNA链为模板，就形成了两个DNA双股螺旋分子。每个分子中一条链来自亲代DNA，另一条链则是新合成的。

3.答题要点：

DNA的复制包括DNA双螺旋的解开，RNA引物的合成，DNA链的延伸，RNA引物的切除、冈崎片段的连接。

半保留复制：复制开始时亲代DNA双链间的氢键断裂，双链分开，然后以每一条链为模板，分别复制出与其互补的子代链，从而使一个DNA分子转变成与之完全相同的两个DNA分子。按照这种方式复制出来的每个子代双链DNA分子中，都含有一条来自亲代的旧链和一条新合成的DNA链，所以DNA的复制具有半保留性。

复制时复制叉向前移动，留下两条单链作为模板。一条是3′→5′方向，以它为模板合成的新链是5′→3′方向，是连续的，称为前导链；另一条模板链是5′→3′方向，以它为模板合成的新链是不连续的DNA片段，称为冈崎片段。冈崎片段合成的方向是5′→3′方向，与复制叉前进方向相反，是倒退合成的。由多个冈崎片段连接成的是滞后链。所以说DNA复制是半不连续复制。

4.答题要点：

1）反转录酶是1970年在致癌RNA病毒（鸟类成髓细胞白血病病毒和劳斯肉瘤病毒）中首次发现的，后来发现该酶存在于某些RNA病毒和个别DNA病毒中。病毒反转录酶催化RNA指导下的DNA合成，即以病毒RNA为模板，以dNTP为底物，催化合成一条与模板RNA互补的DNA链，称为互补DNA链。

2）大多数反转录酶都具有多种酶活性，主要包括以下几种：①DNA聚合酶活性：以RNA为模板，催化dNTP聚合成DNA的过程。②RNase H活性：由反转录酶催化合成的cDNA与模板RNA形成的杂交分子，由RNase H从RNA 5′端水解掉RNA分子。③DNA指导的DNA聚合酶活性：以反转录合成的第一条DNA单链为模板，以dNTP为底物，再合成第二条DNA分子。除此之外，有些逆转录酶还有DNA内切酶活性，这可能与病毒基因整合到宿主细胞染色体DNA中有关。

3）反应方式与其他DNA聚合酶相同，也是5′→3′合成，并需要RNA作为引物。当致癌病毒的RNA进入宿主细胞后，首先在反转录酶的催化下，按上述方式合成一条cDNA链，形成RNA-DNA杂交分子。反转录酶中有RNase活性的组分可水解杂交链中的RNA成小片段，然后，DNA聚合酶Ⅰ以这些小片段为引物，以第一链cDNA为模板，催化合成与之互补的另一条DNA链，再由DNA聚合酶Ⅰ切除RNA引物，最后由DNA连接酶连接形成双链DNA分子。

5. 答题要点：

1)错误。RNA 不但可传递遗传信息，也可以贮存和携带遗传信息。这是逆转录现象的发现对生命科学的重要贡献。

2)错误。原核生物虽没有细胞核，同样有遗传信息的贮存和传递。真核生物除核内染色体之外，线粒体内也有 DNA，例如 mtDNA。原核生物染色体之外也有 DNA，例如质粒、F 因子等。

3)正确。同一个体各组织、细胞来自单一受精卵的发育分化。从遗传保守性看，肝脏和心脏细胞 DNA 应该是相同的，但基因表达不一样。

6. 答题要点：

光复活、切除修复、重组修复和应急反应(SOS)。

光复活：细菌经紫外线(UV)照射后，再放在波长为 310～440 nm 的可见光下，存活率大大提高，并且降低了突变频率。这是因为细菌体内有一种光复活酶(photoreacting enzyme)。在暗处，光复活酶能识别嘧啶二聚体，并和它结合，形成酶和 DNA 的复合物，但不能解开二聚体；照以可见光时，此酶可利用光能使二聚体解开成为单体，然后酶从复合物中释放出来。

第 14 章　RNA 的生物合成

转录是基因表达的中心环节。转录具有不对称性。原核生物的 RNA 聚合酶通过 σ 因子识别转录起始，以 DNA 为模板延伸 RNA 链，转录的终止有依赖于 ρ 因子和不依赖于 ρ 因子两种方式。RNA 都要经过加工才能成为成熟的 RNA。真核生物 mRNA 转录后的加工涉及两个末端的修饰和内部的剪接过程。

【知识目标】

掌握原核 RNA 聚合酶的结构、功能及原核生物 RNA 的转录过程。了解转录的特点、过程及生物学意义，掌握转录后的加工成熟，并比较真核和原核生物的异同点。了解核酶发现的生物学意义，掌握核酶的结构与生物学功能的关系。

【复习指南】

第一部分　转录概述

表 14-1　转录是基因表达的中心环节

转录是以 DNA 为模板合成 RNA 的过程。转录是基因表达的第一步。转录具有选择性，在细胞的不同的发育时序，按生存条件和需要进行	
不对称转录	RNA 合成是以 DNA 的一股链为模板，故 RNA 转录是不对称的
	模板链：DNA 双链中，负责转录合成 RNA 的 DNA 链
	编码链：与模板链互补的另一股 DNA 链
转录单位	被转录成单个 RNA 分子的一段 DNA
	起始位点：转录起始于 DNA 模板上的特定部位
	终止位点：转录终止于 DNA 模板上的特殊顺序
转录基本过程	第一步合成原始转录产物（过程包括转录的起始、延伸和终止）； 第二步转录产物的后加工，使无生物活性的原始转录产物转变成有生物功能的成熟 RNA

表 14-2 转录的特点

项目	主要内容	
以 DNA 为模板酶促合成 RNA	DNA 双链中只有一条链被转录成 RNA,转录的方向为 5′→3′	
催化转录的酶	RNA 聚合酶(RNA-pol)	RNA 聚合酶以 DNA 为模板合成 RNA
	特点	不需要引物,能发动新链,也能延长多核苷酸链
		要求有完整的 DNA 双链为模板
		本身能识别 DNA 链上起始点
		合成方向 5′→3′,按碱基配对原则:A-U,C-G
		转录的酶没有校正功能,转录的忠实性相对弱
转录的产物需要加工		转录首先得到 RNA 前体,然后再进行加工转变为成熟的 RNA

第二部分 原核生物的转录及转录后的加工

表 14-3 原核生物 RNA 聚合酶与启动子的特点

项目	基本内容	生物学作用
RNA 聚合酶	由 α、β、β′、σ 四种亚基组成,活性型为全酶($\alpha_2\beta\beta'\sigma$)	β 亚基结合底物三磷酸核苷 NTP,在 5′→3′方向上延长多核苷酸链
		β′亚基结合 DNA 模板
		σ 亚基识别结合启动子,决定转录的基因
启动子	DNA 上的转录起始序列或与 RNA 聚合酶结合的 DNA 序列	在基因 5′端,直接与 RNA 聚合酶结合,控制转录起始与方向
		都含有 RNA 聚合酶的识别位点、结合位点和起始位点
		都含有保守序列,而且这些序列的位置是固定的,如－35 序列、－10 序列等

表 14-4 原核生物 RNA 转录过程

原核生物基因的转录过程基本包括模板的识别、转录起始、延伸、终止等 4 个步骤。四种核糖核苷酸(ATP、GTP、CTP、UTP)为转录的原料,转录在细胞核进行	
模板的识别	1)在 σ 亚基作用下,RNA 聚合酶识别并结合到启动子上 2)σ 亚基还参与促进 DNA 双螺旋打开并以其中一条链作为模板进行转录
转录起始	1)σ 亚基识别－35 序列并与核心酶一起结合到启动子上 2)RNA 聚合酶与－10 序列牢固结合并将 DNA 双链打开,形成开放性启动子复合物,RNA 转录开始

续表 14-4

RNA 链的延伸	1)当第一个磷酸二酯键生成并释放 σ 亚基后，核心酶沿 DNA 模板移动，按碱基互补配对原则，以第一个磷酸二酯键生成的相同方式，依次连接核苷酸，延伸 RNA 链 2)核心酶沿 DNA 模板的移动方向是 3′→5′，RNA 的合成方向是 5′→3′，模板链与新 RNA 链是反平行的 3)RNA 链延伸过程会产生"转录泡"
转录的终止	终止包括：停止 RNA 链延长、新生 RNA 链释放、RNA 聚合酶从 DNA 上释放。有依赖或者不依赖终止因子 ρ 两种方式。 1)依赖 ρ 因子的终止：新生 RNA 上有 ρ 因子的识别位点。它与聚合酶-DNA-RNA 复合物结合，向 3′端移动，并解开 DNA-RNA 杂交体 2)不依赖 ρ 因子的终止：终止区的上游有一段富含 GC 序列，此 GC 区呈双折叠对称，即回文序列，易形成多个发卡结构；转录产物的 3′端有 polyU 序列。这种特殊的二级结构阻止了转录向下游继续

表 14-5　原核生物 RNA 转录后的加工

项目	主要内容
mRNA 的加工	原核生物转录生成的 mRNA 基本上不经过加工即可进行蛋白质的生物合成，即翻译。转录和翻译是偶联在一起的
rRNA 加工	rRNA 加工是以核糖体颗粒形式进行的，即 rRNA 前体合成后先与蛋白质结合，形成新生核糖体颗粒，而后再经过一系列加工生成有功能的核糖体。原核生物中 rRNA 有 16S、23S、5S 三种
tRNA 加工	tRNA 3′-末端 CCA 来源在原核生物中有两种情况，一种是初始转录物自身就有 CCA，另一种是在切除 3′端附加序列后，由 tRNA 核苷酰转移酶催化，并由 CTP 与 ATP 供给胞苷酰基与腺苷酰基聚合而成

第三部分　真核生物的转录及转录后的加工

表 14-6　真核生物的 RNA 聚合酶

真核细胞的细胞核内有 RNA 聚合酶Ⅰ、Ⅱ和Ⅲ，通常由 4～6 种亚基组成，并含有 Zn^{2+}。RNA 聚合酶Ⅱ是主要的聚合酶	
RNA 聚合酶Ⅰ	存在于核仁中，功能是合成 5.8S rRNA、18S rRNA、28S rRNA
RNA 聚合酶Ⅱ	存在于核质中，功能是合成 mRNA 和小核 RNA(small nuclear RNA，snRNA)
RNA 聚合酶Ⅲ	存在于核质中，功能是合成 tRNA 和 5S rRNA

表 14-7 真核生物 RNA 聚合酶Ⅱ启动子的特点

项目	主要内容
帽子位点	转录起始位点，碱基大多为 A（编码链），两侧各有若干个嘧啶核苷酸
TATA 框（TATA box，Hogness box）	又称 TATA 盒，其共有序列为 TATAAT，一般位于－10 附近，基本上由 AT 碱基对组成，只有很少启动子中有 GC 碱基对存在
CAAT 框（CAAT box）	共有序列是 GCCTCAATCT，一般位于－75 附近
增强子（enhancer）	一般在－100 以上。增强子作用包括：对依赖和不依赖 TATA 框的转录都有增强效应、距离效应、极性效应、不严格的细胞特异性

表 14-8 真核生物 mRNA 的转录后加工

真核生物基因是单顺反子，又是断裂基因，其结构基因中编码的外显子（exon）和不编码的内含子（intron）间隔排开。聚合酶Ⅱ转录 mRNA 的前体，称为核不均 RNA（hnRNA）

基本过程	首先对首、尾进行修饰，即在其 5′末端加上"帽"结构，在其 3′末端加上一个 50～200 个 A 的多聚腺苷酸（polyA）的"尾巴"。然后进行剪接，由相应的酶剪去内含子转录部分，再将其余外显子转录部分连接起来		
加工步骤	5′端（首）的修饰	多数真核细胞 mRNA 5′末端有 7-甲基鸟嘌呤的帽子结构，符号 m^7GpppX	在转录加工的起始部位由甲基转移酶等催化完成
	3′端（尾部）的修饰	多聚腺苷酸（polyA）的"尾巴"是不依赖于 DNA 模板的真核 mRNA，除了组蛋白，在 3′端都具有 polyA 结构	多聚腺苷酸（polyA）的"尾巴"的合成是多步骤过程，需要一些蛋白因子和酶参与
	mRNA 的剪接	剪去内含子，连接外显子	在核中由剪接体完成。一般认为内含子上游与下游各有一个剪接位点，分别称为 5′剪接点（或左剪接点）和 3′剪接点（或右剪接点）。剪接体与 hnRNA 结合，使内含子弯曲成套索状，并使外显子互相靠近，通过两次转酯反应有两个磷酸二酯键被破坏，同时形成一个新的磷酸二酯键而连接

表 14-9 剪接体及其组成

剪接体（spliceosome）：是一超大分子复合体，主要由 5 种小核 RNA（snRNA）和大约 50 种蛋白质装配而成。5 种 snRNA 为 U1、U2、U4、U5 和 U6，长度有 100～300 个核苷酸，分子中碱基以尿嘧啶（U）含量最丰富，因而以 U 做分类命名

表 14-10　真核生物 rRNA 转录后加工过程

项目	主要内容
真核 rRNA 有 4 种	28S、18S、5.8S、5S rRNA
前体合成	RNA 聚合酶Ⅰ合成前体 45S rRNA
rRNA 的转录后加工	前体 45S rRNA 经过剪接形成不同类型 rRNA

表 14-11　真核生物 tRNA 转录后加工过程

项目	主要内容
前体合成	RNA 聚合酶Ⅲ合成前体 tRNA
tRNA 转录后加工	1)切除 tRNA 前体两端多余序列 2)tRNA 核苷酰转移酶催化在 3′ 末端添加 CCA-OH 序列 3)tRNA 碱基修饰

【练习与自测题】

名词解释

1. 转录(transcription)
2. 启动子(promoter)
3. 转录单位(transcription unit)
4. 结构基因(structural gene)
5. 转录泡(transcription bubble)
6. 外显子(exon)
7. 内含子(intron)
8. 核不均 RNA(heterogeneous nuclear RNA，hnRNA)
9. 核酶 (ribozyme)
10. 转录因子(transcription factor)
11. 不对称转录(asymmetric transcription)
12. σ 因子 (σ factor)
13. 终止子(terminator)
14. ρ 因子(termination factor)
15. 断裂基因(split gene)
16. 剪接体(spliceosome)
17. 多顺反子 mRNA(polycistron messenger RNA)
18. 单顺反子 mRNA(monocistron messenger RNA)
19. 自我剪接(self-splicing)

单项选择题

A1 型题

为单项选择题，属于最佳选择题类型。每道试题由一个题干和四个备选答案组成，其中只有一个是最符合题目要求的。

1. 关于 DNA 指导的 RNA 合成，下列叙述哪一项是错误的？（　　）

A. 只有在 DNA 存在时，RNA 聚合酶才能催化磷酸二酯键的生成

B. 转录过程中，RNA 聚合酶需要引物

C. RNA 链的合成是从 5′→3′端

D. 大多数情况下只有一股 DNA 链作为模板

2. 下列关于真核细胞 mRNA 的叙述不正确的是（　　）。

A. 它是从细胞核的 RNA 前体——核不均 RNA 生成的

B. 在其链的 3′端有 7-甲基鸟苷，在其 5′端连有多聚腺苷酸的 polyA 尾巴

C. 它是从前 RNA 通过剪接酶切除内含子连接外显子而形成的

D. 是单顺反子

3. 决定转录起始点和转录频率的关键元件是（　　）。

A. 增强子　　B. 启动子　　C. 沉默子　　D. 终止子

4. 启动子是下面哪个物质的结合部位？（　　）

A. 调节基因编码的产物　　B. RNA 聚合酶　　C. 诱导物　　D. 辅阻遏物

5. 转录延长时，RNA 聚合酶沿着模板链移动的方向和 RNA 链的合成方向分别为（　　）。

A. 3′→5′；3′→5′　　B. 3′→5′；5′→3′　　C. 5′→3′；3′→ 5′　　D. 5′→3′；5′→3′

6. 真核细胞 RNA 聚合酶Ⅱ催化合成的 RNA 是（　　）。

A. rRNA　　B. mRNA　　C. tRNA　　D. 5SRNA

7. 下列关于 σ 因子的描述哪一项是正确的？（　　）

A. RNA 聚合酶的亚基，负责识别 DNA 模板上转录 RNA 的特殊起始点

B. DNA 聚合酶的亚基，能沿 5′→3′及 3′→5′方向双向合成 RNA

C. 可识别 DNA 模板上的终止信号

D. 是一种小分子的有机化合物

8. DNA 复制和转录过程具有许多异同点。下列关于 DNA 复制和转录的描述中哪项是错误的？（　　）

A. 在体内以一条 DNA 链为模板转录，而以两条 DNA 链为模板复制

B. 在这两个过程中合成方向都为 5′→3′

C. 复制的产物通常情况下大于转录的产物

D. 两过程均需 RNA 引物

9. 对原核 RNA 聚合酶的叙述不正确的是（　　）。

A. 由核心酶与 σ 因子构成　　B. 核心酶由 $\alpha_2\beta\beta'$组成

C. 全酶与核心酶的差别在于 β 亚单位的存在　　D. 全酶包括 σ 因子

10. 模板 DNA 的碱基序列是 3′-TGCAGT-5′，其转录出的 RNA 碱基序列是(　　)。

A. 5′-AGGUCA-3′　　B. 5′-ACGUCA-3′

C. 5′-UCGUCU-3′　　D. 5′-ACGTCA-3′

11. DNA 上某段有意义链碱基顺序为 5′-ACTAGTCAG-3′，转录后的 mRNA 上相应的碱基顺序为(　　)。

A. 5′-TGATCAGTC-3′　　B. 5′-UGAUCAGUC-3′

C. 5′-CUGACUAGU-3′　　D. 5′-CTGACTAGT-3′

12. 不对称转录是指(　　)。

A. 双向复制后的转录

B. 同一 DNA 模板转录可以是从 5′→3′ 延长和从 3′→5′延长

C. 同一单链 DNA，转录时可以交替作模板链和编码链

D. 转录经翻译生成氨基酸，氨基酸含有不对称碳原子

13. RNA 聚合酶催化转录时，需要的底物是(　　)。

A. ATP、GTP、TTP、CTP　　B. AMP、GMP、TMP、CMP

C. dATP、dGTP、dUTP、dCTP　　D. ATP、GTP、UTP、CTP

14. 真核生物的 TATA 盒是(　　)。

A. DNA 合成的起始位点　　B. RNA 聚合酶与 DNA 模板稳定结合处

C. RNA 聚合酶的活性中心　　D. 翻译起始点

15. 原核生物参与转录起始的酶是(　　)。

A. 解链酶　　B. 引物酶

C. RNA 聚合酶核心酶　　D. RNA 聚合酶全酶

16. 转录因子(TF)是(　　)。

A. 原核生物 RNA 聚合酶的组分　　B. 真核生物 RNA 聚合酶的组分

C. 有 α、β、γ 等各亚基　　D. 转录调控中的反式作用因子

17. 真核生物转录因子(TFⅠ、TFⅡ、TFⅢ)的命名根据是(　　)。

A. 含有 α、β、γ 几种亚基　　B. 真核生物中有 RNA 聚合酶Ⅰ、Ⅱ、Ⅲ

C. 被转录的基因为Ⅰ、Ⅱ、Ⅲ　　D. 分别作用于 GC、CAAT、TATA 序列。

18. 转录前起始复合物(PIC)是指(　　)。

A. RNA 聚合酶与 TATAAT 序列

B. RNA 聚合酶与 TATA 序列结合

C. 各种转录因子互相结合后再与 RNA 聚合酶、DNA 模板结合

D. σ 因子与 RNA 聚合酶结合

19. 真核生物 mRNA 转录终止(　　)。

A. 需要 ρ 因子　　B. 需要形成锤头结构

C. 需要释放因子 RF　　D. 与加尾修饰同时进行

20. 外显子是(　　)。

A. 基因突变的表现　　B. DNA 被水解断裂片段

C. 转录模板链　　D. 真核生物的编码序列

21. 断裂基因是指(　　)。

A. 基因由许多独立的片段组成　　B. 组成基因的片段分布于细胞的不同部位

C. 真核生物有多条染色体　　D. 外显子和内含子相间排列的真核基因

22. 下列关于 RNA 的生物合成,哪一项是正确的?(　　)

A. 转录过程需 RNA 引物

B. 转录生成的 RNA 都是翻译模板

C. 蛋白质在胞浆合成,所以转录也在胞浆中进行

D. DNA 双链中仅一股单链是转录模板

23. Pribnow box 序列是指(　　)。

A. AAUAAA　　B. TAAGGC　　C. TTGACA　　D. TATAAT

24. 原核生物 DNA 指导的 RNA 聚合酶由数个亚基组成,其核心酶的组成是(　　)。

A. $\alpha_2\beta\beta'$　　B. $\alpha_2\beta'\sigma$　　C. $\alpha_2\beta'$　　D. $\alpha\sigma\beta$

25. 原核生物 RNA 转录时,识别转录起始点的是(　　)。

A. ρ 因子　　B. 核心酶　　C. RNA 聚合酶的 α 亚基　　D. σ 因子

26. ρ 因子的功能是(　　)。

A. 在启动区域结合阻遏物　　B. 增加 RNA 合成速率

C. 释放结合在启动子上的 RNA 聚合酶　　D. 参加转录的终止过程

27. σ 亚基作为 RNA 聚合酶全酶组分在转录起始时结合在 DNA 模板上。转录延长中,σ 亚基(　　)。

A. 随全酶在模板上前移　　B. 作为终止因子在转录终止时再起作用

C. 在转录延长时发生构象改变　　D. 转录延长时脱落

28. 在转录延长中,RNA 聚合酶与 DNA 模板的结合是(　　)。

A. 全酶与模板结合　　B. 核心酶与模板特定位点结合

C. 结合状态相对牢固稳定　　D. 结合状态松弛而有利于 RNA 聚合酶向前移动

29. RNA 作为转录产物,其 5′端常见的起始核苷酸是(　　)。

A. A 或 G　　B. C 或 U　　C. pppG 或 pppA　　D. pppC 或 pppU

A2 型题

每道题由一个叙述性的简要主题作为题干和四个备选答案组成。A、B、C、D 四个答案中只有一个是最佳答案。

1. 原核生物不同基因的启动子虽然在结构上存在一定的差异,但具有明显的共同特征:都含有保守序列,而且这些序列的位置是固定的,如－35 序列、－10 序列等。对于大多数启动子来说,在上游－35 bp 附近存在一段共有序列,RNA 聚合酶的 σ 亚基识别该序列并使核心酶与启动子结合,故又称－35 序列为 RNA 聚合酶的识别位点。－35 序列是指(　　)。

A. AAUAAA　　B. TAAGGC　　C. TTGACA　　D. TTGACA

2. 原核生物转录终止的主要过程包括:停止 RNA 链延长;新生 RNA 链释放;RNA 聚合酶从 DNA 上释放。当 RNA 聚合酶沿 DNA 模板移动到基因 3′-端的终止子序列时,转录就停止了。原核生物基因转录终止的方式有两种:不依赖于 ρ 因子的终止和依赖于 ρ 因子的终止。其中 ρ 因子具有的活性是(　　)。

A. RNA 水解酶活性　　B. 促进转录终止的活性
C. 促进转录终止的活性和 NTPase 活性　　D. NTPase 活性

3. 催化 RNA 合成的酶称为 RNA 聚合酶。在大肠杆菌中只发现有一种，其活性型称全酶。它含有 4 种不同的亚基，称为 α、β、β′ 和 σ 亚基。这些亚基通过次级键聚合在一起。全酶（$\alpha_2\beta\beta'\sigma$）分子量大约为 500 000。各亚基在 RNA 转录过程中发挥不同的作用，其中识别转录起始点的是（　　）。

A. RNA 聚合酶的 β 亚基　　B. RNA 聚合酶的 β′ 亚基
C. RNA 聚合酶的 σ 因子　　D. RNA 聚合酶的 α 亚基

4. 核酶是 RNA 分子，其基本结构单位是核糖核酸，核酶和蛋白质一样，是能够作为很有效的催化剂的。并且 RNA 分子也能够形成精确的三维结构并结合特异的底物，形成稳定的过渡态复合物。核酶和底物之间的作用力是（　　）。

A. 氢键　　B. 范德瓦尔力　　C. 肽键　　D. 离子键

A3 型题

2～3 个相关的问题，每个问题均与开始的题干有关。每个问题均有四个备选答案，需要选择一个最佳答案。

（1～3 题共用题干）原核生物转录的基本过程包括：模板的识别、转录的起始、RNA 链的延伸和转录的终止。

1. 识别转录起始点的是（　　）。

A. ρ 因子　　B. 核心酶　　C. RNA 聚合酶的 α 亚基　　D. σ 因子

2. 参与转录 RNA 链的延伸的是（　　）

A. ρ 因子　　B. 核心酶　　C. RNA 聚合酶的 α 亚基　　D. σ 因子

3. 与转录终止有关的是（　　）。

A. ρ 因子　　B. 核心酶　　C. RNA 聚合酶的 α 亚基　　D. σ 因子

（4～5 题共用题干）原核生物 RNA 转录过程中，转录终止的主要过程包括：停止 RNA 链延长；新生 RNA 链释放；RNA 聚合酶从 DNA 上释放。

4. 下列能够识别 RNA 转录终止的因子是（　　）。

A. α 因子　　B. β 因子　　C. σ 因子　　D. ρ 因子

5. 下列关于原核细胞转录终止的叙述哪一项是正确的？（　　）

A. 是随机进行的　　B. 需要全酶的 ρ 因子参加
C. 如果基因的末端含 G-C 丰富的回文结构则不需要 ρ 因子参加
D. 如果基因的末端含 A-T 丰富的片段则对转录终止最为有效

（6～8 题共用题干）真核生物 RNA 聚合酶的结构比较复杂，都是多亚基的，通常由 6～10 个亚基组成，亚基有 4～6 种。不同来源的 RNA 聚合酶在亚基组成上有相似性。真核细胞中有 3 种 RNA 聚合酶，即 RNA 聚合酶Ⅰ、Ⅱ和Ⅲ。这些名称最早是依据它们从 DEAE - 纤维素柱上洗脱下来的先后顺序而定的。

6. tRNA 和 5S rRNA 是由真核生物哪种酶催化转录产生的？（　　）

A. 逆转录酶　　B. RNA 聚合酶Ⅰ　　C. RNA 聚合酶全酶　　D. RNA 聚合酶Ⅲ

7. RNA 聚合酶Ⅱ催化合成的 RNA 主要是(　　)。

A. 5.8S、18S、28S rRNA　　B. mRNA、5S rRNA

C. mRNA、snRNA　　D. tRNA、5S rRNA

8. RNA 聚合酶Ⅰ催化合成的 RNA 主要是(　　)。

A. 5.8S、18S、28S rRNA　　B. mRNA、5S rRNA

C. mRNA、snRNA　　D. tRNA、5S rRNA

(9～11 题共用题干)基因转录是在由 RNA 聚合酶和辅助因子组成的转录复合物的催化下,从双链 DNA 分子中拷贝生物信息生成一条 RNA 链的过程。原核生物基因的转录过程已基本研究清楚,共包括模板的识别,转录起始、延伸、终止等 4 个步骤。

9. 在模板的识别过程中,RNA 聚合酶识别并结合到启动子上是(　　)的作用。同时,它大大降低 RNA 聚合酶与 DNA 的非特异性结合,并促进 RNA 聚合酶识别启动子顺序。

A. σ 亚基　　B. β 亚基　　C. ω 亚基　　D. β′亚基

10. 在原核生物基因的转录起始阶段,RNA 聚合酶将 DNA 双链打开,形成开放性启动子复合物,RNA 的转录也就开始了,选择起始部位并启动转录是(　　)的作用。

A. 核心酶　　B. 全酶　　C. RNA 解旋酶　　D. DNA 聚合酶

11. 在原核生物基因转录的 RNA 延伸阶段,核心酶沿 DNA 模板移动的方向是(　　)。

A. 5′→3′　　B. 3′→5′　　C. 两者均可　　D. 两者均不可

(12～14 题共用题干)真核细胞的结构基因绝大多数是不连续的,称为断裂基因,编码序列中间隔着插入序列,因此必须对转录产生的初级产物进行加工和修饰才能使之成为有功能的成熟的 mRNA。初级转录产物加工过程是:首先对其首、尾进行修饰;然后进行剪接;最后还要经过甲基化等修饰过程,才能变为有功能的 mRNA 分子。

12. 在真核细胞中,绝大部分基因被不同大小的内含子相互间隔开,内含子在 RNA 的转录后加工中要除去,然后把外显子连接起来,才能形成成熟的 RNA 分子。这一过程称为 RNA 的(　　)。

A. 缺失　　B. 甲基化修饰　　C. 切断　　D. 剪接

13. 卵清蛋白基因转录得到的初级产物在经过加"帽"和添"polyA 尾"之后,通过剪接将转录的 7 个内含子"套索"切除,然后把 8 个转录的外显子连接起来。在这个过程中外显子互相靠近,通过二次转酯反应形成了新的(　　)键。

A. 磷酸二酯键　　B. 二硫键　　C. 氢键　　D. 酰胺键

14. 真核细胞 tRNA 前体的加工过程与原核的类似,真核 tRNA 基因是成簇存在的,基因之间由间隔区分开。真核 tRNA 前体是在(　　)催化下,在 3′末端添加-CCA 序列。

A. RNA 聚合酶Ⅰ　　B. tRNA 核苷酰转移酶

C. RNA 聚合酶Ⅱ　　D. RNA 聚合酶Ⅲ

(15～16 题共用题干)核酶是在研究剪接机制的过程中意外发现的。在原生动物四膜虫(*tetrahymena*)中,26S rRNA 分子是由一个 6.4 kb 的前体经切除 1 个 414 nt 的内含子后形成的。深入研究发现,其后还发生两次自我剪接。

15. 第一次剪接的结果是(　　)。

A. 释出一个 414 nt 的内含子并形成环　　B. 释出下一个含有 G 的 15 nt 片段并形成环状

C. 释出一个 4 核苷酸片段并形成环　　D. 释出一个 399 nt 并形成环

16. 第二次剪接的结果是(　　)。

A. 释出一个 414 nt 的内含子并形成环　B. 释出下一个含有 G 的 15 nt 片段并形成环状

C. 释出一个 4 核苷酸片段并形成环　D. 释出一个 399 nt 并形成环

B1 型题

属于标准伍配单项选择题。开始给出 4 个备选答案，之后 2～6 个题干构成一组试题，要求从 4 个备选答案中为这些题干选择一个与其关系密切的答案。在这组试题中，每个备选答案可以被选一次、两次和多次，也可以不选用。

(1～6 题共用备选答案)

A. α　B. β　C. σ　D. β′

1. (　　)的功能主要是结合底物三磷酸核苷 NTP。

2. (　　)的功能是与 DNA 模板结合。

3. (　　)的功能是识别并结合启动子。

4. (　　)的功能是酶的连接，装配。

5. (　　)在全酶中有两个亚基。

6. (　　)参与促使 DNA 双螺旋打开并以其中的一条链作为模板进行转录。

(7～10 题共用备选答案)

A. RNA 聚合酶Ⅰ　B. RNA 聚合酶Ⅱ　C. RNA 聚合酶Ⅲ　D. 信使 RNA

7. 对 α-鹅膏蕈碱最敏感的是(　　)。

8. 其功能是合成 tRNA 和 5S rRNA 等。(　　)

9. 其功能是合成 5.8S、18S、28S rRNA。(　　)

10. 其功能是合成 mRNA 和小核 RNA。(　　)

(11～13 题共用备选答案)

A. RNA 聚合酶　B. DNA 聚合酶　C. 核心酶　D. RNA 解旋酶

11. 转录的误差比复制的大很多，是因为(　　)没有核酸外切酶活性，它不能校对新合成的 RNA 链。

12. 原核生物不同基因的启动子虽然在结构上存在一定的差异，但都可以在基因的 5′端，直接与(　　)结合，控制转录的起始和方向。

13. RNA 链的延伸是在含有(　　)、DNA 和新生 RNA 的一个区域里进行的，在这个区域里双链 DNA 被打开，呈“泡”状，故称之为转录泡。

(14～16 题共用备选答案)

A. 外显子　B. 内含子　C. －35 序列　D. 远上游序列

14. RNA 聚合酶的识别位点为(　　)，RNA 聚合酶的 σ 亚基识别该序列并使核心酶与启动子结合，从而启动转录过程。

15. RNA 聚合酶Ⅱ的启动子有 4 个部位，其中前 3 个部位是大多数启动子都具备的。对依赖和不依赖于 TATA 框的转录都有增强效应的是(　　)部位。

16. 真核细胞的结构基因绝大多数是不连续的，编码序列中间隔着插入序列，因此必须对转录产生的初级产物进行加工和修饰才能使之成为有功能的成熟的 mRNA，而这些编码序列是(　　)。

填空题

1. 以 RNA 为模板合成 DNA 称______，由______催化。模板 DNA 有两条链，作为模板指导转录的那条链称__________链，另一条链则称为________链。

2. 大肠杆菌 RNA 聚合酶全酶由________组成；核心酶的组成是________。参与识别起始信号的是________因子。

3. 原核细胞中各种 RNA 是由__________催化生成的，而真核细胞核基因的转录分别由________种 RNA 聚合酶催化，其中 rRNA 基因由________转录，hnRNA 基因由________转录，各类小分子量 RNA 则是________的产物。

4. RNA 合成时，与 DNA 模板中碱基 A 对应的碱基是________，与碱基 T 对应的碱基是________。

5. RNA 的转录的过程分为________、________、________和________四个阶段，然后进行转录后的加工。

6. 原核生物转录起始前 −35 区的序列是________，−10 区的序列是________。

7. 真核生物的 RNA 聚合酶包括________、________和________，其中与 mRNA 转录有关的酶是________。

8. 真核生物 mRNA 转录的前体物是________，其需要加工才能变成成熟的 mRNA，加工成熟的过程包括__________、__________和最后的剪接加工。

9. mRNA 转录最后的剪接加工就是除去__________，把邻近的__________连接起来，剪接由________完成。

10. 核酶是指__________________。核酶是在研究剪接机制的过程中被__________发现的；核酶的组成单位是____________，含________种碱基，分别为____________。

简答题

1. 与 RNA 分子相比，为什么 DNA 分子更适合用于贮存遗传信息？
2. 转录与复制有何异同点？
3. 为什么 RNA 易被水解，而 DNA 不容易被水解？
4. 简述原核生物 RNA 转录的过程。
5. 真核生物的 mRNA 在转录后为什么要进行加工？简述其过程。
6. 核酶是如何发现的？其重要意义体现在哪里？
7. 简述原核生物 RNA 聚合酶各亚基的功能。

论述题

1. 什么是不对称转录？怎样用实验来证明转录的不对称性？
2. 原核生物和真核生物的 RNA 聚合酶有何不同？
3. 原核 RNA 聚合酶由哪些成分组成？它通过什么方式识别转录的启动子？
4. 转录泡和转录起始复合物有何区别？为什么会形成转录泡？
5. 试述原核生物 RNA 转录的两种终止方式的主要内容。

6. 为什么说真核生物的基因是断裂基因？剪接体如何促成 mRNA 的剪接过程？

7. 真核和原核生物 mRNA 转录和转录后的加工有何异同点？

【习题参考答案】

名词解释

1. 转录(transcription)：转录是以 DNA 为模板，在 RNA 聚合酶的作用下，按照碱基互补配对的原则合成 RNA 的过程。

2. 启动子(promoter)：能够被 RNA 聚合酶识别并与之结合，从而调控基因的转录与否及转录强度的一段大小为 20～200 bp 的 DNA 序列，称为启动子。

3. 转录单位(transcription unit)：DNA 上转录的起始序列称为启动子。转录的终止序列称为终止子。从启动子到终止子为一个转录单位。

4. 结构基因(structural gene)：负责编码蛋白质多肽链的 DNA 片段。

5. 转录泡(transcription bubble)：RNA 链的延伸是在含有核心酶、DNA 和新生 RNA 的一个区域里进行的，在这个区域里双链 DNA 被打开，呈“泡”状，故称之为转录泡。

6. 外显子(exon)：真核基因的编码序列，是真核生物基因的一部分，它在剪接后仍会被保存下来，并可在蛋白质生物合成过程中被表达为蛋白质。

7. 内含子(intron)：真核基因中不表达，在转录后的加工中被剪切除去的核苷酸序列。

8. 核不均 RNA(heterogeneous nuclear RNA，hnRNA)：初级转录产物中包括了内含子和外显子，称为核不均 RNA。

9. 核酶 (ribozyme)：是具有自身催化剪接作用的 RNA，它催化 RNA 自身内含子切除和外显子的连接，如四膜虫 rRNA 加工中的 L19RNA，mRNA 加工中的 snRNA 等。

10. 转录因子(transcription factor)：在转录起始复合物的组装过程中，与启动子结合并与 RNA 聚合酶相互作用的一种蛋白质。某些转录因子在 RNA 延伸时一直维持着结合状态。

11. 不对称转录(asymmetric transcription)：两重含义，一是指双链 DNA 只有一股单链用作转录模板(模板链)；二是同一单链上可以交错出现模板链或编码链。

12. σ 因子 (σ factor)：原核生物 RNA 聚合酶全酶的成分，功能是辨认转录起始区，这种 σ 因子称 $\sigma32$，此外还有分子量不同、功能不同的其他 σ 因子。

13. 终止子(terminator)：提供转录停止信号的 DNA 序列。

14. ρ 因子(ρ factor)：是原核生物转录终止因子，有 ATP 酶和解旋酶活性。依赖 Rho 因子的转录终止需 Rho 因子。

15. 断裂基因(split gene)：真核生物的结构基因，由若干个编码区和非编码区互相隔开，但又连续镶嵌而成，为一个连续氨基酸组成的完整蛋白质编码，称为断裂基因。

16. 剪接体(spliceosome)：是由 snRNA 和蛋白质组成的核糖核酸蛋白(核蛋白)复合物。其功能是结合内含子两端的边界序列，协助 RNA 的剪接加工。

17. 多顺反子 mRNA(polycistron messenger RNA)：原核生物的 mRNA 一般每分子都带有多于 1 条多肽链的遗传信息。

18. 单顺反子 mRNA(monocistron messenger RNA)：真核生物的 mRNA 与原核生物的

mRNA不同，一般一个分子只携带一条多肽链的遗传信息。

19. 自我剪接(self-splicing)：具有自我催化能力，将自身的某些部位切除的现象称为自我剪接。在酵母和真菌的线粒体mRNA和tRNA前体加工，叶绿体的tRNA和rRNA前体加工，某些细菌、病毒的mRNA前体加工中都发现了自我剪接现象。

单项选择题

A1型题 1. B 2. B 3. B 4. B 5. B 6. B 7. A 8. D 9. C 10. B 11. C 12. C 13. D 14. B 15. D 16. D 17. B 18. C 19. D 20. D 21. D 22. D 23. D 24. A 25. D 26. D 27. D 28. D 29. C

A2型题 1. D 2. C 3. C 4. A

A3型题 1. D 2. B 3. A 4. D 5. C 6. D 7. C 8. A 9. A 10. B 11. B 12. D 13. A 14. B 15. B 16. C

B1型题 1. B 2. D 3. C 4. A 5. A 6. C 7. B 8. C 9. A 10. B 11. A 12. A 13. C 14. C 15. D 16. A

填空题

1. 逆转录，逆转录酶；模板，编码。
2. $\alpha_2\beta\beta'\sigma$，$\alpha_2\beta\beta'$；$\sigma$。
3. 同一RNA聚合酶，3，RNA聚合酶Ⅰ，RNA聚合酶Ⅱ，RNA聚合酶Ⅲ。
4. U，A。
5. 识别，起始，延长，终止。
6. TTGACA，TATAAT。
7. RNA聚合酶Ⅰ，RNA聚合酶Ⅱ，RNA聚合酶Ⅲ，RNA聚合酶Ⅱ。
8. 核不均RNA，5′加帽，3′加polyA尾。
9. 内含子，外显子，剪接体。
10. 具有催化活性的RNA，意外，核苷酸，4，A、C、G、U。

简答题

1. 答题要点：

因为DNA整个都是双链结构，RNA或是单核苷酸链，或是具有局部双螺旋的单核苷酸链。DNA的双链结构使得生物体通过两条互补、反向平行的链精确地进行DNA复制而RNA的结构做不到这一点。

2. 答题要点：

复制和转录都以DNA为模板，都需依赖DNA的聚合酶，聚合过程都是在核苷酸之间生成磷酸二酯键，生成的核酸链都从5′向3′方向延长，都需遵从碱基配对规律。

复制和转录最根本的不同是：通过复制使子代保留亲代全部遗传信息，而转录只需按生存需要部分表达信息。因此可以从模板和产物的不同来理解这一重大区别。此外，聚合酶分别是DNA-pol和RNA-pol，底物分别是dNTP和NTP，还有碱基配对的差别，DNA-pol需要引物，催化合成的产物是DNA。RNA-pol不需要引物，催化合成的产物是RNA等。

3. **答题要点：**

RNA 是单链，DNA 是双链，DNA 水解时需要解旋，解链成单链，破坏维持它稳定的键能就需要更大的能量，所以 RNA 更易水解。

4. **答题要点：**

RNA 转录过程包括起始位点的识别、起始、延伸、终止。

1)起始位点的识别：RNA 聚合酶先与 DNA 模板上的特殊启动子部位结合，σ 因子起着识别 DNA 分子上的起始信号的作用。

2)起始：留在起始位点的全酶结合第一个核苷三磷酸。

3)延伸：当第一个磷酸二酯键生成并释出 σ 亚基后，核心酶即沿 DNA 模板移动，并按碱基互补配对的原则，以与第一个磷酸二酯键生成的相同反应方式，依次连接上核苷酸，使 RNA 链延伸。核心酶沿 DNA 模板移动的方向为 3′→5′，RNA 链的延长方向是 5′→3′，模板链与新生成的 RNA 链是反平行的。

4)终止：在 DNA 分子上有终止转录的特殊碱基顺序称为终止子，它具有使 RNA 聚合酶停止合成 RNA 和释放 RNA 链的作用。

5. **答题要点：**

真核细胞基因组基因绝大多数是不连续的，称为断裂基因，也就是在编码的序列中又有不编码的插入序列，编码的序列称为外显子，不编码的序列称为内含子，初始转录产物中包括了内含子与外显子，因此必须对转录产生的初始产物进行加工修饰才能成为有功能的成熟的 mRNA。

加工包括 5′加帽、3′聚腺苷酸化、RNA 剪接和转运出核四步。5′加帽和 3′聚腺苷酸化在剪接和转运之前。首先对首、尾进行修饰，即在其 5′末端加上“帽”结构，在其 3′末端加上一个 50～200 个 A 的多聚腺苷酸(polyA)的“尾巴”。然后进行剪接，由相应的酶剪去内含子转录部分，再将其余外显子转录部分连接。

6. **答题要点：**

核酶是在研究剪接机制的过程中意外发现的。

核酶的发现使人们对于生命的起源有了新的认识。以前一般认为，由于 DNA 和蛋白质是生命的基础物质，因而生命的最初形式必定是 DNA 或者蛋白质。核酶的发现使人们普遍认为：生命的最初形式大概是 RNA，最初的生命界可能是个 RNA 王国。因为 RNA 既可作为模板而复制繁殖，同时它又是催化剂，即它兼有 DNA 和蛋白质二者的功能。然而在进化过程中，由于作为模板而遗传的功能 RNA 不如双链 DNA 稳定；而作为催化剂的功能它又不如蛋白质那样多样，所以作为遗传信息携带者的功能它让位给 DNA，作为催化剂的功能则大部分由蛋白质所取代，RNA 则仅保留了它作为信使和一部分催化作用等功能，这就是目前生命界的实际情况。

7. **答题要点：**

原核生物 RNA 聚合酶有 α，β，β′，σ 亚基。α 亚基决定哪些基因转录，β 亚基在转录全程中起催化作用，β′亚基结合 DNA 模板，起开链的作用，σ 亚基辨认起始点。

论述题

1. 答题要点：

不对称转录包含两重含义：一是指双链 DNA 只有一股单链用作转录模板（模板链）；二是同一单链上可以交错出现模板链或编码链。

要证明不对称转录，比较简单的可用核酸杂交法。DNA 链的双链用热变性解开，并分离成两股单链，分别与转录产物 RNA 杂交，可发现哪一链上的哪些区段是转录模板。还可用核酸序列测定加以比较。

2. 答题要点：

真核生物有Ⅰ、Ⅱ和Ⅲ三种 RNA 聚合酶。RNA 聚合酶Ⅰ负责转录 5.8S、18S、28S rRNA 基因，RNA 聚合酶Ⅱ负责转录 mRNA 基因，RNA 聚合酶Ⅲ负责转录 5S rRNA 和 tRNA 基因。细胞器还有本身的 RNA 聚合酶。

原核生物的 RNA 聚合酶只有 1 种，共包含有 α、β、β′、σ 4 种亚基。这 4 种亚基的聚合体 $\alpha_2\beta\beta'\sigma$ 称为全酶。σ 亚基以外的部分称为核心酶。σ 亚基的作用是帮助核心酶识别并结合启动子，保证转录的准确起始。转录起始后，σ 亚基迅速与核心酶脱离，核心酶继续与模板结合，并依据碱基互补的方式催化 NTP 原料形成 3′,5′-磷酸二酯键，以 5′→3′方向延伸多核苷酸链。

3. 答题要点：

原核细胞大肠杆菌的 RNA 聚合酶研究得较深入。这个酶的全酶由 4 种亚基（$\alpha_2\beta\beta'\sigma$）组成，还含有 2 个 Zn 原子。在 RNA 合成起始之后，σ 因子便与全酶分离。不含 σ 因子的酶仍有催化活性，称为核心酶。σ 亚基具有与启动子结合的功能，β 亚基催化效率很低，而且可以利用别的 DNA 的任何部位作模板合成 RNA。加入 σ 因子后，则具有了选择起始部位的作用，σ 因子可能与核心酶结合，改变其构象，从而使它能特异地识别 DNA 模板链上的起始信号。

4. 答题要点：

转录泡是转录延长过程中观察到的，由局部开链的 DNA、RNA 聚合酶和依附于模板链的 RNA 产物三部分构成。转录起始复合物并未生成 RNA 链，是第一位核苷酸加入到酶-模板上的复合物，和转录泡的区别仅在于未生成 RNA 链。

5. 答题要点：

原核生物转录终止有依赖 Rho 因子与非依赖 Rho 因子两种方式。Rho 因子有 ATP 酶和解旋酶两种活性，与 mRNA、RNA-pol 结合后使 RNA-pol 变构，从而使 RNA-pol 停顿不再前移，用解旋酶活性使 RNA 3′端与模板链的 DNA 分开，从而使 RNA 脱落。非依赖 Rho 因子的转录终止主要依赖于 RNA 产物 3′端的茎环（发夹）结构及随后的一串寡聚 U。茎环结构生成后仍被 RNA-pol 所包容，因而使 RNA-pol 变构而不能前进，polyU 与模板 polyA 序列是最不稳定的碱基配对结构，当酶不再前移，DNA 双链就要复合，从而使转录产物 RNA 链脱落。共同点是两种转录终止都是 RNA-pol 停顿和转录产物脱落，只不过是引起停顿和脱落的因素有别。

6. 答题要点：

基因是指为生物大分子（主要是蛋白质，还有 tRNA、rRNA 等核酸）编码的核酸片段。在真核生物中，编码序列只占少数（例如 5%左右），可称为外显子。非编码序列可称为内含子，它是阻断基因线性表达的 DNA 片段。此外,基因与基因之间还有间隔序列,也是基因断裂性的表现。mRNA 剪接实际上是切除内含子,把外显子互相连接起来。剪接体由 snRNA 和核内蛋白质组成,可结合内含子 3′和 5′端的边界序列,从而使两个外显子互相靠近。靠含鸟苷的辅酶的亲电子攻击使第一外显子切出,再由第一外显子 3′-OH 亲电子攻击内含子与第二外显子的磷酸二酯键,使内含子去除而两外显子相接。这种反应称二次转酯反应。

7.答题要点:

真核生物和原核生物的转录过程是相似的,都是以 DNA 为模板合成 RNA,但也有不同,表现在:①原核生物只有一种 RNA 聚合酶,而真核细胞有 3 种聚合酶;②启动子的结构特点不同,真核生物有 3 种不同的启动子以及其他转录元件;③真核生物的转录有很多蛋白因子的介入。

真核生物转录后加工包括 5′加帽、3′聚腺苷酸化、RNA 剪接和转运出核四步。5′加帽和 3′聚腺苷酸化在剪接和转运之前。原核生物转录生成的 mRNA 基本上不经过加工即可用于蛋白质的生物合成;rRNA 加工以核糖体颗粒形式进行,即 rRNA 前体先与蛋白质结合,形成新生核糖体颗粒,再经过一系列加工过程生成有功能的核糖体:①切除 tRNA 前体两端多余序列;②tRNA 核苷酰转移酶催化在 3′ 末端添加 CCA—OH 序列;③tRNA 碱基修饰。

第 15 章　蛋白质的生物合成

蛋白质的翻译是基因表达的最后阶段。细胞的翻译系统由 mRNA、核糖体(rRNA 和蛋白质)、tRNA、20 种原料氨基酸和多种蛋白因子组成。mRNA 上的碱基序列对应的遗传密码决定新生肽链上的氨基酸序列。核糖体是多肽链的装配机。tRNA 的结构决定了它既能携带氨基酸又能识别密码子。翻译包括氨基酸的活化、翻译的起始、肽链的延伸和合成的终止等阶段。新生的肽链要经过加工修饰才具备完全的生物学活性。

【知识目标】

掌握三种 RNA 在蛋白质生物合成中的作用;了解翻译过程中其他酶与蛋白因子的相互作用、翻译的过程,特别是翻译的起始阶段及生物学意义;掌握蛋白质合成中氨基酸的活化与转运,肽链合成后的定向输送与加工,信号肽以及信号肽的识别和蛋白质合成后的加工修饰。

【复习指南】

掌握三种 RNA 在蛋白质生物合成体系中的作用;熟悉蛋白质生物合成的一般过程,原核生物与真核生物蛋白质合成的异同;了解肽链合成后的加工和运输方式。

第一部分　蛋白质翻译系统的主要组成成分和功能

在细胞质中以 mRNA 为模板,在核糖体、tRNA 和多种蛋白因子的共同作用下,将 mRNA 中由核苷酸顺序决定的遗传信息转变成由 20 种氨基酸组成的蛋白质的过程,称为翻译。翻译是基因表达的最后一步。

表 15-1　蛋白质翻译系统主要成分与功能

原料		在蛋白质合成中的主要作用
氨基酸		20 种氨基酸,合成蛋白质的原料
三种 RNA	mRNA	携带遗传信息,决定氨基酸顺序
	tRNA	识别密码子,携带氨基酸
	rRNA	与蛋白质一起形成核糖体,是蛋白质合成的场所
2 种核苷酸	GTP,ATP	提供能量
翻译因子	起始因子(IF)	参与起始
	延伸因子(EF)	参与肽链延长
	释放因子(RF)	与肽链合成终止及肽链释放有关
酶	氨酰基-tRNA 合成酶、转肽酶等	

表 15-2　mRNA 在蛋白质生物合成中的作用

mRNA 在翻译过程中起模板作用，是蛋白质生物合成的信息模板，即 mRNA 核苷酸排列顺序决定蛋白质氨基酸的排列顺序	
遗传密码	mRNA 中核苷酸(碱基)的排列顺序与其编码的蛋白质多肽链中氨基酸顺序之间的对应关系。常以每三个核苷酸代表一个氨基酸，又称三联体密码
密码的发现	1961 年，M. Nirenberg 等用放射性同位素标记的方法发现。1961—1965 年用四年的时间完全搞清 20 种氨基酸的密码子，形成了密码字典。1968 年获诺贝尔生理或医学奖
密码的特点	编码性：遗传密码子中有 3 个终止密码子，其余 61 个代表不同氨基酸
	简并性：多个密码子编码一种氨基酸(同义密码子)，Trp 和 Met 除外
	变偶性：编码一种氨基酸的多种密码子总是在第三位碱基上变化
	通用性：从病毒、细菌到高等动植物都共同使用一套密码子。但在低等生物和高等生物线粒体 DNA 中有例外
	不重叠性：即连续性。绝大多数生物中的密码子是不重叠连续阅读的
	兼职性：在 61 种密码子中，AUG 和 GUG 除作为肽链合成起始信号外，还分别负责编码肽链内部的蛋氨酸和缬氨酸，即同时具有两种功能

表 15-3　tRNA 在蛋白质合成中的作用

tRNA 是氨基酸的搬运工。细胞中有 40～60 种不同的 tRNA。所有 tRNA 都是单链分子，长度约为 70～90 个核苷酸残基。其二级结构呈三叶草形，三级结构呈紧密的倒 L 形	
识别密码	在蛋白质生物合成过程中，反密码环上反密码子通过碱基互补配对识别 mRNA 上的密码子，将 mRNA 序列中密码子的核苷酸排列顺序“翻译”成蛋白质中氨基酸的排列顺序
	反密码与密码间不严格遵守常见的碱基配对规律，称为摆动配对
转运氨基酸	利用氨基酸臂上的 CCA 结构结合并转运活化的氨基酸用于蛋白质合成

表 15-4　rRNA 及核糖体在蛋白质合成中的作用

rRNA 和蛋白质装配成核糖体，为蛋白质合成提供场所。每个核糖体可解离成大小两个亚基，原核生物大小两个亚基结合形成 70S 核糖体，真核生物大小两个亚基结合形成 80S 核糖体	
肽酰-tRNA 部位(peptidyl-tRNA site，P 位)	是起始-tRNA 或肽酰-tRNA 结合的部位，在原核核糖体中大部分位于 30S 亚基，小部分位于 50S 亚基
氨酰基-tRNA 结合部位(amino-acyl-tRNA site，A 位)	氨酰基-tRNA 结合的部位，主要在 50S 大亚基中
脱氨酰基-tRNA 释放部位(exit site，E 位)	释放脱氨酰基-tRNA 的位置
肽键形成部位	催化正在延伸的多肽链与下一个氨基酸之间形成肽键
核糖体具有识别并结合 mRNA 上特异的起始部位，能沿着 mRNA 移动以解读全部信息的能力，位于小亚基上	

第二部分 蛋白质的生物合成过程

表 15-5 原核生物蛋白质合成的主要步骤

步骤	主要内容
氨基酸活化	部位：细胞浆
	过程：氨基酸(AA)与 ATP 反应生成氨酰腺苷酸并释放焦磷酸，氨酰腺苷酸将氨酰基转移给 tRNA 生成氨酰基-tRNA，两步反应都由氨酰基-tRNA 合成酶催化。该反应消耗 ATP。$AA+tRNA+ATP \xrightarrow{\text{氨酰基-tRNA 合成酶}} AA\text{-}tRNA+AMP+PPi$
	要点：氨酰基-tRNA 合成酶具有绝对专一性，识别特异氨基酸和 tRNA
起始阶段	部位：核糖体
	起始氨基酸：真核生物，Met-tRNA 起始；原核生物，fMet-tRNA 起始
	起始信号：mRNA 上的 AGGAGGU 区域称为 Shine-Dalgarno 顺序或 SD 序列，作为翻译起始信号，起始密码 AUG
	过程：①mRNA、核糖体的 30S 亚基与甲酰甲硫氨酰-$tRNA_f$ 结合形成 30S 起始复合体；②30S 起始复合体形成后与 50S 亚基结合形成 70S 起始复合体，此时 fMet-tRNAf 结合在核糖体 P 位，而核糖体 A 位空着
	3 个起始因子 IF-1、IF-2 和 IF-3 和 GTP 参与
	要点：mRNA 5′端的 SD 序列与 30S 小亚基上的 16S rRNA 的 3′端结合，保证翻译起始的准确性
延伸阶段（三个步骤）	进位：携带有氨基酸的氨酰基-tRNA 进入 A 位，需要延伸因子 EF-Tu、EF-Ts 和 GTP 协助
	成肽（肽键的形成）：P 位的 fMet-tRNAf 将其活化的甲酰甲硫氨酸部分转移到 A 位的氨酰基-tRNA 的氨基上，以酰胺键（肽键）连接起来形成二肽酰 tRNA，此反应由肽基转移酶催化
	转位：无负荷的 tRNA 由 E 位释放；肽酰-tRNA 从 A 位移到 P 位；A 位空出，下一个氨基酸进入。此过程有延长因子 EF-G 和 GTP 参与
	要点：①核糖体阅读 mRNA 密码子方向 5′→3′；肽链合成方向：N 端至 C 端；②肽链每延长一个氨基酸残基需经历一次核糖体循环，每个循环包括进位、成肽和转位三个步骤
终止阶段	当 mRNA 的终止密码子（UAA、UAG 或 UGA）进入核糖体的 A 位时，在释放因子（RF）帮助下，肽链的合成终止，并从核糖体上释放出来

表 15-6　参与原核蛋白质生物合成的主要蛋白因子及其作用

因子名称		分子量	特性和功能
起始因子	IF-1	9 000	促进核糖体的解离和 IF-2 活性
	IF-2	100 000	由一个要求 GTP 的反应使 fMet-$tRNA_f$ 结合于核糖体的 P 位点
	IF-3	22 000	将 mRNA 结合于核糖体的小亚基，可能是促进非翻译的前导序列与 16S rRNA 3′端的碱基配对
延伸因子	EF-Tu	43 000	将氨酰基-tRNA 结合于核糖体 A 位点
	EF-Ts	30 000	重新生成 EF-Tu-GTP
	EF-G	77 000	肽酰-tRNA 从 A 位点移至 P 位点，此过程依赖 GTP
终止（释放）因子	RF-1	36 000	水解肽酰-tRNA，要求 UAA 或 UAG 密码子
	RF-2	38 000	水解肽酰-tRNA，要求 UAA 或 UGA 密码子
	RF-3	46 000	促进 RF-1、RF-2 活性

表 15-7　真核生物蛋白质合成的特点

项目	主要内容
合成起始	真核生物的起始 $tRNA_i^{Met}$ 所携带的是甲硫氨酸，起始因子 eIF-4A、eIF-4B、eIF-4E 和 ATP 参与，形成 80S 起始复合物
肽链延长	真核生物的肽链延伸与原核相似，只是延伸因子是 eEF-1、eEF-2。在真菌中，还要求 eEF-3 的参与，它在翻译的校正阅读方面起重要作用
肽链的终止	真核生物的肽链合成的终止仅涉及一个释放因子 eRF。eRF 可识别 3 种终止密码子。eRF 在活化肽基转移酶释放出新生的肽链后，即从核糖体上解离。解离要求 GTP 的水解，因而终止肽链合成是耗能的
真核细胞 mRNA 的 5′-末端“帽”（m^7GpppX）结构和 3′-末端（polyA）“尾”对其自身的稳定性以及翻译效率均有调控作用	

第三部分　多肽链翻译后的加工与转运

表 15-8　多肽链翻译后加工过程及特点

加工过程	特点
蛋白质折叠	肽链边合成边折叠，大部分蛋白需要助折叠蛋白参与
蛋白质修饰	末端氨基的脱甲酰化和 N 端甲硫氨酸切除
	多肽链水解断裂：水解切除其中多余的肽段，使之折叠成为有活性的酶或蛋白质。如酶原激活
	氨基酸侧链的修饰：包括羟化、羧化、甲基化及二硫键的形成等
糖基化修饰	翻译后的肽链以共价键与单糖或寡聚糖连接而成。糖基化是在酶催化下进行的

表 15-9 蛋白质的转位

项目	主要内容	
定义	由核糖体合成的许多蛋白质要从它们合成的地方转运至细胞的其他部位或分泌到细胞外发挥生物学作用	
途径	共翻译转位	新生肽进入内质网
		蛋白质在内质网内的滞留
		蛋白质的定位与分泌
	翻译后转位	由游离核糖体合成的蛋白质前体在多肽链合成之后，将蛋白质从细胞质转移到线粒体与叶绿体等细胞器中去

表 15-10 共翻译转位——信号肽学说

项目	主要内容
信号肽	未成熟蛋白中，可被细胞识别系统识别的特征性氨基酸序列
	含约 13～36 个氨基酸残基，N 端有一至多个带正电荷的氨基酸，中部是疏水性氨基酸组成的疏水核，C 端含侧链较短的和较具极性的氨基酸(如丙氨酸)
信号肽识别粒子(SRP)	真核细胞胞浆内，由 6 种不同蛋白质与 7S RNA 组成的复合体
	SRP 与携带新生多肽链的核糖体相互作用，引起翻译暂时的终止
信号肽学说基本内容	SRP 将暂停翻译的新生肽链和内质网膜靠近 SRP-核糖体与内质网上一个 SRP 受体(又称停泊蛋白 DP)结合，通过一个 GTP 依赖过程，打开一个通道 SRP 释放入细胞质，多肽链转位到内质网的内腔 信号肽在多肽链合成完成之前即由内质网内的信号肽酶切除掉 释放出的 SRP 则再用于另一个蛋白质的转运

【练习与自测题】

名词解释

1. 翻译(translation)
2. 遗传密码(genetic code)
3. 简并性(degeneracy)
4. 反密码子(anticodon)
5. SD 序列(Shine-Dalgarno sequence)
6. 摇摆假说(wobble hypothesis)
7. 起始因子(initiation factor)
8. 延伸因子(elongation factor)

9. 氨酰基部位(aminoacyl site)
10. 肽酰基部位(peptidyl site)
11. 转肽酶(peptidyl transferase)
12. 氨酰基-tRNA 合成酶(aminoacyl-tRNA synthetase)
13. 核糖体(ribosome)
14. 多聚核糖体(polyribosome)
15. 分子伴侣(molecular chaperone)
16. 助折叠蛋白(folding helper)
17. 翻译后转位(post-translation translocation)
18. 共翻译转位(cotranslation translocation)
19. 信号肽(signal peptide)
20. 信号肽识别粒子(signal recognition particles,SRP)
21. 胞泌作用(exocytosis)

单项选择题

A1 型题

为单项选择题,属于最佳选择题类型。每道试题由一个题干和四个备选答案组成,其中只有一个是最符合题目要求的。

1. 蛋白质多肽链生物合成的直接模板是(　　)。
A. DNA 双链　B. mRNA　C. DNA 编码链　D. DNA 模板链
2. 下列代表起始密码的是(　　)。
A. AUG　B. AGU　C. UAG　D. GAU
3. 真核生物蛋白质生物合成中的起始 tRNA 是(　　)。
A. 亮氨酰 tRNA　B. 丙氨酰 tRNA　C. 赖氨酰 tRNA　D. 蛋氨酰 tRNA
4. 蛋白质生物合成的方向是(　　)。
A. 由 mRNA 的 3′端向 5′端进行
B. 可同时由 mRNA 的 3′端与 5′端方向进行
C. 由肽链的 N 端向 C 端进行
D. 可同时由肽链的 N 端与 C 端进行
5. 氨酰基-tRNA 的 3′末端腺苷酸与氨基酸相连的基团是(　　)。
A. 1′-OH　B. 2′-磷酸　C. 2′-OH　D. 3′-OH
6. 蛋白质生物合成时转肽酶活性存在于(　　)。
A. EF-Tu　B. EF-G　C. IF-3　D. 核糖体大亚基
7. 为蛋白质生物合成中肽链延伸提供能量的是(　　)。
A. ATP　B. CTP　C. GTP　D. UTP
8. 在蛋白质生物合成中 tRNA 的作用是(　　)。
A. 将一个氨基酸连接到另一个氨基酸上　B. 把氨基酸带到 mRNA 指定的位置上
C. 增加氨基酸的有效浓度　D. 将 mRNA 连接到核糖体上

9. 根据摆动学说，当一个 tRNA 分子上的反密码子的第一个碱基为次黄嘌呤时，它可以和 mRNA 密码子的第三位的几种碱基配对？（　　）

A. 1　　B. 2　　C. 3　　D. 4

10. 摆动配对是指下列哪个碱基之间配对不严格？（　　）

A. 反密码子第一个碱基与密码子第三个碱基

B. 反密码子第三个碱基与密码子第一个碱基

C. 反密码子和密码子第一个碱基

D. 反密码子和密码子第三个碱基

11. 如果遗传密码是四联体密码而不是三联体，而且 tRNA 反密码子前两个核苷酸处于摆动的位置，那么蛋白质正常合成大概需要多少种 tRNA？（　　）

A. 约 256 种不同的 tRNA　　B. 150～250 种不同的 tRNA

C. 与三联体密码差不多的数目　　D. 取决于氨酰基-tRNA 合成酶的种类

12. 在蛋白质合成中，把一个游离氨基酸掺入到多肽链共需消耗多少高能磷酸键？（　　）

A. 1　　B. 2　　C. 3　　D. 4

13. 蛋白质的生物合成中肽链延伸的方向是（　　）。

A. 从 C 端到 N 端　　B. 从 N 端到 C 端

C. 定点双向进行　　D. C 端和 N 端同时进行

14. 核糖体上 A 位点的作用是（　　）。

A. 接受新的氨酰基-tRNA 到位　　B. 含有肽基转移酶活性，催化肽键的形成

C. 可水解肽酰-tRNA、释放多肽链　　D. 是合成多肽链的起始点

15. 蛋白质合成的终止信号由（　　）。

A. tRNA 识别　　B. 转肽酶识别

C. 延长因子识别　　D. 以上都不能识别

16. 蛋白质生物合成具有下列哪些特征？（　　）

A. 氨基酸分子的活化和 70S 起始复合物的形成

B. 氨酰基-tRNA 进入核糖体 A 位

C. 核糖体移位

D. 以上都是

17. 细胞内可编码 20 种氨基酸的密码子总数为（　　）。

A. 16　　B. 64　　C. 20　　D. 61

18. 以下有关核糖体的论述哪项是不正确的？（　　）

A. 核糖体是蛋白质合成的场所

B. 核糖体小亚基参与翻译起始复合物的形成，确定 mRNA 的解读框架

C. 核糖体大亚基含有肽基转移酶活性

D. 核糖体是储藏核糖核酸的细胞器

19. 下列属于助折叠蛋白的酶的是（　　）。

A. 蛋白质二硫键异构酶　　B. 解旋酶

C. 拓扑异构酶　　D. 琥珀酸脱氢酶

20. 下列属于分子伴侣的是(　　)。

A. 肽酰脯氨酰顺反异构酶　　B. 热休克蛋白 70

C. 阻遏蛋白　　D. 免疫球蛋白

21. 由膜结合核糖体合成的分泌型蛋白质前体的 N 端均含有(　　)。

A. 信号肽　　B. 识别颗粒　　C. 停泊蛋白　　D. 核糖体释放因子

22. 蛋白质进入高尔基体后,便被分别运送至不同的目的地,如溶酶体、质膜或分泌出细胞外。蛋白质是通过(　　)的作用在其中运送的。

A. 信号肽受体　　B. 停泊蛋白　　C. 溶酶体　　D. 膜小泡

23. 一旦新生肽链从核糖体出现并延伸时,信号肽便被(　　)所识别。

A. 信号肽识别颗粒　　B. 信号肽受体　　C. 分泌小泡　　D. 溶酶体

24. 与 mRNA 中密码 5′-ACG-3′相对应的 tRNA 反密码子是(　　)。

A. 5′-UGC -3′　　B. 5′-TGC- 3′　　C. 5′-GCA -3′　　D. 5′-CGT- 3′

25. 由游离核糖体合成的蛋白质前体在多肽链合成之后,将蛋白质从细胞质转移到线粒体与叶绿体等细胞器中去,这是(　　)。

A. 共翻译转位　　B. 翻译后转位　　C. 核糖体的互作　　D. 囊泡运输

A2 型题

每道题由一个叙述性的简要主题作为题干和四个备选答案组成。A、B、C、D 四个答案中只有一个是最佳答案。

1. 遗传密码的破译是 20 世纪 60 年代最伟大的发现。由于对破译遗传密码的创造性成果,三位美国的科学家 Holley,Nirenberg 和 Khorana 共同获得了(　　)的诺贝尔生理或医学奖。

A. 1968 年　　B. 1961 年　　C. 1965 年　　D. 1967 年

2. 遗传密码是指 DNA 或由其转录的 mRNA 中的核苷酸(碱基)顺序与其编码的蛋白质多肽链中氨基酸顺序之间的对应关系。现已查明,其中有 3 个密码子不代表任何氨基酸,而是肽链合成的终止信号,称为终止密码子。下列不属于终止密码子的是(　　)。

A. UAA　　B. UAG　　C. UGA　　D. UGG

3. 在蛋白质的翻译系统中,除了 20 种氨基酸作为蛋白质合成的原料外,主要还有以下一些物质,包括 mRNA、tRNA、核糖体、氨基酸、氨酰基-tRNA 合成酶以及多种翻译因子。蛋白质生物合成的肽链延长阶段不需要(　　)。

A. mRNA　　B. 甲酰蛋氨酰-tRNA

C. 转肽酶　　D. EF-Tu 与 EF-Ts

4. 参与蛋白质生物合成的主要组分有 3 种不同的 RNA。其中 mRNA 是蛋白质合成的模板;rRNA 为蛋白质合成提供场所;tRNA 的作用是(　　)。

A. 把一个氨基酸连到另一个氨基酸上　　B. 增加氨基酸的有效浓度

C. 识别氨酰基-tRNA 合成酶　　D. 把氨基酸携带到 mRNA 的特定位置上

5. mRNA 以密码子的形式参与蛋白质的生物合成。在翻译过程中,由 tRNA 分子来阅读这些密码子。每种 tRNA 都特异地携带一种氨基酸,并利用其反密码子根据碱基配对的原则来识别 mRNA 上的密码子。下列与 mRNA 的 5′ -ACG-3′密码子相应的反密码子是(　　)。

A. 5′-UGC-3′　　B. 5′-TGC-3′　　C. 5′-CGU-3′　　D. 5′-CGT-3′

6. 在核糖体上翻译得到的蛋白质多肽链多数是没有生物活性的初级产物。只有经翻译后加工才能转变成有活性的终产物。加工包括折叠和(　　)两部分。

A. 重构　　B. 分解　　C. 聚合　　D. 修饰

7. 细胞内能够帮助新生肽链正确组装成为成熟蛋白质,而本身却不是最终功能蛋白质分子的组成成分的蛋白质,下列除哪个外都属于这种蛋白质?(　　)

A. 免疫球蛋白　　B. 热休克蛋白 70

C. 分子伴侣　　D. 肽酰脯氨酰顺反异构酶

8. 在体内,肽链的折叠并不是在合成完成之后才进行的,而是边合成边进行的。并且至少有两类蛋白质参与多肽链在体内的折叠过程,可以称之为助折叠蛋白。其中有一种是酶,下列哪个酶能加速蛋白质正确二硫键的形成,从而加速蛋白质的折叠过程?(　　)

A. 肽酰脯氨酰顺反异构酶　　B. 蛋白质二硫键异构酶

C. 拓扑异构酶　　D. 琥珀酸脱氢酶

9. 由核糖体合成的多肽链除需要折叠成正确的空间结构外,还必须进行修饰,才能成为具有功能的蛋白质。有些修饰对多肽链的正确折叠是重要的。胰岛素的合成中,由前胰岛素原生成具有活性的胰岛素是通过(　　)来修饰的。

A. 末端氨基的脱甲酰化　　B. 氨基酸侧链的修饰

C. ADP-核糖基化　　D. 多肽链的水解断裂

10. 进入内质网腔的蛋白质一部分滞留在内质网内,但大多数蛋白质则在内质网腔内被加工,主要包括折叠和(　　)。

A. 氨基酸侧链的修饰　　B. 多肽链的水解断裂

C. 糖基化修饰　　D. 末端氨基的脱甲酰化

11. 核糖体合成的许多蛋白质要从它们合成的地方转运至细胞的其他部位或分泌到细胞外发挥生物学作用。蛋白质转位的主要途径有(　　)和翻译后转位。

A. 多肽链的水解断裂　　B. 共翻译转位

C. 缝隙连接　　D. 囊泡运输

A3 型题

2～3 个相关的问题,每个问题均与开始的题干有关。每个问题均有四个备选答案,需要选择一个最佳答案。

(1～3 题共用题干)核糖体是由几十种蛋白质和数种 RNA 组成的一种亚细胞结构。基本上不含有脂肪。每个核糖体可解离成大小两个亚基,大亚基的大小约为小亚基的 2 倍。核糖体是蛋白质合成的装配机。核糖体的大小亚基以及它们的接合部存在着许多与蛋白质合成有关的位点。

1. 关于核糖体大亚基上两个结合 tRNA 位点的叙述,不正确的是(　　)。

A. A 位有转肽酶活性　　B. P 位是肽酰-tRNA 结合位点

C. 核糖体大亚基上的蛋白质有转肽酶活性　　D. 释放因子能诱导转肽酶转变为酯酶活性

2. 真核生物核糖体的分子量为 4.2×10^3 kDa。其大亚基的沉降系数为 60S,由 49 种蛋白质和 3 种 rRNA 组成,其中不包括(　　)。

A. 30S　　B. 28S　　C. 5.8S　　D. 5S

3. 原核生物的核糖体大亚基是(　　)。

A. 30S　B. 40S　C. 50S　D. 60S

(4～5 题共用题干)由核糖体合成的多肽链除需要折叠成正确的空间结构外,还必须进行修饰,才能成为具有功能的蛋白质。修饰可以在肽链折叠之前或折叠期间或折叠之后进行,也可以在肽链延伸期间或在终止之后进行。有些修饰对多肽链的正确折叠是重要的。

4. 大肠杆菌等细菌的多肽链合成的起始氨基酸是甲酰甲硫氨酸,在翻译后这个甲酰基被肽脱甲酰基酶除去,这种修饰属于(　　)。

A. N 端甲硫氨酸的切除　B. 末端氨基的脱甲酰化

C. 乙酰化　D. ADP-核糖基化

5. 一些酶也是先形成无活性的酶原,经切去一段肽链后才变为有活性的酶。这种修饰方法为(　　)。

A. 氨基酸侧链的修饰　B. N 端甲硫氨酸的切除

C. 多肽链的水解断裂　D. 与脂类共价结合

(6～8 题共用题干)由核糖体合成的许多蛋白质要从它们合成的地方转运至细胞的其他部位或分泌到细胞外发挥生物学作用。蛋白质的转位有 2 个主要途径:一个是共翻译转位——蛋白质停留在特定位置是受分子上的信号肽控制的,它防止蛋白质进一步的运送;还有一个是翻译后转位——由游离核糖体合成的蛋白质前体在多肽链合成之后,将蛋白质从细胞质转移到线粒体与叶绿体等细胞器中去。

6. 由与内质网(粗面内质网)结合的核糖体合成的蛋白质,在它们进行翻译的同时就开始了转运,主要是通过定位信号,一边翻译一边进入内质网,然后再进行进一步的加工和转移。这种转位是(　　)。

A. 共翻译转位　B. 翻译后转位

C. 核糖体的互作　D. 囊泡运输

7. 进入内质网腔的蛋白质一部分滞留在内质网内,但大多数蛋白质则在内质网腔内被加工,主要包括(　　)和糖基化修饰。

A. 氨基酸侧链的修饰　B. 多肽链的水解断裂

C. 折叠　D. 末端氨基的脱甲酰化

8. 蛋白质停留在某一给定位置是受分子上的(　　)控制的,它防止蛋白质进一步的运送。

A. 识别颗粒　B. 信号肽受体　C. 分泌小泡　D. 信号肽

(9～11 题共用题干)在细胞质中以 mRNA 为模板,在核糖体、tRNA 和多种蛋白因子的共同作用下,将 mRNA 中由核苷酸顺序决定的遗传信息转变成由 20 种氨基酸组成的蛋白质的过程,称为翻译。翻译的过程是由许多因子参与的复杂体系共同作用的。

9. 首先,蛋白质生物合成所需的能量来自(　　)。

A. ATP　B. GTP　C. ATP 和 GTP　D. UTP

10. 蛋白质生物合成中多肽的氨基酸排列顺序取决于(　　)。

A. 相应 tRNA 的专一性　B. 相应氨酰基-tRNA 合成酶的专一性

C. 相应 mRNA 中核苷酸的排列顺序　D. 相应 tRNA 上的反密码子

11. 蛋白质生物合成的方向必须是(　　)。

A. 从 C 端到 N 端　　B. 从 N 端到 C 端

C. 从 N 端和 C 端同时进行　　D. 定点双向进行

B1 型题

属于标准伍配单项选择题。开始给出 4 个备选答案,之后 2～6 个题干构成一组试题,要求从 4 个备选答案中为这些题干选择一个与其关系密切的答案。在这组试题中,每个备选答案可以被选一次、两次和多次,也可以不选用。

(1～3 题共用备选答案)

A. 肽酰-tRNA 部位　　B. 氨酰基-tRNA 结合的部位

C. 脱氨酰基 tRNA 释放的部位　　D. 转肽酶中心

1. 在原核核糖体中大部分位于 30S 亚基,小部分位于 50S 亚基,与起始-tRNA 或肽酰-tRNA 结合的部位(　　)。

2. 能催化延伸的多肽链与下一个氨基酸之间形成肽键的是(　　)。

3. 主要在 50S 大亚基中,与氨酰基-tRNA 结合的部位是(　　)。

(4～5 题共用备选答案)

A. IF-1　　B. eIF-2　　C. eIF-3　　D. eIF-4A

4. 真核生物蛋白质合成的起始因子有(　　)(　　)(　　)。

5. 原核生物肽链合成 30S 起始复合体由 mRNA、(　　)和(　　)组成。

(6～8 题共用备选答案)

A. 多肽链的水解断裂　　B. 分子伴侣

C. 氨基酸侧链的修饰　　D. 肽酰脯氨酰顺反异构酶

6. 在细胞内能够帮助新生肽链正确组装成为成熟蛋白质,而本身却不是最终功能蛋白质分子的组成成分的蛋白质是(　　)。

7. 胰岛素的合成,先生成较大的前体——前胰岛素原,然后水解,并形成二硫键,生成胰岛素原。胰岛素原再生成有活性的胰岛素。这一系列的修饰是(　　)。

8. 与新生肽链的折叠密切相关,催化肽-脯氨酰之间肽键的旋转反应,加速蛋白质折叠过程的是(　　)。

(9～12 题共用备选答案)

A. 信号肽　　B. 停泊蛋白　　C. 信号肽受体　　D. 信号肽识别粒子

9. 一旦新生肽链从核糖体出现并延伸时,信号肽便被(　　)所识别。

10. 在新生肽进入内质网的过程中,(　　)与信号肽结合并促进新生多肽链进入转位通道。

11. 在新生肽进入内质网的过程中,SRP-核糖体与内质网上的(　　)结合,通过一个 GTP 依赖过程,打开一个通道。

12. 由膜结合核糖体合成的分泌型蛋白质前体的 N 端均含有(　　),且其疏水核有助于新合成的肽链附着于内质网的膜上。

填空题

1. 所谓蛋白质的合成，就是在细胞质中以________为模板，在________、________和多种蛋白因子等的共同作用下，将 mRNA 中的核苷酸排列顺序决定的遗传信息，转变成由________种氨基酸组成的蛋白质的过程。

2. 遗传密码是指________________；密码子具有以下几种共同性：________、________、________、________等。

3. 在蛋白质合成中需要起始 tRNA，在原核细胞为________，在真核细胞为________。

4. 原核生物的 rRNA 包括：________、________和________三种；真核生物则有________、________、________、________四种。

5. 蛋白质生物合成中，译读 mRNA 的方向是从________端到________端，多肽链的合成从________端到________端。

6. 转肽酶在蛋白质合成中的作用是催化____________生成和____________水解。

7. 遗传密码中，既作为起始密码又是蛋氨酸密码的是________；而终止密码有________、UAG 和 UGA。

8. 原核生物蛋白质合成中第一个被掺入的氨基酸是____________，真核生物是____________。

9. 延长因子 G 又称______________，它的功能是____________，但需要____________。

10. 肽基转移酶在蛋白质生物合成中的作用是____________和____________。

11. 肽链延伸包括进位、____________和____________，三个步骤周而复始地进行。

12. 氨酰基-tRNA 合成酶利用__________供能，在氨基酸________基上进行活化，形成氨基酸 AMP 中间复合物。

13. 链霉素和卡那霉素能与核糖体________亚基结合，改变其构象，引起____________，导致合成的多肽链一级结构改变。氯霉素能与核糖体__________亚基结合，抑制________活性，从而抑制蛋白质合成。

14. 酶与新生肽链的折叠密切相关，可加速蛋白质折叠过程，____________能加速蛋白质正确二硫键的形成；________________催化肽-脯氨酰之间肽键的旋转反应。

15. 在细胞内能够帮助新生肽链正确组装成为成熟蛋白质，而本身却不是最终功能蛋白质分子的组成成分的蛋白是____________。

16. 与内质网（粗面内质网）结合的核糖体合成的蛋白质前体，在其 N 端含有一个________，它使新生肽链在合成过程中（即共翻译）插入到内质网膜上的特殊通道，然后转移入其内腔。

17. SRP-核糖体与内质网上一个________结合，通过一个 GTP 依赖过程，打开一个通道。另一个内质网膜蛋白即____________与信号肽结合，并促进新生多肽链进入转位通道。

18. 原核生物蛋白质合成的起始因子（IF）有____________种，延伸因子（EF）有________种，终止释放（RF）有________种。

19. 真核生物细胞质蛋白质合成的延伸因子通常有________种，真菌有________种，终止释放因子有________种。

简答题

1. 简述三种 RNA 在蛋白质合成中的作用。

2. 试述复制、转录、翻译的方向性。

3. 简述原核生物蛋白质翻译的延长过程。

4. 原核生物蛋白质翻译起始需要的起始因子有哪些？各有什么作用？

5. 在蛋白质合成肽链延长循环中，哪两步反应需要 GTP 水解驱动？

6. 简述氨酰基-tRNA 合成酶的作用特点。

7. 原核生物蛋白质翻译的终止子有哪些？各有什么作用？

8. 为什么 m^7GTP 能够抑制真核细胞的蛋白质合成，不抑制原核细胞的蛋白质合成，而人工合成的 SD 序列能够抑制原核细胞的蛋白质合成，不抑制真核细胞的蛋白质合成？

9. 简述分子伴侣在多肽链折叠过程中的作用。

10. 简述共翻译转位的过程。

论述题

1. 以大肠杆菌为例，叙述原核生物蛋白质生物合成的过程。

2. 比较原核生物与真核生物翻译起始复合物的形成有何不同。

3. 简述原核生物翻译起始氨基酸的活化过程。

4. 原核生物蛋白质合成肽链延伸阶段经过哪些步骤？需要哪些延伸因子？能量来自什么？

5. 遗传密码的发现有什么重要意义？密码的特性有哪些？

6. tRNA 具有怎样的结构以保证其在蛋白质的翻译中作为“解码器”？

7. 以 mRNA 为模板，在核糖体上翻译得到的蛋白质多肽链多数是没有生物活性的初级产物，它们是怎样加工成为具有生物活性的蛋白质的？

8. 分泌型的蛋白质是如何通过信号肽引导进行转运的？

【习题参考答案】

名词解释

1. 翻译(translation)：在细胞质中以 mRNA 为模板，在核糖体、tRNA 和多种蛋白因子共同作用下，将 mRNA 中由核苷酸排列顺序决定的遗传信息转变成由 20 种氨基酸组成的蛋白质的过程。

2. 遗传密码 (genetic code)：从 mRNA 分子的 5′端 AUG 开始，每相邻的三个核苷酸为一组，代表某种氨基酸或其他信息，这就是遗传密码或密码子。

3. 简并性(degeneracy)：密码子共有 64 个，除 UAA、UAG 和 UGA 不编码氨基酸外，其余 61 个密码子负责编码 20 种氨基酸，因此出现了多种密码子编码一种氨基酸的现象，即密码子具有简并性。

4. 反密码子(anticodon):每种 tRNA 的反密码环的顶端都有一组由三个核苷酸组成的反密码子,后者能与 mRNA 上相应的密码子互补结合。

5. SD 序列(Shine-Dalgarno sequence):原核生物 mRNA 起始密码子上游 8～13 个碱基处存在一段一致性序列,可与小亚基 16S rRNA 3′端互补序列配对结合,使起始密码准确定位于翻译起始点,称为 SD 序列。

6. 摇摆假说(wobble hypothesis):克里克为解释 tRNA 分子如何去识别不止一个密码子而提出的一种假说。据此假说,反密码子的前两个碱基(3′端)按照碱基配对的一般规律与密码子的前两个(5′端)碱基配对,然而 tRNA 反密码子中的第三个碱基,在与密码子上 3′端的碱基形成氢键时,则可有某种程度的变动,使其有可能与几种不同的碱基配对。

7. 起始因子(initiation factor):在原核生物 mRNA 翻译的起始过程中需要利用起始因子。翻译是蛋白质生物合成中的一部分,起始因子是翻译起始阶段结合到核糖体小亚基上的一些蛋白质。已发现的原核起始因子共有三种,分别为原核起始因子-1(PIF-1)、原核起始因子-2(PIF-2)及原核起始因子-3(PIF-3),它们在原核生物翻译的起始过程中发挥不同作用。原核起始因子的化学本质皆为蛋白质。

8. 延伸因子(elongation factor):在 mRNA 翻译时促进多肽链延伸的蛋白质因子。在原核生物和真核生物中,延伸因子并不相同。

9. 氨酰基部位(aminoacyl site):A 位,在蛋白质合成过程中进入的氨酰基-tRNA 结合在核糖体上的部位。

10. 肽酰基部位(peptidyl site):P 位,指在蛋白质合成过程中,当下一个氨酰基-tRNA 结合到核糖体的氨基部位时,肽酰-tRNA 所在核糖体上的结合点。

11. 转肽酶(peptidyl transferase):蛋白质合成中的一种酶。它能催化正在增长的多肽链与下一个氨基酸之间形成肽键。在细菌中此酶是 50S 核糖体亚单位中的蛋白质之一。

12. 氨酰基-tRNA 合成酶(aminoacyl-tRNA synthetase):催化氨基酸激活的偶联反应的酶,先是一种氨基酸连接到 AMP 生成一种氨酰腺苷酸,然后连接到 tRNA 分子生成氨酰基-tRNA 分子。

13. 核糖体(ribosome):核糖体是蛋白质合成的装配机,核糖体的大小亚基以及它们的接合部位存在着许多与蛋白质合成有关的位点或结构功能域。

14. 多聚核糖体(polyribosome):在多肽合成过程中,同一条 mRNA 分子能够同多个核糖体结合,同时合成若干条多肽链,结合在同一条 mRNA 上的核糖体就称为多聚核糖体。作用是使蛋白质合成高速、高效进行。

15. 分子伴侣(molecular chaperone):这是一类在细胞内能够帮助新生肽链正确组装成为成熟蛋白质,而本身却不是最终功能蛋白质分子组成成分的蛋白质。

16. 助折叠蛋白(folding helper):一般有酶和分子伴侣两类蛋白质参与多肽链在体内的折叠过程,可以称之为助折叠蛋白。

17. 翻译后转位(post-translation translocation):由游离核糖体合成的蛋白质前体在多肽链合成之后,将蛋白质从细胞质转移到线粒体与叶绿体等细胞器中去。

18. 共翻译转位(cotranslation translocation):由与内质网(粗面内质网)结合的核糖体合

成的蛋白质,在它们进行翻译的同时就开始了转运,主要是通过定位信号,一边翻译,一边进入内质网,然后再进行进一步的加工和转移。由于这种转运定位是在蛋白质翻译的同时进行的,故称为共翻译转运。

19. 信号肽(signal peptide):信号肽含约13～36个氨基酸残基,在靠近其N端有一至多个带正电荷的氨基酸,中部为由10～15个氨基酸(大部分或全部是疏水性的)组成的疏水核,C端靠近断裂位点处有一段序列,含侧链较短的和较具极性的氨基酸。

20. 信号肽识别粒子(signal recognition particles,SRP):是由六种不同蛋白质与一低分子量的7S RNA组成的复合体。具有识别、结合信号肽,停止蛋白质合成,并把正在合成蛋白质的核糖体带到细胞膜的胞浆面的作用。

21. 胞泌作用(exocytosis):动物细胞和植物细胞将在粗面内质网上合成而又非内质网组成部分的蛋白和脂通过囊泡运输的方式经过高尔基体的进一步加工和分选运送到细胞内相应结构、细胞膜以及细胞外的过程称为胞泌作用。

单项选择题

A1型题 1. B 2. A 3. D 4. C 5. D 6. D 7. C 8. B 9. C 10. A 11. C 12. D 13. B 14. A 15. D 16. D 17. D 18. D 19. A 20. B 21. A 22. D 23. A 24. A 25. B

A2型题 1. A 2. D 3. B 4. D 5. A 6. D 7. A 8. B 9. D 10. C 11. B

A3型题 1. A 2. A 3. C 4. B 5. C 6. A 7. C 8. D 9. C 10. C 11. B

B1型题 1. A 2. D 3. B 4. B C D 5. A D 6. B 7. A 8. D 9. D 10. C 11. B 12. A

填空题

1. mRNA, 核糖体, tRNA,20。

2. DNA或由其转录的mRNA中核苷酸顺序与其编码的蛋白质多肽链中氨基酸顺序之间的对应关系;简并性,通用性,不重叠性,兼职性。

3. *N*-甲酰甲硫氨酰-tRNA, 甲硫氨酰-tRNA。

4. 23S rRNA, 5S rRNA, 16S rRNA; 28S rRNA, 5.8S rRNA, 5S rRNA, 18S rRNA。

5. 5′, 3′; N, C。

6. 肽键, 肽酰-tRNA。

7. AUG, UAA。

8. 甲酰甲硫氨酸, 甲硫氨酸。

9. 移位酶, 催化核糖体沿mRNA移动, GTP。

10. 催化肽键的形成, 使肽链从tRNA上分离出来。

11. 转肽, 移位。

12. ATP, 羧。

13. 30S, 翻译终止; 50S, 肽基转移酶。

14. 蛋白质二硫键异构酶, 肽酰脯氨酰顺反异构酶。

15. 分子伴侣。

16. 信号肽。

17. 停泊蛋白，信号肽受体。

18. 3，3，3。

19. 2，3，1。

简答题

1. 答题要点：

mRNA 的作用：以一定结构的 mRNA 作为直接模板合成一定结构的多肽链时，就是将 mRNA 上带有遗传信息的核苷酸顺序翻译成氨基酸顺序的过程，即 mRNA 通过其模板作用传递遗传信息，指导蛋白质的合成。

tRNA 的作用：识别密码，转运氨基酸。作为蛋白质合成原料的 20 种氨基酸各有其特定的 tRNA，而且一种氨基酸常有数种 tRNA 来运载。

rRNA 的作用：它和蛋白质结合成核糖体，为蛋白质合成提供场所。

2. 答题要点：

复制的方向性：DNA 复制的起始部位称复制子。每个复制子可形成两个复制叉，如果模板单链 DNA 3′→5′的方向与复制叉方向相同，则是连续复制；如果模板方向和复制叉方向相反，则 DNA 合成为不连续合成。

转录的方向性：DNA 模板方向是 3′→5 ′，转录为 RNA 的方向是 5′→3′。

翻译的方向性：核糖体沿 mRNA 从 5′→3′方向进行翻译，所合成的多肽链方向是由 N 端向 C 端进行。

3. 答题要点：

进位：氨酰基-tRNA 根据遗传密码的指引，进入核糖体 A 位。

转肽（成肽）：在转肽酶作用下，将 P 位点上肽酰基转移到 A 位点氨酰基-tRNA 上，在 A 位上形成肽键，肽链延长。

转位（移位）：游离 tRNA 离开 P 位点，在 A 位上新形成的肽酰-tRNA 又移到 P 位上，同时核糖体在 mRNA 上以 5′→3′移动三个核苷酸距离，下一个密码子置于 A 位点。

4. 答题要点：

IF-1：促进核糖体的解离和 IF-2 活性。

IF-2：由一个要求 GTP 的反应使 fMet-tRNAf 结合于核糖体的 P 位点。

IF-3：将 mRNA 结合于核糖体的小亚基，可能是促进非翻译的前导序列与 16S rRNA 3′端的碱基配对。

5. 答题要点：

氨酰基-tRNA 结合 A 位点和核糖体移位。

6. 答题要点：

氨酰基-tRNA 合成酶的作用是催化氨基酸的羧基与 tRNA 的 3′-OH 脱水生成氨酰基-tRNA。其作用特点是：具有绝对专一性，酶对氨基酸和 tRNA 两种底物都能高度特异地识别；具有校正活性，把错配的氨基酸水解下来，换上与密码子相对应的氨基酸。

7. **答题要点：**

RF-1：水解肽酰-tRNA，要求 UAA 或 UAG 密码子。

RF-2：水解肽酰-tRNA，要求 UAA 或 UGA 密码子。

RF-3：促进 RF-1、RF-2 活性。

8. **答题要点：**

m^7GTP 之所以能够抑制真核细胞的蛋白质合成是因为它是真核细胞 mRNA 的 5′帽子结构的类似物，能够竞争性地结合真核细胞蛋白质合成起始阶段所必需的帽子结合蛋白（一种特殊的起始因子），原核细胞 mRNA 的 5′端没有帽子结构，因此 m^7GTP 不会影响到它翻译的起始。SD 序列是存在于原核细胞 mRNA 的 5′端非编码区的一段富含嘌呤碱基的序列，它能够与核糖体小亚基上的 16S rRNA 的 3′端的反 SD 序列通过互补结合，这种结合对原核细胞翻译过程中起始密码子的识别非常重要，将人工合成的 SD 序列加到翻译体系中，必然会干扰到 mRNA 所固有的 SD 序列与 16S rRNA 的反 SD 序列的相互作用，从而竞争性抑制原核细胞蛋白质合成的起始。

9. **答题要点：**

分子伴侣是在细胞内能够帮助新生肽链正确组装成为成熟的蛋白质，而本身却不是最终功能蛋白质分子的组成成分的蛋白质。分子伴侣的作用特点是专一性。分子伴侣的作用有时也只是阻止肽链的错误折叠，而不是促进其正确折叠。

10. **答题要点：**

由与内质网（粗面内质网）结合的核糖体合成的蛋白质前体，在其 N 端含有一个信号序列（信号肽），它使新生肽链在合成过程中（即共翻译）插入到内质网膜上的特殊通道，然后转移入其内腔。在切去信号肽后，蛋白质可以停留在内质网腔内，在内质网腔内被加工，主要包括折叠和糖基化修饰。或进一步通过高尔基体转移至溶酶体，或分泌小泡，然后分泌出去。某些不具有正确空间构象的分泌蛋白不能通过内质网，而是被降解掉。蛋白质停留在特定位置是受分子上的信号肽控制的，它防止蛋白质进一步的运送。

论述题

1. **答题要点：**

蛋白质的生物合成指在细胞质中以 mRNA 为模板，在核糖体、tRNA 和多种蛋白因子共同作用下，将 mRNA 中由核苷酸排列顺序决定的遗传信息转变成由 20 种氨基酸组成的蛋白质的过程。包括：①氨基酸的活化：由氨酰基-tRNA 合成酶催化，使 tRNA 能与相应的氨基酸相结合。②肽链的合成：包括肽链合成的起始、延伸、终止。原核生物中，肽链合成的起始以形成 70S 起始复合物为象征。其中以肽链的延伸为中心环节，其中包括氨酰基-tRNA 进入 A 位、肽键的形成、移位，反复循环（核糖体循环）。当核糖体移动到出现终止密码时，只有释放因子能识别进入 A 位，激活转肽酶活性转变为脂酶活性，使多肽链释放出来，多种蛋白质因子、mRNA、核糖体大小亚基等均解离，再重复使用，重新进行新一轮蛋白质的合成。③翻译后的加工修饰。

2. **答题要点：**

1）翻译起始复合物的形成过程涉及 mRNA、起始氨酰基-tRNA、核糖体和起始因子等因素的参与。

2)核糖体:原核生物为 70S(30S+50S);真核为 80S(40S+60S)。

3)mRNA:原核生物通过其 SD 序列结合 16S rRNA,使 mRNA 在 30S 亚基上就位;真核生物通过其 5′ 端帽子与帽子结合蛋白复合物相结合,使 mRNA 在 40S 亚基上就位。

4) 起始氨酰基-tRNA:原核生物是 fMet-tRNAf;真核生物是 Met-tRNAi^{Met}。

5)起始因子:原核生物有 3 种(IF-1、IF-2 和 IF-3);真核生物有 10 余种(eIF$_n$)。

3.答题要点:

氨基酸必须活化以后才能彼此间形成肽键而连接起来。活化的过程是使氨基酸的羧基与 tRNA 3′末端核糖上的 2′或 3′-OH 形成酯键,从而生成氨酰基-tRNA。催化氨基酸活化反应的酶称为氨酰基-tRNA 合成酶。不同的氨基酸由不同的酶所催化。反应过程分为两步:第一步是氨基酸与 ATP 反应生成氨酰基腺苷酸(AA-AMP),其中氨基酸的羧基以高能键连接于腺苷酸上,同时放出焦磷酸;第二步是氨酰基腺苷酸将氨酰基转给 tRNA 形成氨酰基-tRNA。两步反应由同一个氨酰基-tRNA 合成酶催化。

4.答题要点:

1)从 70S 起始复合体形成到转录终止之前的过程,称为延伸阶段,它包括氨酰基-tRNA 进入 A 位、肽键的形成和移位三步反应。

(1)氨酰基-tRNA 进入 A 位。延伸阶段的第一步是携带有氨基酸的氨酰基-tRNA 进入 A 位。延伸因子 EF-Tu 能识别 tRNA 是否氨酰化,在细胞内只有氨酰化的 tRNA 才能与 EF-Tu 以及 GTP 形成三元复合物,以保证延伸反应的顺利进行。当氨酰基-tRNA-EF-Tu-GTP 复合物将氨酰基-tRNA 准确地置于 A 位并与 mRNA 结合时,伴随有 GTP 的水解,产生 EF-Tu-GDP。它不能与氨酰基-tRNA 结合,也不能与核糖体结合,就从核糖体上解离下来。在另一个延长因子 EF-Ts 存在下,EF-Ts 与 EF-Tu-GDP 中的 GDP 交换而形成 Ts-Tu,并释出 GDP。然后 GTP 再与 Ts-Tu 中的 Ts 交换,形成 EF-Tu-GTP,即可进入下一轮反应。

(2)肽键的形成。当氨酰基-tRNA 占据 A 位后,原来结合在 P 位的 fMet-tRNA 便将其活化的甲酰甲硫氨酸部分转移到 A 位的氨酰基-tRNA 的氨基上,以酰胺键(肽键)连接起来形成二肽酰基 tRNA。经转肽反应后,原来结合在 P 位的 tRNA 成为无负荷的 tRNA,而结合在 A 位的则是二肽酰基 tRNA,于是进入移位阶段。

(3)移位。在移位时发生了三个移动:无负荷的 tRNA 由 E 位点释出;肽酰-tRNA 从 A 位移到 P 位;mRNA 移动三个核苷酸的距离,其结果是下一个密码子进入核糖体,以便为下一个进入的氨酰基-tRNA 所阅读。移位过程需要延长因子 EF-G(也叫移位酶)的推动。在移位过程中结合在 EF-G 上的 GTP 被水解为 GDP 和 Pi。GTP 的水解不是移位所必需的,GTP 的水解促使 EF-G 从核糖体上解离下来,并推动下一次的移位。移位后 A 位被空出,于是再结合一个氨酰基-tRNA,并重复以上过程,使肽链不断延长。

2)参与的延伸因子有:EF-Tu:将氨酰基-tRNA 结合于核糖体 A 位点;EF-Ts:重新生成 EF-Tu-GTP;EF-G:肽酰-tRNA 从 A 位点移至 P 位点,此过程依赖 GTP。

5.答题要点:

1)遗传密码是指 mRNA 中核苷酸(碱基)的排列顺序与其编码的蛋白质多肽链中氨基酸

顺序之间的对应关系。常以每三个核苷酸代表一个氨基酸，又称三联体密码。1961 年，M. Nirenberg 等用放射性同位素标记的方法对密码子的组成进行了推测。1961—1965 年用四年的时间完全搞清 20 种氨基酸的密码子，遗传密码的破译是 20 世纪 60 年代生命科学领域最伟大的发现。

2）mRNA 分子上从 5′端到 3′端方向，由起始密码子 AUG 开始，每三个核苷酸组成的三联体，它决定肽链上每一个氨基酸和各氨基酸的合成顺序，以及蛋白质合成的起始、延伸和终止。几乎所有的生物都使用同样的遗传密码，称为标准遗传密码；即使是非细胞结构的病毒，也是使用标准遗传密码。但是也有少数生物使用一些稍微不同的遗传密码。遗传密码具有简并性、变偶性、通用性、不重叠性、兼职性等性质。

6. 答题要点：

tRNA 的二级结构为三叶草结构，其结构特征为：

1）tRNA 的二级结构由四臂、四环组成，已配对的片段称为臂，未配对的片段称为环。

2）叶柄是氨基酸臂，其上含有 CCA-OH3′，此结构是接受氨基酸的位置。

3）第Ⅱ环是反密码环，含有三个相邻碱基组成的反密码子，可与 mRNA 上的密码子相互识别。

4）第Ⅰ环是二氢尿嘧啶环（D 环），它与氨酰基-tRNA 合成酶的结合有关。

5）第Ⅳ环是假尿嘧啶环（TψC 环），它与核糖体的结合有关。

6）在反密码环与假尿嘧啶环之间是可变环（第Ⅲ环）。

在蛋白质合成中，tRNA 起着运载氨基酸的作用，将氨基酸按照 mRNA 链上的密码子所决定的氨基酸顺序搬运到蛋白质合成的场所——核糖体的特定部位。tRNA 是多肽链和 mRNA 之间的重要转换器：①其 3′端接受活化的氨基酸，形成氨酰基-tRNA；②tRNA 上反密码子识别 mRNA 链上的密码子；③合成多肽链时，多肽链通过 tRNA 暂时结合在核糖体的正确位置上，直至合成终止后多肽链才从核糖体上脱下。

7. 答题要点：

以 mRNA 为模板，在核糖体上翻译得到的蛋白质多肽链多数是没有生物活性的初级产物，只有经翻译后加工才能转变成有活性的终产物。概括地讲，加工包括折叠和修饰两部分。

1）蛋白质的折叠：蛋白质的空间结构是由一级结构中各个氨基酸的侧链基团通过非共价键的作用共同决定的，有了一定的一级结构便能自然折叠形成一定的空间结构。事实上，在体内，肽链的折叠并不是在合成完成之后才进行的，而是边合成边进行的。至少有两类蛋白质参与多肽链在体内的折叠过程，可以称之为助折叠蛋白。第一类是酶（简述酶的种类和作用。例如：蛋白质二硫键异构酶可以加速蛋白质正确二硫键的形成）。第二类是分子伴侣（简述分子伴侣的作用。例如能够帮助新生肽链正确组装成为成熟蛋白质）。

2）蛋白质的修饰：核糖体合成的多肽链除需要折叠成正确的空间结构外，还必须进行修饰，才能成为具有功能的蛋白质。修饰可以在肽链折叠之前或折叠期间或折叠之后进行，也可以在肽链延伸期间或终止之后进行。有些修饰对多肽链的正确折叠是重要的。有时，修饰也与合成的蛋白质在细胞内的转移或分泌有关。①末端氨基的脱甲酰化和 N 端甲硫氨酸的切除；②多肽链的水解断裂；③氨基酸侧链的修饰；④蛋白质的化学修饰还有乙酰化，ADP-核糖基化，与脂类共价结合等。

8. **答题要点：**

新生肽从核糖体出现并延伸时，信号肽便被信号识别颗粒所识别。SRP 与携带新生多肽链的核糖体相互作用，引起翻译暂时的终止。SRP 的功能就是将暂停翻译的新生肽链与内质网膜靠近。随后，SRP-核糖体与内质网上一个 SRP 受体（又称停泊蛋白）结合，通过一个 GTP 依赖过程，打开一个通道。另一个内质网膜蛋白即信号肽受体与信号肽结合，并促进新生肽链进入转位通道。另外，在内质网膜上还有核糖体受体，这样通过 3 个受体的多重识别，信号肽可以准确无误地与内质网转移结合。同时，SRP 释放入细胞质，多肽链转位到内质网内腔。被释放的 SRP 则用于另一个蛋白质的转运。信号肽在多肽链合成完成之前，即由内质网的信号肽酶切除。

第 16 章　基因表达的调节

基因是位于染色体上具有特定生物遗传信息的 DNA 序列，按其功能可分为结构基因和调节基因，结构基因中除编码序列外还有非编码的间隔序列。基因的表达可在不同水平受到调节。原核生物基因主要在转录水平进行调节，以操纵子模型为调节单位。此外，原核生物基因还受反义 RNA 在翻译水平的调节。真核生物基因表达可受到多级调控系统的调节。转录前的调节主要是在染色质水平上的基因活化过程，染色质由紧密的压缩状态转变为疏松的开放状态。转录水平的调节是反式作用因子与顺式作用元件的相互作用。转录后水平的调节是对转录产物加工的调节，通过不同的剪接方式产生不同的 mRNA。翻译水平的调节主要是对 mRNA 的稳定性及参与蛋白质翻译的各种因子活力的调节。

【知识目标】

掌握基因及基因表达调控的基本概念和原理，掌握原核基因表达调控的一般原理，了解真核生物基因表达调节的特点及分子基础。

【复习指南】

表 16-1　基因、基因组和基因表达

基因(gene)	是遗传的基本单位。是指具有特定生物遗传信息的 DNA 序列，在一定条件下能够表达这种遗传信息，产生特定的生理功能。有些生物的基因为 RNA 基因按其功能可分为结构基因和调节基因
基因组 (genome)	是细胞或生物体的全套遗传物质。原核生物的基因组是指单个染色体上所含的全部基因，真核生物的基因组是指维持配子或配子体正常功能的最基本的一套染色体及其所携带的全部基因
基因表达 (gene expression)	是基因转录与翻译的过程。在某一特定时间，基因组只有一部分处于表达状态

表 16-2　原核生物基因表达调节的操纵子模型

操纵子模型(operon structural model)是原核生物基因表达调节的重要方式	
操纵子(operon)	指原核生物基因表达的调节序列或功能单位，有共同的控制区(control region)和调节系统(regulation system)
组成结构	操纵子包括在功能上彼此相关的结构基因及在结构基因前面的控制部位，控制部位由调节基因(regulatory gene)、启动子(promoter，P)和操纵基因(operator，O)组成
举例	乳糖操纵子、色氨酸操纵子等

表 16-3 真核生物基因表达的转录水平的调节

真核生物基因转录活性的调节主要通过反式作用因子与顺式作用元件的相互作用实现	
顺式作用元件(cis-acting element)	是指对基因表达有调节活性的DNA序列，其活性只影响与其自身处在同一个DNA分子上的基因，多位于基因旁侧或内含子中，通常不编码蛋白质。按照功能可分为启动子、增强子(enhancer)和沉默子(silencer)
反式作用因子(trans-acting factor)	指能与顺式作用元件结合，调节基因转录效率的一组蛋白质，其编码基因与作用的靶DNA序列不在同一DNA分子上。调节基因转录活性的反式作用因子有三类:通用或基本转录因子(basal transcription factor)、上游因子(upstream factor)和可诱导因子(inducible factor)

表 16-4 与DNA结合的反式作用因子的特征性基序(模序)

所有与DNA结合的反式作用因子都有结合DNA的结构域，并有一些共同的结构特征	
螺旋-转角-螺旋(helix-turn-helix)	两段螺旋被一个β-转角分开，其中一段为识别螺旋，直接与暴露在DNA大沟中的碱基对接触结合
锌指结构(zinc finger)	是DNA结合蛋白的通用基序。锌指结构中，保守氨基酸的小基团与锌离子结合形成蛋白质中相对独立的结构域。锌指蛋白有两类，一类为传统的锌指蛋白，如通用转录因子Sp1的DNA结合域，为Cys_2/His_2锌指，通常串联重复排列在一起；另一类为类固醇受体的DNA结合域，为Cys_2/Cys_2锌指，通常不重复，其DNA结合位点较短，呈回文结构
亮氨酸拉链(leucin zipper)	是蛋白质α-螺旋中一段有规律出现的富含亮氨酸残基的片段，是由约35个氨基酸残基形成的两性α-螺旋，即螺旋的一侧以带正电荷的氨基酸残基为主，具有亲水性；另一侧是排列成行的亮氨酸，具有疏水性。 含有亮氨酸拉链的蛋白质都以二聚体形式与DNA结合，每个拉链中与重复的亮氨酸相连的碱性区含一个DNA结合位点，与DNA结合
螺旋-环-螺旋(helix-loop-helix)	蛋白质中两个α-螺旋的中间由一段非螺旋的环连接，含40～50个氨基酸残基，α-螺旋氨基端附近含有碱性区，可与DNA结合

【练习与自测题】

名词解释

1. 基因(gene)
2. 调节基因(regulatory gene)
3. 基因组(genome)
4. 操纵子(operon)
5. 阴性调控(negative control)
6. 反义RNA(antisense RNA)
7. 顺式作用元件(cis-acting element)

8. 启动子(promoter)
9. 反式作用因子(trans-acting factor)
10. 锌指结构(zinc finger)
11. 亮氨酸拉链(leucin zipper)
12. 螺旋-环-螺旋(helix-loop-helix)
13. 阳性调控(positive control)
14. 增强子(enhancer)
15. 沉默子(silencer)

单项选择题

A1 型题

为单项选择题,属于最佳选择题类型。每道试题由一个题干和四个备选答案组成,其中只有一个是最符合题目要求的。

1. 一个操纵子通常含有(　　)。
A. 一个启动序列和一个编码基因　B. 一个启动序列和数个编码基因
C. 数个启动序列和一个编码基因　D. 数个启动序列和数个编码基因

2. 分解代谢物基因激活蛋白(CAP)对乳糖操纵子表达的影响是(　　)。
A. 正性调控　B. 负性调控　C. 正/负性调控　D. 无调控作用

3. 反式作用因子确切的定义是(　　)。
A. 通过DNA-蛋白质或蛋白质-蛋白质相互作用控制任意基因转录的某一基因编码蛋白质
B. 通过DNA-蛋白质或蛋白质-蛋白质相互作用控制另一基因转录的某一基因编码蛋白质
C. 具有转录调节功能的蛋白质因子
D. 具有翻译调节功能的蛋白质因子

4. 真核基因处于活化状态时对DNaseⅠ的敏感性表现为(　　)。
A. 高度敏感　B. 中度敏感　C. 低度敏感　D. 不敏感

5. 直接识别并结合真核基因TATA盒的是(　　)。
A TFⅡA　B. TFⅡB　C. TFⅡD　D. TFⅡF

6. 关于“基因表达”的概念叙述错误的是(　　)。
A. 其过程总是经历基因转录及翻译的过程
B. 某些基因表达经历基因转录及翻译等过程
C. 某些基因表达产物是蛋白质分子
D. 某些基因表达产物不是蛋白质分子

7. 决定基因表达空间特异性的因素是(　　)。
A. 器官分布　B. 个体差异　C. 细胞分布　D. 发育时间

8. 关于管家基因叙述错误的是(　　)。
A. 在生物个体的几乎所有细胞中持续表达
B. 在生物个体的几乎各生长阶段持续表达
C. 在一个物种的几乎所有个体中持续表达

D. 在生物个体的某一生长阶段持续表达

9. 目前认为基因表达调控的主要环节是(　　)。

A. 基因活化　B. 转录起始　C. 转录后加工　D. 翻译起始

10. 当培养基内色氨酸浓度较大时,色氨酸操纵子处于(　　)。

A. 诱导表达　B. 阻遏表达　C. 基本表达　D. 组成表达

11. 生物体调节基因表达最根本的目的是(　　)。

A. 适应环境　B. 调节代谢　C. 维持生长　D. 维持分裂

12. 如果一种化学修饰可促进蛋白质降解,这种化学机制(　　)。

A. 抑制这种蛋白质基因的表达　B. 刺激这种蛋白质基因的表达

C. 调节这种蛋白质基因的表达　D. 与这种蛋白质基因的表达调节无关

13. 反式作用因子是指(　　)。

A. 具有激活功能的调节蛋白　B. 具有抑制功能的调节蛋白

C. 对自身基因具有激活功能的调节蛋白　D. 对另一基因具有功能的调节蛋白

14. 乳糖操纵子的直接诱导剂是(　　)。

A. β-半乳糖苷酶　B. 透酶　C. 葡萄糖　D. 乳糖

15. Lac 阻遏蛋白结合乳糖操纵子的(　　)。

A. P 序列　B. O 序列　C. CAP 结合位点　D. *I* 基因

16. 原核及真核生物调节基因表达的共同意义是为适应环境,维持(　　)。

A. 细胞分裂　B. 细胞分化　C. 个体发育　D. 组织分化

17. Lac 阻遏蛋白由(　　)。

A. *Z* 基因编码　B. *Y* 基因编码　C. *A* 基因编码　D. *I* 基因编码

18. 对大多数基因来说,CpG 序列甲基化(　　)。

A. 抑制基因转录　B. 促进基因转录

C. 与基因转录无关　D. 对基因转录影响不大

19. 真核生物用多种调节蛋白的方式发挥何种生物学效应?(　　)

A. 提高 RNA 聚合酶的转录效率　B. 降低 RNA 聚合酶的转录效率

C. 提高 DNA-蛋白质相互作用的特异性　D. 降低 DNA-蛋白质相互作用的特异性

20. 管家基因的表达(　　)。

A. 不受环境因素影响　B. 较少受环境因素影响

C. 极少受环境因素影响　D. 有时受,有时不受环境因素影响

21. 在真核基因转录中起正性调节作用的是(　　)。

A. 启动子　B. 操纵子　C. 增强子　D. 衰减子

22. 与 CAP 位点结合的物质是(　　)。

A. RNA 聚合酶　B. 操纵子

C. 分解(代谢)物基因激活蛋白　D. 阻遏蛋白

23. 顺式作用元件是指(　　)。

A. 基因的 5′侧翼序列　B. 基因的 3′侧翼序列

C. 基因的 5′、3′侧翼序列　D. 基因的 5′、3′侧翼序列以外的序列

24. 下列情况不属于基因表达阶段特异性的是(　　)。

A. 分化的骨骼肌细胞表达,在未分化的心肌细胞不表达

B. 分化的骨骼肌细胞不表达,在未分化的骨骼肌细胞表达

C. 分化的骨骼肌细胞表达,在未分化的骨骼肌细胞不表达

D. 胚胎发育过程表达,在出生后不表达

25. cAMP 与 CAP 结合,CAP 介导正性调节发生在(　　)。

A. 有葡萄糖及 cAMP 较高时　　B. 有葡萄糖及 cAMP 较低时

C. 没有葡萄糖及 cAMP 较高时　　D. 没有葡萄糖及 cAMP 较低时

26. 在乳糖操纵子的表达中,乳糖的作用是(　　)。

A. 作为辅阻遏物结合于阻遏物　　B. 作为阻遏物结合于操纵基因

C. 使阻遏物变构而失去结合 DNA 的能力　　D. 抑制阻遏基因的转录

27. cAMP 对转录的调控作用是(　　)。

A. cAMP 转变为 CAP

B. CAP 转变为 cAMP

C. cAMP 和 CAP 形成复合物

D. 葡萄糖分解活跃,使 cAMP 增加,促进乳糖利用

28. 原核生物转录起动序列 －10 区的核苷酸序列称为(　　)。

A. TATA 盒　　B. CAAT 盒　　C. Pribnow 盒　　D. 增强子

29. 下列哪一种不是操纵子的组成部分?(　　)

A. 结构基因　　B. 启动子　　C. 操纵基因　　D. 阻遏物

30. 色氨酸操纵子(元)调节过程涉及(　　)。

A. 转录激活调节　　B. 转录延长调节

C. 转录水平调节　　D. 转录/翻译调节

31. 原核基因调节涉及基因重组的是(　　)。

A. 乳糖操纵子(元)机制　　B. 阿拉伯糖操纵子(元)机制

C. 色氨酸操纵子(元)机制　　D. 沙门氏菌的相变异

32. 构成最简单的启动子的常见功能组件是(　　)。

A. TATA 盒　　B. CAAT 盒

C. GC 盒　　D. 上游调控序列(UAS)

33. 关于 TFⅡD 的叙述不正确的是(　　)。

A. 是一种由多亚基组成的复合物

B. TFⅡD 通过 TBP 识别、结合 TATA 盒

C. 为 pol Ⅰ、Ⅱ和Ⅲ三种转录过程所必需

D. 由 TATA 组成最简单的启动子只需 TFⅡD

34. 关于转录调节因子叙述错误的是(　　)。

A. 所有转录因子结构均含有 DNA 结合域和转录激活域

B. 有些转录因子结构可能含有 DNA 结合域或转录激活域

C. 通过 DNA-蛋白质或蛋白质-蛋白质相互作用发挥作用

D. 转录因子调节作用是 DNA 依赖的或 DNA 非依赖的

35. 大多数阻遏蛋白的去阻遏涉及小分子诱导剂的结合，例外的是(　　)。

A. Lac 操纵子(元)的阻遏蛋白　B. Ara 操纵子(元)的阻遏蛋白

C. Trp 操纵子(元)的阻遏蛋白　D. *E*. *coil* 的 Lex 阻遏蛋白

36. 与 DNA 结合并阻止转录进行的蛋白质称为(　　)。

A. 正调控蛋白　B. 反式作用因子　C. 诱导物　D. 阻遏物

37. DNA 损伤修复的 SOS 系统(　　)。

A. 是一种保真性很高的复制过程　B. LexA 蛋白是一系列操纵子的阻遏物

C. *RecA* 基因是一系列操纵子的阻遏物　D. 它只能修复嘧啶二聚体

38. 增强子(　　)。

A. 是特异性高的转录调控因子

B. 是真核生物细胞核内的组蛋白

C. 原核生物的启动序列在真核生物中就称为增强子

D. 是一些较短的能增强转录的 DNA 重复序列

39. 基因表达过程中仅在原核生物中出现而真核生物没有的是(　　)。

A. tRNA 的稀有碱基　B. AUG 用作起始密码子

C. 冈崎片段　D. σ 因子

40. 转录因子(　　)。

A. 是原核生物 RNA 聚合酶的组分　B. 是真核生物 RNA 聚合酶的组分

C. 有 α、β、γ 等各亚基　D. 是转录调控中的反式作用因子

41. 关于锌指结构的正确叙述是(　　)。

A. 凡含 Zn^{2+} 的蛋白质均可形成

B. 凡含 Zn^{2+} 的酶皆可形成

C. 必须有 Zn^{2+} 和半胱氨酸或组氨酸形成配位键

D. DNA 与 Zn^{2+} 结合就可形成

A2 型题

每道题由一个叙述性的简要主题作为题干和四个备选答案组成。A、B、C、D 四个答案中只有一个是最佳答案。

1. 特异基因的表达受多级调控，它包括复制水平、转录起始、转录后的加工和蛋白质的翻译及翻译后加工的调节，原核生物基因表达调节的乳糖操纵子系统属于(　　)。

A. 复制水平的调节　B. 转录水平的调节

C. 翻译水平的调节　D. 翻译后水平的调节

2. 操纵子是指原核生物基因表达的调节序列或功能单位，有共同的控制区和调节系统。操纵子包括在功能上彼此相关的结构基因以及在结构基因前面的控制部位。控制部位由调节基因、启动子(P)和操纵基因(O)组成，乳糖操纵子上 *Z*、*Y*、*A* 基因的产物是(　　)。

A. 脱氢酶、黄素酶、CoQ　B. *β*-半乳糖苷酶、通透酶、乙酰转移酶

C. 乳糖还原酶、乳糖合成酶、别构酶　D. 葡萄糖-6-磷酸酶、变位酶、醛缩酶

3. 阴性调控：阻遏物蛋白对基因开关(操纵基因，O 基因)进行的调节。阻遏物蛋白结合在操纵基因上则转录不能进行，它的活性受小分子诱导物影响。阻遏蛋白(阻抑蛋白)识别操纵

子中的(　　)。

A. 启动基因　　B. 结构基因　　C. 操纵基因　　D. 调节基因

4. 所有与 DNA 结合的反式作用因子都有结合 DNA 的结构域,并具有一些共同的结构特征:螺旋-转角-螺旋、螺旋-环-螺旋、锌指结构、亮氨酸拉链,它们统称为(　　)。

A. 模序　　B. 结构域　　C. 二级结构　　D. 亚基

B1 型题

属于标准伍配单项选择题。开始给出 4 个备选答案,之后 2～6 个题干构成一组试题,要求从 4 个备选答案中为这些题干选择一个与其关系密切的答案。在这组试题中,每个备选答案可以被选一次、两次和多次,也可以不选用。

(1～4 题共用备选答案)

A. 阻遏蛋白　　B. 弱化作用　　C. cAMP-CRP　　D. 终止因子

1. 葡萄糖缺乏时,乳糖操纵子转录,这主要取决于(　　)。

2. 色氨酸操纵子的转录调控主要依赖于(　　)。

3. 乳糖缺乏时,乳糖操纵子不转录,这主要取决于(　　)。

4. 色氨酸操纵子特有的调节机制是(　　)。

(5～7 题共用备选答案)

A. 增强子　　B. 启动子　　C. 操纵子　　D. 转座子

5. 与基因转录启动有关的核苷酸序列是(　　)。

6. 能促进基因转录活性的顺式调节元件是(　　)。

7. 由一组结构基因加上其上游的启动子和操纵基因组成的是(　　)。

(8～11 题共用备选答案)

A. 操纵子　　B. 启动子　　C. 增强子　　D. 沉默子

8. 真核基因转录激活必不可少的是(　　)。

9. 真核基因转录调节中起正性调节作用的是(　　)。

10. 真核基因转录调节中起负性调节作用的是(　　)。

11. 原核生物的基因调控机制是(　　)。

(12～14 题共用备选答案)

A. 顺式作用元件　　B. 反式作用因子　　C. 顺式作用蛋白　　D. 操纵序列

12. 由特定基因编码,对另一基因转录具有调控作用的转录因子是(　　)。

13. 影响自身基因表达活性的 DNA 序列是(　　)。

14. 由特定基因编码,对自身基因转录具有调控作用的转录因子是(　　)。

(15～17 题共用备选答案)

A. Lac 阻遏蛋白　　B. RNA 聚合酶　　C. cAMP　　D. CAP

15. 与 CAP 结合的是(　　)。

16. 与启动序列结合的是(　　)。

17. 与操纵序列结合的是(　　)。

(18～20 题共用备选答案)

A. 多顺反子　　B. 单顺反子　　C. 内含子　　D. 外显子

18. 真核基因转录产物是(　　)。

19. 原核基因转录产物是(　　)。

20. 真核基因编码序列是(　　)。

(21～24 题共用备选答案)

A. 转录前水平　B. 转录水平　C. 转录后水平　D. 翻译水平

21. 原核生物操纵子模型属于(　　)的调节。

22. 真核生物的顺式作用元件和反式作用因子属于(　　)的调节。

23. 染色质重构属于(　　)的调节。

24. mRNA 的末端修饰属于(　　)的调节。

填空题

1. 基因表达的终产物可以是________,也可以是________。

2. 基因表达的时间性及空间性由________和(或)________决定。

3. 胰岛素在胰岛的β-细胞表达而在α-细胞不表达,称为基因表达的________特异性,又称为________特异性。

4. 基因表达的方式按对刺激的反应性可分________表达与________表达。

5. 决定基因转录基础频率的 DNA 元件是________,它是________酶的结合位点。

6. 决定基因组织和阶段特异性表达的 DNA 元件是________,其作用方式与其在基因中的________无关。

7. 基因表达调控是发生在________水平上的复杂事件,据目前认识________是基因表达调控的基本环节。

8. 原核生物大多数基因表达调控是通过________机制实现的。

9. Lac 阻遏蛋白由________基因编码,结合________序列对 Lac 操纵子(元)起阻遏作用。

10. Trp 操纵子(元)的精细调节涉及 Trp 阻遏蛋白的________及________两种机制。

11. 原核生物基因调节蛋白分为三类:________、________和________。

12. 原核特异基因除操纵子(元)转录起始调节外,尚有其他特异调节机制,包括:________、________和________。

13. 所有转录因子至少包括两个不同的结构域:________和________。

14. 操纵序列是结合________的部位,位于________与________基因之间。

15. 和乳糖操纵子不同,色氨酸操纵子的基因表达产物(酶)用于________。

简答题

1. 简述乳糖操纵子的结构组成以及各自的功能。

2. 真核生物的基因表达调控与原核生物相比主要表现出哪些复杂性?

3. 什么是顺式作用元件? 按照功能可分为哪四类?

4. 什么是反式作用因子? 其基序有哪些共同的结构特征?

5. 概括典型原核生物启动子的结构和功能。

6. 简述乳糖操纵子的负调控模式。

7. 简述转录因子的结构特点及作用。

论述题

1. 当培养基中同时存在葡萄糖和半乳糖时，请说明大肠杆菌乳糖操纵子的基因表达情况。

2. 在生长发育过程中，许多基因只在特定的时间和空间进行表达，其余时间或空间则被关闭，这就是基因表达的时空特异性。请举例说明。

3. 真核生物基因表达可受到多级调控系统的调节，请分别说明各个水平上的调节作用。

4. 请论述乳糖操纵子的双重调节作用。

5. 举例说明什么叫管家基因，并说明其表达的特点。

6. 请论述原核基因表达调控的特点。

7. 请论述基因表达调控的基本原理。

8. 比较原核生物和真核生物转录调控的异同。

【习题参考答案】

名词解释

1. 基因（gene）：是指具有特定生物遗传信息的 DNA 序列，在一定条件下能够表达这种遗传信息，产生特定的生理功能。

2. 调节基因（regulatory gene）：是指某些可调节控制结构基因表达的 DNA 序列。

3. 基因组（genome）：是指细胞或生物体的全套遗传物质。原核生物的基因组是指单个染色体上所含的全部基因，真核生物的基因组是指维持配子或配子体正常功能的最基本的一套染色体及其所携带的全部基因。

4. 操纵子（operon）：是指原核生物基因表达的调节序列或功能单位，有共同的控制区和调节系统。操纵子包括在功能上彼此相关的结构基因以及在结构基因前面的控制部位。控制部位由调节基因、启动子（P）和操纵基因（O）组成。

5. 阴性调控（negative control）：阻遏物蛋白（repressor）对基因开关（操纵基因，O 基因）进行的调节。阻遏物蛋白结合在操纵基因上则转录不能进行，它的活性受小分子诱导物影响。

6. 反义 RNA（antisense mRNA）：是指能与 mRNA 互补结合从而阻断 mRNA 分子翻译的 RNA，它是反义基因和/或基因的反义链转录的产物，它对基因表达的调节是一种翻译水平的调节。

7. 顺式作用元件（cis-acting element）：是指对基因表达有调节活性的 DNA 序列，其活性只影响与其自身处在同一个 DNA 分子上的基因，多位于基因旁侧或内含子中，通常不编码蛋白质。

8. 启动子（promoter）：是与 RNA 聚合酶结合并启动转录的 DNA 序列。真核生物基因的启动子由一些分散的保守序列组成。根据序列中是否含有 TATA 盒可分为两种：一种是含有 TATA 盒的典型启动子，另一种是不含 TATA 盒的非典型启动子。

9. 反式作用因子（trans-acting factor）：是指能与顺式作用元件结合，调节基因转录效率的一组蛋白质，其编码基因与作用的靶 DNA 序列不在同一 DNA 分子上。

10. 锌指结构（zinc finger）：是 DNA 结合蛋白中的通用模体，其 C 端是 α-螺旋，与 DNA 结合，N 端是 β-折叠，主要有 Cys_2/Cys_2 和 Cys_2/His_2 两类，Zn 离子结合在这 4 个保守的氨基酸残基中间，形成独立的结构域。

11. 亮氨酸拉链（leucin zipper）：蛋白质 α-螺旋中一段有规律出现的富含亮氨酸残基的片段，是由约 35 个氨基酸残基组成的两性 α-螺旋，即螺旋的一侧以带正电荷的氨基酸残基为主，具有亲水性；另一侧是排列成行的亮氨酸，具有疏水性。含有亮氨酸拉链的蛋白质都以二聚体形式与 DNA 结合，每个拉链中与重复的亮氨酸相连的碱性区含一个 DNA 结合位点，与 DNA 结合。

12. 螺旋-环-螺旋（helix-loop-helix）：模体的螺旋中含既亲水又亲脂的氨基酸残基，螺旋又被连接区（环）分开。蛋白质的同样亚基或不同亚基借助两个螺旋对应面上疏水基团相互作用形成同质的或异质的二聚体。此外，还有与 DNA 的结合部分。

13. 阳性调控（positive control）：激活物蛋白（activator）对 RNA 聚合酶的转录进行的调节。激活物蛋白结合在启动基因（P 基因）上游的某个区域以增强 RNA 聚合酶的转录活性，它的活性受小分子的影响。

14. 增强子（enhancer）：是真核细胞中通过启动子来增强转录的一种远端遗传性控制元件，由多个独立的、具有特征性的核苷酸序列组成，在真核细胞中跨度为 100～200 bp，核心序列由 8～12 bp 组成，可位于基因的任何位置。

15. 沉默子（silencer）：是一种基因表达的负调节元件，可不受距离和方向的限制，调节异源基因的表达，在真核细胞中对成簇基因的选择性表达起重要作用。

单项选择题

A1 型题　1. B　2. A　3. B　4. A　5. C　6. A　7. D　8. D　9. B　10. B　11. C　12. A　13. D　14. A　15. B　16. C　17. D　18. A　19. A　20. B　21. C　22. C　23. D　24. B　25. C　26. C　27. C　28. C　29. D　30. D　31. D　32. A　33. D　34. B　35. D　36. D　37. B　38. D　39. D　40. D　41. C

A2 型题　1. B　2. B　3. C　4. A

B1 型题　1. C　2. A　3. A　4. B　5. B　6. A　7. C　8. B　9. C　10. D　11. A　12. B　13. A　14. C　15. C　16. B　17. A　18. B　19. A　20. D　21. B　22. B　23. A　24. C

填空题

1. 蛋白质，RNA（核糖核酸）。

2. 特异基因的启动子（序列），增强子与调节蛋白相互作用。

3. 空间，细胞（或组织）。

4. 组成性，诱导和阻遏。

5. 启动子，RNA 聚合。

6. 增强子，方向与距离。

7 多级，转录起始。

8. 操纵子。

9. I，O。

10. 去阻遏，转录衰减。

11. 特异因子,阻遏蛋白,激活蛋白。

12. 转录衰减,基因重组,SOS反应。

13. DNA结合域,转录结合域。

14. 阻遏物,启动序列,结构。

15. Trp的合成。

简答题

1. 答题要点:

乳糖操纵子由依次排列的调节基因、cAMP受体结合蛋白(CRP)结合位点、启动子、操纵基因和三个编码利用乳糖的酶的结构基因组成。

1)调节基因:编码阻遏蛋白。

2)cAMP受体结合蛋白(CRP)结合位点:结合CRP,促进RNA聚合酶与启动子结合,促进转录。

3)启动子:与RNA聚合酶结合,启动转录。

4)操纵基因:可与阻遏蛋白结合控制结构基因的转录。

5)结构基因:编码利用乳糖的酶。

2. 答题要点:

1)真核生物基因组比原核生物基因组大得多。

2)真核生物编码蛋白质的基因不连续,是单顺反子结构。

3)真核生物DNA在细胞核内与多种蛋白质结合构成染色质,这种复杂结构直接影响着基因表达。

4)真核生物基因结构复杂,一般不形成操纵子,其基因的表达调控包括不同水平上的调节,如基因转录前的调节、转录起始和过程的调节、转录后加工的调节、转录产物由细胞核向细胞浆的转运的调节以及mRNA的翻译与翻译后的加工的调节。

3. 答题要点:

1)顺式作用元件指对基因表达有调节活性的DNA序列,其活性只影响与其自身处在同一DNA分子上的基因,通常不编码蛋白质。

2)真核基因转录的顺式作用元件按照功能可分为启动子、增强子、沉默子、转座子。

启动子:是与RNA聚合酶结合并启动转录的DNA序列。真核生物基因的启动子由一些分散的保守序列组成。根据序列中是否含有TATA盒可分为两种:一种是含有TATA盒的典型启动子,另一种是不含TATA盒的非典型启动子。

增强子:是真核细胞中通过启动子来增强转录的一种远端遗传性控制元件,由多个独立的、具有特征性的核苷酸序列组成,在真核细胞中跨度为100～200 bp,核心序列由8～12 bp组成,可位于基因的任何位置。

沉默子:是一种基因表达的负调节元件,可不受距离和方向的限制,调节异源基因的表达,在真核细胞中对成簇基因的选择性表达起重要作用。

转座子:在真核生物基因组中占10%,许多基因的自发突变是因为转座子插入到突变基因附近引起的。

4.答题要点：

1)反式作用因子是能与顺式作用元件结合，调节基因转录效率的蛋白质。

2)所有与DNA结合的反式作用因子都有结合DNA的结构域，并具有一些共同的结构特征：螺旋-转角-螺旋、螺旋-环-螺旋、锌指结构、亮氨酸拉链。

螺旋-转角-螺旋：两段螺旋被一个β-转角分开，其中一段为识别螺旋，直接与暴露在DNA大沟中的碱基对接触结合。

螺旋-环-螺旋(helix-loop-helix)：模体的螺旋中含既亲水又亲脂的氨基酸残基，螺旋又被连接区(环)分开。蛋白质的同样亚基或不同亚基借助两个螺旋对应面上疏水基团相互作用形成同质的或异质的二聚体。此外，还有与DNA的结合部分。

锌指结构：是DNA结合蛋白中的通用模体，其C端是α-螺旋，与DNA结合，N端是β-折叠，主要有Cys_2/Cys_2和Cys_2/His_2两类，Zn离子结合在这4个保守的氨基酸残基中间，形成独立的结构域。

亮氨酸拉链(leucin zipper)：蛋白质α螺旋中一段有规律出现的富含亮氨酸残基的片段，是由约35个氨基酸残基组成的两性α螺旋，即螺旋的一侧以带正电荷的氨基酸残基为主，具有亲水性；另一侧是排列成行的亮氨酸，具有疏水性。含有亮氨酸拉链的蛋白质都以二聚体形式与DNA结合，每个拉链中与重复的亮氨酸相连的碱性区含一个DNA结合位点，与DNA结合。

3)结合DNA的反式作用因子除含有特异结合DNA的结构域外，通常还含有一个或多个结构域，用于转录的激活或与其他调节蛋白相互作用。

5.答题要点：

典型原核生物启动子是与RNA聚合酶结合和启动转录的特殊序列。典型的原核生物启动子大约含40个核苷酸并有2个重要的序列。

－35区：位于复制起始位点上游35个核苷酸处的6核苷酸序列，能被RNA聚合酶全酶识别并结合。其中，σ因子在识别中起重要作用。因为没有因子σ的核心酶只能随机地结合在DNA上。

－10区：位于复制起始位点上游10个核苷酸处的6核苷酸序列。RNA聚合酶松散结合到－35区后，沿着DNA移动到－10区并解链，形成紧密结合的复合体，确保转录方向。其保守序列TATAAT。

6.答题要点：

乳糖操纵子中的结构基因包括*LacZ*、*LacY*、*LacA*，结构基因前启动子(P)与操作子(O)相邻。无诱导物时阻遏蛋白与O结合后阻止RNA聚合酶与P的结合，从而抑制结构基因的转录；当有诱导物时，诱导物与阻遏蛋白结合，改变阻遏蛋白的构型使阻遏蛋白从O上解离，进而使RNA聚合酶结合P，启动结构基因转录。

7.答题要点：

转录因子也称转录激活因子，可对转录起始复合物的组装及转录速率施加影响，决定某一基因是否表达，通常有一个标准结构，存在DNA结合域和转录激活结构域。DNA识别或结合域能和特定基因的启动子区结合，但不能激活基因的转录；转录激活结构域可以在适当的空间激活转录。

论述题

1.答题要点：

大肠杆菌乳糖操纵子有 *LacZ*、*LacY*、*LacA* 三个结构基因，其中 *LacZ* 编码 β-半乳糖苷酶，能够催化 β-半乳糖苷水解；*LacY* 编码 β-半乳糖苷透性酶，将 β-半乳糖苷转入细胞；*LacA* 编码 β-半乳糖苷乙酰转移酶。调节基因 *LacI* 的表达产物称为阻抑蛋白（repressor），它的功能是阻止结构基因表达。操纵基因（O）位于启动子（P）和结构基因（*LacZYA*）之间。阻抑蛋白与操纵基因结合时，能阻止 RNA 聚合酶与启动子（P）结合启动基因转录。

1）当大肠杆菌培养基同时存在葡萄糖和乳糖时，大肠杆菌优先利用葡萄糖，乳糖操纵子处于关闭状态。直至培养基中的葡萄糖用完，乳糖操纵子的基因才开始转录表达，利用乳糖。

2）培养基中的葡萄糖用完后，半乳糖与阻抑蛋白结合，起始转录与乳糖代谢有关的 3 个结构基因 *LacZ*、*LacY* 和 *LacA*。

2.答题要点：

基因表达的时间特异性是指基因表达严格按照特定的时间顺序发生，以适应细胞或个体分化、发育各阶段的需要，故又称阶段特异性。如一个受精卵含有发育成一个成熟个体的全部遗传信息，在个体发育各个阶段，各种基因高度有序表达，一般在胚胎时期基因开放的数量最多，随着分化发展，细胞中某些基因关闭、某些基因转向开放。

基因表达的空间特异性是指多细胞生物个体在某一特定生长发育阶段，同一基因的表达在不同的细胞或者组织器官不同，从而导致特异性的蛋白质分布于不同的细胞或组织器官，故又称为细胞特异性或组织特异性。例如肝细胞中涉及编码鸟氨酸循环酶类的基因表达水平高于其他组织细胞，其中某些酶（如精氨酸酶）为肝脏所特有，这些酶蛋白的基因表达均呈细胞特异性。

3.答题要点：

转录前的调节主要是在染色质水平上的基因活化过程，染色质由紧密的压缩状态转变为疏松的开放状态。转录水平的调节是反式作用因子与顺式作用元件的相互作用，顺式作用元件包括启动子、增强子及其他应答元件，反式作用因子结合 DNA 的结构域主要有：螺旋-转角-螺旋、螺旋-环-螺旋、锌指结构、亮氨酸拉链等。转录后水平的调节是对转录产物加工的调节，通过不同的剪接方式产生不同的 mRNA。翻译水平的调节主要是对 mRNA 的稳定性及参与蛋白质翻译的各种因子活力的调节。

4.答题要点：

当葡萄糖和乳糖同时存在时，细菌优先利用葡萄糖。在缺乏葡萄糖时，细胞中的 cAMP 水平升高，并与其受体蛋白（CRP 或称 CAP）结合使之激活，后者对乳糖操纵子的表达有增强作用，这是阳性调节。此时，如培养基中只有乳糖，则乳糖操纵子得到高表达，这是阴性调节。因此这是一种既有阴性，又有阳性的双重调节作用。

5.答题要点：

一个个体的几乎所有细胞中持续表达的基因通常被称为管家基因。例如，三羧酸循环是一个枢纽性代谢途径，催化该反应过程的酶蛋白编码基因就属这类基因。管家基因较少受环境因素影响，在个体各个生长阶段的大多数或几乎全部组织中持续表达，或变化很小，这类基因表达只受启动子与 RNA 聚合酶相互作用，而不受其他机制调节，其表达产物通常对生命全过程都是必需的。

6. **答题要点：**

原则上讲，原核特异基因的表达也受多级调控，但其表达开、关调控关键机制主要发生在转录起始。原核基因表达调控有以下特点：

1)σ 因子决定 RNA 聚合酶识别特异性：不同的 σ 因子决定特异基因的转录激活，决定 mRNA、rRNA 和 tRNA 基因的转录。

2)操纵子模型的普遍性：一个操纵子只含有一个启动序列及数个可转录的编码基因。在同一启动序列控制下，这些编码基因可转录出多顺反子。原核基因的协调表达就是通过调控单个启动基因的活性来完成的。

3)阻遏蛋白与阻遏机制的普遍性：当阻遏蛋白与操纵序列结合或解聚时，就会发生特异基因的阻遏或去阻遏。原核基因调控普遍涉及特异阻遏蛋白参与的开、关调节机制。

7. **答题要点：**

1)基因表达调控具有多层次性和复杂性：改变遗传信息传递过程中的任何环节均会导致基因表达的变化。基因表达可在复制、转录、翻译等多级水平上进行调控，但发生在转录水平，尤其是转录起始水平的调节，对基因表达起着至关重要的作用，即转录起始是基因表达的基本控制点。

2)基因转录激活受到转录调节蛋白与启动子相互作用的调节。基因表达的调节与基因的结构、性质，生物个体或细胞所处内、外环境，以及细胞内存在的转录调节蛋白均有关。与转录调节有关的：一是特异 DNA 序列，即具有调节功能的 DNA 序列。原核生物大多数基因表达调控是通过操纵子机制实现的，包括启动序列、操纵序列及其他调节序列；真核生物的特异 DNA 序列比原核更为复杂，普遍涉及编码基因两侧的顺式作用元件，包括启动子、增强子及沉默子等。二是转录调节蛋白。原核生物基因转录调节蛋白分为三类：特异因子、阻遏蛋白和激活蛋白；真核生物的转录调节蛋白又称转录调节因子或转录因子，绝大多数是反式作用蛋白，有些是顺式作用蛋白。转录调节蛋白通过与 DNA 或与蛋白质相互作用对转录起始进行调节。DNA 元件与调节蛋白对转录的调节最终由 RNA 聚合酶活性来体现。

8. **答题要点：**

1)相同点：原核生物与真核生物基因表达调控有下列相似之处：①受多级调控。②转录起始是基因表达的基本控制点。③基因转录激活调节基本要素都是特异 DNA 序列、转录调节蛋白、DNA-蛋白质或蛋白质-蛋白质相互作用及 RNA 聚合酶与特异 DNA 序列相互作用。④调节方式都存在正调节、负调节及协同调节。

2)区别：

(1)基本要素：①特异 DNA 序列：原核生物大多数基因表达调控是通过操纵子机制实现的，包括启动序列、操纵序列及其他调节序列；真核生物比原核生物更为复杂，普遍涉及编码基因两侧的顺式作用元件，包括启动子、增强子及沉默子等。②转录调节蛋白：原核生物分为三类：特异因子、阻遏蛋白和激活蛋白，都是 DNA 结合蛋白；真核生物的转录调节蛋白又称转录调节因子或转录因子，绝大多数是反式作用因子，有些是顺式作用元件。大多数反式作用因子是 DNA 结合蛋白，少数不能直接结合 DNA ，而是通过蛋白质-蛋白质相互作用间接结合 DNA ，调节基因转录。③RNA-pol 与基因的结合方式：原核生物的 RNA-pol 可直接结合启动序列；真核生物的 RNA-pol 与启动子亲和力极低或无亲和力，必须与基本转录因子形成复合物才能与启动子结合。

(2)调节特点:①RNA 聚合酶识别特异性:原核生物 σ 因子决定 RNA 聚合酶识别特异性;真核生物 RNA-pol 本身具有特异性(细胞内含有 RNA-pol Ⅰ、Ⅱ、Ⅲ,分别起始不同 RNA 的转录)。②调控模式:原核生物操纵子模型具有普遍性;真核生物处于转录激活状态的染色质结构发生明显变化具有普遍性。③调控方式:原核生物操纵子受到阻遏蛋白的负性调节;真核生物以正性调节占主导。④调控的细胞定位:原核生物在细胞质;真核生物转录在细胞质,翻译在细胞核。⑤转录后加工的调控:原核生物 mRNA 无转录后加工,tRNA、rRNA 有;真核生物 mRNA、tRNA 和 rRNA 都有转录后加工,且复杂。

第 17 章　核 酸 技 术

以 DNA 和 RNA 的体外操作为核心的核酸技术已成为当今生物化学与分子生物学技术的主体。核酸技术主要包括核酸分子的制备、核苷酸序列分析、分子杂交及 DNA 重组等，其中最为重要的是 DNA 重组技术的建立。DNA 重组技术是目前应用最广泛的核酸技术。以 Southern 印迹杂交（Southern-blot）、Northern 印迹杂交（Northern-blot）、斑点印迹杂交（dot-blot）和菌落原位杂交为代表的核酸杂交技术可从不同组织、不同水平快速检测特异的核酸（DNA 和 RNA）分子。DNA 核苷酸序列分析技术的建立，可以快捷地从分子水平上研究基因的结构与功能的关系，以及对克隆的 DNA 片段进行基因操作。PCR 技术除用来扩增与分离目的基因外，在临床医疗诊断等诸多领域有着重要的用途。目前，以 DNA 重组技术为核心的核酸技术已广泛应用于生命科学研究、动物疾病诊断、动物遗传育种、生物制药和农业生产中。

【知识目标】

理解 DNA 重组技术的基本过程；了解 DNA 重组技术所用的工具酶及载体和宿主系统；掌握核酸分子杂交、PCR 技术的基本原理；了解基因操作的其他技术。

【复习指南】

第一部分　基因操作的主要技术

1. DNA 的分离与纯化

DNA 是遗传信息的载体。真核生物的 DNA 主要存在于细胞核内，并与蛋白质结合在一起形成脱氧核糖核蛋白体。从组织中提取 DNA 时首先将组织分散成单个细胞，然后破碎核膜使脱氧核糖核蛋白体释放出来，同时去除与 DNA 结合的蛋白质成分。

表 17-1　DNA 分离纯化过程中的主要试剂及其作用

主要试剂	作用
蛋白酶 K、SDS	消化分解蛋白质；使蛋白质变性
EDTA、柠檬酸钠	螯合镁离子，抑制 DNA 酶的活性
不同浓度的 NaCl 溶液	利用核糖核蛋白和脱氧核糖核蛋白在不同浓度的 NaCl 溶液中溶解度的不同将其分离
酚、氯仿	抽提除去变性蛋白质
异戊醇	减少气泡，促进分相
乙醇	沉淀 DNA 使其从溶液中析出

2. 核酸印迹杂交技术

表 17-2 分子杂交和核酸印迹

项目	主要内容
分子杂交	指来源不同的核酸分子只要有相应的同源区段就能够退火形成双链结构
核酸印迹	大多数核酸杂交反应中，经电泳分离的 DNA 或 RNA 分子在杂交前需通过毛细管作用被转移到滤膜上，再与标记的探针进行杂交反应，这个过程称为核酸印迹
主要的核酸印迹杂交技术	Southern 印迹杂交、Northern 印迹杂交、斑点印迹杂交和原位杂交（菌落或噬菌斑杂交）等

表 17-3 主要核酸印迹杂交技术的特点

核酸印迹杂交技术	特点
Southern 印迹杂交	根据毛细管作用原理，将在电泳凝胶中分离的 DNA 片段转移并结合在适当的滤膜上，然后通过与标记的单链 DNA 或 RNA 探针杂交，检测这些 DNA 片段
Northern 印迹杂交	其基本原理和过程与 Southern 印迹杂交基本相同，只是检测的是 RNA 分子，可用来对组织或细胞中的 mRNA 进行分析
斑点印迹杂交	是在 Southern 印迹杂交的基础上发展的。将变性的 DNA 或 RNA 通过抽真空的方式加在多孔过滤进样器上，直接点样到适当的滤膜上，然后再按 Southern 印迹或 Northern 印迹的方式与探针进行杂交
原位杂交	将菌落或噬菌斑转移到硝酸纤维素滤膜上，使溶菌变性的 DNA 与滤膜原位结合，带有 DNA 印迹的滤膜烤干后，再与放射性同位素标记的特异性 DNA 或 RNA 探针进行杂交

3. DNA 核苷酸序列分析

表 17-4 Sanger 双脱氧链终止法

1977 年由 Sanger 等发明的一种简单快速的 DNA 序列分析法	
DNA 测序原理	利用了 DNA 聚合酶所具有的两种催化反应特性： 1)DNA 聚合酶能以单链 DNA 为模板，准确合成出 DNA 的互补链 2)DNA 聚合酶能以 2′,3′-双脱氧核苷三磷酸（ddNTP）为底物，使之掺入到寡核苷酸链的 3′-末端，从而终止 DNA 链的延长
具体方法	在每个反应试管中都加入一种互不相同的 ddNTP 和全部 4 种 dNTP，其中有一种带有同位素标记。反应混合物经凝胶电泳分离后，用 X 光底片进行放射自显影，产生可见的谱带，从放射性 X 光底片上直接读出 DNA 的核苷酸顺序。从凝胶的底部向顶部判读谱带，读出的核苷酸序列与模板是互补的

4. 聚合酶链式反应

表 17-5　聚合酶链式反应(PCR)及其主要步骤

项目	主要内容	
聚合酶链式反应(polymerase chain reaction,PCR)	即 PCR 技术。是一种在体外快速扩增特定基因或 DNA 序列的方法,又称为基因的体外扩增。 20 世纪 80 年代由美国 PE-Cetus 公司的 Mullis 发明,Mullis 也因此获得了 1993 年度的诺贝尔化学奖	
反应步骤	变性	模板 DNA 经加热至 95℃左右一定时间后,模板 DNA 双链解离,成为单链便于与引物结合
	退火	模板 DNA 经热变性后,将温度降至合适的温度,引物与模板 DNA 单链配对结合
	延伸	将温度升至 72℃,在 *Taq* DNA 聚合酶的作用下,以 dNTP 为底物,延伸引物的 3′-羟基末端,合成新的 DNA 分子

第二部分　DNA 重组技术

表 17-6　DNA 重组技术概述

项目	主要内容
DNA 重组技术(recombinant DNA techniques)	利用多种限制性内切酶和 DNA 连接酶等工具酶,以 DNA 为操作对象,在细胞外将一种外源 DNA(来自原核或真核生物)和载体 DNA 重新组合连接(重组),形成重组 DNA,然后将重组 DNA 转入宿主细胞(如大肠杆菌等),使外源基因 DNA 在宿主细胞中随宿主细胞的繁殖而增殖,并在宿主细胞中得到表达,最终获得基因表达产物或改变生物原有的遗传性状
	也称为"遗传工程"(genetic engineering),其本质是基因的体外重组,又称为"基因工程"(gene engineering)、"分子克隆"(molecular cloning)等。
工具酶	DNA 重组过程中所使用的酶类统称为工具酶,如限制性内切核酸酶、DNA 连接酶、DNA 聚合酶Ⅰ、碱性磷酸酶、S1 核酸酶、逆转录酶、末端转移酶等

表 17-7　限制性内切核酸酶及分类

项目	主要内容
定义	是一类能识别双链 DNA 分子中某种特定核苷酸序列,并由此切割 DNA 双链结构的核酸内切酶,此类酶主要是从原核生物中分离纯化的。根据限制酶的结构、所需辅助因子及裂解 DNA 方式不同将其分为三型
Ⅰ型	由 3 种不同的亚基组成,兼有修饰酶和依赖于 ATP 的内切酶活性,能识别和结合于特定的 DNA 序列位点,但随机切断在识别位点以外的 DNA 序列(通常在识别位点周围 400～700 bp。这类酶的作用需要 Mg^{2+}、SAM 和 ATP
Ⅱ型	不具有修饰酶活性,由一条肽链组成,需要 Mg^{2+},但不需要 SAM 和 ATP,其切割 DNA 特异性最强,且在识别位点内部切断 DNA
Ⅲ型	与Ⅰ类酶相似,需要 Mg^{2+} 和 ATP,但切割位点在识别位点周围 25～30 bp 以内

表 17-8 分子生物学中常用的 3 种 DNA 聚合酶

DNA 聚合酶	具有的活性	主要用途
DNA 聚合酶Ⅰ	具有三种活性，即 5′→3′聚合酶活性和 5′→3′、3′→5′核酸外切酶活性	DNA-pol Ⅰ的 5′→3′聚合酶活性和 5′→3′核酸外切酶活性协同作用，可催化 DNA 链发生缺口平移反应，制备 DNA 探针
Klenow 片段	DNA 聚合酶Ⅰ经蛋白酶水解后产生的羧基端大片段，又称 Klenow 聚合酶，具有 5′→3′的 DNA 聚合酶活性和 3′→5′的核酸外切酶活性	在 DNA 重组中用于修补经限制酶消化所形成的 3′隐蔽末端和第二链 cDNA 的合成
Taq DNA 聚合酶	具有 5′→3′的 DNA 聚合酶活性和 5′→3′核酸外切酶活性，酶活性的发挥对 Mg^{2+} 浓度非常敏感	主要用于 PCR 和 DNA 测序反应

表 17-9 DNA 重组技术的基本过程

主要步骤	具体方法
获得目的基因	目的基因是指要研究的特定基因，可以是含目的基因的 DNA 片段，也可以是不含多余成分的纯基因
	方法：①直接从染色体中分离；②人工合成；③逆转录合成 cDNA；④从不同基因文库中钓取目的基因；⑤PCR 扩增
目的基因与载体连接（DNA 的重组）	外源 DNA 片段与载体 DNA 的连接过程即 DNA 的重组
	连接方式：黏性末端连接、平端连接、定向克隆、人工接头连接和多聚核苷酸连接
DNA 重组体的转化	将质粒或重组质粒导入宿主细胞的过程称转化（transformation）
	将以噬菌体、病毒为载体构建的重组体导入宿主细胞的过程称转染（transfection）
	以噬菌体为媒介将外源 DNA 导入细菌的过程称转导（transduction）
DNA 重组体的筛选	主要根据重组体的表型进行筛选。有抗生素抗性、β-半乳糖苷酶显色反应（蓝白斑筛选法）等
目的基因或相应基因产物的鉴定	有核酸杂交、免疫学筛选、翻译筛选和物理筛选等

【练习与自测题】

名词解释

1. 核酸印迹（nucleic acid blotting）
2. Southern 印迹（Southern-blotting）

3. Northern 印迹(Northern-blotting)
4. 原位杂交(*in situ* hybridization)
5. 聚合酶链式反应(polymerase chain reaction,PCR)
6. DNA 重组(DNA recombination)
7. 限制性内切酶(restriction endonuclease)
8. 载体(vector)
9. 克隆载体(cloning vector)
10. 表达载体(expression vector)
11. 穿梭载体(shuttle vector)
12. 质粒(plasmid)
13. 噬菌体(phage)
14. 基因文库(genomic library)
15. 转化(transformation)
16. 转染(transfection)
17. 转导(transduction)

单项选择题

A1 型题

为单项选择题,属于最佳选择题类型。每道试题由一个题干和四个备选答案组成,其中只有一个是最符合题目要求的。

1. 在核酸分离过程中,细胞破碎后用稀盐溶液反复清洗,得到的沉淀是(　　)。
A. DNA　　B. RNA　　C. 核糖核蛋白　　D. 脱氧核糖核蛋白
2. 用碱裂解法分离质粒 DNA 时,染色体 DNA 之所以可以被除去,是因为(　　)。
A. 染色体 DNA 断成了碎片　　B. 染色体 DNA 分子量大,而不能释放
C. 染色体 DNA 变性后来不及复性　　D. 染色体 DNA 未同蛋白质分开而沉淀
3. 用酚-氯仿抽提 DNA 时,通常需要加入少许异戊醇,异戊醇的作用是(　　)。
A. 使蛋白质脱水　　B. 使蛋白质变性
C. 帮助 DNA 进入水相　　D. 减少气泡,促进分相
4. 在分离 DNA 时要使用金属离子螯合剂,如 EDTA、柠檬酸等,其目的是(　　)。
A. 螯合 Mg^{2+}　　B. 螯合 Ca^{2+}
C. 螯合 Na^{+}　　D. 螯合 Fe^{2+}
5. 测定 DNA 分子核苷酸序列的双脱氧链终止法是由科学家(　　)建立的。
A. Kornberg　　B. Pauling　　C. Mullis　　D. Sanger
6. PCR 技术的发明人是(　　)。
A. Kornberg　　B. Pauling　　C. Mullis　　D. Sanger
7. 许多质粒载体都有抗生素的抗性基因,这是为了便于(　　)。
A. 外源基因插入质粒　　B. 质粒的转化
C. 带有目的基因的宿主菌的筛选　　D. 目的基因的表达

8. 实验室内常用的连接外源 DNA 和载体 DNA 的酶是(　　)。

A. DNA 聚合酶　　B. DNA 连接酶

C. Klenow 片段　　D. *Taq* 酶

9. 下列哪种药物不能用基因工程的方法生产？(　　)

A. 胰岛素　　B. 干扰素　　C. 白细胞介素　　D. 性激素

10. cDNA 是指(　　)。

A. 在体外经反转录合成的与 RNA 互补的 DNA

B. 体外合成的与 DNA 互补的 DNA

C. 在体内经反转录合成的与 RNA 互补的 DNA

D. 体外合成的与 RNA 互补的 RNA

11. 用于 PCR 反应中的 dNTP 聚合反应的酶是(　　)。

A. DNA 聚合酶Ⅰ　　B. DNA 聚合酶Ⅱ

C. Klenow 片段　　D. *Taq* 酶

12. 下列哪项不能用于 DNA 重组中重组体的筛选？(　　)

A. 抗药性标志选择　　B. 原位杂交

C. PCR 反应　　D. Southern 印迹

13. 第一个作为重组 DNA 载体的质粒是(　　)。

A. pBR322　　B. ColE1　　C. pSC101　　D. pUC18

14. 下列关于限制性内切核酸酶的表示方法中，正确的一项是(　　)。

A. Sau3AⅠ　　B. *Ecor* Ⅰ　　C. *hind* Ⅲ　　D. *Bam*HⅠ

15. 双链 DNA 中一段自我互补的序列称为回文序列。关于回文序列，下列错误的是(　　)。

A. 有轴对称结构　　B. 两条链的 5′→3′方向的序列相同

C. 是Ⅱ类限制性内切酶的识别序列　　D. 可增强基因的表达

16. 下列关于限制酶的叙述错误的是(　　)。

A. 限制酶是一种核酸外切酶

B. 限制酶在特异序列对 DNA 进行切割

C. 同一种限制酶切割 DNA 时留下的末端序列总是相同的

D. 一些限制酶在识别位点内稍有不同的点切割双链 DNA，产生黏性末端

17. 关于 T_4 DNA 连接酶，下列说法正确的是(　　)。

A. 催化连接反应时以 NAD^+ 作为能量来源

B. 既能催化平末端连接又能催化黏性末端连接

C. 是一种单肽酶，分子量为 74 kDa

D. 既能催化单链 DNA 连接又能催化双链 DNA 连接

18. 关于 DNA 连接酶，下列说法正确的是(　　)。

A. 作用时不消耗能量

B. 使双链 DNA 分子中的 5′-磷酸基团同 3′-OH 末端重新形成磷酸二酯键

C. 需要 Mn^{2+} 为辅助离子

D. 也可以连接 RNA 分子

19. 下列哪一种酶作用时需要引物？(　　)

A. 限制性内切酶　　B. 碱性磷酸酶

C. 反转录酶　　D. DNA 连接酶

20. 与 DNA 聚合酶Ⅰ相比，Klenow 片段丧失了下列哪种活性？(　　)

A. 5′→3′的 DNA 聚合酶活性　　B. 3′→5′的外切酶活性

C. 5′→3′的外切酶活性　　D. 转移酶活性

21. cDNA 文库包括该种生物的(　　)。

A. 某些蛋白质的结构基因　　B. 所有蛋白质的结构基因

C. 所有基因　　D. 内含子和调控区

22. 关于 cDNA 最正确的表述是(　　)。

A. 同 mRNA 互补的单链 DNA　　B. 同 mRNA 互补的双链 DNA

C. 以 mRNA 为模板合成的双链 DNA　　D. 以上都正确

23. Southern 印迹的 DNA 探针可与下列哪种片段进行杂交？(　　)

A. 只与完全相同的片段　　B. 可与任何含有相同序列的 DNA 片段

C. 可与任何含有互补序列的 DNA 片段　　D. 可与用某些限制性内切酶切成的 DNA 片段

24. 用下列方法进行重组体的筛选，哪种方法能说明外源基因进行了表达？(　　)

A. Southern 印迹杂交　　B. Northern 印迹杂交

C. 原位杂交　　D. Western 印迹杂交

25. 下列哪一个不是 Southern 印迹法的步骤？(　　)

A. 用限制酶消化 DNA

B. DNA 与载体连接

C. 凝胶电泳分离 DNA 片段

D. DNA 片段转移至硝酸纤维素膜上，标记的探针与膜杂交

A2 型题

每道题由一个叙述性的简要主题作为题干和四个备选答案组成。A、B、C、D 四个答案中只有一个是最佳答案。

1. 带有互补的特定核苷酸序列的单链 DNA 或 RNA 混合在一起时，其相应的同源区段将会退火形成双链结构。如果彼此退火的核苷酸来自不同的生物有机体则形成的双链分子就是杂种核酸分子，这一操作过程即为核酸杂交技术。在大多数核酸杂交反应中，需把凝胶电泳分离的 DNA 或 RNA 分子通过毛细管作用转移到合适的滤膜上再进行杂交，这个过程称为核酸印迹。那么，将电泳分离的 RNA 转移到适当的滤膜上再与标记的核酸探针进行杂交的过程是(　　)。

A. 原位杂交　　B. Southern 印迹杂交

C. Northern 印迹杂交　　D. Western 印迹

2. 双脱氧链终止法测定 DNA 的序列是由 Sanger 等在 1977 年建立的。该方法利用了 DNA 聚合酶的两种催化反应特性：一是以单链 DNA 为模板准确合成其互补链；二是除了其天然底物 dNTP 外，也能够以 2′,3′-双脱氧核苷三磷酸(ddNTP)为底物，催化聚合反应，但如果 ddNTP 掺入了正在延伸中的子链时，子链的合成即终止。如果在反应试管中加入引物、模

板、DNA 聚合酶、4 种 dNTP 以及 ddATP，那么在反应结束时将会得到一系列 3′末端为何种结构的产物？(　　)

A. ddATP　　B. ddTTP　　C. ddGTP　　D. ddCTP

3. 限制性核酸内切酶是一类能识别双链 DNA 分子中某种特定核苷酸序列，并由此切割 DNA 双链结构的核酸内切酶。限制酶可分为Ⅰ、Ⅱ和Ⅲ型，Ⅱ型限制酶是最主要、应用最多的一类酶，其识别序列大部分具有纵轴对称结构，或称回文结构。识别序列的长度多为 4 或 6 对核苷酸。下列哪一个序列最有可能是Ⅱ型限制性核酸内切酶的识别序列？(　　)

A. GAATCG　　B. AAGTTA　　C. GATATC　　D. ACGGCA

A3 型题

2～3 个相关的问题，每个问题均与开始的题干有关。每个问题均有四个备选答案，需要选择一个最佳答案。

(1～6 题共用题干)真核生物的 DNA 主要存在于细胞核，并且一般与蛋白质结合在一起。在对基因进行研究和操作过程中都需要从生物样品中提取 DNA。提取的过程大致为：首先要破碎细胞，在此过程中要注意抑制 DNA 酶的活性；然后利用脱氧核糖核蛋白体与核糖核蛋白体在不同浓度的盐溶液中的溶解度不同将二者分开；获得脱氧核糖核蛋白体后要利用变性剂使得蛋白质变性，有机溶剂抽提除去蛋白质成分；最后利用 DNA 分子不溶于有机溶剂的性质将其从溶液中沉淀出来。DNA 含量和纯度可用紫外分光光度法来进行测定。

1. 提取 DNA 的过程中加入 EDTA 的目的是(　　)。

A. 螯合 Ca^{2+}　　B. 螯合 Mg^{2+}　　C. 螯合 Na^{+}　　D. 螯合 Fe^{2+}

2. 在 1 mol/L NaCl 溶液中，溶解度增大的是(　　)。

A. DNA　　B. RNA　　C. 核糖核蛋白　　D. 脱氧核糖核蛋白

3. 在去除变性蛋白质的过程中，加入有机溶剂并离心后，变性蛋白质将位于(　　)。

A. 上层水相　　B. 下层有机溶剂相

C. 水相与有机溶剂相之间　　D. 不确定

4. DNA 分子具有吸收紫外光的特性，其在多大波长附近对紫外光有最大的吸收？(　　)

A. 260 nm　　B. 280 nm　　C. 595 nm　　D. 640 nm

5. 在对提取的 DNA 样品进行质量鉴定时，常用 A_{260}/A_{280} 的比值来衡量 DNA 的纯度，其比值在什么范围表示所提取的 DNA 样品所含蛋白质极少，有较高的纯度？(　　)

A. 1 左右　　B. 1.8 左右　　C. 2.8 左右　　D. 3.8 左右

6. 紫外分光光度法可测定 DNA 的含量。如果用该法测定某一双链 DNA 样品的紫外吸收值为 0.35，那么该 DNA 样品的含量约为(　　)。

A. 17.5 mg/mL　　B. 17.5 μg/mL　　C. 12.95 μg/mL　　D. 12.95 mg/mL

(7～10 题共用题干)DNA 重组技术是在体外将一种外源 DNA 和载体 DNA 进行连接，形成重组的 DNA 分子，然后将重组体转入宿主细胞，外源基因 DNA 能够随着宿主细胞的繁殖而增殖和表达，最终获得表达产物或改变生物原有的遗传性状。众多工具酶的发现和应用为 DNA 重组技术的创建提供了可能。重要的工具酶有限制性核酸内切酶、DNA 连接酶、DNA 聚合酶Ⅰ、碱性磷酸酶、S1 核酸酶、Klenow 聚合酶等。

7. 因建立 DNA 重组技术而获得诺贝尔化学奖的科学家是(　　)。

A. Kornberg　B. Gilbert　C. Berg　D. Albert

8. 被称为“分子剪刀”的工具酶是(　　)。

A. DNA 连接酶　B. 限制酶　C. S1 核酸酶　D. 碱性磷酸酶

9. 上述工具酶中能够水解 DNA 和 RNA 分子的 5′-磷酸基团的是(　　)。

A. DNA 连接酶　B. 限制酶　C. S1 核酸酶　D. 碱性磷酸酶

10. 上述工具酶中由蛋白酶水解 DNA 聚合酶Ⅰ得到的羧基端大片段是(　　)。

A. DNA 连接酶　B. Klenow 聚合酶　C. S1 核酸酶　D. 碱性磷酸酶

B1 型题

属于标准伍配单项选择题。开始给出 4 个备选答案，之后 2～6 个题干构成一组试题，要求从 4 个备选答案中为这些题干选择一个与其关系密切的答案。在这组试题中，每个备选答案可以被选一次、两次和多次，也可以不选用。

(1～4 题共用备选答案)

A. 乙醇　B. SDS　C. 氯仿　D. EDTA

1. 在 DNA 分离纯化过程中，用来抑制 DNA 酶活性的试剂是(　　)。

2. 在 DNA 分离纯化过程中，能够使蛋白质变性的试剂是(　　)。

3. 在 DNA 分离纯化过程中，用来沉淀 DNA 的试剂是(　　)。

4. 在 DNA 分离纯化过程中，用来除去蛋白质的试剂是(　　)。

(5～7 题共用备选答案)

A. 37 μg/mL　B. 40 μg/mL　C. 50 μg/mL　D. 60 μg/mL

5. $A_{260}=1$ 时，dsDNA 的浓度大约是 (　　)。

6. $A_{260}=1$ 时，ssDNA 的浓度大约是(　　)。

7. $A_{260}=1$ 时，单链 RNA 的浓度大约是(　　)。

(8～12 题共用备选答案)

A. Southern 印迹　B. Northern 印迹　C. Western 印迹　D. PCR

8. 可用于检测外源基因在宿主细胞中的表达状况的技术是(　　)。

9. 检测 DNA 片段是否与探针有同源序列的技术是(　　)。

10. 检测 RNA 片段是否与探针有同源序列的技术是(　　)。

11. 对已知目的基因的核苷酸序列，获得目的基因最简便的方法是(　　)。

12. 作为基因克隆的完美补充，能在体外快速扩增特定基因的方法是(　　)。

(13～18 题共用备选答案)

A. 质粒　B. λ 噬菌体　C. M13 噬菌体　D. SV40 病毒

13. 可用来满足真核生物基因表达需要的载体是(　　)。

14. 其基因组为双链环状 DNA 的是(　　)。

15. 其基因组中有 β-半乳糖苷酶基因的是(　　)。

16. 其基因组为双链线性 DNA 的是(　　)。

17. 其基因组中带有 cos 位点的是(　　)。

18. 作为载体将外源基因导入宿主细胞后，可采用蓝白斑筛选法来鉴定阳性克隆的是(　　)。

（19～20 题共用备选答案）

A. 转化　　B. 转染　　C. 转导　　D. 电穿孔

19. 以噬菌体为载体将外源基因导入细菌的过程称为（　　）。

20. 真核细胞主动摄取或被动导入外源 DNA 片段的过程为（　　）。

填空题

1. 真核生物 DNA 主要存在于__________中，并且一般都和__________结合在一起，以__________的形式存在。

2. 脱氧核糖核蛋白及核糖核蛋白在不同浓度的盐溶液中具有不同的溶解度，在 0.15 mol/L NaCl 的稀盐溶液中，__________的溶解度增大。

3. 在 DNA 的分离过程中，十二烷基硫酸钠（SDS）的作用是__________。

4. 乙醇沉淀 DNA 的原理是__________。

5. 在分离 DNA 时，要戴手套操作，原因是__________。

6. DNA 的纯度分析中，A_{260}/A_{280} 的比值在__________则表示所分离的 DNA 有较高的纯度。

7. RNA 分子经凝胶电泳后被转移到一张硝酸纤维素膜上，同标记的 DNA 探针杂交的技术称为__________。

8. PCR 反应的每一个循环由__________、__________和__________三个步骤组成。

9. DNA 重组技术是在细胞外将__________和__________进行连接，形成重组载体。

10. 根据限制酶的结构、所需辅助因子及裂解 DNA 方式的不同将其分为三种类型，其中类型__________是最主要、应用最多的一类限制酶。

11. DNA 连接酶能在天然双链 DNA 分子中催化相邻的__________和__________形成磷酸二酯键。

12. 常用的载体有__________、__________和__________。

13. λ 噬菌体的基因组是双链线形 DNA，其两端各有一个 12 bp 的单链互补黏性末端，称为__________。

14. DNA 重组的基本过程包括__________，__________，__________，__________等步骤。

15. 目的基因的获得主要有（1）__________；（2）__________；（3）__________；（4）__________；（5）__________。

16. 根据采用的克隆载体性质不同，将重组 DNA 分子导入宿主细胞的方法有__________、__________和__________。

17. $CaCl_2$ 处理过的大肠杆菌细胞被称为__________。

18. 载体的表型主要是指载体携带的遗传标志，包括__________、__________和__________等。

19. 在 β-半乳糖苷酶显色反应中，如果菌落为白色则表明__________。

20. 在序列 5′-CGAACATATGGAGT-3′中含有一个 6 bp 的Ⅱ型限制酶的识别序列，该位点的序列可能是__________。

简答题

1. 简述 DNA 的分离方法。
2. 分离 DNA 时,应采取哪些措施获得高质量的 DNA 样品?
3. 为什么从细胞中分离 DNA 时不易得到完整的 DNA 分子?
4. 分离 DNA 时,为什么要加入一定浓度的 EDTA?
5. 分离 DNA 过程中,酚抽提蛋白质离心后,为什么蛋白质会位于水相与酚相之间?
6. PCR 的基本原理和过程是什么? PCR 扩增某一基因,必须预先得到什么信息?
7. 什么是 Klenow 片段? 有哪些活性? 在 DNA 重组中有什么作用?
8. 简述质粒载体必须具备的 4 个基本特征。
9. 载体的宿主细胞应满足哪些要求?
10. 简述载体的概念及分类。
11. 何谓目的基因? 获得目的基因的方法主要有哪些?
12. 什么是 DNA 重组技术?

论述题

1. 试述 Southern 印迹的主要步骤。
2. 试述双脱氧链终止法测定 DNA 序列的原理和过程。
3. 试述蓝白斑筛选法的原理。
4. 试述 DNA 重组的主要过程。

【习题参考答案】

名词解释

1. 核酸印迹(nucleic acid blotting):在进行核酸杂交反应过程中,经凝胶电泳分离的 DNA 或 RNA 分子,在杂交之前按其在凝胶中的位置通过毛细管作用或电导作用被转移到滤膜上,这个过程称为核酸印迹。

2. Southern 印迹(Southern-blotting):将电泳凝胶中分离的 DNA 片段转移并结合在适当的固相支持物上,并与标记的单链 DNA 或 RNA 探针进行杂交的过程。

3. Northern 印迹(Northern-blotting):将电泳分离的 RNA 转移并结合在适当的固相支持物上,并与标记的单链 DNA 探针进行杂交的过程。

4. 原位杂交(*in situ* hybridization):将菌落或噬菌斑转移到硝酸纤维素滤膜上,使溶菌变性的 DNA 与滤膜原位结合,再与标记的 DNA 或 RNA 探针进行杂交的过程。

5. 聚合酶链式反应(polymerase chain reaction,PCR):是一种在体外快速扩增特定基因或 DNA 序列的方法,又称为基因的体外扩增。

6. DNA 重组(DNA recombination):即基因重组,是将不同来源的 DNA 分子通过末端共价连接的方式形成重新组合的 DNA 分子的过程。

7. 限制性内切酶(restriction endonuclease):是一类能识别双链 DNA 分子中某种特定核

苷酸序列，并由此切割 DNA 双链结构的核酸内切酶。

8. 载体(vector)：是携带外源 DNA 片段进入宿主细胞的特殊 DNA 分子，常用载体有质粒、噬菌体和病毒。

9. 克隆载体(cloning vector)：以扩增外源 DNA 片段为目的的载体。

10. 表达载体(expression vector)：将克隆的外源基因在宿主细胞内增殖并表达为蛋白质的载体。

11. 穿梭载体(shuttle vector)：又称为双宿主载体，可在两种不同的宿主中复制，多用于原核和真核细胞间遗传物质的转移。

12. 质粒(plasmid)：是细菌体内染色体外能自主复制的双链环状 DNA 分子。

13. 噬菌体(phage)：侵染细菌的病毒。

14. 基因文库(genomic library)：含有某种生物体全部基因随机片段的重组 DNA 克隆群体。

15. 转化(transformation)：将质粒或重组质粒导入宿主细胞的过程称转化(transformation)。

16. 转染(transfection)：是以噬菌体、病毒为载体构建的重组体导入宿主细胞的过程。

17. 转导(transduction)：是以噬菌体为媒介将外源 DNA 导入细菌的过程。

单项选择题

A1 型题 1. D 2. C 3. D 4. A 5. D 6. C 7. C 8. B 9. D 10. A 11. D 12. C 13. A 14. D 15. D 16. A 17. B 18. B 19. C 20. C 21. A 22. A 23. C 24. D 25. B

A2 型题 1. C 2. A 3. C

A3 型题 1. B 2. D 3. C 4. A 5. B 6. A 7. C 8. B 9. D 10. B

B1 型题 1. D 2. B 3. A 4. C 5. C 6. A 7. B 8. C 9. A 10. B 11. D 12. D 13. D 14. A 15. C 16. B 17. B 18. C 19. C 20. B

填空题

1. 细胞核，蛋白质，核蛋白。
2. 核糖核蛋白。
3. 使蛋白质变性。
4. DNA 只溶于水而不溶于有机溶剂(乙醇使 DNA 脱水)。
5. 手上常有核酸酶(核酸酶无处不在)。
6. 1.8 左右。
7. Northern 杂交(Northern 印迹)。
8. 变性，退火，延伸。
9. 外源 DNA(目的基因)，载体 DNA。
10. Ⅱ型限制酶。
11. 5′-磷酸基团，3′-羟基。
12. 质粒，噬菌体，病毒。
13. cos 位点。

14. 获得目的基因，目的基因与载体连接，DNA 重组体的转化和筛选，目的基因或相应基因产物的鉴定。

15. 直接从染色体中分离，人工合成，逆转录合成 cDNA，从不同基因文库中钓取目的基因，PCR 扩增。

16. 转化，转染，转导。

17. 感受态细胞。

18. 抗药性标志，营养标志，报告基因。

19. 是带有重组载体的阳性克隆。

20. CATATG。

简答题

1. 答题要点：

1)破碎细胞，使核酸和蛋白质的复合体(核糖核蛋白、脱氧核糖核蛋白)从细胞核中释放出来。

2)以不同浓度的盐溶液将核糖核蛋白与脱氧核糖核蛋白分开。加入 0.15 mol/L NaCl 的稀盐溶液，离心后取沉淀，然后加入 1 mol/L NaCl 的浓盐溶液，离心取上清；分离得到的脱氧核糖核蛋白，用十二烷基硫酸钠(SDS)使蛋白质变性，让 DNA 游离出来。

3)用酚、氯仿等有机溶剂抽提除去变性蛋白质。

4)加入无水乙醇将 DNA 从溶液中沉淀出来。

2. 答题要点：

可采取如下措施：①添加酶抑制剂，例如 EDTA 抑制核酸酶活性；②温和操作；③加保护剂，例如蔗糖等。

3. 答题要点：

主要原因如下：①细胞内存在活性很高的核酸酶，DNA 裸露后，很容易受到核酸酶的降解；②在分离 DNA 的过程中，用到的一些酸碱等化学试剂会使 DNA 断裂；③在 DNA 的分离过程中的操作，例如离心、吸取等产生的作用力会使刚性的 DNA 分子发生断裂。

4. 答题要点：

EDTA 是螯合剂，可以螯合 Mg^{2+}，Mg^{2+} 是核酸酶必需的辅助因子，失去 Mg^{2+} 后核酸酶的活性被抑制，有助于得到完整的 DNA 样品。

5. 答题要点：

加入酚抽提蛋白质离心后，分离体系分为两相，上层为水相，下层为酚相。变性蛋白质的密度比水大，比有机溶剂酚小，因此位于两相之间。

6. 答题要点：

基本原理：DNA 的复制是半保留复制。

过程：在体外进行 DNA 的变性、退火(复性)、延伸。

预先得到的信息：必须预先得到足够合成一对引物的靶 DNA 的序列。

7. 答题要点：

Klenow 片段是 DNA 聚合酶Ⅰ羧基端大片段；具有 5′→3′的 DNA 聚合酶活性和 3′→5′的核酸外切酶活性；在 DNA 重组中用于修补经限制酶消化所形成的 3′隐蔽末端和第二链

cDNA 的合成。

8. **答题要点：**

质粒载体必须具备的 4 个基本特征为：①独立复制；②有选择标记；③有独特的酶切位点；④能转化但不扩散。

9. **答题要点：**

载体的宿主细胞应满足：①易于接受外源 DNA；②必须无限制酶；③易于生长和筛选；④符合安全标准，在自然界不能独立生存。

10. **答题要点：**

载体是携带外源 DNA 片段进入宿主细胞进行扩增和表达的工具，其本身是 DNA。常用的载体有质粒、噬菌体和病毒等。载体根据其功能可分为克隆载体、穿梭载体和表达载体。

11. **答题要点：**

目的基因是指欲将其连接到载体上进行克隆或表达的外源 DNA。获得目的基因的方法主要有：①直接从染色体中分离；②人工合成；③逆转录合成 cDNA；④从不同基因文库中钓取目的基因；⑤PCR 扩增。

12. **答题要点：**

DNA 重组技术是利用多种限制性内切酶和 DNA 连接酶等工具酶，以 DNA 为操作对象，在细胞外将一种外源 DNA(来自原核或真核生物)和载体 DNA 重新组合连接(重组)，形成重组 DNA，然后将重组 DNA 转入宿主细胞(如大肠杆菌等)，使外源基因 DNA 在宿主细胞中随宿主细胞的繁殖而增殖，并在宿主细胞中得到表达，最终获得基因表达产物或改变生物原有的遗传性状。

论述题

1. **答题要点：**

主要步骤如下：将 DNA 电泳分离的琼脂糖凝胶，经碱变性等预处理之后平铺在已用电泳缓冲液饱和了的滤纸上，在凝胶上部覆盖一张硝酸纤维素滤膜或聚偏氟乙烯多孔(PVDF)膜，接着加一叠干滤纸，再压盖一重物。借助毛细管作用，凝胶中的单链 DNA 便随电泳缓冲液一起转移。这些 DNA 分子一旦与硝酸纤维素滤膜接触，便会牢牢地与之结合，而且是严格按照它们在凝胶中的谱带模式，原样吸印到滤膜上。在 80℃下烘烤 1～2 h，DNA 片段就会被稳定地固定在硝酸纤维素滤膜上。然后将此滤膜移放在加有放射性同位素标记探针的溶液中进行核酸杂交，漂洗去游离的没有杂交上的探针分子，用 X 光底片曝光进行放射自显影，与溴化乙锭染色的凝胶谱带作对照比较，便可鉴定出究竟哪一条限制片段是与探针的核苷酸序列同源的。

2. **答题要点：**

该方法是 1977 年由 Sanger 等发明的一种简单快速的 DNA 序列分析法。

1)原理：利用了 DNA 聚合酶所具有的两种催化反应特性：第一，DNA 聚合酶能以单链 DNA 为模板，准确合成出其互补链；第二，DNA 聚合酶能以 2′,3′-双脱氧核苷三磷酸为底物，使之掺入寡核苷酸链的 3′-末端，从而终止 DNA 链的延长。例如，当 2′,3′-双脱氧胸腺嘧啶核苷三磷酸(ddTTP)掺入到延长的寡核苷酸链末端，取代了脱氧胸腺嘧啶(dTTP)之后，由于 ddTTP 没有 3′-OH 基团，所以寡核苷酸链不能继续延长(终止了链的合成)，于是在本该由 dTTP 掺入的位置上，发生了特异的链终止效应。

2)测序过程:需要 4 个反应体系(4 个反应试管)。例如,在第一个反应试管中加入引物和模板、DNA 聚合酶Ⅰ、4 种脱氧核苷三磷酸(dTTP、dATP、dGTP、dCTP)以及 ddTTP。其他 3 个反应体系中分别加入 ddATP、ddGTP 和 ddCTP(其余反应物同第一支试管)。经过适当的温育之后,每个反应试管中都会产生不同长度的 DNA 片段混合物。它们都具有同样的 5′末端,分别在 3′末端的 ddTTP、ddATP、ddGTP、ddCTP 处终止。4 组反应产物平行加到同一变性凝胶上进行电泳分离。最后再通过放射自显影,检测单链 DNA 片段的放射性谱带,便可从放射性 X 光底片上直接读出 DNA 的核苷酸顺序。

3. 答题要点:

蓝白斑筛选法是一种利用蓝色化合物的形成作为指示剂的筛选方法。许多基因载体带有 β-半乳糖苷酶的 *LacZ* 基因,其编码区有多克隆位点。当插入外源基因后,*LacZ* 就失去了编码 β-半乳糖苷酶的活性,在该酶的人工底物异丙基硫代半乳糖苷(IPTG)存在时,菌落为白色,证明是带有重组载体的阳性克隆;如无外源基因的插入,则菌落为蓝色,为阴性克隆。

4. 答题要点:

DNA 重组的过程包括目的基因的获取、载体的选择与改造、目的基因与载体的连接、重组 DNA 导入宿主细胞和重组克隆的筛选与鉴定。

1)获得目的基因:目的基因是指要研究的特定基因。制备目的基因的方法主要有人工合成、逆转录合成 cDNA、构建基因文库、聚合酶链式反应等。

2)选择合适的可以携带目的基因的载体:载体是携带外源 DNA 片段进入宿主细胞进行扩增和表达的工具,其本身是 DNA。常用的载体有质粒、噬菌体和病毒等。

3)目的基因与载体的连接:目的基因与载体可以通过黏性末端、平端、人工接头和同源多聚尾进行连接。

4)重组 DNA 导入宿主细胞:根据所采用的载体的性质,将重组 DNA 分子导入受体有转化、转染和转导等方法。将质粒或重组质粒导入宿主细胞的过程称转化;将以噬菌体、病毒为载体构建的重组体导入宿主细胞的过程称转染;以噬菌体为媒介将外源 DNA 导入细菌的过程称转导。

5)对重组的克隆进行筛选:不同载体和宿主系统其重组体的筛选鉴定方法不尽相同,主要可以通过抗药性标志、β-半乳糖苷酶系统(蓝白斑筛选)、菌落快速裂解法、核酸杂交法、PCR 技术和内切酶图谱等鉴定。

第 18 章　水、无机盐代谢与酸碱平衡

水和无机盐参与机体物质的摄取、转运、排泄及代谢反应等过程，维持体液的平衡，对动物机体维持正常的生理活动至关重要。体液在体内可划分为细胞内液和细胞外液。水是机体含量最多的成分，动物生命活动过程中许多生理功能都有赖于水的存在。钠、钾、氯是体液内主要的电解质，机体通过对它们的摄入与排泄，使其与外界环境达到平衡。Na^+、K^+、Cl^-等离子在维持体液渗透平衡和酸碱平衡等过程中都起着非常重要的作用。体液的酸碱平衡是指体液能经常保持 pH 的相对恒定。体内无机盐以钙、磷含量最多，占机体总灰分的 70%以上。它们主要以羟磷灰石的形式构成骨盐，分布在骨骼和牙齿中。体液中钙、磷的含量只占其总量的极少部分，但参与机体多方面的生理活动和生物化学过程，同样起着非常重要的调节作用。

【知识目标】

了解体液中钙、磷等微量元素的重要调节作用；掌握体液的缓冲体系及肺和肾对维持体液酸碱平衡的作用；掌握体液的酸碱平衡及调节。

【复习指南】

1. 体液的容量、分布及电解质组成

体液是指存在于动物体内的水和溶解于水中的各种电解质、低分子有机化合物和大分子的蛋白质等组成的一种液体。体液分布于机体各部分。体液在体内可划分为细胞内液和细胞外液。

表 18-1　体液的容量、分布及电解质组成

<table>
<tr><th colspan="3">体液分布</th><th>约占体重百分比</th><th>电解质组成</th></tr>
<tr><td colspan="3">细胞内液
存在于细胞内的液体</td><td>50%</td><td>阳离子以 K^+ 为主，阴离子以蛋白质和磷酸根为主</td></tr>
<tr><td rowspan="3">细胞外液
存在于细胞外的液体</td><td colspan="2">血浆</td><td>5%</td><td>阳离子以 Na^+ 为主，阴离子以 Cl^- 和 HCO_3^- 为主，蛋白质浓度高于组织间液</td></tr>
<tr><td rowspan="2">组织间液</td><td>淋巴液</td><td rowspan="2">15%</td><td rowspan="2">阳离子以 Na^+ 为主，阴离子以 Cl^- 和 HCO_3^- 为主，除蛋白质，其他物质与血浆基本相同</td></tr>
<tr><td>脑脊液</td></tr>
</table>

2. 水、钠、钾的代谢

表 18-2　动物机体内水的来源与去路

正常成年动物每天摄入的水量和排出的水量相等，保持动态平衡，称为水平衡。水平衡的维持主要是通过控制饮水量和尿量而实现的	
水的来源	饮水，主要来源
	饲料水，主要来源
	代谢水
水的去路	从体表蒸发及流失，包括皮肤蒸发及随呼气排出的水。例如：马每天随体表蒸发排出的水量达 8.5 L
	随粪排出。例如：马每天随粪排出的水量达 14 L
	随尿排出。各种动物的排尿量有很大的不同
	随乳汁排出。在泌乳期间，泌乳动物体内水分 3%～6%随乳汁排出

表 18-3　钠、钾的分布与生理功能

项目	分布	生理功能
钠	体内的一半左右在细胞外液中，其余大部分存在于骨骼中	维持细胞外液渗透压及容量
	骨钠是钠的贮存形式	维持神经肌肉正常兴奋性
钾	主要存在于细胞内液，约占体钾总量的 98%	维持细胞内液的渗透压及细胞容积
	K^+ 是细胞内的主要阳离子	维持细胞的正常代谢与功能

3. 水和钠、钾、氯代谢的调节及代谢紊乱

机体通过神经-内分泌系统对水和钠、钾、氯的代谢平衡进行调节，主要的激素有抗利尿激素（加压素）、盐皮质激素和心钠素，作用的靶器官主要为肾脏。

表 18-4　抗利尿激素、醛固酮和心钠素的化学性质和主要作用

激素名称	化学本质	分泌器官	主要作用
抗利尿激素	肽类激素	下丘脑	促进肾远曲小管和集合管对水的重吸收
醛固酮	类固醇类激素	肾脏	促进肾远曲小管和集合管的 H^+-Na^+ 交换和 K^+-Na^+ 交换，即排 H^+、K^+ 而保留 Na^+
心钠素	肽类激素	心房	增加尿的排出量，减少肾小管对 Na^+ 的重吸收

正常生理状况下，机体内的含水量经常保持相对恒定，这种恒定依赖于体内水分的来源和去路之间的平衡。当机体内水过多或过少时，称为水的代谢紊乱或平衡失常。当机体丢失的水量超过其摄入量而引起体内水量缺乏时，称为脱水。根据水和电解质丢失的比例不同，有以下三种类型脱水。

表 18-5 三种类型脱水的特点

脱水类型	特点	常见疾病
低渗性脱水	丢失电解质为主，水的丢失较少，体液总量减少，细胞外液的渗透压低于正常	剧烈呕吐、腹泻、大量出汗
高渗性脱水	丢失水分为主，电解质丢失较少，体液总量减少，细胞外液的渗透压高于正常	高烧、昏迷不能饮水的病畜
等渗性脱水	水和电解质成比例丢失，体液总量减少，但渗透压变化不大	

4.体液的酸碱平衡

动物体液保持适当的酸碱度对维持正常的生理活动非常重要。动物体液的 pH 一般在 7.24～7.54 之间。机体通过体液的缓冲体系和肺、肾等器官共同维持体内的酸碱平衡。

表 18-6 血液的缓冲体系

部位	碳酸盐体系	磷酸盐体系	蛋白质体系
红细胞中	$KHCO_3/H_2CO_3$	K_2HPO_4/KH_2PO_4	KHb/HHb，$KHbO_2/HHbO_2$
血浆中	$NaHCO_3/H_2CO_3$	Na_2HPO_4/NaH_2PO_4	Na-蛋白质/H-蛋白质

5.钙、磷代谢的调节

表 18-7 钙、磷的分布与生理功能

项目	分布	生理功能
钙	机体内 99% 以上的钙以羟磷灰石 $[3Ca_3(PO_4)_2 \cdot Ca(OH)_2]$ 的形式构成骨盐，分布在骨骼和牙齿中	1)参与调节神经、肌肉的兴奋性，维持神经肌肉正常兴奋性，介导和调节肌肉及细胞内微丝、微管等的收缩 2)影响毛细血管壁通透性，参与调节生物膜的完整性和质膜的通透性及其转运过程 3)参与血液凝固过程和某些腺体的分泌 4)是许多酶的激活剂(如脂肪酶、ATP 酶等) 5)作为细胞内第二信使，介导激素的作用
	其余的钙主要分布在细胞外液中，细胞内钙的含量很少	
磷	80%～85%的磷以羟磷灰石的形式构成骨盐，分布在骨骼和牙齿中	1)以磷酸根的形式参与糖、脂类、蛋白质等物质的代谢过程及氧化磷酸化作用 2)DNA、RNA、磷脂的重要组成成分 3)参与酶的组成和酶活性的调节 4)磷酸盐参与调节体液平衡
	其余的磷主要分布在细胞外液中和细胞内	

表 18-8 血钙与血磷

项目	定义	存在形式	备注
血钙	血液中的钙	离子钙	离子钙和柠檬酸钙均可透过毛细血管壁，也称为扩散性钙
		结合钙	绝大部分与血浆蛋白质（主要是清蛋白）结合，不易透过毛细血管壁，又称为非扩散性钙
			少部分与柠檬酸、HPO_4^{2-} 结合
血磷	血浆中的无机磷	无机磷酸盐	主要存在于血浆
		有机磷酸酯	主要存在于红细胞内
		磷脂	主要存在于红细胞内
正常情况下，血浆中的钙与磷含量有一定比例，其比值约为(2.5～3.0)：1			

表 18-9 甲状旁腺素、降钙素和维生素D对钙、磷代谢的调节作用

项目	主要作用
甲状旁腺素	直接作用于骨组织，促进溶骨作用而使血钙浓度升高；促进肾小管对钙的重吸收和对磷酸盐的排泄；促进肾脏对维生素D的活化
降钙素	促进钙在骨中的沉积，使血钙浓度降低；抑制近曲小管对钙、磷的重吸收
维生素D	促进小肠对钙、磷的吸收；增加破骨细胞的活性，促进血钙浓度升高

6. 铁的代谢

表 18-10 铁的分布与生理功能

项目	主要内容
分布	全身铁的60%～70%以血红蛋白的形式存在于红细胞中
	约30%的铁以肌红蛋白的形式存在于所有细胞中
运输	铁在血浆中与转铁蛋白(transferrin，Tf)结合而运输。与Tf结合的铁为Fe^{3+}。以Fe^{2+}形式被吸收
贮存	主要是在肝、脾、肠黏膜以及骨髓的细胞中。贮存的形式是铁蛋白或血铁黄素。正常时铁蛋白占60%，在铁沉积过多的疾病中，则血铁黄素多

【练习与自测题】

名词解释

1. 体液(body fluid)
2. 细胞内液(intracellular fluid)
3. 细胞外液(extracellular fluid)
4. 机体内环境(body internal environment)

5. 渗量(osmol, Osm)
6. 晶体渗透压 (crystal osmotic pressure)
7. 胶体渗透压(colloid osmotic pressure)
8. 等渗溶液(isosmotic solution)
9. 脱水(dehydration)
10. 碱储(alkali reserve)
11. 呼吸性酸中毒(respiratory acidosis)
12. 呼吸性碱中毒(respiratory alkalosis)
13. 代谢性酸中毒(metabolic acidosis)
14. 代谢性碱中毒(metabolic alkalosis)
15. 酸碱平衡(acid-base balance)
16. 代偿作用(compensation)

单项选择题

A1 型题

为单项选择题,属于最佳选择题类型。每道试题由一个题干和四个备选答案组成,其中只有一个是最符合题目要求的。

1. 下列不属于水的生理功能的是(　　)。
A. 运输物质　　B. 代谢反应的介质　　C. 调节体温　　D. 维持组织正常兴奋性
2. 占体重比例最多的液体是(　　)。
A. 血浆　　B. 组织间液　　C. 细胞外液　　D. 细胞内液
3. 在体内含量最多的元素是(　　)。
A. 钠、钾　　B. 钙、钾　　C. 钙、磷　　D. 钠、氯
4. 细胞间液与血液的主要差异是(　　)。
A. Na^+ 含量　　B. K^+ 含量　　C. 蛋白质含量　　D. HCO_3^- 含量
5. 约占体重比例 5%的体液是(　　)。
A. 淋巴液　　B. 细胞间液　　C. 细胞内液　　D. 血浆
6. 血浆内存在的主要缓冲对是(　　)。
A. $KHCO_3/H_2CO_3$　　B. Na_2HPO_4/NaH_2PO_4
C. $NaHCO_3/H_2CO_3$　　D. KHb/HHb
7. 下列有关肾小管分泌 H^+ 作用的说法中,错误的是(　　)。
A. 肾小管细胞内碳酸酐酶活性增强,排 H^+ 增多
B. 肾小管细胞分泌 K^+ 作用增强,分泌 H^+ 作用减弱
C. 醛固酮能促进肾小管泌氢泌钾
D. 高血钾可促进肾小管泌氢
8. 下列抑制 ADH 分泌的因素是(　　)。
A. 血容量减少　　B. 血液渗透压升高　　C. 血压下降　　D. 大量饮水

9. 大量出汗血液渗透压升高会引起(　　)。
A. 醛固酮分泌增加　B. ADH 分泌增加
C. 肾上腺素分泌增加　D. 甲状腺素分泌增加
10. 能直接控制肾上腺皮质分泌醛固酮的物质是(　　)。
A. 肾素　B. 血管紧张素原　C. 血管紧张素Ⅰ　D. 血管紧张素Ⅱ
11. 下列关于肾脏对钾盐排泄的描述中错误的是(　　)。
A. 多吃多排　B. 少吃少排　C. 不吃也排　D. 不吃不排
12. 肾脏对水盐代谢的调节主要是通过(　　)。
A. 肾上腺素、抗利尿激素　B. 抗利尿激素、醛固酮
C. 甲状旁腺素、醛固酮　D. 心钠素、醛固酮
13. 调节渗透压的感受器存在于(　　)。
A. 下丘脑视前区　B. 主动脉弓　C. 颈动脉窦　D. 左心房
14. 关于加压素的描述，正确的说法是(　　)。
A. 提高肾小管对钾的重吸收　B. 是类固醇激素
C. 促进肾小管对钠的重吸收　D. 增加肾小管对水的重吸收
15. 关于醛固酮的描述，正确的说法是(　　)。
A. 促进肾小管对 K^+-Na^+ 和 H^+-Na^+ 的交换　B. 提高肾小管对 K^+ 的重吸收
C. 由肾上腺髓质分泌　D. 属于肽类激素
16. 心钠素的主要作用是(　　)。
A. 促进肾素分泌　B. 减少肾小球滤过率
C. 保钠排钾　D. 抑制远曲小管和集合管对钠的重吸收
17. 血浆中最主要的阳离子是(　　)。
A. K^+　B. Na^+　C. Mg^{2+}　D. Ca^{2+}
18. 体液中最重要的缓冲体系存在于(　　)。
A. 细胞内液　B. 肌肉　C. 血浆　D. 红细胞
19. 肺在调节体液酸碱平衡中的作用是调节(　　)。
A. 血浆中 H_2CO_3 的浓度　B. 血浆中 $NaHCO_3$ 的浓度
C. 血浆中 Na_2HPO_4 的浓度　D. 血浆中 NaH_2PO_4 的浓度
20. 肾脏在维持体液酸碱平衡中的作用是调节(　　)。
A. 血浆中 H_2CO_3 的浓度　B. 血浆中 $NaHCO_3$ 的浓度
C. 血浆中 Na_2HPO_4 的浓度　D. 血浆中 NaH_2PO_4 的浓度
21. 具有升血钙，降血磷作用的激素是(　　)。
A. 甲状腺素　B. 醛固酮　C. 降钙素　D. 甲状旁腺素
22. 降钙素的作用是(　　)。
A. 促进破骨作用　B. 促进成骨作用
C. 促进尿钙减少　D. 促进尿磷减少
23. 下列关于钙、磷在细胞内外分布的描述正确的是(　　)。
A. 细胞内钙的含量很少，磷在细胞内外均有分布
B. 细胞内钙、磷的含量都很少

C. 细胞内钙的含量很多，磷的含量很少

D. 细胞内钙、磷的含量都很多

24. 与神经肌肉兴奋性无关的离子是（　　）。

A. Na^+　　B. K^+　　C. Cl^-　　D. Ca^{2+}

25. 可抑制钙吸收的物质是（　　）。

A. 钙结合蛋白　　B. 维生素 D　　C. ATP　　D. 草酸

26. 机体发生碱中毒时，关于血钙、血钾变化的描述正确的是（　　）。

A. 血钙降低，血钾降低　　B. 血钙升高，血钾升高

C. 血钙降低，血钾升高　　D. 血钙升高，血钾降低

27. 血磷是指（　　）。

A. 骨骼中的磷　　B. 有机磷　　C. 磷脂　　D. 无机磷

28. 下列哪种物质与骨代谢无关？（　　）

A. 甲状旁腺素　　B. 甲状腺素　　C. 降钙素　　D. 1,25-二羟维生素 D

29. 动物体内的微量元素占体重的百分比是（　　）。

A. 0.01%以下　　B. 1%以下　　C. 5%以下　　D. 10%以下

30. 下列哪种蛋白质中不含有铁元素？（　　）

A. 血红蛋白　　B. 肌红蛋白　　C. 细胞色素　　D. 清蛋白

A2 型题

每道题由一个叙述性的简要主题作为题干和四个备选答案组成。A、B、C、D 四个答案中只有一个是最佳答案。

1. 当肾血液供应不足或血浆中 Na^+ 浓度不足时，肾素可催化血浆中的血管紧张素原转变为血管紧张素Ⅰ，血管紧张素Ⅰ在转换酶的作用下转变为血管紧张素Ⅱ，后者有很强的促进醛固酮分泌及引起小动脉收缩的作用。醛固酮促进 Na^+ 的重吸收，使得血浆中 Na^+ 的浓度趋于正常。下列关于肾素的描述，正确的是（　　）。

A. 肾脏近球细胞分泌的多肽类激素　　B. 垂体分泌的多肽类激素

C. 肾脏近球细胞分泌的蛋白水解酶　　D. 肾上腺皮质分泌的类固醇激素

2. 当动物体内钾的含量过多或过少而引起细胞内液或细胞外液中钾的含量不正常时，即为钾代谢紊乱。钾代谢紊乱通常与体液酸碱平衡的紊乱密切相关，下列关于两者关系的描述，正确的是（　　）。

A. 酸中毒、碱中毒都使血钾浓度升高

B. 酸中毒使血钾浓度升高，碱中毒使血钾浓度降低

C. 酸中毒使血钾浓度降低，碱中毒使血钾浓度升高

D. 酸中毒、碱中毒都使血钾浓度降低

3. 动物维持正常的生理活动，除需要适当的温度和渗透压外，体液还必须保持适当的酸碱度。动物机体通过肠道吸收和物质代谢产生一些酸性和碱性物质，这些物质进入血液后，使体液的酸碱度发生改变。但在正常生理条件下，动物机体并不会发生酸或碱中毒。这是因为动物机体具有完备有效的体液酸碱平衡调节机制，动物体液中的缓冲体系便是调节机制之一。下列关于血液中主要缓冲体系的缓冲能力大小的比较，正确的是（　　）。

A. 碳酸/碳酸氢盐体系＞血浆蛋白体系＞血红蛋白体系＞磷酸盐体系

B. 碳酸/碳酸氢盐体系＞磷酸盐体系＞血红蛋白体系＞血浆蛋白体系

C. 碳酸/碳酸氢盐体系＞血红蛋白体系＞血浆蛋白体系＞磷酸盐体系

D. 碳酸/碳酸氢盐体系＞血红蛋白体系＞磷酸盐体系＞血浆蛋白体系

4. 肾脏对酸碱平衡的调节主要通过调节 HCO_3^- 的排出量来维持血浆中 HCO_3^- 的浓度恒定。HCO_3^- 的重吸收作用主要取决于体液的 pH。当体液 pH 低时，肾小管排 H^+ 增加，HCO_3^- 的重吸收作用增强。肾小管对碳酸氢盐的重吸收作用需要下列哪种酶的参与？(　　)

A. 谷氨酰胺酶　B. 碳酸酐酶　C. 谷氨酸脱氢酶　D. 氨基酸氧化酶

5. 动物体内铁的含量很少，但非常重要。体内多种重要的蛋白质和酶分子中都含有铁元素，例如血红蛋白、肌红蛋白、过氧化氢酶、过氧化物酶等。机体内的铁元素 60%～70% 都存在于红细胞的血红蛋白中。血浆中的铁需和转铁蛋白结合进行运输，转铁蛋白属于(　　)。

A. 清蛋白　B. α-球蛋白　C. γ-球蛋白　D. β-球蛋白

A3 型题

2～3 个相关的问题，每个问题均与开始的题干有关。每个问题均有四个备选答案，需要选择一个最佳答案。

(1～3 题共用题干)体液是指存在于动物机体的水和溶解于水中的各种物质，包括无机盐和有机物。体液中，水的含量是最大的。正常成年动物体内的含水量是相当恒定的，但可因品种、性别、年龄和个体营养状况而不同。体液在体内由细胞膜分为细胞内液和细胞外液两个部分，细胞外液又由毛细血管壁分为血浆和组织间液。

1. 成年动物体内总含水量占体重的百分比是(　　)。

A. 70%～80%　B. 40%～50%　C. 55%～65%　D. 75%～85%

2. 关于动物体内含水量的描述，正确的是(　　)。

A. 幼畜高于成年动物，瘦的动物高于肥胖的动物

B. 幼畜高于成年动物，瘦的动物低于肥胖的动物

C. 幼畜低于成年动物，瘦的动物高于肥胖的动物

D. 幼畜低于成年动物，瘦的动物低于肥胖的动物

3. 占体重最大比例的体液是(　　)。

A. 血浆　B. 细胞外液　C. 细胞内液　D. 组织间液

(4～6 题共用题干)体液的渗透压在体液平衡中具有重要的作用。体液渗透压的大小是由体液内所含溶质的有效粒子数目来决定的。溶液中能产生渗透效应的溶质粒子称为渗量。体液中小分子晶体产生的渗透压称为晶体渗透压，由蛋白质等大分子胶体物质产生的渗透压称为胶体渗透压。

4. 1 mmol NaCl 产生的渗量是(　　)。

A. 1 mOsm　B. 2 mOsm　C. 3 mOsm　D. 4 mOsm

5. 血浆总渗透压约为(　　)。

A. 770 kPa　B. 870 kPa　C. 670 kPa　D. 570 kPa

6. 维持血浆总渗透压最主要的物质是(　　)。

A. 蛋白质　B. 电解质　C. 糖类　D. 脂类

(7～11题共用题干)水和Na^+、K^+、Cl^-的代谢过程与体液组分及容量密切相关，机体通过神经—内分泌系统对水和Na^+、K^+、Cl^-等在各部分体液中的动态平衡进行调节。对其进行调节的内分泌激素主要有抗利尿激素、盐皮质激素、心钠素和其他多种利尿因子。当内外环境的变化太大，超出了动物自身的调节能力时，会导致这些物质代谢的紊乱。

7. 上述各种内分泌激素作用的主要靶器官是(　　)。

A. 肝脏　　B. 肺脏　　C. 肾脏　　D. 皮肤

8. 下列调节水和Na^+、K^+、Cl^-代谢平衡的各激素中不属于肽类激素的是(　　)。

A. 加压素　　B. 心钠素　　C. 血管紧张素　　D. 醛固酮

9. 与加压素对水和Na^+、K^+、Cl^-代谢的调节作用相反的激素是(　　)。

A. 加压素　　B. 心钠素　　C. 血管紧张素　　D. 醛固酮

10. 能导致高渗性脱水的疾病过程是(　　)。

A. 高烧　　B. 呕吐　　C. 腹泻　　D. 大量出汗

11. 能导致血钾浓度升高的疾病过程是(　　)。

A. 呕吐　　B. 腹泻　　C. 碱中毒　　D. 酸中毒

(12～14题共用题干)铁元素是动物机体内最重要的微量元素之一，它是血红蛋白、肌红蛋白、细胞色素和其他呼吸酶类的必需组成成分。铁的吸收、排出与代谢对维持机体正常的生理活动至关重要。

12. 大部分铁存在于(　　)。

A. 肌红蛋白　　B. 血红蛋白　　C. 细胞色素　　D. 铁蛋白

13. 血浆中铁的运输载体是(　　)。

A. 清蛋白　　B. 肌红蛋白　　C. 转铁蛋白　　D. 铁蛋白

14. 下列关于铁吸收的说法，正确的是(　　)。

A. 饲料中含有多少铁机体都可以吸收

B. 机体需要多少铁吸收多少，多余的不吸收

C. 饲料中较多的磷酸可促进铁的吸收

D. 铁主要以Fe^{3+}的形式在十二指肠被吸收

B1 型题

属于标准伍配单项选择题。开始给出4个备选答案，之后2～6个题干构成一组试题，要求从4个备选答案中为这些题干选择一个与其关系密切的答案。在这组试题中，每个备选答案可以被选一次、两次和多次，也可以不选用。

(1～5题共用备选答案)

A. 细胞内液　　B. 细胞外液　　C. 血浆　　D. 组织间液

1. 被称为机体内环境的是(　　)。

2. 占体重百分比最大的是(　　)。

3. 约占体重5%的是(　　)。

4. 淋巴液和脑脊液属于(　　)。

5. Na^+含量最高的是(　　)。

（6～10 题共用备选答案）

A. Na^+　　B. K^+　　C. Ca^{2+}　　D. Mg^{2+}

6. 细胞内液含量最多的是（　　）。

7. 细胞外液含量最多的是（　　）。

8. 酸中毒引起其血浆浓度升高的是（　　）。

9. 细胞内重要的第二信使是（　　）。

10. 可抑制中枢神经活动的是（　　）。

（11～16 题共用备选答案）

A. 抗利尿激素　　B. 醛固酮　　C. 肾素　　D. 心钠素

11. 属于蛋白水解酶的是（　　）。

12. 由肾上腺皮质分泌的是（　　）。

13. 由垂体分泌的是（　　）。

14. 促进肾远曲小管对钠的重吸收的是（　　）。

15. 由肾脏近球细胞分泌的是（　　）。

16. 主要对水的重吸收具有调节作用的是（　　）。

填空题

1. ________和________是机体维持体液平衡的重要物质。

2. 一般来说，成年动物体内总含水量相当于体重的 55%～65%，动物机体的含水量一般随________和________的增加而减少。

3. 体液在体内以________为界划分为两个区，即细胞内液和细胞外液，细胞外液又以________为界分为________和________两个部分。

4. 在细胞外液中含量最多的阳离子是________，主要的阴离子是________和________；细胞内液中含量最多的阳离子是________，主要的阴离子是________和________。

5. 体液渗透压的大小是由________决定的，在正常情况下体液中起渗透功能的主要溶质是________。

6. 动物体内水的来源有________、________和________3 条途径。

7. 对水和 Na^+、K^+、Cl^- 的动态平衡起重要调节作用的激素有________、________和________。

8. 肾主要通过________、________和________作用来实现其对水和电解质平衡的调节。

9. 在血液的各种缓冲体系中，以________的缓冲能力最大。

10. 动物细胞外液（以血浆为代表）的 pH 的正常范围是________。

11. 机体发生呼吸性酸中毒时肾脏的排________增加，________的重吸收增强，血浆中的________浓度升高。

12. 影响钙吸收的主要因素有________和________。

13. 钙与蛋白质结合后不易透过毛细血管壁，称为________；离子钙和柠檬酸钙均可透过毛细血管壁，称为________。

14. 血液中的磷主要以__________、__________和__________三种形式存在。

15. 动物体内的必需微量元素有__________、__________和__________等。

16. 铁元素主要存在于__________中，血浆中的铁主要与__________结合而运输。

简答题

1. 简述体液的分布及其所占体重的百分比。
2. 简述水的生理功能。
3. 简述机体内水的来源与去路。
4. 比较细胞内液与细胞外液电解质分布与含量的主要差别。
5. 简述在毛细血管动、静脉端水在血管内外交换的过程。
6. 简述加压素对水代谢的调节作用。
7. 导致低血钾的主要原因有哪些？
8. 简述酸碱平衡与血钾浓度的关系。
9. 简述钙的生理功能。

论述题

1. 试述无机盐的生理功能。
2. 试述血液中主要的缓冲体系。
3. 试述肺和肾脏对体液酸碱平衡的调节作用。
4. 试述甲状旁腺素、降钙素及维生素 D 对钙磷代谢的调节。
5. 试述高渗性、低渗性及等渗性脱水的特点。

【习题参考答案】

名词解释

1. 体液(body fluid)：是指存在于动物体内的水和溶解在水中的各种物质，包括无机盐和有机物。

2. 细胞内液(intracellular fluid)：存在于细胞内的液体，约占体重的 50%。

3. 细胞外液(extracellular fluid)：存在于细胞外的液体，约占体重的 20%，又可分为血浆和组织间液两部分。

4. 机体内环境(body internal environment)：即细胞外液，是沟通组织细胞之间和机体与外界环境之间的重要介质。

5. 渗量(osmol，Osm)：溶液中能产生渗透效应的溶质粒子。

6. 晶体渗透压 (crystal osmotic pressure)：体液中小分子晶体物质产生的渗透压。

7. 胶体渗透压(colloid osmotic pressure)：体液中由蛋白质等大分子胶态物质产生的渗透压。

8. 等渗溶液(isosmotic solution)：与血浆渗透压相等的溶液。

9. 脱水(dehydration)：当机体丢失的水量超过其摄入量而引起体内水量缺乏称为脱水。

10. 碱储(alkali reserve)：血浆中所含 HCO_3^- 的量。

11. 呼吸性酸中毒(respiratory acidosis)：由于肺的通气或肺循环障碍导致二氧化碳不能排出而引起的血浆中 CO_2 堆积，H_2CO_3 原发性升高。

12. 呼吸性碱中毒(respiratory alkalosis)：由于通气过度，肺排出二氧化碳过多而引起的血浆 $NaHCO_3$ 含量升高。

13. 代谢性酸中毒(metabolic acidosis)：由于体内代谢产酸过多或丢碱过多引起血浆中 $NaHCO_3$ 含量减少。

14. 代谢性碱中毒(metabolic alkalosis)：由于酸丢失过多或摄入碱性物质过多，导致血浆 $NaHCO_3$ 原发性增多。

15. 酸碱平衡(acid-base balance)：体液特别是血液能经常保持 pH 的相对恒定。

16. 代偿作用(compensation)：无论是在酸中毒还是碱中毒时，机体均可通过肺或肾进行调整，使体液的 pH 趋于正常，机体的这种调节作用称为代偿作用。

单项选择题

A1 型题　1. D　2. D　3. C　4. C　5. D　6. C　7. D　8. D　9. B　10. D　11. D　12. B　13. A　14. D　15. A　16. D　17. B　18. C　19. A　20. B　21. D　22. B　23. A　24. C　25. D　26. A　27. D　28. B　29. A　30. D

A2 型题　1. C　2. B　3. C　4. B　5. D

A3 型题　1. C　2. A　3. C　4. B　5. A　6. B　7. C　8. D　9. B　10. A　11. D　12. B　13. C　14. B

B1 型题　1. B　2. A　3. C　4. D　5. B　6. B　7. A　8. B　9. C　10. D　11. C　12. B　13. A　14. B　15. C　16. A

填空题

1. 水，无机盐。

2. 年龄，体重。

3. 细胞膜，血管壁，血浆，组织间液。

4. Na^+，Cl^-，HCO_3^-；K^+，蛋白质，磷酸根。

5. 溶质有效粒子数目的多少，电解质。

6. 饮水，饲料中的水，代谢水。

7. 抗利尿激素(加压素)，盐皮质激素，心钠素。

8. 肾小球的滤过，肾小管的重吸收，远曲小管的离子交换。

9. $NaHCO_3/H_2CO_3$。

10. 7.24～7.54。

11. H^+，HCO_3^-，$NaHCO_3$。

12. 维生素 D，机体对钙的需要量。

13. 非扩散性钙，扩散性钙。

14. 无机磷酸盐，有机磷酸酯，磷脂。

15. 铁，锌，铜，碘，锰，钼，钴，硒，铬，镍，锡，硅，氟，钒(写出任意三种)。

16. 红细胞，转铁蛋白。

简答题

1. **答题要点：**

一般来说，成年动物体内总含水量相当于体重的55%～65%。体液在体内被分隔成几个区域。首先以细胞膜为界，把体液分为细胞内液和细胞外液。细胞外液以毛细血管壁为界，分为血浆和组织间液，组织间液包括淋巴液和脑脊液。

细胞内液约占体重的50%，细胞外液约占体重的20%。细胞外液中的血浆约占体重的5%，组织间液约占体重的15%。

2. **答题要点：**

水的生理功能有：①机体代谢反应的介质；②参与代谢反应；③参与物质运输；④调节和维持体温的恒定；⑤润滑作用。

3. **答题要点：**

体内水的来源有：饮水、饲料中的水和代谢水。

体内水的去路有：从体表蒸发和流失；随粪便排出；随尿液排出；泌乳动物还由乳汁排出水。

4. **答题要点：**

细胞内液的主要阳离子为 K^+，阴离子是蛋白质和 HPO_4^{2-}。细胞外液的主要阳离子为 Na^+，主要的阴离子是 Cl^- 和 HCO_3^-。

5. **答题要点：**

由于血浆中除蛋白质的其他溶质都能自由透过毛细血管壁，不产生有效渗透压，只有血浆蛋白质不能透过毛细血管壁，因此只有蛋白质产生的胶体渗透压是有效的，成为组织间液流向血管的力量。而血管内的静水压是血管内的液体流向血管外的力量。在毛细血管动脉端，静水压大于血浆胶体渗透压，使水向血管外流动；在毛细血管静脉端，静水压小于血浆胶体渗透压，于是水向血管内流动。

6. **答题要点：**

加压素的分泌和释放受体液渗透压、血容量和血压的调节。当体液渗透压升高，血容量和血压下降时，下丘脑视上核前区的渗透压感受器受到刺激，作用于垂体后叶而加速加压素释放，从而加强肾远曲小管和集合管对水的重吸收，尿量减少，从而使细胞外液的渗透压恢复正常。

7. **答题要点：**

呕吐、腹泻等导致钾丢失过多；钾摄入不足；代谢性碱中毒；肾上腺皮质机能亢进，醛固酮分泌过多。

8. **答题要点：**

当血钾浓度高时，部分 K^+ 进入细胞内与 H^+ 交换；肾小管上皮细胞泌 K^+ 加强，K^+-Na^+ 交换增加，H^+-Na^+ 交换减少，导致酸中毒。尿钾排出增多，排 H^+ 减少，尿 pH 增大，呈碱性。

当血钾浓度降低时，部分 H^+ 进入细胞内与 K^+ 交换；肾小管上皮细胞泌 H^+ 加强，H^+-Na^+ 交换增加，K^+-Na^+ 交换减少，导致碱中毒。尿钾排出减少，排 H^+ 增多，尿 pH 下降，呈酸性。

9.答题要点：

钙的生理功能有：①参与调节神经、肌肉的兴奋性，并介导和调节肌肉及细胞内微丝、微管等的收缩；②影响毛细血管通透性，参与调节生物膜的完整性和质膜的通透性及其转运过程；③参与血液凝固过程和某些腺体的分泌；④是许多酶的激活剂；⑤细胞内重要的第二信使。

论述题

1.答题要点：

无机盐的生理功能有：①构成组织与体液的成分。例如钙、磷主要沉积在骨骼和牙齿等组织中，体液中的无机盐有 Na^+、K^+、Cl^-、HPO_4^{2-}、HCO_3^- 等。②维持体液酸碱平衡与渗透压。在血浆中无机盐离子组成缓冲对，调节体液酸碱平衡。体液中的无机盐在维持体液渗透压和保持细胞内外液的容量方面起重要作用，如 Na^+、Cl^- 是维持细胞外液渗透压的主要离子，K^+、HPO_4^{2-} 是维持细胞内液渗透压的主要离子。③维持神经、肌肉的兴奋性。多种无机离子的相对含量和比例与维持神经、肌肉的正常应激性有关。④维持酶的活性。体内多种无机离子是酶的激活剂或抑制剂，或是酶的辅助因子。⑤参与组成体内有特殊功能的化合物。如血红蛋白中的铁，甲状腺素中的碘，胰岛素中的锌，维生素 B_{12} 中的钴等。

2.答题要点：

动物血液中的缓冲体系是由弱酸及其盐构成的，主要有以下几种：

1)碳酸氢盐缓冲体系：血浆中主要存在 $NaHCO_3/H_2CO_3$，红细胞中主要有 $KHCO_3/H_2CO_3$。

2)磷酸盐缓冲体系：血浆中主要由 Na_2HPO_4/NaH_2PO_4 组成，红细胞中主要由 K_2HPO_4/KH_2PO_4 组成。

3)血浆蛋白缓冲体系：血浆中含有数种弱酸性蛋白质，也可生成相应的盐构成 Na-蛋白质/H-蛋白质缓冲体系。

4)血红蛋白缓冲体系：红细胞的血红蛋白和氧合血红蛋白均可与 K^+ 构成钾盐，形成血红蛋白缓冲体系 KHb/HHb，$KHbO_2/HHbO_2$。

血液的各缓冲体系中，以碳酸/碳酸氢盐的缓冲能力最大。

3.答题要点：

1)肺对酸碱平衡的调节：主要是通过排出 CO_2 的多少，从而调节血浆中 H_2CO_3 的含量以保持[$NaHCO_3$]/[H_2CO_3]的比值趋于正常。当血浆的 CO_2 含量升高时，PCO_2 升高，刺激呼吸中枢，呼吸加深加快，呼出的 CO_2 增多，使血浆中 H_2CO_3 的浓度下降，因而使[$NaHCO_3$]/[H_2CO_3]的比值和 pH 趋于正常。当血浆的 CO_2 含量减少时，呼吸变浅变慢，呼出的 CO_2 减少，体内 CO_2 又可逐渐积聚，重复上述过程，如此调节酸碱平衡。

2)肾脏对酸碱平衡的调节：主要通过调节 HCO_3^- 的排出量来维持血浆中 HCO_3^- 的浓度恒定。血浆中的碳酸氢盐几乎全部从肾小球滤出。H^+ 可由近曲小管排泄到肾小管管腔中，与管腔中的 HCO_3^- 结合生成 H_2CO_3，H_2CO_3 被碳酸酐酶分解为 CO_2 和 H_2O，CO_2 进入肾小管细胞后重新形成 H_2CO_3，再解离为 H^+ 和 HCO_3^-，H^+ 被主动分泌到管腔中进行 H^+-Na^+ 交换，而 HCO_3^- 被保留在细胞内，和 Na^+ 结合成 $NaHCO_3$。该 HCO_3^- 可自由通过肾小管细胞的基底膜，顺浓度梯度向细胞外扩散而进入血液。HCO_3^- 的重吸收作用主要取决于体液的 pH。

当体液 pH 低时，肾小管排 H^{+} 增加，HCO_3^- 的重吸收作用增强。肾脏调节酸碱平衡的另一种方式是肾远曲小管的泌氨作用。尿液酸性越强，泌氨作用越强，有助于体内强酸的排出。

4.答题要点：

1)甲状旁腺素的主要作用是：①直接作用于骨组织，促进间质细胞转变为破骨细胞，抑制破骨细胞转变为成骨细胞，使破骨细胞的活性增强并使柠檬酸含量增多，从而促进溶骨作用而使血钙浓度升高；②促进肾小管对钙的重吸收和对磷酸盐的排泄；③促进肾脏对维生素 D 的活化。甲状旁腺素的分泌受血钙浓度的调节，血钙浓度降低，分泌增加。其总的作用结果是使血钙浓度升高。

2)降钙素的主要作用是：①促进成骨细胞的活动，抑制破骨细胞的活性，从而抑制骨吸收，促进钙在骨中的沉积，使血钙浓度降低；②抑制近曲小管对钙、磷的重吸收。降钙素的分泌也受血钙浓度的调节，总的结果是使血钙浓度降低。

3)维生素 D 的主要作用是：①促进小肠对钙、磷的吸收；②增加破骨细胞的活性，促进血钙浓度升高。总的作用是促进血钙、血磷升高。

5.答题要点：

1)高渗性脱水：以丢失水分为主，电解质丢失较少，体液总量减少，细胞外液的渗透压高于正常。高渗性脱水常发生于高烧、昏迷不能饮水的病畜。

2)低渗性脱水：以丢失电解质为主，水的丢失较少，体液总量减少，细胞外液的渗透压低于正常。常发生于剧烈呕吐、腹泻、大量出汗等情况。

3)等渗性脱水：水和电解质成比例丢失，体液总量减少，渗透压变化不大。

第 19 章 血液化学

血液是机体内环境的重要组成部分。血液是机体的重要组成部分，其中除含有白细胞、红细胞和血小板等有形成分以外，还含有种类繁多的具有重要生理功能的蛋白质以及几乎所有体内物质的代谢产物。血液中的许多酶，都参与血液成分的代谢和转变反应。因为血液是联系和沟通体内各个组织的媒介，所以，血液化学成分的分析对疾病的诊断具有非常重要的意义。血液中的一个重要的物质代谢，就是胆色素的代谢。从胆绿素，经过胆红素、胆素原，最终生成粪便中的胆素或尿中的胆素而排出体外。

【知识目标】

了解血液的化学组成；了解免疫球蛋白的结构及功能；掌握血浆蛋白的种类及功能。了解血红蛋白的分解代谢、胆红素的生成过程。

【复习指南】

血液的液体部分叫血浆(plasma)。全血(whole blood)，即血液，其中含水 81%～86%，而血浆中含水达 90%～93%。血液中的有形成分包括红细胞、白细胞和血小板。红细胞的化学成分与一般的细胞有很大不同，其中最主要的固相成分是血红蛋白。血红蛋白的辅基为血红素，具有运输 O_2 和 CO_2 的功能。血浆中除了大量的水分以外，其主要的固形成分是大量的血浆蛋白质。

表 19-1 血浆蛋白的种类和含量

类别	合成部位	主要功能
清蛋白(albumin)	肝脏合成	1)维持正常血浆胶体渗透压(简称胶渗压) 2)运输功能：如清蛋白与脂肪酸等结合成复合体进行运输 3)免疫功能：人和动物体内的抗体大部分是 γ-球蛋白，也有少部分是 β-球蛋白 4)修补组织：在人和动物体内，血浆蛋白质参与组织蛋白质的代谢 5)缓冲作用：血浆蛋白质与其对应的盐组成缓冲对，具有维持血浆 pH 恒定的作用
球蛋白(globulin)	α-球蛋白由肝脏合成，β-球蛋白和 γ-球蛋白由浆细胞合成	
纤维蛋白原(profibrin)(占血浆总蛋白的 4%～6%)	肝脏中合成	血液凝固
血清中清蛋白与球蛋白的比值(清/球或 A/G)称为血清蛋白系数(serum protein coefficient)		

表 19-2 血浆中的酶

酶	主要内容
功能性酶	大多数由肝脏合成后分泌进入血液。在血浆中发挥重要的催化功能。包括凝血酶原(prothrombin),纤维酶原(plasminogen),铜蓝蛋白(copper-protein),脂蛋白脂酶(lipoprotein lipase)等
外分泌酶	来自外分泌腺,只有极少量的酶逸入血中。在血浆中很少发挥催化作用。如淀粉酶(amylase,来自唾液腺及胰腺),脂肪酶(lipase,来自胰腺),蛋白酶原(pro-caspase,来自胃和胰腺)等
细胞酶	在各组织细胞内,当细胞更新、破坏时,或在一定条件下,可有少量的酶进入血液。在血浆中也很少发挥催化作用。如碱性磷酸酶(alkaline phosphatase)、转氨酶(transaminase)、乳酸脱氢酶(lactate dehydrogenase)和磷酸化酶(phosphorylase)等

表 19-3 血浆蛋白质的代谢

项目		主要内容
合成	肝脏	清蛋白和 α-球蛋白
	浆细胞	β-球蛋白和 γ-球蛋白
去路	进入消化道	如清蛋白中有 70%进入消化道进行分解
	在肾中分解和排出	分子量大于 90 000 的血浆蛋白质难通过肾小球。能够通过肾小球进入小球滤液的蛋白质,约有 95%可被近曲小管重吸收。尿液中来自血浆的蛋白质甚微
	在肝脏和单核吞噬细胞系统中分解	通过吞噬或胞饮作用摄取血浆蛋白质,并由溶酶体将其分解
	随排泄性分泌液排出	如支气管和鼻黏膜分泌液,精液,阴道分泌液,乳汁,泪液,汗液等

表 19-4 红细胞及其代谢

项目		主要内容
化学组成	水	较其他细胞为少,约 60%~65%
	固形物	1)血红蛋白,约占 32% 2)其他蛋白质(糖蛋白、脂蛋白、血铜蛋白等) 3)脂类(胆固醇、卵磷脂和脑磷脂) 4)葡萄糖、代谢中间产物、无机盐及酶等
	酶	碳酸酐酶、过氧化氢酶、肽酶、胆碱乙酰化酶、胆碱酯酶、糖酵解酶系及有关谷胱甘肽合成的酶系等
红细胞的代谢	葡萄糖的代谢	哺乳动物成熟的红细胞没有核、线粒体等,主要通过酵解,小部分通过磷酸戊糖途径、2,3-二磷酸甘油酸支路及糖醛酸循环进行葡萄糖代谢
		哺乳动物成熟的红细胞没有糖原的储存。红细胞膜上含有运载葡萄糖的载体
	脂类代谢	成熟红细胞不能从头合成脂肪酸 通过主动参与和被动交换不断与血浆进行脂质交换,维持其正常的脂类组成、结构和功能

表 19-5 血红蛋白的性质与功能

项目	主要内容
与氧结合	血红素中央 Fe^{2+} 以配位键与 O_2 结合成亚铁血红蛋白，每个血红蛋白分子能与 4 个 O_2 进行可逆结合
与一氧化碳结合	血红蛋白与 CO 作用能生成碳氧血红蛋白（HbCO）
	CO 与 Fe^{2+} 配位键结合
	血红蛋白与 CO 结合的能力比与 O_2 结合的能力强 200～300 倍
与二氧化碳结合	血红蛋白与二氧化碳作用时，其蛋白质部分的游离氨基与二氧化碳结合成为碳酸血红蛋白（$HbCO_2$）
	体内新陈代谢产生的二氧化碳，约 18%通过碳酸血红蛋白的形式运至肺部排出体外，约 74%以碳酸氢盐形式运输
血红蛋白的氧化及其恢复	Hb 可被铁氰化钾、亚硝酸盐、大剂量的甲烯蓝及过氧化氢等氧化剂氧化为高铁血红蛋白（MHb）
	在高铁血红蛋白中，二价铁被氧化为三价，失去了运输氧的能力
	抗坏血酸、GSH、NADPH 等可以保护 Hb

【练习与自测题】

名词解释

1. 血清蛋白系数（serum protein coefficient）
2. 胆汁酸（bile acid）
3. 胆色素（bile pigment）
4. 间接胆红素（indirect-acting bilirubin）
5. 直接胆红素（direct-acting bilirubin）

单项选择题

A1 型题

为单项选择题，属于最佳选择题类型。每道试题由一个题干和四个备选答案组成，其中只有一个是最符合题目要求的。

1. 血液的正常 pH 范围是（　　）。

A. 7.0 左右　　B. 7.4 左右　　C. 8.0 左右　　D. 低于 7.0

2. 铁在血浆中被运输的存在形式是（　　）。

A. 与血浆清蛋白结合　　B. 与血浆球蛋白结合

C. 与血浆铜蓝蛋白结合　　D. 与转铁蛋白结合

3. 血浆与血清的区别主要是在血清成分中不含(　　)。

A. 糖类　　B. 脂肪酸　　C. 维生素　　D. 纤维蛋白原

4. 成熟红细胞中 NADPH＋H^+ 的主要来源是(　　)。

A. 糖酵解途径　　B. 磷酸戊糖途径

C. 糖醛酸循环途径　　D. 2,3-二磷酸甘油酸支路

5. 成熟红细胞中的能量主要来源于(　　)。

A. 血浆葡萄糖　　B. 游离氨基酸　　C. 酮体　　D. 游离脂肪酸

A2 型题

每道题由一个叙述性的简要主题作为题干和四个备选答案组成。A、B、C、D 四个答案中只有一个是最佳答案。

1. Hb 可被铁氰化钾、亚硝酸盐、大剂量的甲烯蓝及过氧化氢等氧化剂氧化为高铁血红蛋白(MHb)。在高铁血红蛋白中，二价铁被氧化为三价，失去了运输氧的能力。下列哪种物质可以防止 Hb 被氧化？(　　)

A. 抗坏血酸　　B. GSH　　C. NADPH　　D. 以上都是

2. 红细胞破裂后，血红蛋白的辅基血红素被氧化分解为铁和胆绿素。铁几乎都变为铁蛋白而储存，可重新利用。胆绿素则被还原成胆红素，胆红素在水中溶解度很小，进入血液后，即与血浆清蛋白或 α_1 球蛋白(以清蛋白为主)结合成溶解度较大的间接胆红素(indirect-acting bilirubin，也称游离胆红素)，经肝、肠中转变成直接胆红素、胆素原等，最终生成粪便中的胆素或尿中的胆素而排出体外。下列具有细胞毒性的血红素代谢产物是(　　)。

A. 胆绿素　　B. 胆红素　　C. 胆素原　　D. 胆素

A3 型题

2～3 个相关的问题，每个问题均与开始的题干有关。每个问题均有四个备选答案，需要选择一个最佳答案。

(1～3 题共用题干)血浆中除了大量的水分以外，其主要的固形成分是大量的血浆蛋白质。此外还含有各种酶，根据血浆中酶的来源不同，可将它们分为三类。

1. 功能性酶。此类酶在血浆中发挥重要的催化功能，大多数由肝脏合成后分泌进入血液。当肝功能下降时，这些酶在血浆中的活性则降低。下列除哪个外都是功能性酶？(　　)

A. 凝血酶原等多种凝血因子　　B. 纤维酶原

C. 脂蛋白脂酶　　D. 淀粉酶

2. 外分泌酶。此类酶来自外分泌腺，只有极少量的酶逸入血中。如(　　)等。这些外分泌酶在血浆中很少发挥催化作用。当腺体酶合成增加时，进入血液的酶也相应增加。

A. 碱性磷酸酶　　B. 转氨酶　　C. 乳酸脱氢酶　　D. 胰淀粉酶

3. 细胞酶。此类酶本来在各组织细胞内，当细胞更新、破坏或在一定条件下，可有少量的酶进入血液。如(　　)。

A. 胃蛋白酶　　B. 胰脂肪酶　　C. 磷酸化酶　　D. 唾液淀粉酶

(4～6 题共用题干)哺乳动物成熟的红细胞没有核、线粒体、内质网及高尔基体,缺乏完整的三羧酸循环酶系,也没有细胞色素电子传递系统。

4. 正常情况下红细胞耗氧量甚低,葡萄糖的代谢绝大部分是通过(　　),此外还有小部分通过磷酸戊糖途径、2,3-二磷酸甘油酸支路及糖醛酸循环。

A. 酵解　　B. 脂肪酸氧化　　C. 三羧酸循环　　D. 糖原分解

5. 糖氧化产生的 ATP 主要用于(　　)。

A. 维持细胞膜上的钠钾泵的运行　　B. 用于膜脂与血浆脂的交换以更新膜脂

C. 少量 ATP 用于合成脱氢酶的辅酶　　D. 以上都是

6. 鸟类的红细胞则有核等结构,它与一般细胞相似,主要通过(　　)取得能量。

A. 酵解　　B. 脂肪酸氧化　　C. 糖的有氧氧化　　D. 糖原分解

B1 型题

属于标准伍配单项选择题。开始给出 4 个备选答案,之后 2～6 个题干构成一组试题,要求从 4 个备选答案中为这些题干选择一个与其关系密切的答案。在这组试题中,每个备选答案可以被选一次、两次和多次,也可以不选用。

(1～3 题共用备选答案)

A. 氧合血红蛋白　　B. 碳酸血红蛋白　　C. 碳氧血红蛋白　　D. 高铁血红蛋白

1. 血红蛋白与氧结合形成(　　)。

2. Hb 蛋白质部分的游离氨基与 CO_2 结合成为(　　)。

3. 与 CO 结合形成的是(　　)。

(4～6 题共用备选答案)

A. 直接胆红素　　B. 间接胆红素　　C. 胆素原　　D. 胆素

4. 葡萄糖醛酸胆红素为(　　)。

5. 胆红素进入血液与血浆清蛋白或 α_1 球蛋白形成(　　)。

6. 胆红素进入肝细胞与 UDP-葡萄糖醛酸形成(　　)。

填空题

1. 血液的液体部分叫________,血液中的有形成分包括________、________和________。

2. 红细胞的化学成分与一般的细胞有很大不同,其中最主要的固相成分是________。血红蛋白的辅基为________,具有运输________和________的功能。

3. 血浆蛋白质包括________、________和________。

4. 血浆中酶的来源不同,可将它们分为________、________和________三类。

5. 红细胞中葡萄糖的代谢绝大部分是通过________,此外还有小部分通过________、________及________。

6. 血红蛋白与 CO 作用能生成________,CO 与 Fe^{2+} 也是以________结合。血红蛋白与 CO 结合的能力比与 O_2 结合的能力强________倍。

7. 血红蛋白与二氧化碳作用时,其蛋白质部分的游离氨基与二氧化碳结合成为________。

8. 红细胞破裂后,Hb 中血红素被氧化分解为________及________。铁变为________

而储存，可重新利用；胆绿素则被还原成__________。

9. 血液中胆红素与血浆清蛋白或 α_1 球蛋白结合成溶解度较大的复合体，称为__________，也称__________。

10. 游离胆红素难溶于水，但对__________有极高亲和力，所以在血液中主要与__________结合而运输。

11. 在肠内，一部分胆素原可被吸收进入______，经门静脉而进入______。这种被吸收的胆素原大部分可被肝细胞吸收，再随______排入小肠，此即胆素原的__________。

简答题

1. 简述血清和血浆的区别。
2. 简述红细胞的代谢情况。

论述题

1. 试述血浆蛋白的主要功能。
2. 试述哺乳动物成熟红细胞糖代谢特点。2,3-BPG 如何调节血红蛋白的携氧功能？
3. 红细胞中 ATP 的主要生理功能有哪些？
4. 图示胆红素在肝、肠中的转变过程。

【习题参考答案】

名词解释

1. 血清蛋白系数(serum protein coefficient)：血清中清蛋白与球蛋白的比值是一定的，这个比值(清/球或 A/G)称为血清蛋白系数。人的大于 1。除个别动物外，多数畜禽小于 1。

2. 胆汁酸(bile acid)：胆汁中的主要有机物。高等脊椎动物的胆汁酸都是由胆固醇转变而来的胆烷酸的羟基衍生物。以游离和结合两种形式存在。以结合型为主，游离型胆汁酸主要有 4 种：胆酸、鹅胆酸、脱氧胆酸和石胆酸。它们都能与甘氨酸或牛磺酸结合成为结合型胆汁酸而存在，以利于在肠内起消化作用，防止被酸或 Ca^{2+} 沉淀，也可避免较快被肠道吸收。胆汁酸与 Na^+ 和 K^+ 形成的胆盐是胆汁消化功能的主要作用物。

3. 胆色素(bile pigment)：是体内铁卟啉化合物的主要分解代谢产物，包括胆红素、胆绿素、胆素原和胆素等。

4. 间接胆红素(indirect-acting bilirubin)：胆红素在水中溶解度很小，进入血液后与血浆清蛋白或 α_1 球蛋白(以清蛋白为主)结合成溶解度较大的复合体而运输。这种与蛋白质结合的胆红素在临床上称间接胆红素，也称游离胆红素。

5. 直接胆红素(direct-acting bilirubin)：是胆红素进入肝细胞，主要与 UDP-葡萄糖醛酸反应生成葡萄糖醛酸胆红素，在临床上称直接胆红素，也称结合胆红素。为肝脏解毒作用的一种方式。

单项选择题

A1 题型 1. B 2. D 3. D 4. B 5. A

A2 题型 1. D 2. B

A3 题型 1. D 2. D 3. C 4. A 5. D 6. C

B1 题型 1. A 2. B 3. C 4. A 5. B 6. A

填空题

1. 血浆;红细胞,白细胞,血小板。

2. 血红蛋白;血红素,O_2,CO_2。

3. 清蛋白,球蛋白,纤维蛋白原。

4. 功能性酶,外分泌酶,细胞酶。

5. 酵解;磷酸戊糖途径,2,3-二磷酸甘油酸支路,糖醛酸循环。

6. 碳氧血红蛋白(HbCO),配位键;200～300。

7. 碳酸血红蛋白($HbCO_2$)。

8. 铁,胆绿素;铁蛋白,胆红素。

9. 间接胆红素,游离胆红素。

10. 清蛋白,清蛋白。

11. 血液,肝脏,胆汁,肠肝循环。

简答题

1. 答题要点:

1)血浆:离开血管的全血经抗凝处理后,通过离心沉淀,所获得的不含细胞成分的淡黄色液体。

2)血清:血浆除去纤维蛋白原后的胶状液体,其中的蛋白质主要是白蛋白和球蛋白。如将血液自血管内抽出,放入试管中,不加抗凝剂,则凝血反应被激活,血液迅速凝固,形成胶冻。凝血块收缩,其周围所析出的淡黄色透明液体即为血清。

2. 答题要点:

1)哺乳动物成熟的红细胞没有核、线粒体、内质网及高尔基体,不能进行核酸、蛋白质及脂类的合成。

2)红细胞缺乏完整的三羧酸循环酶系,也没有细胞色素电子传递系统,正常情况下耗氧量甚低,它所需的能量几乎完全依靠葡萄糖酵解而取得。

3)鸟类的红细胞则有核等结构,它与一般细胞相似,主要通过糖的有氧氧化取得能量。

论述题

1. 答题要点:

1)维持血浆胶体渗透压(血浆清蛋白对维持血浆胶体渗透压非常重要)。

2)维持血浆正常的 pH(组成缓冲体系,参与血浆正常 pH 的调节)。

3)运输作用(清蛋白可以运输 FFA 等,脂蛋白等运输脂类,铜蓝蛋白运输铁等)。

4)免疫作用(免疫球蛋白等)。

5)催化作用(血浆内含有各种酶,其中的功能性酶具有催化作用)。

6)营养作用(血浆蛋白降解产生氨基酸,清蛋白含有 5 种必需氨基酸)。

7)凝血、抗凝血和纤溶作用(纤维蛋白原参与血凝块形成等)。

2.答题要点:

1)哺乳动物成熟的红细胞没有糖原的储存。红细胞膜上含有运载葡萄糖的载体。缺乏完整的三羧酸循环酶系,也没有细胞色素电子传递系统。所需能量几乎完全依赖葡萄糖酵解,少部分进行磷酸戊糖途径、2,3-二磷酸甘油酸支路和糖醛酸循环。

2)2,3-二磷酸甘油酸通过与 Hb 1∶1 的结合削弱其对 O_2 的亲和力,有利于氧的释放。

3.答题要点:

1)维持红细胞膜上钠泵(Na^+-K^+-ATPase)的正常运转。

2)维持红细胞膜上钙泵(Ca^{2+}-ATPase)的正常运转。

3)维持红细胞膜上脂质与血浆脂蛋白中脂质的交换。

4)少量 ATP 用于谷胱甘肽、NAD^+ 的生物合成。

5)ATP 用于葡萄糖的活化,启动糖酵解过程。

4.答题要点:

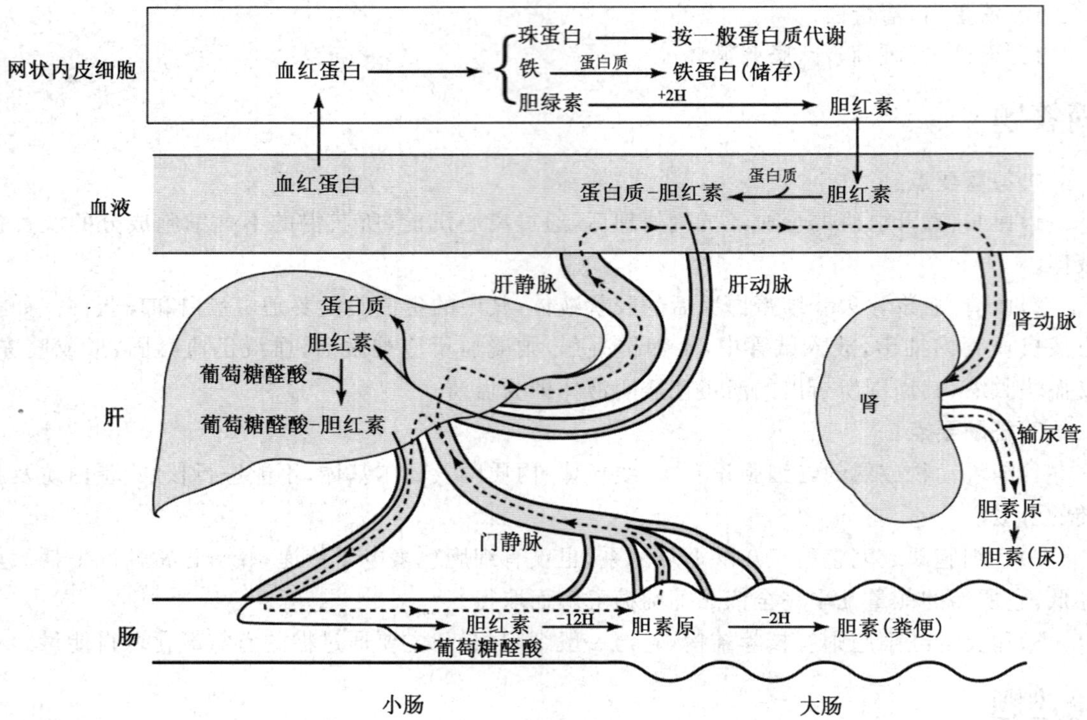

第 20 章　一些组织和器官的代谢

动物体内的肝脏、肌肉、神经和结缔组织等组织器官有重要的代谢功能。肝脏几乎参加了体内所有的代谢过程;肌肉是动物体内占体重百分比最大的组织,也是一种效率非常高的能量转换器;大脑与神经组织是动物体内的高级指挥系统,支配着动物机体全部的生理活动;结缔组织则广泛散布于细胞之间,形成器官及组织的间隔,起着机械支持和保护器官的作用。

【知识目标】

掌握肝脏在物质代谢、胆色素代谢中的作用;了解肌肉收缩的机制;了解神经组织的化学组成和代谢特点,结缔组织的组成等;了解神经递质的结构、生理功能和代谢。

【复习指南】

第一部分　肝脏的生物化学

表 20-1　肝脏的结构特点和化学组成

项目		主要内容
结构特点	双重血液供应	具有肝动脉和门静脉的双重血液供应
	两条输出途径	经由肝静脉流进后腔静脉的血液循环通路 经由胆道系统通向肠道的排出通路
	在组织结构上	肝脏由无数肝小叶构成。这种结构对肝细胞与血液之间的物质交换提供了极为有利的条件
化学组成	水分	平均含水分 70%
	干物质 30%	蛋白质:大约占干物质的一半,是机体内贮存铁最多的器官
		酶:种类很多。氨甲酰基转移酶、半乳糖激酶、*L*-谷氨酸脱氢酶等为肝脏所特有
		脂溶性维生素(A、D、E、K)以及维生素 B_{12} 和生物素
		糖原、脂肪酸、胆固醇等。糖原含量随营养状况变化

表 20-2 肝脏在物质代谢中的作用

肝是体内最重要的代谢器官，是维持血糖稳定的主要器官	
糖代谢中的作用	糖异生、肝糖原的合成与分解、糖酵解途径和糖的有氧分解代谢
脂类代谢中的作用	氧化分解脂肪酸的主要器官，合成甘油三酯、酮体、FFA 的主要场所，生成 TG 以 VLDL 入血；对于禽类，肝脏是合成脂肪的主要场所
	合成磷脂的主要器官，以 HDL 入血
	合成胆固醇，以 LDL 送出肝；肝中转化胆固醇为胆汁酸清除胆固醇
	肝细胞合成 VLDL，在血液中可转化成 LDL；HDL 主要在肝合成
	分泌胆汁，其中胆汁酸为脂类消化吸收所必需，激活胰脂肪酶
蛋白质代谢中的作用	血浆中的全部清蛋白、纤维蛋白原、部分的球蛋白、凝血酶原以及凝血因子Ⅴ、Ⅶ、Ⅸ、Ⅹ都在肝脏中合成，合成转铁蛋白、铜蓝蛋白等
	氨基酸和蛋白质的摄入和转出
	氨基酸脱氨，酮酸进入糖代谢途径氧化供能，或异生成糖，或生成酮体
	合成尿素
在维生素代谢中的作用	是多种维生素（A、D、E、K、B_{12}）的储存场所。胡萝卜素可在肝内（部分在肠上皮细胞）转变为维生素 A
	维生素 D_3 在肝脏经羟化反应转变为 25-羟胆钙化醇
	有多种维生素在肝脏合成辅酶，例如维生素 PP 合成 NAD^+ 及 $NADP^+$，泛酸合成辅酶 A，硫胺素合成焦磷酸硫胺素等

表 20-3 肝脏的生物转化作用和排泄功能

物质排出前在体内所经历的代谢转变过程，叫作生物转化作用（biotransformation）。肝脏是生物转化的最主要器官。肝中生物转化作用有氧化、还原、水解和结合等方式，以氧化与结合的方式最为重要；前三个属于第一相反应，结合属于第二相反应	
氧化反应	肠内腐败产生的有毒的胺类吸收后，进入肝脏，大部分在肝脏中经胺氧化酶的催化，先被氧化成醛及氨，醛再氧化成酸，酸最后氧化成二氧化碳和水，氨则大部分在肝脏合成尿素
结合反应	肝内最重要的解毒方式。参与结合解毒的物质有多种，如葡萄糖醛酸、硫酸、甘氨酸、乙酰 CoA 等
排泄功能：肝脏有一定的排泄功能。如胆色素、胆固醇、碱性磷酸酶及钙、铁等正常成分，可随胆汁排出体外。解毒作用的产物大部分随血液运至肾脏从尿排出，也有一小部分从胆汁排出	

第二部分　肌肉的生物化学

表 20-4　肌肉的代谢特点和收缩的 ATP 供应

项目	主要内容
肌肉的代谢特点	肌肉组织特有脂蛋白脂肪酶；呼吸链丰富；主要的代谢途径为糖酵解和糖的有氧氧化；主要的供能物质是脂肪酸、葡萄糖和酮体；主要的代谢产物是乳酸、CO_2 和 H_2O
肌肉收缩的 ATP 供应	肌肉收缩时必须有 ATP 的充分供应。肌肉中 ATP 的根本来源是酵解作用、三羧酸循环和氧化磷酸化过程。在哺乳动物肌肉中，磷酸肌酸是能量储备物质。当肌肉收缩时，在肌酸激酶的催化下，磷酸肌酸能把其磷酸基转给 ADP，产生 ATP。这是一个可逆反应。在肌肉休止时，ATP 可将其磷酸基转给肌酸，生成磷酸肌酸储备起来

第三部分　神经组织的生物化学

表 20-5　大脑的一般代谢

项目	主要内容
能量代谢	主要代谢途径：糖的有氧氧化；糖酵解和氨基酸代谢 主要供能物质：葡萄糖。氨基酸和酮体(多见于饥饿、幼畜的哺乳期) 主要代谢产物：乳酸、CO_2 和 H_2O
氨和谷氨酸的代谢	神经组织含有腺苷酸脱氨酶等能以高速度产生氨
	脑内氨的恒态浓度维持在 0.3 mmol/L 左右
	多余的氨形成谷氨酰胺运出脑外至肝脏生成尿素
	丢失谷氨酸主要由血液中的谷氨酸补充，其余的靠葡萄糖补充

表 20-6　神经递质

神经递质是一些可扩散的小分子化学物质，如：乙酰胆碱是由乙酰辅酶 A 将乙酰基转给胆碱而合成。儿茶酚胺类是去甲肾上腺素和多巴胺的总称，由酪氨酸转变而成。γ-氨基丁酸由谷氨酸生成，是一种重要的抑制性氨基酸类递质

第四部分　结缔组织的生物化学

结缔组织的基本成分是细胞、纤维、无定形基质，纤维分胶原、弹性、网状纤维三种，组成纤维的蛋白质主要有胶原和弹性蛋白。基质中的糖胺聚糖是一种高分子化合物，有较大的黏滞性，对维持组织形态，阻止病菌、病毒侵入细胞有一定作用，对关节有润滑和保护作用。

表 20-7 结缔组织的化学组成

基本成分	主要内容
细胞	不同结缔组织中的细胞组成种类各不相同
纤维(包括胶原、弹性、网状纤维)	胶原蛋白:含大量甘氨酸、脯氨酸、羟脯氨酸及少量羟赖氨酸。羟脯氨酸及羟赖氨酸为胶原蛋白所特有。胶原蛋白中含硫氨基酸及酪氨酸的含量甚少
	弹性蛋白:含有95%的非极性氨基酸,如甘氨酸、脯氨酸、缬氨酸、亮氨酸、异亮氨酸、丙氨酸等
无定形基质	基质的化学成分有水、非胶原蛋白、糖胺聚糖(GAG)(或称黏多糖)及无机盐等。非胶原蛋白含有较多的含硫氨基酸。糖胺聚糖是一种高分子化合物,由氨基己糖、己糖醛酸等己糖衍生物与乙酸、硫酸等缩合而成,与非胶原蛋白以糖苷键相连形成黏蛋白

【练习与自测题】

名词解释

1. 生物转化作用(biotransformation)
2. 肌球蛋白(myosin)
3. 肌动蛋白(actin)
4. 突触(synapse)
5. 神经递质(neurotransmitter)
6. 结缔组织(connective tissue)
7. 基质(stroma)

单项选择题

A1 型题

为单项选择题,属于最佳选择题类型。每道试题由一个题干和四个备选答案组成,其中只有一个是最符合题目要求的。

1. 大脑主要是利用血液提供的葡萄糖供能,但大脑中储存的葡萄糖和糖原很少。在血糖降低时,还可被大脑利用供能的主要物质是(　　)。

A. 酮体　　B. 脂肪酸　　C. 胆固醇　　D. 甘油磷脂

2. 在肌肉中作为能量储备物质的是(　　)。

A. ATP　　B. GTP　　C. UTP　　D. 磷酸肌酸

3. 分子结构中含有特殊的羟脯氨酸和羟赖氨酸残基的蛋白质是(　　)。

A. 血红蛋白　　B. 肌红蛋白　　C. 血清蛋白　　D. 胶原蛋白

4. 结缔组织基质中的主要糖成分是(　　)。

A. 糖胺聚糖　　B. 壳多糖　　C. 葡萄糖　　D. 乳糖

5. 生物转化第二相反应最普遍和重要的是(　　)。

A. 酰基结合反应　B. 葡萄糖醛酸结合反应

C. 甘氨酸结合反应　D. 硫酸结合反应

6. 参与生物转化第一相反应的酶是(　　)。

A. 乙酰基转移酶　B. 加单氧酶　C. 酰基转移酶　D. 甲基转移酶

7. 不能从尿中排出的胆色素是(　　)。

A. 尿胆素原　B. 粪胆素原　C. 游离胆红素　D. 结合胆红素

8. 肝脏内最主要的解毒方式是(　　)。

A. 结合　B. 氧化　C. 还原　D. 水解

9. 肝脏中与含羟基、羧基毒物结合并解毒的物质是(　　)。

A. 葡萄糖醛酸　B. 硫酸　C. 甘氨酸　D. 乙酰 CoA

10. 肌肉收缩的力量来自肌球蛋白、肌动蛋白和(　　)之间的相互作用。

A. 磷酸肌酸　B. 肌酸　C. ATP　D. 肌糖原

A2 型题

每道题由一个叙述性的简要主题作为题干和四个备选答案组成。A、B、C、D 四个答案中只有一个是最佳答案。

1. 动物体内许多非营养物质，由机体排出体外以前，需经过一定的代谢转变，使它们增强极性或水溶性，转变成比较容易排出的形式，然后随尿或胆汁排出。物质排出前在体内所经历的这种代谢转变过程，叫(　　)。

A. 生物转化　B. 生物解毒　C. 生物代谢　D. 生物转变

2. 神经组织中一些酶催化的反应能以高速度产生氨。其在大脑内的恒态浓度必须维持在 0.3 mmol/L 左右，多余的氨则经(　　)运至肝脏生成尿素。

A. Gly　B. 酮体　C. 葡萄糖　D. Glu

A3 型题

2～3 个相关的问题，每个问题均与开始的题干有关。每个问题均有四个备选答案，需要选择一个最佳答案。

(1～3 题共用题干)生物转化是对体内的非营养物质进行转化，使生物活性物质的生物活性降低或消除，或使有毒物质的毒性减低或消除。

1. 生物转化中最主要的结合剂是(　　)。

A. SAM　B. UDPGA　C. GSH　D. PAPS

2. 生物转化中参与氧化反应最重要的酶是(　　)。

A. 胺氧化酶　B. 醛脱氢酶　C. 醇脱氢酶　D. 混合功能氧化酶

3. 被称为“活性硫酸”的是(　　)。

A. SAM　B. UDPGA　C. GSH　D. PAPS

(4～6 题共用题干)每个肌原纤维由一系列的重复单位——肌小节所组成。肌小节是肌原纤维的基本收缩单位，每个肌小节由许多粗丝和细丝重叠排列组成。

4. 粗丝的主要成分是(　　)。

A. 肌球蛋白　B. 肌动蛋白　C. 肌钙蛋白　D. G-肌动蛋白

E. F-肌动蛋白

5. 参与肌肉收缩的肌球蛋白具有一些重要的性质，但不具备下列哪种性质？（　　）

A. 能自动聚合形成丝　　B. 尾部聚合形成粗丝的主轴

C. 能与细丝联结　　D. 有 ATP 酶活性

6. 肌肉收缩的力量来自肌球蛋白、肌动蛋白和 ATP 之间的相互作用，能与 ATP 结合的是（　　）。

A. 肌球蛋白　　B. 肌动蛋白　　C. 肌动球蛋白　　D. 肌钙蛋白

（7～9 题共用题干）衰老红细胞破裂后，血红蛋白的辅基血红素被氧化分解为铁及胆绿素。胆绿素被还原成胆红素。胆红素在水中溶解度很小，进入血液后，即与血浆清蛋白或 α_1 球蛋白结合成溶解度较大的复合体而被运输。

7. 这种与血浆清蛋白结合的胆红素称为（　　）。

A. 直接胆红素　　B. 结合胆红素　　C. 间接胆红素　　D. 尿胆素

8. 胆红素有毒性，随血液循环到肝脏时，即与清蛋白分离而进入肝细胞，被结合解毒。与胆红素结合解毒的物质是（　　）。

A. 葡萄糖醛酸　　B. 活性硫酸　　C. 甘氨酸　　D. 谷氨酰胺

E. 乙酰 CoA

9. 肝脏结合解毒的胆红素随胆汁进入小肠，可经肝肠循环，最后至肾脏随尿液排出的是（　　）。

A. 游离胆红素　　B. 结合胆红素　　C. 胆绿素　　D. 尿胆素原

（10～12 题共用题干）结缔组织种类多，但只含有三种基本成分，即细胞、纤维及无定形基质。纤维由原纤维组成，按其性质可分为三类：胶原纤维、弹性纤维和网状纤维。

10. 除了哪个外，都含有胶原蛋白？（　　）

A. 胶原纤维　　B. 弹性纤维　　C. 网状纤维　　D. 都不是

11. 胶原蛋白中含量最丰富的氨基酸是（　　）。

A. 甘氨酸　　B. 脯氨酸　　C. 羟脯氨酸　　D. 羟赖氨酸

12. 胶原蛋白不仅由（　　）合成，成软骨细胞，成骨细胞，某些上皮细胞，平滑肌细胞，神经组织的雪旺氏细胞等也能合成。

A. 成软骨细胞　　B. 成骨细胞　　C. 成纤维细胞　　D. 都不是

B1 型题

属于标准伍配单项选择题。开始给出 4 个备选答案，之后 2～6 个题干构成一组试题，要求从 4 个备选答案中为这些题干选择一个与其关系密切的答案。在这组试题中，每个备选答案可以被选一次、两次和多次，也可以不选用。

（1～3 题共用备选答案）

A. 葡萄糖醛酸　　B. PAPS　　C. GSH　　D. 甘氨酸

1. 与游离胆红素结合生成间接胆红素密切相关的是（　　）。

2. 可保护体内蛋白质或酶中巯基免遭氧化的是（　　）。

3. 与游离胆汁酸结合生成结合胆汁酸的化合物密切相关的是（　　）。

（4～6 题共用备选答案）

A. 游离胆红素　　B. 胆绿素　　C. 胆素原　　D. 胆素

4. 血红素在血红素加氧酶催化下的产物为（　　）。

5. 在血中与血红蛋白结合运输的物质是（　　）。

6. 尿与粪便颜色的来源是（　　）。

填空题

1. 肝脏在解剖方面的最大特点，是具有________和________的双重血液供应。

2. 肝脏有两条输出途径：一条是经由________流进________的血液循环通路；另一条是经由__________通向________的排出通路。

3. 肝中生物转化作用有________、________、________、________等方式，其中以____________、____________的方式最为重要。

4. 大脑主要利用血液提供的__________供能。幼畜在哺乳期，大脑的氧化底物中________占相当显著的部分。

5. 肌肉中 ATP 的根本来源是__________、____________和__________________过程。在哺乳动物肌肉中，能量储备物质是__________。

6. 结缔组织种类多，但只有三种基本成分，即________、________及__________。纤维包括__________、__________、__________。

7. 弹性蛋白是组成弹性纤维的主要成分。它含有 95% 的非极性氨基酸如________、________、________、________、________、________等。

8. 基质是无定形的胶态物质，充满在结缔组织的细胞和纤维之间。基质的化学成分有________、________、________及________等。

9. 糖胺聚糖合成的基本原料是________，氨基部分来自________，合成是在细胞的________中逐步完成的。

简答题

1. 简述肝脏在脂类代谢中的作用。

2. 简述肝脏在蛋白质代谢中的作用。

3. 简述粗细和细丝的成分及在肌肉收缩中的作用。

4. 简述大脑中与游离氨清除有关的反应。

5. 简述非胶原蛋白与胶原蛋白的异同。

6. 简述糖胺聚糖的生理作用。

论述题

1. 试述肝脏在物质代谢中的重要作用。

2. 肝脏的生物转化作用有哪些方式？有什么重要的生理意义？

3. 试述脑的一般代谢。

4. 结缔组织包括哪些主要成分？

【习题参考答案】

名词解释

1. 生物转化作用(biotransformation):物质需要经过一定的代谢转变,使它们增强极性或水溶性,转变成比较容易排出的形式,然后再随尿或胆汁排出。这些物质排出前在体内所经历的这种代谢转变过程,叫作生物转化作用。

2. 肌球蛋白(myosin):是粗丝的主要成分。由两条相同的重链和四条轻链组成一个很大的分子。有3个重要的性质:①肌球蛋白分子能自动聚合形成丝;②有ATP酶活性;③能与细丝联结。

3. 肌动蛋白(actin):是细丝的主要成分。单个肌动蛋白的分子量为42 000,呈球形,故称G-肌动蛋白。许多肌动蛋白分子聚合起来形成纤维状,故称F-肌动蛋白,即细丝的基本结构。

4. 突触(synapse):周围神经末梢与其效应器细胞发生机能联系的部位称突触。在这里神经末梢与其效应器细胞之间有一定的间隙称为突触间隙。神经末梢靠近突触间隙的细胞膜称突触前膜,效应器细胞靠近突触间隙的细胞膜称突触后膜。

5. 神经递质(neurotransmitter):神经纤维把神经冲动传递给效应器细胞是通过神经末梢释放某种化学物质,这些物质经过突触间隙作用于效应器细胞而实现的。这种物质称为神经递质。它们都是可扩散的小分子化合物。神经细胞之间也是通过这种方式传递信息的。在周围神经中,有些神经纤维兴奋时,其末梢释放乙酰胆碱(Ach)作为神经递质,称胆碱能神经,另一些则释放去甲肾上腺素,称去甲肾上腺素能神经。

6. 结缔组织(connective tissue):分布广泛,组成各器官包膜及组织间隔,散布于细胞之间,既有联结和营养的功能,又有支持和保护器官的作用,能使细胞吸收养分和排除废物顺利进行,还具有防御某些疾病传染的功能。结缔组织种类多,但只有三种基本成分,即细胞、纤维及无定形基质。

7. 基质(stroma):是无定形的胶态物质,充满在结缔组织的细胞和纤维之间。基质的化学成分有水、非胶原蛋白、糖胺聚糖(或称黏多糖)及无机盐等。

单项选择题

A1型题 1. A 2. D 3. D 4. A 5. B 6. B 7. D 8. A 9. A 10. C

A2型题 1. A 2. D

A3型题 1. B 2. D 3. D 4. A 5. B 6. C 7. C 8. A 9. D 10. B 11. B 12. C

B1型题 1. A 2. C 3. D 4. B 5. A 6. D

填空题

1. 肝动脉,门静脉。

2. 肝静脉,后腔静脉;胆道系统,肠道。

3. 结合,氧化,还原,水解;氧化,结合。

4. 葡萄糖,酮体。

5. 酵解作用，三羧酸循环，氧化磷酸化；磷酸肌酸。
6. 细胞，纤维，无定形的基质；胶原纤维，弹性纤维，网状纤维。
7. 甘氨酸，脯氨酸，缬氨酸，亮氨酸，异亮氨酸，丙氨酸。
8. 水，非胶原蛋白，糖胺聚糖，无机盐。
9. 葡萄糖，谷氨酰胺，内质网。

简答题

1. 答题要点：

1）肝脏在脂类代谢中的作用非常重要。肝脏是脂肪酸 β-氧化的主要场所。不完全 β-氧化产生的酮体，可以为肝外组织提供容易氧化供能的原料。

2）对于禽类，肝脏是合成脂肪的主要场所。虽然家畜主要在脂肪组织内合成脂肪，但肝内也能合成一定数量，并且肝脏在体内脂类的转运中起重要的作用。

3）血浆中的磷脂主要是由肝脏合成的，并且也主要回到肝脏进行进一步的代谢变化。

4）肝脏是胆固醇代谢转变的重要场所，例如肝内胆固醇大部分转变为胆汁酸盐，有助于促进脂类的消化吸收，一部分胆固醇随胆汁排出。

2. 答题要点：

1）肝脏是蛋白质代谢最活跃的器官之一，其蛋白质的更新速度也最快。它不但合成本身的蛋白质，还合成大量血浆蛋白质，血浆中的全部清蛋白、纤维蛋白原、部分的球蛋白、凝血酶原以及凝血因子Ⅴ、Ⅶ、Ⅸ、Ⅹ也都在肝脏中合成。

2）氨基酸和蛋白质的摄入和转出。

3）氨基酸脱氨，生成酮酸进入糖代谢途径氧化供能，或异生成糖或生成酮体，合成尿素。

3. 答题要点：

1）粗丝的主要成分是肌球蛋白。肌球蛋白有 3 个重要的性质：①肌球蛋白分子能自动聚合形成丝；②有 ATP 酶活性；③能与细丝联结。

2）细丝的主要成分是肌动蛋白。

3）肌肉收缩的力量来自肌球蛋白、肌动蛋白和 ATP 之间的相互作用。

4. 答题要点：

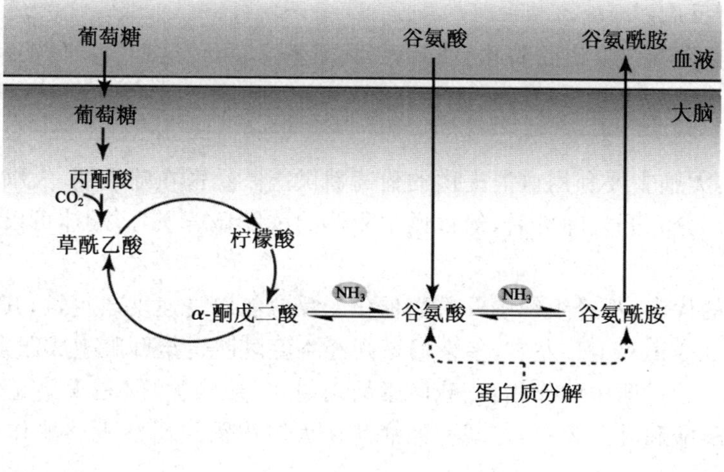

5. 答题要点:

非胶原蛋白与胶原蛋白不同,属于球蛋白,并含有较多的含硫氨基酸。而胶原蛋白则为纤维状硬蛋白,含硫氨基酸的含量甚少。非胶原蛋白通过它分子中丝氨酸或苏氨酸残基上的羟基与糖胺聚糖以糖苷键结合成黏蛋白。

6. 答题要点:

1)糖胺聚糖是基质的主要成分,结合水的能力很强,使皮肤及其他组织保持足够的水分,以维持丰满状态。

2)糖胺聚糖分子中含有较多的酸性基团,对细胞外液中的 Ca^{2+}、Mg^{2+}、Na^+、K^+ 等离子有较大的亲和力,因此也能调节这些阳离子在组织中的分布。

3)糖胺聚糖有促进创伤愈合的作用。

4)糖胺聚糖具有较大的黏滞性。在关节液中,它们(主要是透明质酸)附着于关节面上,能减少关节面的摩擦,具有润滑、保护作用。

5)糖胺聚糖可形成凝胶,对于维持组织形态,阻止病菌或病毒侵入细胞有一定的作用。

论述题

1. 答题要点:

1)肝在糖代谢中的作用:维持血糖浓度恒定,保障全身各组织,尤其是大脑和红细胞的能量供应。

2)肝在脂类代谢中的作用:在脂类的消化、吸收、合成、分解与运输中均具有重要作用。

3)肝在蛋白质代谢中的作用:合成血浆蛋白的主要器官,清除血浆蛋白质(清蛋白除外);合成纤维蛋白原、凝血酶原、凝血因子等;氨基酸的脱氨基、脱羧基、脱硫、转甲基等(支链氨基酸除外);清除血氨及胺类,合成尿素。

4)肝在维生素代谢中的作用:肝脏是多种维生素(A、D、E、K、B_{12})的储存场所。胡萝卜素可在肝内(部分在肠上皮细胞)转变为维生素 A;维生素 D_3 在肝脏经羟化反应转变为 25-羟胆钙化醇;有多种维生素在肝脏合成辅酶,例如维生素 PP 合成 NAD^+ 及 $NADP^+$,泛酸合成辅酶 A,硫胺素合成焦磷酸硫胺素等。

2. 答题要点:

1)方式:第一相反应:氧化、还原、水解反应,使分子结构发生改变,极性增强,水溶性增强;第二相反应:结合反应。

2)对体内的非营养物质进行转化,使其灭活,或解毒;可使这些物质的溶解度增加,易于排出体外。

3. 答题要点:

1)能量代谢:大脑主要利用血液提供的葡萄糖供能。幼畜在哺乳期,大脑的氧化底物中酮体占相当显著的部分。开始哺乳后,幼畜血中酮体的浓度显著上升,酮体可以作为大脑的能源之一。

2)大脑中氨的代谢:神经组织中一些酶催化的反应能以高速度产生氨,其在大脑内的恒态浓度必须维持在 0.3 mmol/L 左右,多余的氨则经谷氨酰胺运至肝脏生成尿素。

3)维生素在大脑代谢中的作用:当硫胺素缺乏时,三羧酸循环(是大脑正常活动时的主要能源)被抑制,丙酮酸和乳酸聚存,出现神经症状。大脑中需要磷酸吡哆醛作为辅酶的重要反应有，谷氨酸和草酰乙酸之间的转氨基反应，谷氨酸转变为 γ-氨基丁酸，5-羟色氨酸转变为 5-羟色胺，多巴转变为多巴胺的脱羧反应等。

4. 答题要点：

1)结缔组织含有三种基本成分，即细胞、纤维及无定形基质。

2)纤维是结缔组织的重要部分，按其性质可分为三类：①胶原纤维：由胶原蛋白组成。②弹性纤维：主要由弹性蛋白组成。③网状纤维：其主要化学成分为另一型的胶原蛋白。

3)基质是无定形的胶态物质，充满在结缔组织的细胞和纤维之间。基质的化学成分有水、非胶原蛋白、糖胺聚糖（或称黏多糖）及无机盐等。非胶原蛋白通过其分子中丝氨酸或苏氨酸残基上的羟基与糖胺聚糖以糖苷键结合成黏蛋白。糖胺聚糖又称为氨基多糖或黏多糖，由氨基己糖、己糖醛酸等己糖衍生物与乙酸、硫酸等缩合而成。

第21章　乳和蛋的生物化学

乳是乳腺上皮细胞的分泌产物。除了水分以外，乳中含有脂类、蛋白质、糖类、无机盐和维生素等。乳腺有从头合成脂肪和蛋白质的能力，但是反刍动物与非反刍动物在利用碳源上有所不同。乳糖通过渗透调节影响动物的泌乳量，它以葡萄糖为原料，由乳糖合成酶催化在高尔基体中合成，并与乳蛋白有共同的分泌途径。禽蛋由蛋壳、蛋清和蛋黄三部分组成。蛋壳又包括角质层、蛋壳和蛋壳膜。被蛋清包围的球状体称为蛋黄。蛋黄包括蛋黄膜、蛋黄内容物和胚胎三部分。蛋黄的生化成分复杂，一半是蛋白质与脂类，脂类主要以脂蛋白的形式存在，蛋黄中的蛋白质在肝脏合成后转运到发育的卵中。

【知识目标】

认识和了解乳的生物化学性质，分泌和生成的过程；了解蛋的结构、组成和形成。

【复习指南】

第一部分　乳的生物化学

乳是乳腺上皮细胞的分泌产物，含有哺乳动物幼仔生长发育所需的几乎一切营养成分，因此是动物出生后早期最适宜的食物来源。

表 21-1　乳的基本组成

乳中除了大部分是水以外，还含有脂肪、蛋白质、糖类、无机盐、维生素，以及酶类、激素等生物活性物质	
乳脂	甘油三酯是乳脂的主要成分，约占99%，呈小球状存在，称为乳脂肪球，其表面包裹着由磷脂和蛋白质构成的膜
	牛乳甘油三酯中含有较多的短链脂肪酸
乳蛋白（约占95%）	酪蛋白(casein)是乳腺自身合成的含磷的酸性蛋白，在乳中与钙离子结合，并形成微团结构，是乳中的主要营养性蛋白，也是乳中丰富钙、磷的来源。包括α_s-酪蛋白、β-酪蛋白、γ-酪蛋白和κ-酪蛋白
	乳清蛋白(milk whey proteins)包括α-乳清蛋白、β-乳球蛋白、血浆清蛋白和免疫球蛋白，还有乳铁蛋白、乳过氧化物酶、溶菌酶、黄嘌呤氧化酶等具有抑菌作用的非特异保护蛋白，在维持乳腺和幼仔胃肠道健康中发挥作用
乳糖	乳中主要糖类，溶解在乳清中。它是由一分子半乳糖和一分子葡萄糖脱水缩合形成的二糖，是乳腺特有的产物

续表 21-1

单糖	主要是葡萄糖和半乳糖，与乳糖的合成有关
	另一些单糖，如 *N*-乙酰半乳糖胺、甘露糖和岩藻糖，则是乳中低聚糖和糖蛋白的结构成分，具有抗原活性和促进肠道有益菌群生长的功能
盐类	包括钾、钠、钙、镁的磷酸盐、氯化物和柠檬酸盐，还有微量的重碳酸盐
	与血液相比，有较多的钙、磷、钾、镁、碘，但钠、氯和重碳酸盐则较少
	铁、铜、锌、镁等微量元素通常与乳蛋白结合

表 21-2　乳脂的合成与分泌

项目	原料	来源
合成（α-磷酸甘油途径）	α-磷酸甘油	磷酸二羟丙酮还原
		乳糜微粒和极低密度脂蛋白转运到乳腺组织中的甘油三酯的水解提供甘油
	脂肪酸	乳腺组织具有从头合成脂肪酸的能力
		非反刍动物主要利用葡萄糖氧化分解产生的乙酰 CoA，经过柠檬酸-丙酮酸循环从线粒体转运到胞液作为脂肪酸合成的原料
		反刍动物是将瘤胃发酵产生的乙酸和 β-羟丁酸作为乳腺合成脂肪酸的主要碳源。反刍动物乳脂中近一半的软脂酸和碳链更长的脂肪酸来源于血液
		乳糜微粒和极低密度脂蛋白经血液把甘油三酯转运到乳腺组织中，脂蛋白脂肪酶催化其水解释出脂肪酸
分泌	顶浆分泌	脂肪酸的酯化作用主要发生在滑面内质网。在这个位置上合成的脂类聚集成乳脂小滴，并游离在胞浆中，其体积由小变大，逐渐向上皮细胞的顶部迁移，并向腔面突入，突出腔面的脂滴由细胞质膜包裹，最后从顶膜上断裂以脂肪球的形式排入腺泡腔中，其外面仍然包裹着脱离了细胞的质膜并含有少量细胞液成分

表 21-3　乳糖的合成与分泌

项目	主要内容
合成	在乳腺上皮细胞的高尔基体腔中合成
	以葡萄糖为前体，由乳糖合成酶催化
分泌	在高尔基体腔内合成后，经由分泌泡向上皮细胞顶膜转移，在此过程中水分借助于乳糖的渗透作用进入含有乳糖的分泌泡中。乳糖与分泌泡中的乳蛋白最终一起分泌到乳腺腺泡腔中

表 21-4　乳蛋白质的合成与分泌

项目	主要内容
两个来源	由乳腺从头合成的，如酪蛋白、α-乳清蛋白和 β-乳球蛋白等，它们是乳腺所特有的
	来自血液中的蛋白质，主要有免疫球蛋白和血浆清蛋白等
合成和分泌	乳蛋白的合成主要在粗面内质网的核糖体上开始，然后由信号肽引入内质网腔，并在内质网和高尔基体内进行磷酸化和糖基化等化学修饰过程，再由分泌泡转送到上皮细胞顶膜，通过胞吐的方式释放到腺泡腔中

第二部分 蛋的生物化学

表 21-5 蛋的结构

由外向内，蛋由蛋壳、蛋清和蛋黄三个部分所组成		
蛋壳	角质层	又称外蛋壳膜；是一层覆盖在鲜蛋外表面上的由可溶性胶原黏液干燥而形成的透明薄膜
	蛋壳	是包裹在蛋内容物外的碳酸钙硬壳，它使蛋具有形状并保护内部的蛋清和蛋黄
		蛋壳的主体是海绵层有机基质部分，为糖蛋白，包含一个有机的核心，无机盐类沉积在它周围，其中 98%是碳酸钙，少量为蛋白质
	蛋壳膜	又分内外两层，两者紧紧贴在一起，都是由角蛋白纤维形成的网状结构。外膜稍厚，纤维较粗；内膜又称蛋白膜，较薄，纤维致密，有较强的保护作用
蛋清（蛋白）	蛋壳内层膜之内的微黄色液体。蛋白由外向内可分为四层，依次为外层稀薄蛋白、中层浓厚蛋白、内层稀薄蛋白和系带膜状层	
	在蛋清中位于蛋黄两端还各有一白色带状结构，称为系带。浓厚蛋白占全部蛋清蛋白的一半以上	
蛋黄	是蛋清包围的球状体，它由许多直径在 25～150 μm 微细的球状颗粒组成。由蛋黄膜、蛋黄内容物和胚胎所组成。蛋黄膜是包围在蛋黄外面的透明薄膜，分为三层，内外两层为黏蛋白，中间为角蛋白，它比蛋白膜更为微细和紧密，可以防止蛋清与蛋黄相混合	

表 21-6 蛋的主要组成成分

项目	成分
蛋壳	无机物成分主要是碳酸钙，其次是碳酸镁、磷酸钙和磷酸镁等
	有机物主要是蛋白质，还有糖类
	蛋壳中除了绝大部分的钙盐以外，其有机基质是由硫酸软骨素、脂类和蛋白质构成的复合物
蛋清	至少含有 40 多种不同的蛋白质
	卵清蛋白在蛋清中的含量最多，约占蛋清总蛋白的 54%，是含磷酸基的糖蛋白
	伴清蛋白约占蛋清总蛋白的 13%，是糖蛋白，可与许多金属特别是与铁牢固结合
	溶菌酶是存在于蛋清中的抗菌蛋白，它对细菌的细胞壁有溶解作用
	抗生物素蛋白是蛋清中含量最少的成分，只占 0.05%，可结合生物素，从而抑制细菌对生物素的摄取，能起抗菌剂的作用
	卵类黏蛋白约占蛋清总蛋白的 11%，含糖约 22%，对蛋白酶类有抑制作用
	卵球蛋白 G_2 和 G_3 能抑制病毒的血凝集作用
	卵黏蛋白约占蛋清总蛋白的 1.5%～2.9%，溶解性弱，呈纤维状，为含糖量较高的酸性蛋白质，是浓厚蛋白的主要成分
	卵巨球蛋白约占蛋清总蛋白的 0.05%，是蛋清中分子量最大的蛋白质，也是蛋清中在免疫学上唯一具有广谱交叉反应的成分，具有强的免疫原性
蛋黄	50%是蛋白质和脂类，脂类主要以脂蛋白的形式存在
	糖类、酶类、矿物质、维生素和色素
	含有卵黄高磷蛋白和卵黄脂磷蛋白（又称高密度脂蛋白），蛋黄中绝大部分的铁和钙存在于卵黄脂磷蛋白中，而蛋黄离心上清液中含有较多的低密度脂蛋白

表 21-7　蛋的形成

项目	主要内容
蛋黄的形成	在雌激素作用下，卵黄蛋白质在肝脏中合成，然后将合成的卵黄蛋白质经血液转运到卵巢，再转运到发育的卵中
	成熟的卵子脱离卵巢掉入输卵管，然后进入输卵管的漏斗部
蛋清的形成	蛋清蛋白质主要是在输卵管中形成的，而伴清蛋白有可能是由血清中转运至输卵管后进入蛋清的
蛋壳的形成	蛋壳是在壳腺中形成的，大部分蛋壳中的钙在蛋壳形成较快的阶段中沉积下来。形成蛋壳碳酸盐的碳酸根离子可能来源于血液，也可能直接由壳腺代谢分泌产生

【练习与自测题】

名词解释

1. 乳（milk）
2. 乳脂（milk fat）
3. 乳蛋白（milk protein）
4 初乳（colostrum）
5. 乳糖（lactose）
6. 乳成分前体物（milk precursor）
7. 蛋黄（egg yolk）
8. 蛋清（egg whey）

单项选择题

A1 型题

为单项选择题，属于最佳选择题类型。每道试题由一个题干和四个备选答案组成，其中只有一个是最符合题目要求的。

1. 存在于乳中含磷并与钙离子结合的酸性蛋白质是（　　）。

A. α-乳清蛋白　　B. β-乳球蛋白　　C. 酪蛋白　　D. 免疫球蛋白

2. 下列属于乳中来源于血液的蛋白质是（　　）。

A. α-乳清蛋白　　B. β-乳球蛋白　　C. 酪蛋白　　D. 免疫球蛋白

3. 乳中可直接影响乳分泌量的物质是（　　）。

A. 乳脂　　B. 乳蛋白质　　C. 乳糖　　D. 无机盐

4. 乳糖的合成以葡萄糖为前体，发生在乳腺上皮细胞的高尔基体腔中。（　　）是乳糖合成与分泌过程的主要限速酶。

A. 乳糖合成酶　　B. 糖原合成酶　　C. 葡萄糖合成酶　D. 糖原分解酶

5. 蛋壳中的无机物成分主要是(　　)。

A. 碳酸钙　B. 碳酸镁　C. 磷酸钙　D. 磷酸镁

E. 碳酸钠

6. 蛋黄中的铁和钙主要存在于(　　)中。

A. 卵黄高磷蛋白　B. 卵黄脂磷蛋白

C. 低密度脂蛋白　D. 卵黄蛋白

7. 蛋清中蛋白质种类很多,其中对蛋白酶类有抑制作用的是(　　)。

A. 卵清蛋白　B. 伴清蛋白　C. 卵类黏蛋白　D. 卵球蛋白

A3 型题

2～3 个相关的问题,每个问题均与开始的题干有关。每个问题均有四个备选答案,需要选择一个最佳答案。

(1～3 题共用题干)乳中所含的氮约 95%是以蛋白质的形式存在的,其余的 5%是非蛋白的含氮化合物,如氨基酸、肌酸、肌酐、尿酸和尿素等。乳中的蛋白质统称为乳蛋白。

1. 乳中蛋白质有 2 个来源:一是由乳腺从头合成的蛋白质,如酪蛋白;二是来自血液中的蛋白质,乳中来自血液中的蛋白质除免疫球蛋白外,还包括下列哪一个?(　　)

A. α-乳清蛋白　B. β-乳球蛋白　C. 血浆清蛋白　D. 酪蛋白

2. 乳经离心除去上层的乳脂,得到脱脂乳。脱脂乳经酸化或凝乳酶凝聚,或经过超速离心得到酪蛋白沉淀,其上清液部分即为(　　),其中含有乳清蛋白。

A. α_s-酪蛋白　B. β-酪蛋白　C. κ-酪蛋白　D. 乳清

3. 酪蛋白是乳腺自身合成的酸性蛋白,在乳中与钙离子结合,并形成微团结构,是乳中的主要营养性蛋白。酪蛋白有 α_s、β、κ 和 γ 等类型,并且都有相应的遗传变异体。酪蛋白属于结合蛋白质,其分子中除含有氨基酸外,还有(　　)。

A. P　B. Ca　C. Fe　D. Zn

(4～6 题共用题干)乳中的主要成分是由乳腺腺泡和细小乳导管的分泌型上皮细胞,利用简单的前体分子合成的。乳的生成包含着一系列新的物质的合成和对血液中前体分子的选择性摄取。

4. 下列哪个物质是乳蛋白合成的前体物?(　　)

A. 氨基酸　B. 甘油　C. 葡萄糖　D. 脂肪酸

5. 乳糖合成的前体物是(　　)。

A. 氨基酸　B. 甘油　C. 葡萄糖　D. 脂肪酸

6. 乳脂肪合成的前体物是(　　)。

A. 乙酸　B. β-羟丁酸　C. 脂肪酸　D. 以上都是

(7～9 题共用题干)蛋的结构从外向内,由蛋壳、蛋清和蛋黄三个部分所组成,各部分组成成分各不相同。

7. 蛋壳结构中含碳酸钙盐的部分是(　　)。

A. 角质层　B. 外蛋壳膜　C. 蛋壳膜　D. 蛋壳

8. 蛋清结构中含磷酸基的糖蛋白是(　　)。

A. 卵清蛋白　B. 伴清蛋白　C. 卵球蛋白　D. 卵类黏蛋白

9. 蛋黄经离心分为颗粒沉淀和上清液两部分，上清液中含量最多的是(　　)。

A. 卵黄高磷蛋白　　B. 卵黄脂磷蛋白　　C. 卵黄蛋白　　D. 低密度脂蛋白

填空题

1. 乳中除了大部分是水以外，还含有________、________、________、________、________，以及酶类、激素等生物活性物质。

2. 乳中的脂类为________。其主要成分是________，约占 99%，呈小球状存在。其表面包裹着由________和________构成的膜，起着________悬浮在乳中和防止其被________水解的作用。

3. 乳中的蛋白质统称为乳蛋白，可以分为________和________两大部分。乳清中还有一定量来自血液的________和________。

4. 乳中的主要成分是由乳腺腺泡和细小乳导管的分泌型上皮细胞，利用简单的前体分子合成的。这些前体包括________、________、________、________和________等。它们直接或间接来自血液。

5. 乳中的蛋白质有两个来源：一是由________的，如________、α-乳清蛋白和 β-乳球蛋白等，它们是乳腺所特有的；二是来自________中的蛋白质，主要有________和________等。

6. 乳糖的合成以________为前体，发生在________的高尔基体腔中。乳糖在高尔基体腔内合成，经由分泌泡向上皮细胞顶膜转移，在此过程中水分借助于乳糖的________进入含有乳糖的分泌泡中。

7. 由外向内可见，蛋由______、______和______三个部分所组成。因家禽的种类、品种、年龄、产蛋季节和饲养状况不同，各个组分在蛋中所占的比重也不同。

8. 蛋黄的主要成分是________，它的合成是在______中进行的，然后将合成的________经________转运到卵巢，再转运到发育的卵中。

9. 蛋壳是在________中形成的。大部分蛋壳中的______是在蛋壳形成较快的阶段中沉积下来的。

10. 蛋壳中除了绝大部分的钙盐以外，其有机基质是由________、________和________构成的复合物。

简答题

1. 简述乳及其组成。

2. 简述乳脂及其组成。

3. 简述蛋清的结构。

4. 蛋壳的组成成分有哪些？

论述题

1. 乳中的蛋白质主要有哪些？说明其生物学作用。

2. 试述乳脂的合成与分泌。

3. 试述乳糖的合成与分泌。

4. 举出 5～7 个蛋清中的蛋白质并加以描述。

【习题参考答案】

名词解释

1. 乳(milk)：乳是乳腺上皮细胞的分泌产物，含有哺乳动物幼仔生长发育所需的几乎一切营养成分，因此是动物出生后早期最适宜的食物来源。乳中除了大部分是水以外，还含有脂肪、蛋白质、糖类、无机盐、维生素，以及酶类、激素等生物活性物质。

2. 乳脂(milk fat)：指乳中的脂类。乳脂的主要成分是甘油三酯，约占 99%，呈小球状存在，称为乳脂肪球。

3. 乳蛋白(milk protein)：乳中的蛋白质统称为乳蛋白，可以分为酪蛋白和乳清蛋白两大部分。酪蛋白是乳腺自身合成的含磷的酸性蛋白，在乳中与钙离子结合，并形成微团结构，是乳中的主要营养性蛋白，也是乳中丰富钙、磷的来源。乳清中含有乳清蛋白，并含有一定量来自血液的血浆清蛋白和免疫球蛋白。

4. 初乳(colostrum)：指在动物分娩后头三、四天里的乳。初乳中常有高浓度的免疫球蛋白。

5. 乳糖 (lactose)：乳中的主要糖类，溶解在乳清中。是由一分子半乳糖和一分子葡萄糖脱水缩合形成的二糖，是乳腺特有的产物，在动物的其他器官中没有游离的乳糖。乳糖在所有动物乳中的含量都很高。

6. 乳成分前体物(milk precursor)：乳中蛋白质、乳脂及乳糖都是由乳腺腺泡和细小乳导管的分泌型上皮细胞利用简单的小分子物质合成的，这些小分子物质称为乳成分前体物，包括葡萄糖、氨基酸、乙酸、β-羟丁酸和脂肪酸等，它们直接或间接地来自血液。

7. 蛋黄(egg yolk)：是蛋清包围的球状体，它由许多直径在 25～150 μm 大小微细的球状颗粒组成。由蛋黄膜、蛋黄内容物和胚胎所组成。蛋黄膜是包围在蛋黄外面的透明薄膜，并分为三层，内外两层为黏蛋白，中间为角蛋白，它比蛋白膜更为微细和紧密，可以防止蛋清与蛋黄相混合。

8. 蛋清(egg whey)：即蛋白，为颜色微黄的胶体，约占蛋总重的 60%。蛋白由外向内可分为四层，依次为外层稀薄蛋白、中层浓厚蛋白、内层稀薄蛋白和系带膜状层。在蛋清中位于蛋黄两端还有一白色带状结构，称为系带。浓厚蛋白占全部蛋清蛋白的一半以上。

单项选择题

A1 型题　1. C　2. D　3. C　4. A　5. A　6. B　7. C

A3 型题　1. C　2. D　3. A　4. A　5. C　6. D　7. D　8. A　9. D

填空题

1. 脂肪，蛋白质，糖类，无机盐，维生素。

2. 乳脂；甘油三酯；磷脂，蛋白质，使乳脂肪球稳定，乳脂肪酶。

3. 酪蛋白，乳清蛋白；血浆清蛋白，免疫球蛋白。

4. 葡萄糖，氨基酸，乙酸，β-羟丁酸，脂肪酸。

5. 乳腺从头合成，酪蛋白；血液，免疫球蛋白，血浆清蛋白。

6. 葡萄糖，乳腺上皮细胞；渗透作用。

7. 蛋壳，蛋清，蛋黄。

8. 蛋白质，肝脏，卵黄蛋白质，血液。

9. 壳腺，钙。

10. 硫酸软骨素，脂类，蛋白质。

简答题

1. 答题要点：

1)乳是乳腺上皮细胞的分泌产物，含有哺乳动物幼仔生长发育所需的几乎一切营养成分，因此是动物出生后早期最适宜的食物来源。

2)乳中除了大部分是水以外，还含有脂肪、蛋白质、糖类、无机盐、维生素，以及酶类、激素等生物活性物质。

3)乳的组成和分泌量因动物种别、年龄、泌乳周期、饲料、饲养管理以及气候的影响而发生改变。

2. 答题要点：

1)乳中的脂类统称为乳脂。

2)乳脂的主要成分是甘油三酯，约占 99%，呈小球状存在，称为乳脂肪球。其表面包裹着由磷脂和蛋白质构成的膜。

3)乳脂中的脂肪酸组成与动物体脂中的脂肪酸有很大差别，并有种别差异。

4)牛乳甘油三酯中含有较多的短链脂肪酸。

3. 答题要点：

1)蛋壳内层膜之内就是蛋清，人们习惯称之为蛋白，为颜色微黄的胶体。

2)蛋白由外向内可分为四层，依次为外层稀薄蛋白、中层浓厚蛋白、内层稀薄蛋白和系带膜状层。浓厚蛋白占全部蛋清蛋白的一半以上。

3)在蛋清中位于蛋黄两端还各有一白色带状结构，称为系带。

4. 答题要点：

1)组成蛋壳的无机物成分主要是碳酸钙，约占蛋壳重的 93%，其次是碳酸镁、磷酸钙和磷酸镁等。

2)有机物主要是蛋白质，还有糖类。

3)蛋壳中除了绝大部分的钙盐以外，其有机基质是由硫酸软骨素、脂类和蛋白质构成的复合物。

论述题

1. 答题要点：

1)乳中的蛋白质统称为乳蛋白，可以分为酪蛋白和乳清蛋白两大部分。

2)酪蛋白是乳腺自身合成的含磷的酸性蛋白，在乳中与钙离子结合，并形成微团结构，是乳中的主要营养性蛋白，也是乳中丰富钙、磷的来源。

3)乳清中含有乳清蛋白,并含有一定量来自血液的血浆清蛋白和免疫球蛋白。初乳中常有高浓度的免疫球蛋白,通过初乳向新生幼畜转移免疫球蛋白,使新生幼畜获得被动免疫力。

4)在不同种别动物的乳中,还有乳铁蛋白、乳过氧化物酶、溶菌酶、黄嘌呤氧化酶等具有抑菌作用的非特异保护蛋白,在维持乳腺和幼仔胃肠道健康中发挥作用。

2.答题要点:

1)乳中的甘油三酯主要是通过α-磷酸甘油途径合成的。其主要原料是α-磷酸甘油和脂肪酸。α-磷酸甘油可以由葡萄糖代谢产物磷酸二羟丙酮还原得到,或者由乳糜微粒和极低密度脂蛋白转运到乳腺组织中的甘油三酯的水解来提供。

2)乳腺组织具有从头合成脂肪酸的能力。非反刍动物主要利用葡萄糖氧化分解产生的乙酰 CoA,经过柠檬酸-丙酮酸循环从线粒体转运到胞液中作为脂肪酸合成的原料。而反刍动物是将瘤胃发酵产生的乙酸和β-羟丁酸作为乳腺合成脂肪酸的主要碳源。

3)乳糜微粒和极低密度脂蛋白经血液把甘油三酯转运到乳腺组织中,在微血管内皮细胞内表面,甘油三酯受脂蛋白脂肪酶水解释出脂肪酸,这是乳腺用以合成甘油三酯的又一个脂肪酸来源。

4)脂肪酸的酯化作用主要发生在滑面内质网,以顶浆分泌的形式分泌到腺泡腔里。

3.答题要点:

1)乳糖的合成以葡萄糖为前体,由乳糖合成酶催化,发生在乳腺上皮细胞的高尔基体腔中。

2)乳糖在高尔基体腔内合成后,经由分泌泡向上皮细胞顶膜转移,在此过程中水分借助于乳糖的渗透作用进入含有乳糖的分泌泡中。乳糖的合成直接影响乳的分泌量。

3)乳糖与分泌泡中的乳蛋白最终一起分泌到乳腺腺泡腔中。

4.答题要点:

已知蛋清中至少含有 40 多种不同的蛋白质,其中重要的蛋白质有以下几种:

1)卵清蛋白在蛋清中的含量最多,占蛋清总蛋白的 54%,是含磷酸基的糖蛋白。

2)伴清蛋白约占蛋清总蛋白的 13%,是糖蛋白,可与许多金属特别是与铁牢固结合。

3)溶菌酶是存在于蛋清中的抗菌蛋白,它对细菌的细胞壁有溶解作用。

4)抗生物素蛋白虽然是蛋清中含量最少的成分,只占 0.05%,但是由于它可结合生物素,从而抑制细菌对生物素的摄取,能起抗菌剂的作用。

5)卵类黏蛋白约占蛋清总蛋白的 11%,含糖约 22%,对蛋白酶类有抑制作用。

6)卵球蛋白 G_2 和 G_3 能抑制病毒的血凝集作用。

7)卵黏蛋白约占蛋清总蛋白的 1.5%～2.9%,溶解性弱,呈纤维状,为含糖较高的酸性蛋白质,是浓厚蛋白的主要成分。

8)卵巨球蛋白约占蛋清总蛋白的 0.05%,是蛋清中分子量最大的蛋白质,也是蛋清中在免疫学上唯一具有广谱交叉反应的成分,具有强的免疫原性。

参考文献

[1] 邹思湘.动物生物化学.5版.北京:中国农业出版社,2013.
[2] 孙军,何凤田.图表生物化学与分子生物学.北京:人民卫生出版社,2015.
[3] 何凤田,江渝.生物化学习题集.北京:科学出版社,2015.
[4] 朱启忠.生物化学(精要题解测试).北京:化学工业出版社,2008.
[5] 刘维权.动物生物化学(精要题解测试).北京:化学工业出版社,2006.
[6] (美)纳尔逊,柯克斯.Lehninger 生物化学原理.3版.(中文版).周海梦,昌增益,译.北京:高等教育出版社,2005.
[7] 赵宝昌.生物化学.北京:科学出版社,2009.
[8] 王金发,等.分子生物学与基因工程习题集.北京:科学出版社,2000.
[9] 张来群,谢丽涛.生物化学习题集.北京:科学出版社,2000.
[10] 郭静成,滕晓月.基础生物化学题解.2版.北京:科学出版社,2002.